计算机"十三五"规划教材

# 中文版 Word 2016 文档处理实例教程

主 编 李开华 曹林峰 石静泊
副主编 文成君 李会凯 王红伟
　　　 李长生 姚 静

北京希望电子出版社
Beijing Hope Electronic Press
www.bhp.com.cn

## 内容简介

本书注重理论知识与实际应用相结合，以实例操作为主线，深入浅出地讲解了使用 Word 2016 进行文档处理的各种知识与技巧，主要内容包括 Word 2016 快速入门、文本内容的输入与编辑、文本和段落格式的设置、创建与编辑表格、Word 文档的图文混排、应用样式和模板、文档的页面设置、长文档的编辑、文档的审阅与修订，以及文档的打印与共享等。

本书既可作为应用型本科院校、职业院校的教材，也可作为不同行业行政人员、管理人员、办公人员等学习 Word 文档处理技能的自学用书，同时也是电脑办公人员、电脑初学者的最佳自学教材。

图书在版编目（CIP）数据

中文版 Word 2016 文档处理实例教程 / 李开华，曹林峰，石静泊主编. -- 北京 ：北京希望电子出版社，2019.7

ISBN 978-7-83002-706-3

Ⅰ.①中… Ⅱ.①李…②曹…③石… Ⅲ.①文字处理系统－教材 Ⅳ.①TP391.1

中国版本图书馆 CIP 数据核字（2019）第 131423 号

| | |
|---|---|
| 出版：北京希望电子出版社 | 封面：赵俊红 |
| 地址：北京市海淀区中关村大街 22 号<br>　　　中科大厦 A 座 10 层 | 编辑：金美娜 |
| | 校对：薛海霞 |
| 邮编：100190 | 开本：787mm×1092mm　1/16 |
| 网址：www.bhp.com.cn | 印张：16.5 |
| 电话：010-82626270 | 字数：422 千字 |
| 传真：010-62543892 | 印刷：廊坊市广阳区九洲印刷厂 |
| 经销：各地新华书店 | 版次：2023 年 7 月 1 版 2 次印刷 |

定价：48.00 元

# 前　言

　　Word 2016 是 Office 2016 套装办公软件中的重要组件之一，是目前被广泛应用的一款文档处理软件，可以满足各种文档的编辑需要，适用于多种工作场景，可以创建和编辑各种专业的办公文档。由于其功能强大、简单易学，所以备受广大用户的青睐。使用 Word 2016 不仅可以编写各种文字信息类文档，还可以制作表格类文档，图、文、表混排的文档，以及各类特色文档等。

　　本书针对 Word 文档处理初学者的学习需求，系统地介绍了 Word 2016 的软件功能及其应用方法，帮助读者全面掌握 Word 文档处理技能。

　　本书共分为 11 章，主要包括以下内容。

- ☑ Word 2016 快速入门
- ☑ 文本内容的输入与编辑
- ☑ 文本和段落格式的设置
- ☑ 创建与编辑表格
- ☑ Word 文档的图文混排
- ☑ 应用样式和模板
- ☑ 文档的页面设置
- ☑ 长文档的编辑
- ☑ 文档的审阅与修订
- ☑ 文档的打印与共享

　　本书采用通俗简洁的语言、典型丰富的实例，系统地讲解了初学者需要掌握的 Word 文档处理知识。本书主要具有以下特色。

- 内容全面，注重实用

　　本书结合初学者的学习特点，立足实用，全面讲解了 Word 文档处理知识，力求让读者全面掌握实操技能，在学习上不做无用功，让学习效率事半功倍。

- 精选实例，即学即会

　　为了便于读者即学即用，本书摒弃了传统、枯燥的知识讲解方式，将大量的实操实例始终贯穿于全书，让读者在学会文档处理方法的同时，熟练掌握软件操作技能。

- 图解教学，直观易懂

　　本书采用图解教学的体例形式，一步一图，以图析文，便于读者在学习过程中直观、清晰地了解操作过程，更易于理解和掌握，从而提升学习效果。

- 资源丰富，下载方便

　　本书配套资源非常丰富，其中包括所有实例的素材文件，以及由专业人员精心录制的所有实例视频等。本书的相关资料可扫封底微信二维码或登录 www.bjzzwh.com 下载获得。

　　本书由广东省茂名市高级技工学校的李开华、江西省通用技术工程学校的曹林峰和陕西交通职业技术学院的石静泊担任主编,由广州华夏职业学院实训与技能鉴定中心的文成君、漯河职业技术学院的李会凯和王红伟、商洛职业技术学院的李长生和姚静担任副主编。

  本书既可作为应用型本科院校、职业院校的教材,也可作为不同行业行政人员、管理人员、办公人员等学习 Word 文档处理技能的自学用书,同时也是电脑办公人员、电脑初学者的最佳自学教材。

  本书难免有疏漏和不当之处,敬请各位专家及读者不吝赐教。

编 者

# 目 录

## 第 1 章
## Word 2016 快速入门

- 1.1 Word 软件的主要用途 ··················· 1
  - 1.1.1 编写文字类文档 ························ 1
  - 1.1.2 制作表格类文档 ························ 1
  - 1.1.3 制作图、文、表混排的文档 ······ 2
  - 1.1.4 制作各类特色文档 ···················· 2
- 1.2 熟悉 Word 2016 工作窗口 ··········· 3
- 1.3 自定义设置 Word 2016 工作窗口 ··· 5
  - 1.3.1 自定义快速访问工具栏 ············ 5
  - 1.3.2 自定义功能区 ···························· 6
  - 1.3.3 显示或隐藏编辑标记 ················ 8
  - 1.3.4 在状态栏中显示"插入/改写"
    状态 ············································ 9
- 1.4 Word 文档的基本操作 ··················· 9
  - 1.4.1 新建文档 ·································· 10
  - 1.4.2 保存文档 ·································· 11
  - 1.4.3 打开文档 ·································· 12
  - 1.4.4 关闭文档 ·································· 13
  - 1.4.5 选择合适的视图方式 ·············· 14
  - 1.4.6 设置页面显示比例 ·················· 16
  - 1.4.7 加密文档 ·································· 17
- 1.5 综合实例——通过模板新建
  "会议纪要"文档并保存 ··············· 19
- 本章小结 ················································ 20
- 课后习题 ················································ 21

## 第 2 章
## 文本内容的输入与编辑

- 2.1 输入文本内容 ································ 22
  - 2.1.1 定位光标 ·································· 22
  - 2.1.2 输入文本 ·································· 23
  - 2.1.3 快速输入当前日期和时间 ······ 24
  - 2.1.4 插入符号 ·································· 25
  - 2.1.5 输入公式 ·································· 26
- 2.2 快速选择文本 ································ 28
  - 2.2.1 使用鼠标选择文本 ·················· 28
  - 2.2.2 使用键盘选择文本 ·················· 29
  - 2.2.3 鼠标和键盘结合使用
    选择文本 ·································· 30
- 2.3 编辑文本 ········································ 31
  - 2.3.1 更改文本 ·································· 31
  - 2.3.2 增加文本 ·································· 31
  - 2.3.3 删除文本 ·································· 32
  - 2.3.4 剪切、复制和粘贴文本 ·········· 32
- 2.4 撤销、恢复与重复操作 ················ 34
  - 2.4.1 撤销操作 ·································· 34
  - 2.4.2 恢复操作 ·································· 35
  - 2.4.3 重复操作 ·································· 35
- 2.5 综合实例——制作"委托书"······ 36
- 本章小结 ················································ 39
- 课后习题 ················································ 39

## 第 3 章
## 文本和段落格式的设置

- 3.1 设置文本格式 ································ 41
  - 3.1.1 设置字体格式 ·························· 41
  - 3.1.2 设置上标和下标 ······················ 44
  - 3.1.3 设置文本效果 ·························· 45
  - 3.1.4 设置字符缩放、间距与位置 ··· 46

3.1.5　设置字符拼音和带圈字符⋯⋯48
　　3.1.6　设置文本突出显示⋯⋯⋯⋯49
3.2　设置段落格式⋯⋯⋯⋯⋯⋯⋯⋯⋯50
　　3.2.1　设置段落对齐方式⋯⋯⋯⋯50
　　3.2.2　设置段落缩进⋯⋯⋯⋯⋯⋯51
　　3.2.3　设置段落行距和间距⋯⋯⋯52
　　3.2.4　添加边框和底纹⋯⋯⋯⋯⋯54
　　3.2.5　添加项目符号和编号⋯⋯⋯56
　　3.2.6　设置首字下沉⋯⋯⋯⋯⋯⋯58
　　3.2.7　设置纵横混排⋯⋯⋯⋯⋯⋯59
3.3　使用格式刷复制格式⋯⋯⋯⋯⋯⋯60
3.4　综合实例——设置"委托书"
　　　格式⋯⋯⋯⋯⋯⋯⋯⋯⋯⋯⋯⋯⋯60
本章小结⋯⋯⋯⋯⋯⋯⋯⋯⋯⋯⋯⋯⋯⋯64
课后习题⋯⋯⋯⋯⋯⋯⋯⋯⋯⋯⋯⋯⋯⋯64

## 第 4 章　创建与编辑表格

4.1　创建表格⋯⋯⋯⋯⋯⋯⋯⋯⋯⋯⋯⋯66
　　4.1.1　使用虚拟表格功能快速
　　　　　创建表格⋯⋯⋯⋯⋯⋯⋯⋯66
　　4.1.2　通过"插入表格"对话框
　　　　　创建表格⋯⋯⋯⋯⋯⋯⋯⋯67
　　4.1.3　手动绘制表格⋯⋯⋯⋯⋯⋯68
　　4.1.4　在 Word 文档中插入
　　　　　Excel 表格⋯⋯⋯⋯⋯⋯⋯⋯69
　　4.1.5　使用"快速表格"功能
　　　　　插入表格⋯⋯⋯⋯⋯⋯⋯⋯71
4.2　编辑表格文本⋯⋯⋯⋯⋯⋯⋯⋯⋯⋯71
　　4.2.1　选择表格中的单元格⋯⋯⋯71
　　4.2.2　输入文本并设置格式⋯⋯⋯73
　　4.2.3　设置对齐方式⋯⋯⋯⋯⋯⋯76
　　4.2.4　设置单元格边距⋯⋯⋯⋯⋯78
　　4.2.5　设置行高和列宽⋯⋯⋯⋯⋯78
4.3　编辑表格结构⋯⋯⋯⋯⋯⋯⋯⋯⋯⋯79

　　4.3.1　设置斜线表头⋯⋯⋯⋯⋯⋯80
　　4.3.2　插入与删除行/列⋯⋯⋯⋯⋯81
　　4.3.3　合并与拆分单元格⋯⋯⋯⋯82
　　4.3.4　合并与拆分表格⋯⋯⋯⋯⋯85
4.4　设置表格样式⋯⋯⋯⋯⋯⋯⋯⋯⋯⋯86
　　4.4.1　套用表格样式⋯⋯⋯⋯⋯⋯86
　　4.4.2　设置边框和底纹⋯⋯⋯⋯⋯87
　　4.4.3　设置重复标题行⋯⋯⋯⋯⋯89
4.5　处理表格数据⋯⋯⋯⋯⋯⋯⋯⋯⋯⋯90
　　4.5.1　表格数据的计算⋯⋯⋯⋯⋯90
　　4.5.2　表格数据的排序⋯⋯⋯⋯⋯92
4.6　表格与文本相互转换⋯⋯⋯⋯⋯⋯⋯93
　　4.6.1　将表格转换为文本⋯⋯⋯⋯93
　　4.6.2　将文本转换为表格⋯⋯⋯⋯94
4.7　综合实例——制作"应聘
　　　人员登记表"⋯⋯⋯⋯⋯⋯⋯⋯⋯⋯94
本章小结⋯⋯⋯⋯⋯⋯⋯⋯⋯⋯⋯⋯⋯⋯97
课后习题⋯⋯⋯⋯⋯⋯⋯⋯⋯⋯⋯⋯⋯⋯98

## 第 5 章　Word 文档的图文混排

5.1　插入并编辑图片⋯⋯⋯⋯⋯⋯⋯⋯⋯99
　　5.1.1　插入图片⋯⋯⋯⋯⋯⋯⋯⋯99
　　5.1.2　调整图片大小和角度⋯⋯⋯102
　　5.1.3　裁剪图片⋯⋯⋯⋯⋯⋯⋯⋯104
　　5.1.4　设置图片样式⋯⋯⋯⋯⋯⋯107
　　5.1.5　为图片添加艺术效果⋯⋯⋯108
　　5.1.6　调整图片色彩⋯⋯⋯⋯⋯⋯108
　　5.1.7　复制图片样式⋯⋯⋯⋯⋯⋯109
　　5.1.8　重设图片⋯⋯⋯⋯⋯⋯⋯⋯109
　　5.1.9　替换图片⋯⋯⋯⋯⋯⋯⋯⋯110
　　5.1.10　设置图片环绕方式⋯⋯⋯111
　　5.1.11　删除图片背景⋯⋯⋯⋯⋯112
　　5.1.12　排列图片次序⋯⋯⋯⋯⋯113

5.1.13 应用图片版式……114
5.2 绘制与编辑自选图形……115
    5.2.1 绘制自选图形……116
    5.2.2 编辑自选图形……117
5.3 使用文本框……123
    5.3.1 插入文本框……123
    5.3.2 编辑文本框……124
5.4 使用艺术字……125
    5.4.1 插入艺术字……125
    5.4.2 编辑艺术字……126
5.5 使用 SmartArt 图形……127
    5.5.1 认识 SmartArt 图形……127
    5.5.2 插入 SmartArt 图形……127
    5.5.3 调整 SmartArt 图形结构……128
    5.5.4 设置 SmartArt 图形样式……129
5.6 应用图表……131
    5.6.1 创建图表……131
    5.6.2 编辑与美化图表……132
5.7 综合实例——制作"招聘简章"……133
本章小结……136
课后习题……136

## 第 6 章 应用样式和模板

6.1 应用样式……138
    6.1.1 了解样式……138
    6.1.2 应用系统自带的样式……139
    6.1.3 创建新样式……140
    6.1.4 修改样式……142
    6.1.5 通过样式选择相同格式的文本……144
    6.1.6 显示与删除样式……144
    6.1.7 重命名样式……145
    6.1.8 复制样式……146
    6.1.9 使用样式集与主题……149
6.2 创建与使用模板……149
    6.2.1 将文档保存为模板……150
    6.2.2 使用模板创建文档……150
    6.2.3 编辑模板……151
6.3 综合实例——为"参观团接待方案"文档应用样式……152
本章小结……154
课后习题……155

## 第 7 章 文档的页面设置

7.1 页面的设置……157
    7.1.1 页面结构和文档的组成部分……157
    7.1.2 设置纸张大小……158
    7.1.3 设置纸张与文字方向……158
    7.1.4 设置页边距……159
    7.1.5 插入分隔符……160
    7.1.6 设置分栏……162
7.2 美化文档页面……163
    7.2.1 添加水印……163
    7.2.2 设置页面背景……164
    7.2.3 设置页面边框……166
7.3 添加页眉和页脚……167
    7.3.1 插入页眉和页脚……167
    7.3.2 设置奇偶页不同的页眉和页脚……168
    7.3.3 为各节设置不同的页眉……169
    7.3.4 插入页码……170
7.4 插入封面……171
7.5 综合实例——设置"工作总结"文档的页面……172

本章小结 ································ 176
课后习题 ································ 176

## 第 8 章 长文档的编辑

8.1 长文档格式快速设置 ················ 178
  8.1.1 设置文档标题格式 ············ 178
  8.1.2 折叠与调整文档标题 ·········· 182
  8.1.3 设置正文格式 ················ 184
  8.1.4 对长文档进行分页或分节 ······ 187
  8.1.5 设置横向页面 ················ 188

8.2 创建文档目录 ······················ 189
  8.2.1 插入并自定义目录 ············ 189
  8.2.2 将指定的文本添加到
      目录中 ······················ 192
  8.2.3 为文档创建多个目录 ·········· 195
  8.2.4 在目录中添加注释文本 ········ 197

8.3 编辑长文档的页眉和页脚 ············ 199
  8.3.1 自定义页眉 ·················· 199
  8.3.2 自定义页码 ·················· 200
  8.3.3 自定义节页码 ················ 203

8.4 插入题注 ·························· 204

8.5 插入索引 ·························· 206

8.6 插入脚注和尾注 ···················· 208
  8.6.1 插入脚注并设置格式 ·········· 208
  8.6.2 删除脚注和尾注 ·············· 209

8.7 插入书签和超链接 ·················· 210
  8.7.1 插入书签 ···················· 210
  8.7.2 插入超链接 ·················· 211

8.8 综合实例——编辑"公司考勤
   管理制度" ························ 212
本章小结 ································ 218
课后习题 ································ 218

## 第 9 章 文档的审阅与修订

9.1 查找与替换内容 ···················· 220
  9.1.1 查找内容 ···················· 220
  9.1.2 替换文本与格式 ·············· 222
  9.1.3 使用通配符查找与
      替换内容 ···················· 225

9.2 审阅与修订文档 ···················· 226
  9.2.1 插入批注 ···················· 226
  9.2.2 修订文档 ···················· 228
  9.2.3 检查文档 ···················· 231
  9.2.4 限制文档编辑 ················ 232

9.3 综合实例——对"试用合同"
   进行审阅和修订 ···················· 233
本章小结 ································ 237
课后习题 ································ 237

## 第 10 章 文档的打印与共享

10.1 文档的打印 ······················· 239
  10.1.1 连接打印机 ················· 239
  10.1.2 打印设置 ··················· 242

10.2 文档的共享 ······················· 244
  10.2.1 将文件保存到 OneDrive ······ 244
  10.2.2 邀请他人编辑文档 ··········· 247
  10.2.3 发送电子邮件 ··············· 248
  10.2.4 联机演示 ··················· 250
  10.2.5 设置 OneDrive ·············· 252

10.3 综合实例——打印与共享"绩效
    考核表"文档 ····················· 253
本章小结 ································ 255
课后习题 ································ 256

# 第 1 章 Word 2016 快速入门

【学习目标】
- 了解 Word 软件的主要用途。
- 熟悉 Word 2016 的工作窗口。
- 掌握自定义设置 Word 2016 工作窗口的方法。
- 掌握 Word 文档的各种基本操作。

Word 2016 是 Office 2016 套装办公软件中的重要组件之一，它是一款非常出色的文档编撰及处理工具软件，可以满足用户日常办公以及书面编撰的各种需要，所有文字处理工作基本上都可以通过它来完成，适用于多种工作场景。本章主要学习 Word 2016 的入门知识。

## 1.1 Word 软件的主要用途

由于 Word 软件的功能强大、简单易学，因此它已经成为当前自动化办公的首选文字处理软件。使用 Word 不仅可以编写各种文字类文档，还可以制作表格类文档，图、文、表混排的文档，以及各类特色文档等。

### 1.1.1 编写文字类文档

Word 软件最常见的用途就是编写文字类文档。文字类文档制作起来比较简单，一般只包含文字，不包含表格、图片等内容，如图 1-1 所示。

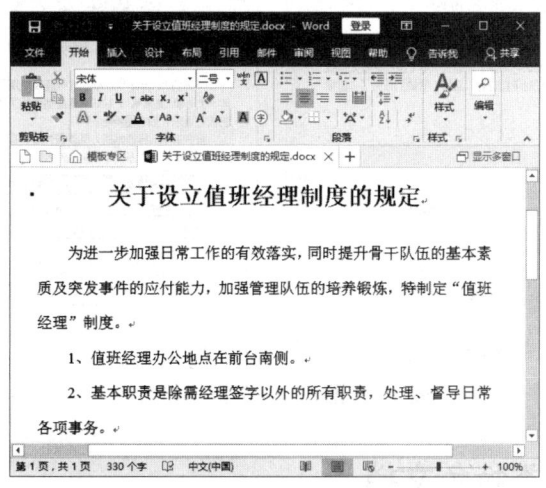

图 1-1 文字类文档

### 1.1.2 制作表格类文档

利用表格可以将各种复杂的信息简明扼要地表达出来，所以在日常办公中经常会用到表格。使用 Word 软件可以制作出简单、规整的表格类文档，如图 1-2 所示；还可以根据用户的需求制作出相对复杂的表格类文档，此类表格不仅需要对单元格进行合并或拆分操作，还需设置文本对齐、设置边框和底纹等，如图 1-3 所示。

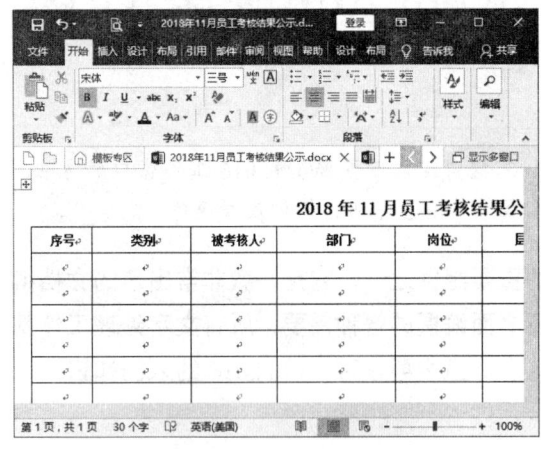

图 1-2　简单的表格类文档　　　　　图 1-3　复杂的表格类文档

### 1.1.3　制作图、文、表混排的文档

在 Word 文档中，有时为了更加直观地表达文档意图，需要在其中插入图片、图形或表格等来帮助读者了解文档内容，这时就需要对文档内容进行混排。使用 Word 软件可以制作出图、文、表混排的文档，如图 1-4 所示。

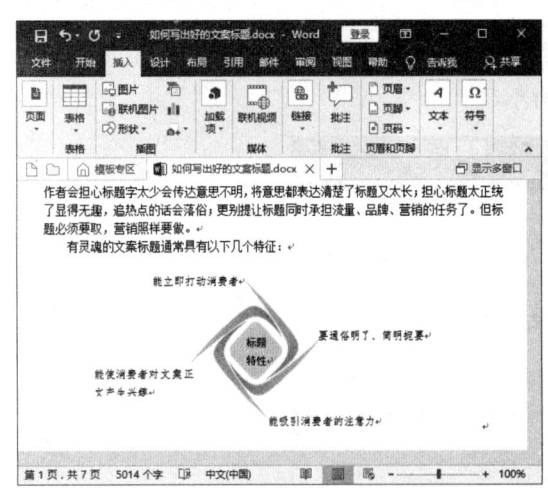
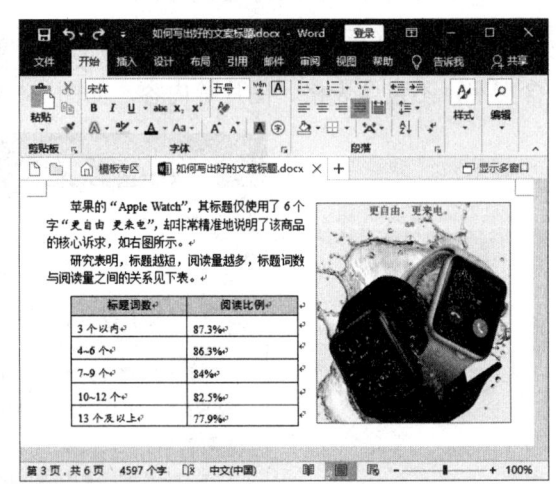

图 1-4　图、文、表混排的文档

### 1.1.4　制作各类特色文档

在实际应用中，利用 Word 软件还可以制作出各类特色文档，如宣传册、名片、信函、试卷等，如图 1-5 和图 1-6 所示。

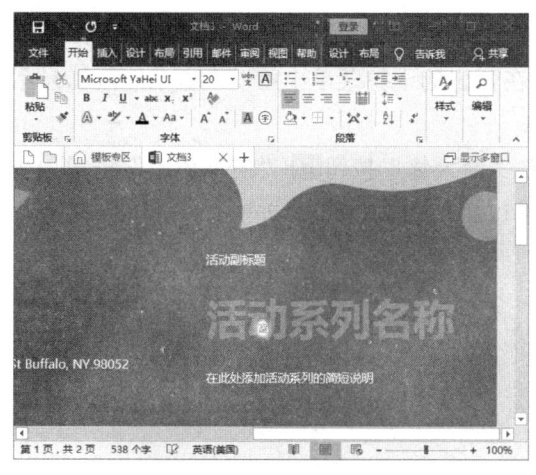
图 1-5　宣传册

图 1-6　名片

## 1.2　熟悉 Word 2016 工作窗口

在学习 Word 2016 的使用方法之前，首先应熟悉其工作窗口，了解各组成部分的功能，这样以后操作起来才会更加便捷。

启动 Word 2016 程序后，即可打开 Word 2016 工作窗口，并显示"最近使用的文档"和程序自带的模板缩略图预览，按【Esc】键或【Enter】键即可跳转至空白文档，如图 1-7 所示。Word 2016 工作窗口主要包括标题栏、"文件"菜单选项卡、功能区、文档编辑区、状态栏和视图区等 6 个部分。

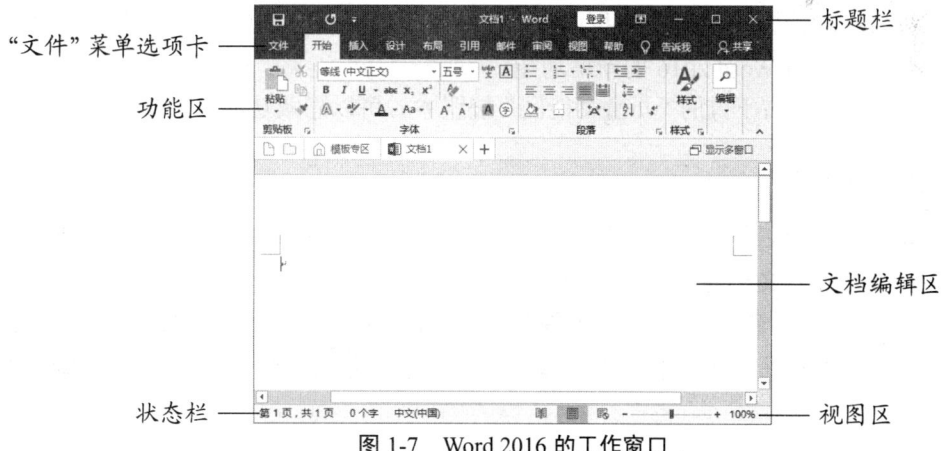
图 1-7　Word 2016 的工作窗口

### 1．标题栏

标题栏位于 Word 2016 工作窗口的最上方，从左到由依次为快速访问工具栏、当前文档名称（Word 2016 文件文档的扩展名是.docx）、程序名称、"登录"按钮、"功能区显示选项"按钮和窗口控制按钮。

➢ **快速访问工具栏**：默认包括"保存"按钮、"撤销"按钮和"重复"按钮。单击这些按钮，可以便捷地执行相应的操作。

> "登录"按钮：单击该按钮，可以登录 Microsoft 账户。
> "功能区显示选项"按钮：单击该按钮，在弹出的下拉菜单中可以设置功能区的显示方式。
> 窗口控制按钮：包括"最小化"按钮▬、"最大化"按钮▢/"向下还原"按钮▢和"关闭"按钮✕。单击这些按钮，可以对文档窗口的大小进行调整和关闭操作。

#### 2．"文件"菜单选项卡

选择"文件"选项卡，在打开的"文件"菜单中可以看到常用的命令，单击相应的命令即可执行相应的操作。

#### 3．功能区

功能区几乎包含了 Word 2016 的各种功能，主要有以下 4 个基本组成部分。
> 选项卡：位于功能区的顶部，包括"开始""插入""设计""布局""引用""邮件""审阅""视图"等选项卡，每个选项卡都代表着在特定程序中执行的一组核心任务，单击选项卡即可将其展开。当选择文档中的形状、图片、表格、文本框、艺术字等对象时，功能区中会自动显示与所选对象设置相关的选项卡。
> 组：每个选项卡包含多个组，组是相关命令的集合，它将用户所要执行某种类型任务的一组命令直观地汇集在一起，以便于用户使用。例如，"开始"选项卡是由"剪贴板""字体""段落""样式""编辑"等 5 个组组成的。有些组的右下角有一个"功能扩展"按钮▫，单击该按钮可以弹出相应的对话框或窗格。
> 命令：每个组中包含多个命令，命令可以是按钮、菜单或可供输入信息的文本框。
> "告诉我你想要做什么"文本框：该文本框位于选项卡的右侧，从中输入搜索内容即可快速获取帮助，此为 Word 2016 的新增功能。

此外，单击功能区右下方的"折叠功能区"按钮︿，可以隐藏功能区，以增大显示空间。

#### 4．文档编辑区

文档编辑区也称为工作区，位于窗口中央，是用于文字输入、文本及图片编辑的工作区域，在其中向用户显示文档内容。

当文档内容超出文档编辑区的显示范围时，在编辑区的右侧和底端会分别显示垂直滚动条和水平滚动条。拖动滚动条中的滑块或单击滚动条两端的小三角按钮，可以滚动显示文档中的内容。

#### 5．状态栏

状态栏位于工作窗口底端的左侧，用于显示文档编辑的状态信息，默认显示文档的当前页数、总页数、字数、文档校对信息和输入法状态等。

#### 6．视图区

视图区位于工作窗口底端的右侧，包括视图按钮组▤ ▤ ▤、调整页面显示比例滑块━━━▬━━━和当前显示比例。

## 1.3 自定义设置 Word 2016 工作窗口

用户可以根据实际需要自定义设置 Word 2016 工作窗口，使其符合自己的使用习惯，从而提高办公效率。

### 1.3.1 自定义快速访问工具栏

快速访问工具栏位于工作窗口的左上方，它独立于功能区选项卡中的命令，用于放置常用的工具按钮。用户可以根据自己的操作习惯在快速访问工具栏上添加或删除工具按钮，具体操作方法如下。

**Step 01** 单击快速访问工具栏右侧的下拉按钮，在弹出的下拉菜单中提供了一些常用的工具按钮，在此选择"打印预览和打印"选项，如图 1-8 所示。

**Step 02** 此时，即可在快速访问工具栏中添加"打印预览和打印"按钮，如图 1-9 所示。

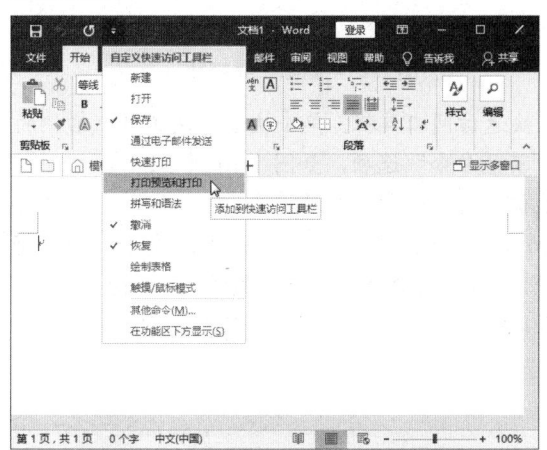

图 1-8　选择"打印预览和打印"选项

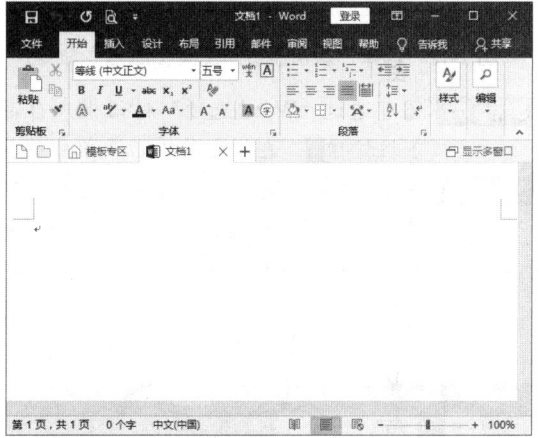

图 1-9　添加"打印预览和打印"按钮

**Step 03** 也可以将功能区中的按钮快速添加到快速访问工具栏中，例如，选择"插入"选项卡，右击"插图"组中的"图片"按钮，在弹出的快捷菜单中选择"添加到快速访问工具栏"命令，如图 1-10 所示。

**Step 04** 此时，即可在快速访问工具栏中添加"图片"按钮，如图 1-11 所示。

图 1-10　选择"添加到快速访问工具栏"命令

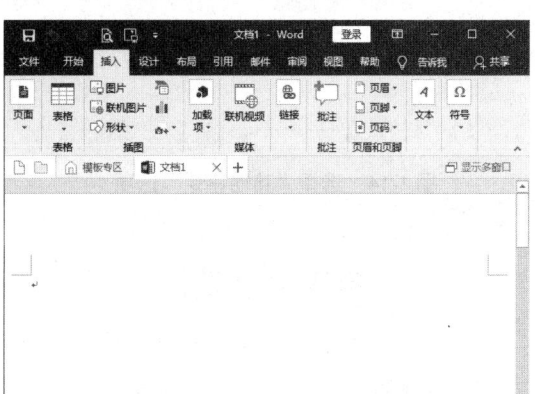

图 1-11　添加"图片"按钮

**Step 05** 若要删除快速访问工具栏中的某个工具按钮,可右击该按钮,在弹出的快捷菜单中选择"从快速访问工具栏删除"命令,如图 1-12 所示。

**Step 06** 此时,即可将其从快速访问工具栏中删除,如图 1-13 所示。

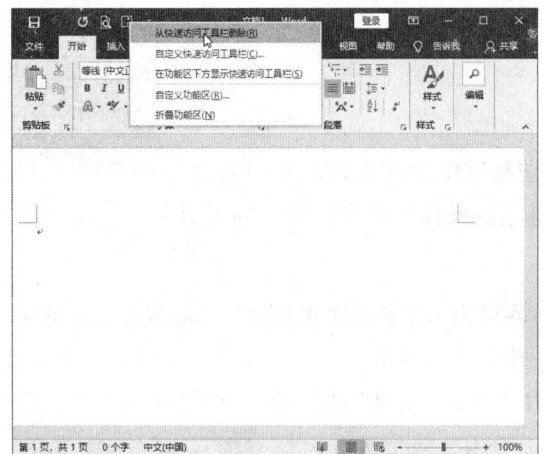 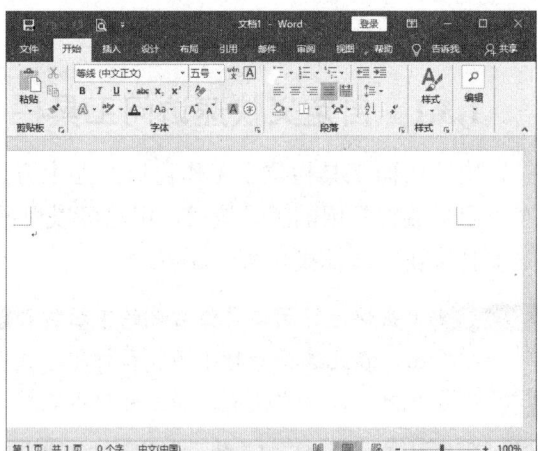

图 1-12　选择"从快速访问工具栏删除"命令　　　　图 1-13　删除工具按钮

**Step 07** 还可通过"Word 选项"对话框来自定义快速访问工具栏。单击快速访问工具栏右侧的下拉按钮,在弹出的下拉菜单中选择"其他命令"选项,如图 1-14 所示。

**Step 08** 弹出"Word 选项"对话框,在左侧列表框中选择命令,然后单击"添加"按钮,即可将其添加到快速访问工具栏中;在右侧列表框中选择命令,单击"删除"按钮,即可将其从快速访问工具栏中删除;选择右侧列表框中的命令,单击"上移"按钮或"下移"按钮,可以调整其在快速访问工具栏中的位置,如图 1-15 所示。设置完成后,单击"确定"按钮,即可应用设置。

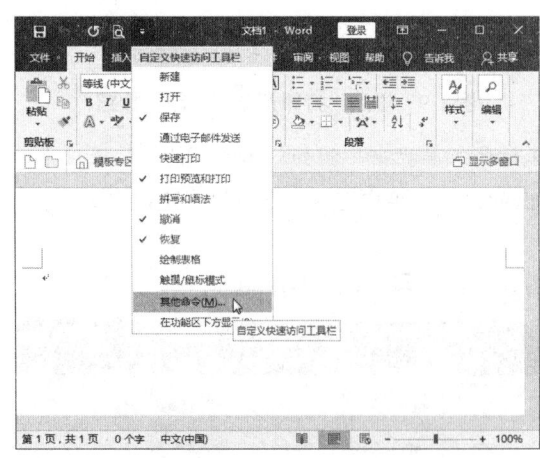 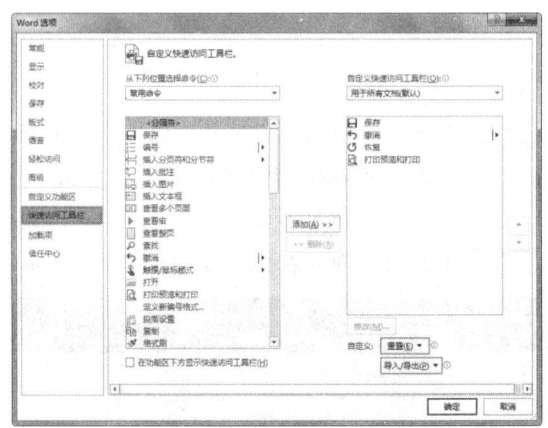

图 1-14　选择"其他命令"选项　　　　　　　图 1-15　自定义快速访问工具栏

### 1.3.2　自定义功能区

用户可以根据个人使用习惯对功能区进行个性化设置,以使其按照所需的方式进行排列,还可以对各选项卡中的命令进行添加、删除、重命名、调整顺序等操作,以及新建选项卡添加命令。需要注意的是,不能将命令直接添加到 Word 2016 默

认的组中，必须先新建一个组，然后在新组中添加命令。自定义功能区的具体操作方法如下。

**Step 01** 右击任意选项卡，在弹出的快捷菜单中选择"自定义功能区"命令，如图1-16所示。
**Step 02** 弹出"Word选项"对话框，单击"新建选项卡"按钮，如图1-17所示。

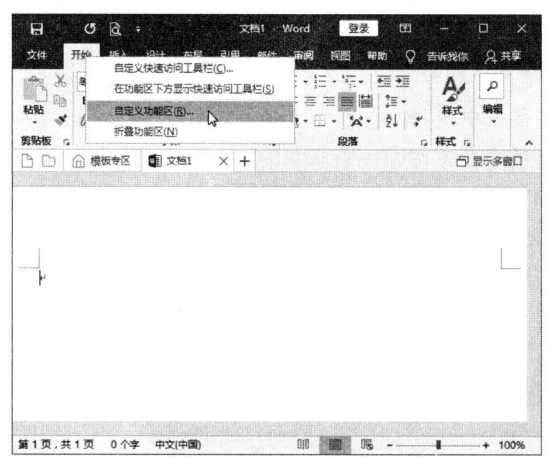

图1-16 选择"自定义功能区"命令

图1-17 单击"新建选项卡"按钮

**Step 03** 此时，即可新建一个新选项卡，并自动新建一个组。在右侧列表框中选择"新建选项卡（自定义）"选项，然后单击"重命名"按钮，如图1-18所示。
**Step 04** 在弹出的"重命名"对话框中输入选项卡名称"试卷"，然后单击"确定"按钮，如图1-19所示。
**Step 05** 返回"Word选项"对话框，选择"新建组（自定义）"选项，然后单击"重命名"按钮，如图1-20所示。

图1-18 单击"重命名"按钮

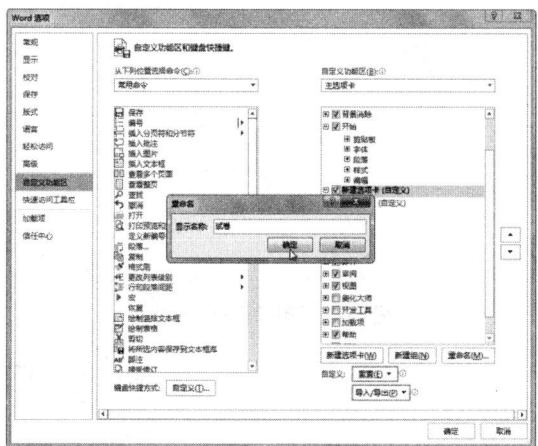

图1-19 设置选项卡名称

图1-20 单击"重命名"按钮

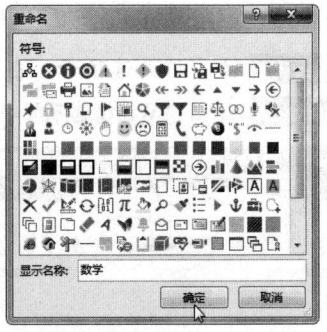

图 1-21 设置组名称

**Step 06** 在弹出的"重命名"对话框中输入组名称"数学",然后单击"确定"按钮,如图 1-21 所示。

**Step 07** 返回"Word 选项"对话框,在"常用命令"列表框中选择"插入图片"选项,然后单击"添加"按钮,如图 1-22 所示。

**Step 08** 此时,即可将"插入图片"命令添加到新建的"数学"组中。在"从下列位置选择命令"下拉列表框中选择命令的来源位置,如选择"所有命令"选项,在下方列表框中继续选择命令,然后单击"添加"按钮,添加完成后单击"确定"按钮,如图 1-23 所示。

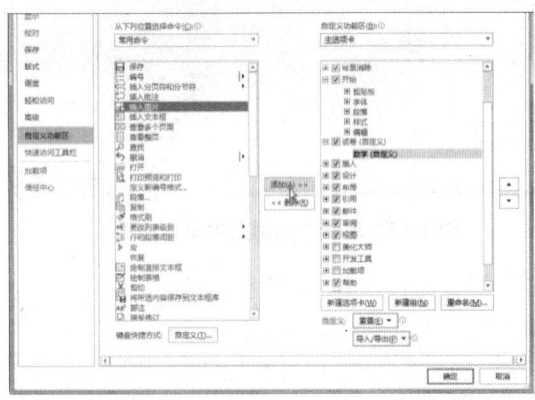

图 1-22 添加"插入图片"命令

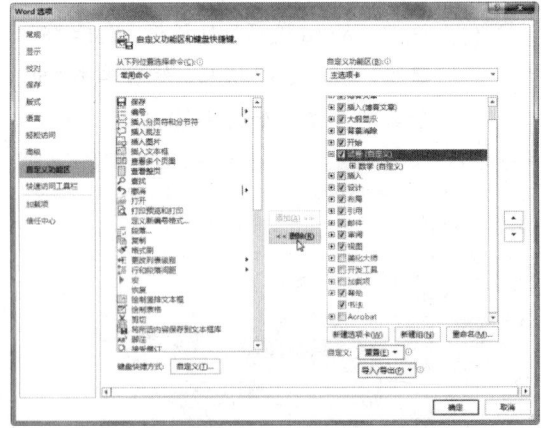

图 1-23 添加其他命令

**Step 09** 此时,在功能区中即可看到创建的新选项卡和组,以及添加的命令,如图 1-24 所示。

**Step 10** 若要删除选项卡或组,可在"Word 选项"对话框中选择需要删除的对象,单击"删除"按钮,然后单击"确定"按钮即可,如图 1-25 所示。

图 1-24 添加选项卡和组

图 1-25 删除选项卡或组

### 1.3.3 显示或隐藏编辑标记

默认情况下,Word 文档只显示段落标记↵,用户在使用 Word 2016 编辑文档的过程中可以将一些常用的编辑标记显示出来,如空格符、制表位、分

栏符等，以便查看文档是否有多余的空格，是否有分节等。编辑标记只用于在屏幕上显示，不会被打印出来。

显示或隐藏编辑标记的具体操作方法如下。

**Step 01** 单击"开始"选项卡下"段落"组中的"显示/隐藏编辑标记"按钮，即可显示所有编辑标记，如图1-26所示；再次单击该按钮，即可隐藏编辑标记。

**Step 02** 若只想显示部分编辑标记，可以选择"文件"选项卡，在左侧选择"选项"选项，在弹出的"Word 选项"对话框中选择"显示"选项卡，在"始终在上屏幕上显示这些格式标记"列表中进行设置，设置完成后单击"确定"按钮，如图1-27所示。

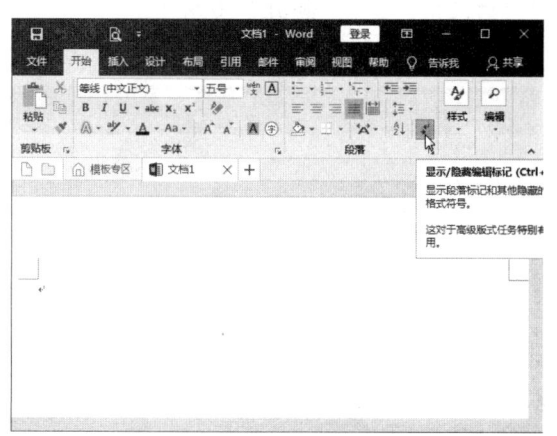

图1-26　单击"显示/隐藏编辑标记"按钮

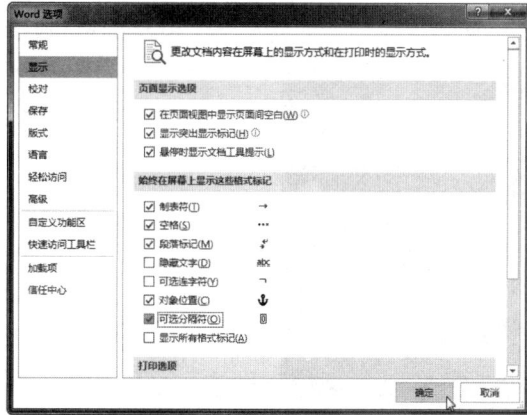

图1-27　设置显示编辑标记

## 1.3.4　在状态栏中显示"插入/改写"状态

Word 2016的状态栏默认不显示"插入/改写"状态，用户可以根据需要可以将其显示出来，具体操作方法如下。

**Step 01** 右击状态栏空白处，在弹出的快捷菜单中选择"改写"命令，如图1-28所示。

**Step 02** 此时，即可在状态栏中显示"插入/改写"状态，如图1-29所示。

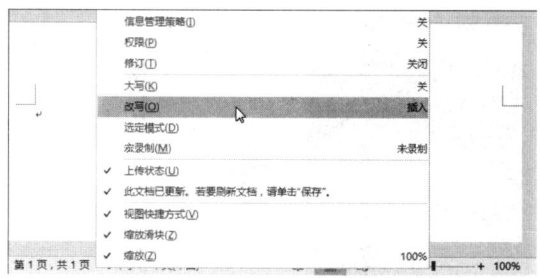

图1-28　选择"改写"命令

图1-29　显示"插入/改写"状态

## 1.4　Word文档的基本操作

在使用Word 2016编辑文档之前，首先需要掌握Word文档的基本操作，如新建文档、保存文档、打开与关闭文档，以及加密文档等。

## 1.4.1 新建文档

在 Word 2016 中既可以新建空白文档,也可以根据模板创建具有一定格式的文档。

### 1. 新建空白文档

使用 Word 2003 或更低版本创建的 Word 文档格式为.doc;使用 Word 2007 及以上版本创建的文档格式为.docx。在 Word 2016 中新建空白文档的具体操作方法如下。

**Step 01** 启动 Word 2016,在打开的窗口中选择"空白文档"选项,如图 1-30 所示。

**Step 02** 此时,将自动创建一个名为"文档 1"的空白文档,如图 1-31 所示。

图 1-30 选择"空白文档"选项

图 1-31 新建空白文档

右击桌面或资源管理器中的空白位置,在弹出的快捷菜单中选择"新建"|"Microsoft Word"命令,也可在当前位置新建一个空白文档。

若要在打开的 Word 工作窗口中新建空白文档,可以通过以下两种方法来进行操作。

➢ 按【Ctrl+N】组合键。

➢ 选择"文件"选项卡,在左侧选择"新建"选项,然后在右侧选择"空白文档"选项。

### 2. 使用模板创建文档

利用模板可以创建信函、报告及简历等文档,用户只需根据需要修改其中的内容即可,具体操作方法如下。

**Step 01** 启动 Word 2016,在打开的窗口中选择所需的模板,如"商业信函(销售条带设计)",如图 1-32 所示。在选择模板时,还可以单击"建议的搜索"

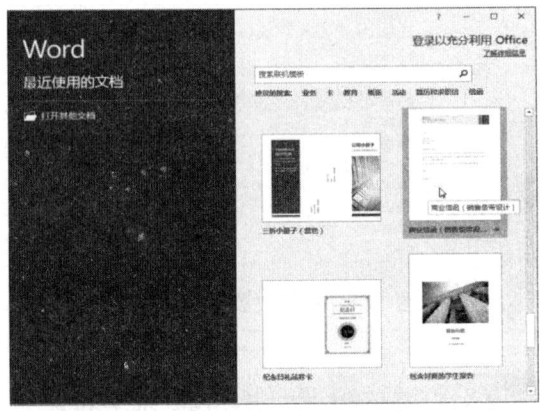

图 1-32 选择模板

提供的关键字,或在搜索框中输入模板类型的关键字来搜索更多所需的模板。

**Step 02** 在弹出的对话框中可以预览模板效果,单击"创建"按钮,如图 1-33 所示。

**Step 03** 开始下载模板，下载完成后即可创建模板文档，如图 1-34 所示。

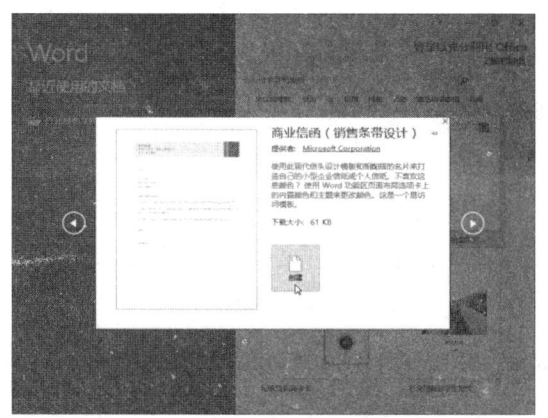

图 1-33 单击"创建"按钮

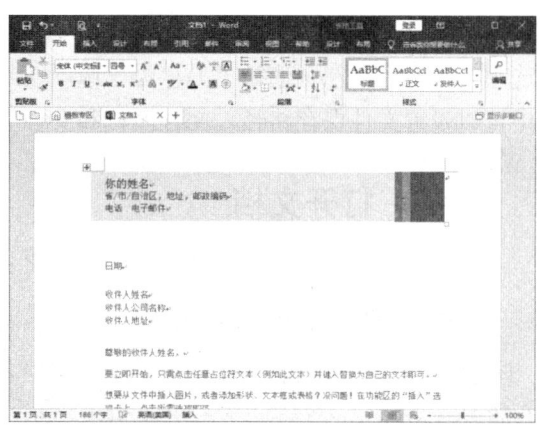

图 1-34 创建模板文档

### 1.4.2 保存文档

在新建文档或对已有文档进行编辑操作之后，都应对其进行保存，否则所做的编辑就会丢失。保存文档的具体操作方法如下。

**Step 01** 在新建的文档窗口中选择"文件"选项卡，在左侧选择"保存"选项，如图 1-35 所示。也可以单击快速访问工具栏中的"保存"按钮，或者按【Ctrl+S】组合键。

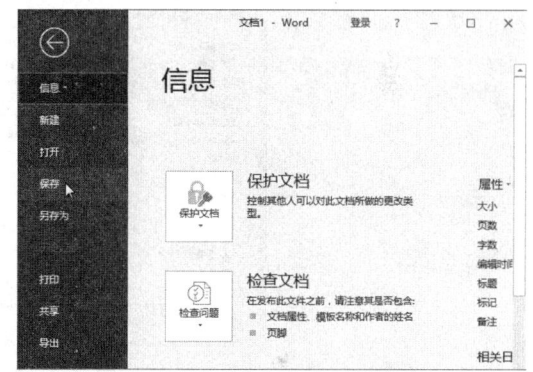

图 1-35 选择"保存"选项

**Step 02** 打开"另存为"窗口，选择"这台电脑"选项，然后选择"桌面"选项，如图 1-36 所示。

**Step 03** 在弹出的"另存为"对话框中输入文件名，然后单击"保存"按钮，即可保存文件，如图 1-37 所示。在"保存类型"下拉列表框中可以选择所需的类型，Word 2016 文档默认类型的扩展名为.docx。

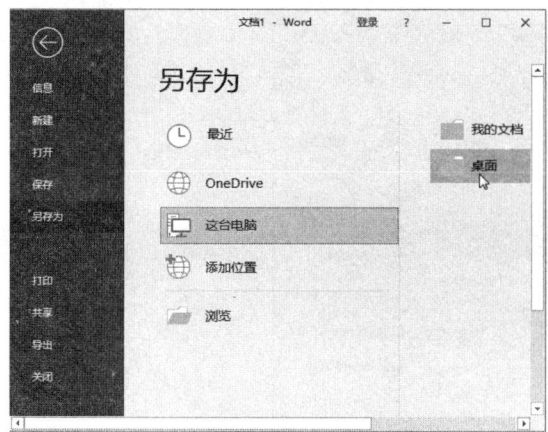

图 1-36 选择"桌面"选项

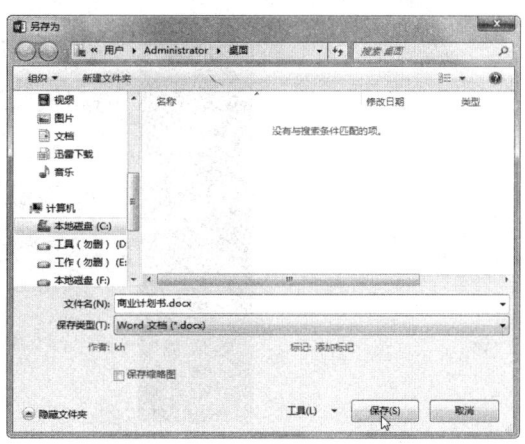

图 1-37 保存文件

若用户是对已有的文档进行了编辑，那么执行"保存"命令会直接覆盖原文件，而不会弹出"另存为"对话框；若不想覆盖原文件，而是将其另外保存下来，则可以选择"文件"选项卡，然后在左侧选择"另存为"选项（或按【F12】键），将弹出"另存为"对话框，从中可以设置文件保存路径、文件名称和文件类型等。

### 1.4.3　打开文档

当用户需要查看或编辑文档时，需要将其先打开。常用的打开文档的方法有以下 2 种。

**方法 1：双击 Word 文档名称**

打开 Word 文档的存放位置，双击文档名称，即可启动 Word 程序并打开该文档，如图 1-38 所示。

图 1-38　双击文档名称

**方法 2：使用"打开"命令**

若已经启动了 Word 2016，可以使用"打开"命令来打开文档，具体操作方法如下。

**Step 01** 选择"文件"选项卡，双击"这台电脑"选项，或者选择"浏览"选项，如图 1-39 所示。

图 1-39　选择"浏览"选项

**Step 02** 弹出"打开"对话框,选择"素材文件\第1章\2018年11月员工考核结果公示.docx",然后单击"打开"按钮,如图1-40所示。直接按【Ctrl+F12】组合键,也可以打开"打开"对话框,若要打开多个文档,可以在按住【Ctrl】或【Shift】键的同时选择多个文件,然后单击"打开"按钮;单击"打开"按钮右侧的下拉按钮,还可以用"只读""副本"和"修复"等方式打开文档。

**Step 03** 此时,即可打开所选择的文档,如图1-41所示。Word 2016会自动将最近使用过的文档添加到"最近"选项右侧的窗格中,单击文件即可快速将其打开。

图1-40 选择打开文件

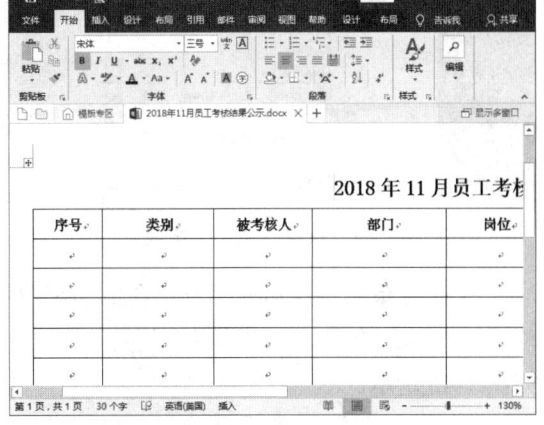

图1-41 打开文档

## 1.4.4 关闭文档

文档编辑完成后即可将其关闭,关闭文档的方法主要有以下5种。

**方法1**:单击窗口右上角的"关闭"按钮,如图1-42所示。

在关闭Word文档时,若没有对编辑过的文档进行保存,就会弹出如图1-43所示的提示信息框,提示用户是否对文档进行保存。单击"保存"按钮,在保存文档后关闭文档;单击"不保存"按钮,则不保存所做的编辑,而直接关闭文档;单击"取消"按钮,则只关闭该对话框。

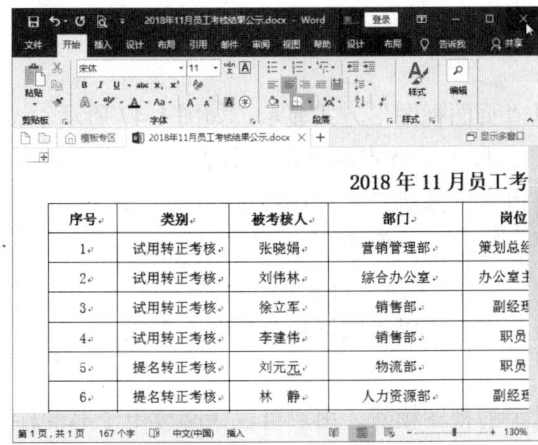

图1-42 单击"关闭"按钮

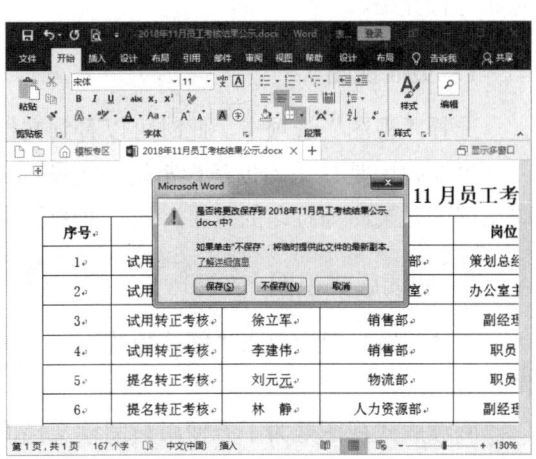

图1-43 选择是否保存文档

方法 2：选择"文件"选项卡，在左侧选择"关闭"选项，如图 1-44 所示。
方法 3：右击标题栏，在弹出的快捷菜单中选择"关闭"命令，如图 1-45 所示。

图 1-44　选择"关闭"选项　　　　图 1-45　选择"关闭"命令

方法 4：单击快速访问工具栏左侧的空白位置，在打开的窗口左侧选择"关闭"选项，如图 1-46 所示。

方法 5：按【Alt+F4】组合键，也可以快速关闭文档。

## 1.4.5　选择合适的视图方式

视图方式指的是文档在窗口中的显示方式。通过选择不同的视图方式，用户可以很方便地查看与设置文档。Word 2016 提供了页面视图、大纲视图、阅读版式视图、草稿视图与 Web 版式视图 5 种视图模式，下面分别对其进行介绍。

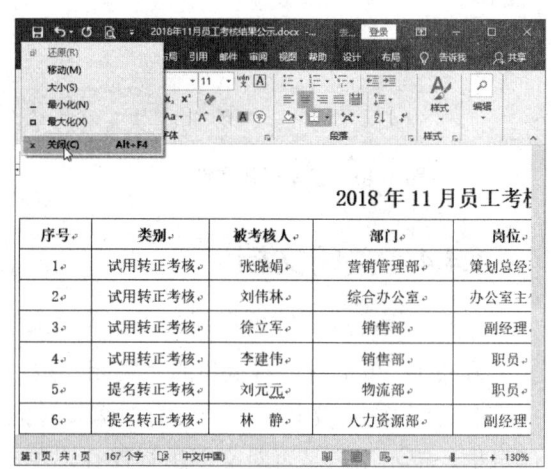

图 1-46　选择"关闭"选项

### 1．页面视图

选择"视图"选项卡，此时可以看到文档以"页面视图"方式显示，如图 1-47 所示。

页面视图是默认的也是最常用的视图模式，其最大的特点是"所见即所得"，文档窗口中呈现的效果即为打印的效果，在页面视图中可以方便地进行各种排版操作。

### 2．阅读版式视图

在"视图"组中单击"阅读版式视图"按钮，文档将以"阅读版式视图"方式显示，如图 1-48 所示。

阅读版式视图是为了方便用户阅读文档而设定的视图模式，用户可以像阅读电子书一样阅读文档，单击左侧的⊙按钮可以向前翻页，单击右侧的⊙按钮可以向后翻页。该视图模式的最大优点就是利用了最大的空间来显示或批注文档，在该视图下不可以对文档内容进行编辑操作，按【Esc】键可以退出阅读视图。

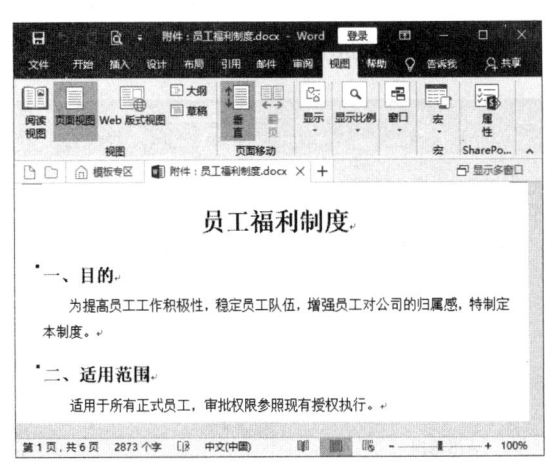

图 1-47　页面视图

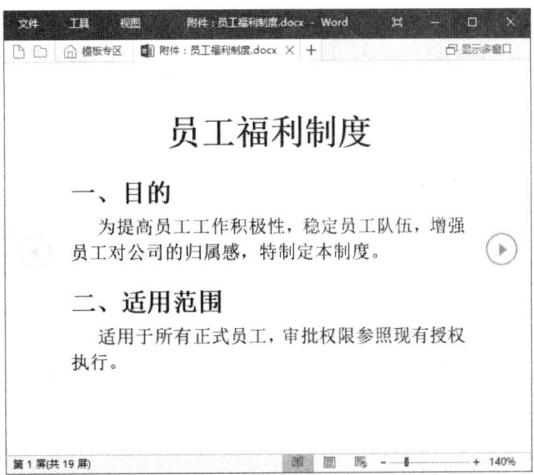

图 1-48　阅读版式视图

### 3．Web 版式视图

在"视图"组中单击"Web 版式视图"按钮，文档将以"Web 版式视图"方式显示，如图 1-49 所示。

Web 版式视图是以网页形式显示文档在 Web 浏览器中的外观，该视图模式的编辑窗口显示得更大，并将文档中的内容进行自动换行，以适应窗口大小。

### 4．大纲视图

在"视图"组中单击"大纲视图"按钮，文档将以"大纲视图"方式显示，如图 1-50 所示。

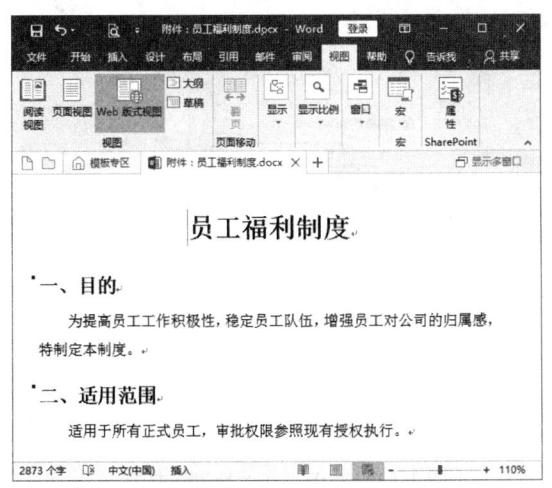

图 1-49　Web 版式视图

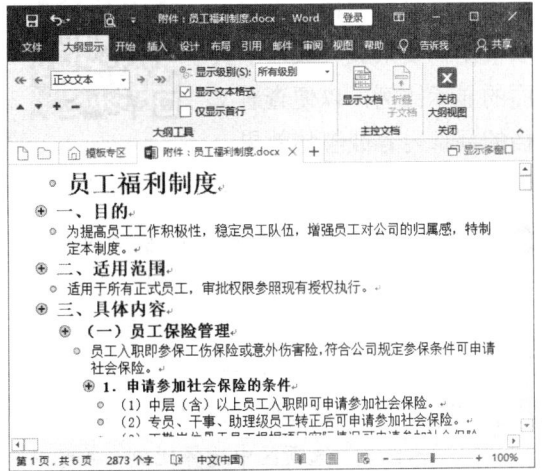

图 1-50　大纲视图

在大纲视图下可以将文档结构清晰地显示出来，也可以方便地移动或删除文档中的章节内容。

在"大纲工具"组的"显示级别"下拉列表框中可以设置需要显示的级别；在"大纲级别"下拉列表框 中可以更改当前内容的级别；单击"升级"按钮 或"提升至标题 1"按钮 ，可以提升标题的级别；单击"降级"按钮 或"降级为正文"按钮 ，可以降低标题的级别；单击"展开"按钮 或"折叠"按钮 ，可以展开或折叠标题下的内容；单击"上移"按钮 或"下移"按钮 ，可以移动当前内容。

单击"关闭"组中的"关闭大纲视图"按钮，可以退出大纲视图。

### 5．草稿视图

在"视图"组中单击"草稿视图"按钮，文档将以"草稿视图"方式显示，如图 1-51 所示。

草稿视图是以草稿形式来显示文档的，主要用于输入和编辑文本，不会显示图片、页眉页脚、分栏等内容。

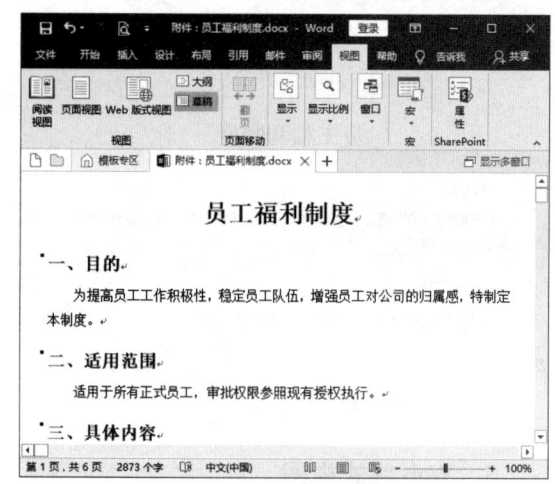

图 1-51　草稿视图

**课堂解疑**

除了可以通过单击"视图"选项卡下"视图"组中的相应按钮切换视图方式外，还可以通过单击文档窗口底部右侧视图区中的相应按钮进行视图切换。

## 1.4.6　设置页面显示比例

Word 2016 默认以 100% 的比例来显示文档，用户可以根据需要来放大或缩小页面的显示比例，以便查看文档的局部内容或整体效果。设置页面显示比例的具体操作方法如下。

**Step 01**　打开"素材文件\第 1 章\机构图参照样板.docx"，选择"视图"选项卡，单击"显示比例"组中的"显示比例"按钮，如图 1-52 所示。

**Step 02**　弹出"显示比例"对话框，可以在"显示比例"选项区中选择比例，也可以在"百分比"数值框中自定义显示比例，如设置为 140%，然后单击"确定"按钮，如图 1-53 所示。

**Step 03**　此时，文档将以 140% 的比例进行显示，效果如图 1-54 所示。

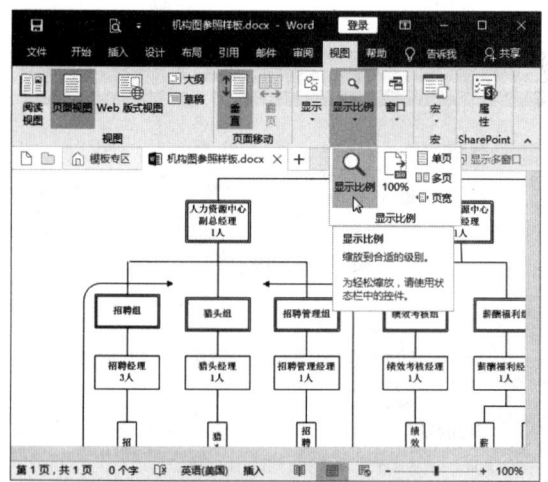

图 1-52　单击"显示比例"按钮

第 1 章　Word 2016 快速入门　17

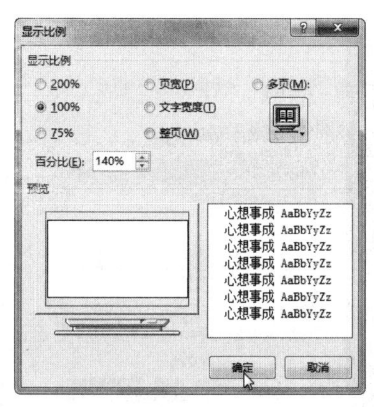

图 1-53　设置显示比例

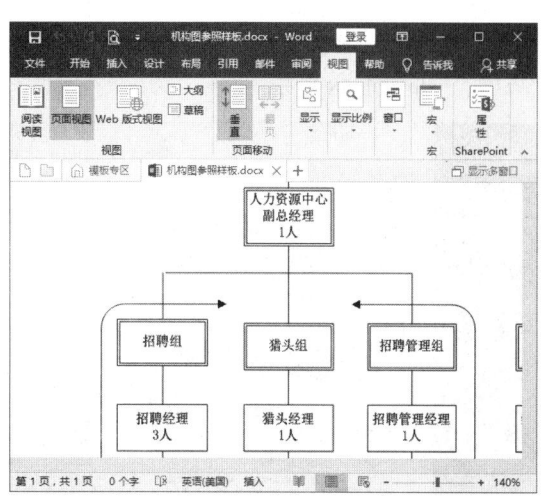

图 1-54　显示效果

单击视图区中的 – 或 + 按钮，可以 10%的调整幅度增大或缩小显示比例；拖动视图区中的"显示比例"滑块，可以随意调整显示比例；单击"缩放级别"按钮，也可以打开"显示比例"对话框。

### 1.4.7　加密文档

为了防止重要文档泄密，保证文档内容的安全，用户可以对其进行加密设置。为文档加密的具体操作方法如下。

**Step 01**　打开"素材文件\第 1 章\室内覆盖系统建设合同.docx"，选择"文件"选项卡，如图 1-55 所示。

**Step 02**　在左侧选择"信息"选项，在右侧单击"保护文档"下拉按钮，选择"用密码进行加密"选项，如图 1-56 所示。

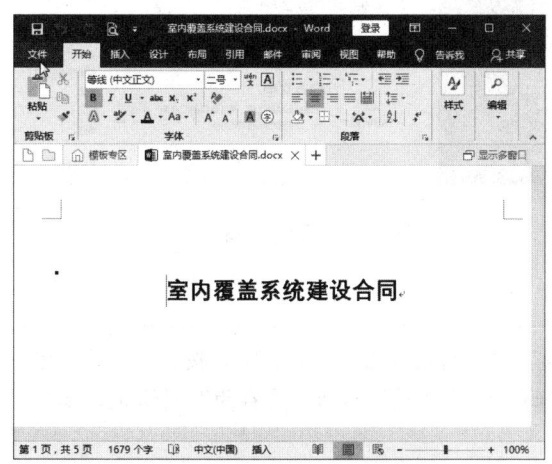

图 1-55　选择"文件"选项卡

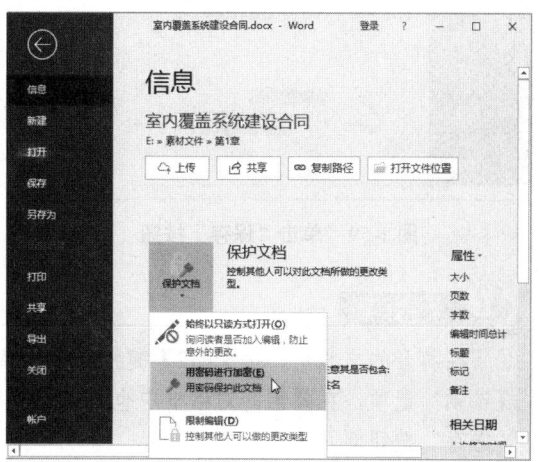

图 1-56　选择"用密码进行加密"选项

**Step 03**　弹出"加密文档"对话框，在"密码"文本框中输入密码，然后单击"确定"按钮，如图 1-57 所示。

**Step 04** 弹出"确认密码"对话框,在"密码"文本框中再次输入密码,然后单击"确定"按钮,如图 1-58 所示。

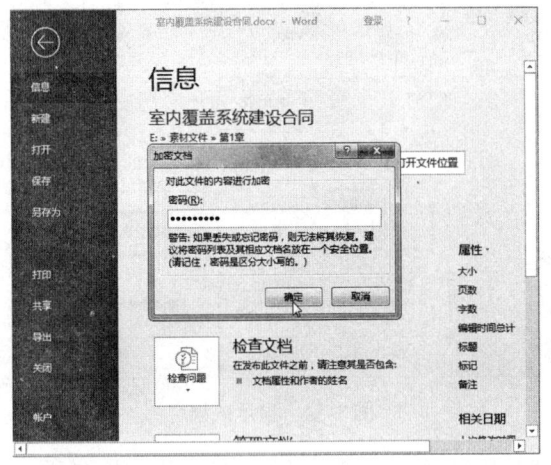
图 1-57　设置密码

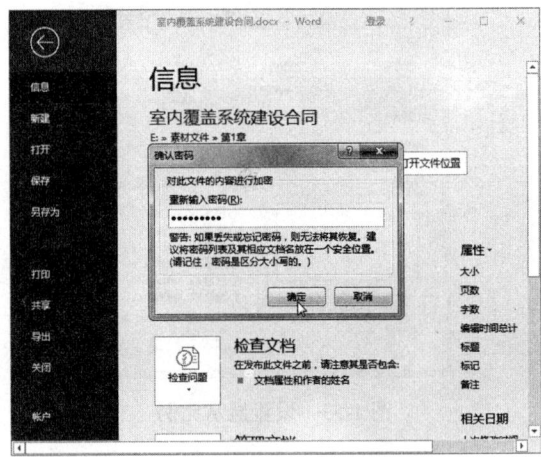
图 1-58　确认密码

**Step 05** 此时,即可看到文档呈保护状态,在左侧选择"保存"选项进行保存即可,如图 1-59 所示。

**Step 06** 若要取消文档的打开密码,需要先打开该文档,然后打开"加密文档"对话框,删除"密码"文本框中的密码,单击"确定"按钮,最后保存文档即可,如图 1-60 所示。

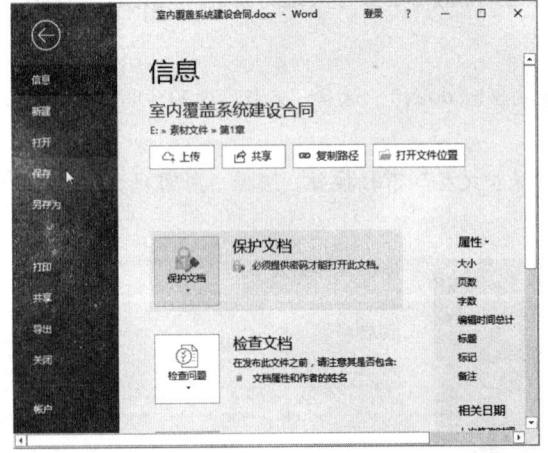
图 1-59　单击"保存"按钮

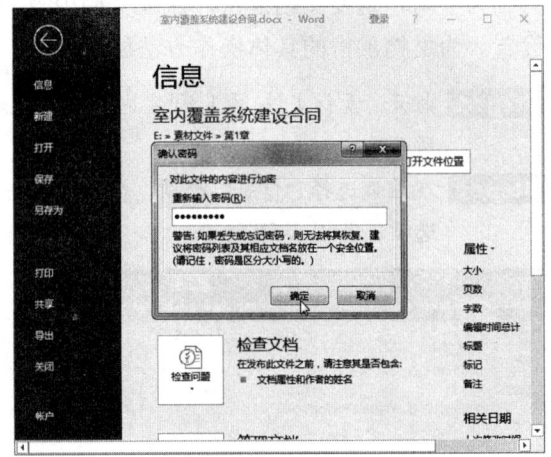
图 1-60　取消密码

### 课堂解疑

在打开的文档中,按【F12】键打开"另存为"对话框,单击"工具"下拉按钮,选择"常规选项"选项,在弹出的对话框中也可以设置密码,设置完成后返回"另存为"对话框,单击"保存"按钮即可。

## 1.5 综合实例——通过模板新建"会议纪要"文档并保存

用户可以通过模板快捷、方便地创建专业化的文档。下面将综合运用本章所学知识,通过模板新建"会议纪要"文档并对其进行保存,方法如下。

**Step 01** 启动 Word 2016,在搜索框中输入"会议纪要",然后单击"搜索"按钮,如图 1-61 所示。

**Step 02** 在打开的"新建"窗口中选择"正式会议纪要"模板,如图 1-62 所示。

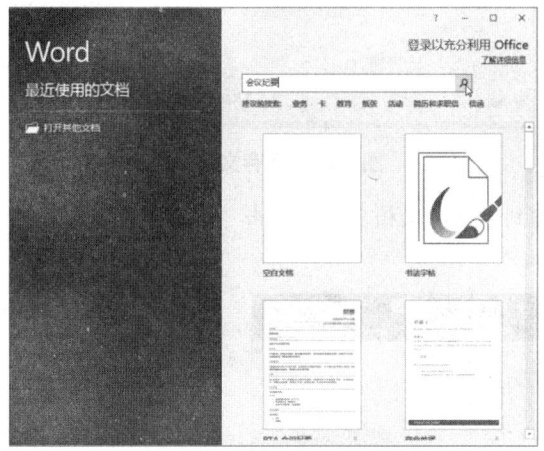

图 1-61 搜索关键字

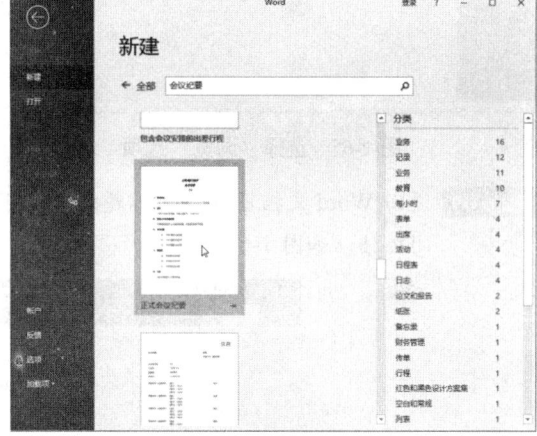

图 1-62 选择"正式会议纪要"模板

**Step 03** 在弹出的对话框中可以预览模板效果,单击"创建"按钮,如图 1-63 所示。

**Step 04** 开始下载模板,下载完成后即可创建模板文档,然后单击快速访问工具栏中的"保存"按钮,如图 1-64 所示。

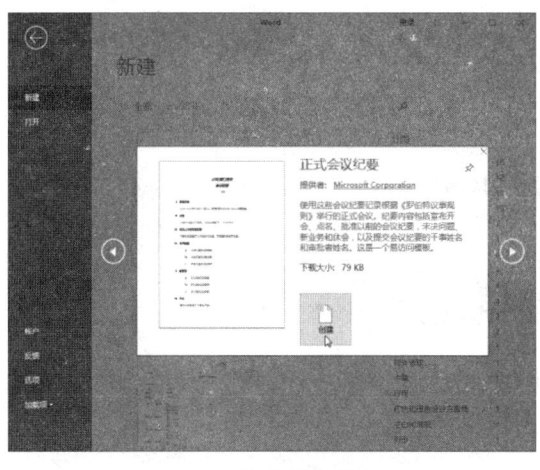

图 1-63 预览模板效果

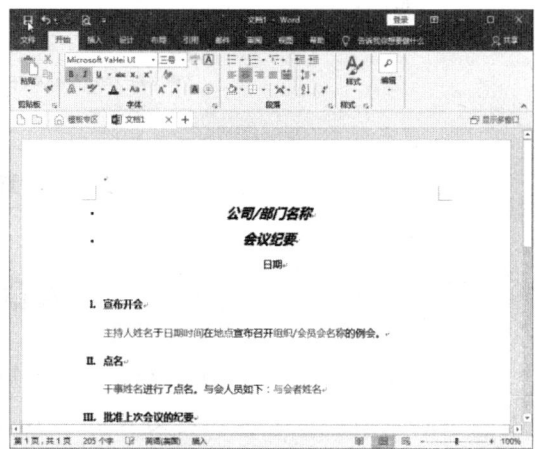

图 1-64 创建模板文档

**Step 05** 打开"另存为"窗口,选择"浏览"选项,如图 1-65 所示。

**Step 06** 弹出"另存为"对话框,选择保存路径,然后输入文件名,最后单击"保存"按钮,即可保存文件,如图 1-66 所示。

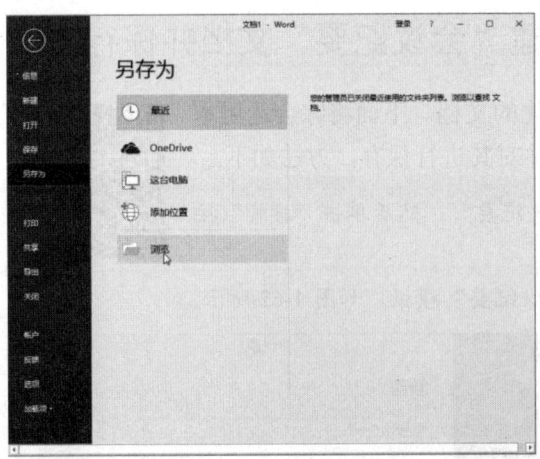

图 1-65 选择"浏览"选项

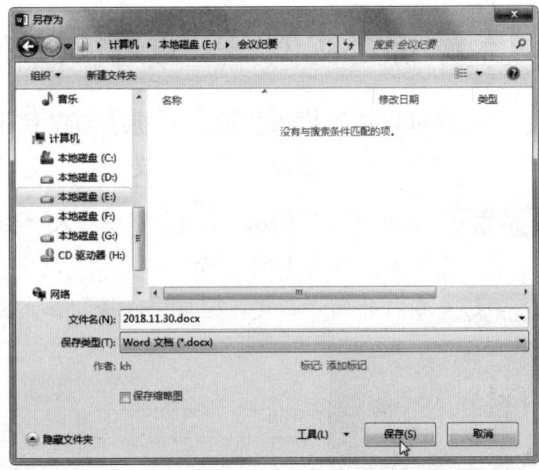

图 1-66 保存文件

**Step 07** 返回 Word 文档窗口，在标题栏中即可看到保存的文档名称，单击"关闭"按钮即可关闭文档，如图 1-67 所示。

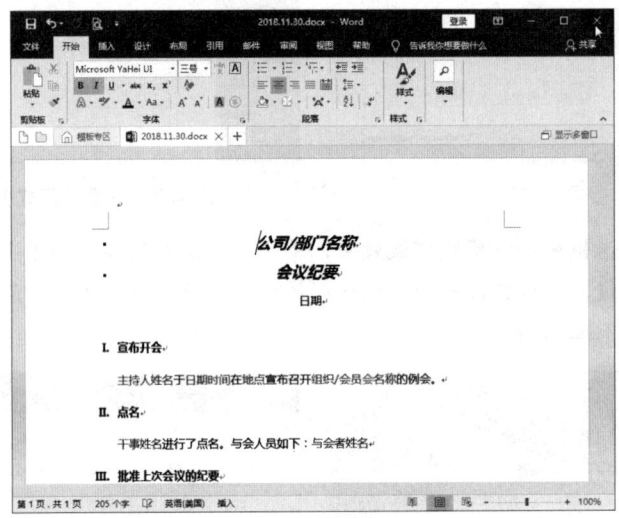

图 1-67 查看文档名称

## 本章小结

通过本章的学习，读者应重点掌握以下知识。
（1）根据自己的需要自定义 Word 2016 的工作窗口。
（2）新建空白文档和模板文档。
（3）保存新建文档、已有文档，另存已有文档。
（4）打开与关闭文档。
（5）根据文档内容选择适合的视图方式。
（6）根据需要放大或缩小比例显示文档。
（7）对文档进行加密。

| 课后习题 |

### 一、选择题

1. Word 2016 是一款（　　）。
   A．表格处理软件　　　　　　　　B．图形处理软件
   C．操作系统　　　　　　　　　　D．文字处理软件
2. Word 2016 文档的扩展名是（　　）。
   A．.txt　　　　　　　　　　　　B．.doc
   C．.docx　　　　　　　　　　　 D．.dotx
3. 新建文件第一次进行保存时，将弹出（　　）对话框。
   A．保存为　　　　　　　　　　　B．保存
   C．另存为　　　　　　　　　　　D．全部保存

### 二、填空题

1. 打开"打开"对话框的组合键是_____。
2. Word 2016 共有 5 种视图方式，分别为_____方式、_____方式、_____方式、_____方式和_____方式。
3. 若要更改文档的页面显示比例，可以选择_____选项卡，单击"显示比例"组中的_____按钮，在弹出的对话框中进行设置即可。

### 三、实操题

打开"素材文件\第 1 章\秩序部岗位核定及薪酬标准.docx"，对文件进行加密设置，如图 1-68 所示。

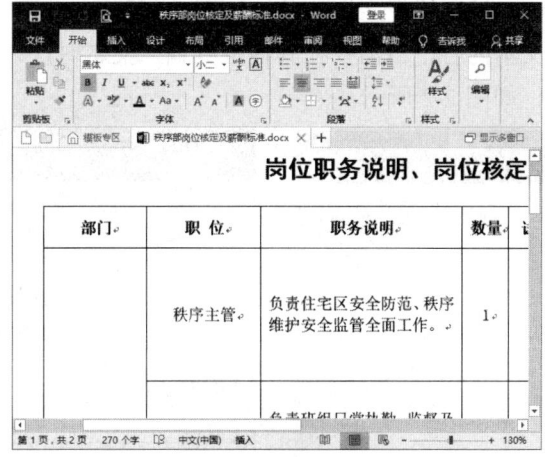

图 1-68　加密文档

操作提示：

（1）打开素材文件。
（2）加密文件并保存。

# 第 2 章
# 文本内容的输入与编辑

【学习目标】

- 掌握输入文本内容的方法。
- 掌握快速选择文本的方法。
- 掌握编辑文本的方法。
- 掌握撤销、恢复与重复操作的方法。

使用 Word 2016 制作文字类文档时，首先要输入文本内容，若需要进行修改，还可以对其进行编辑操作。本章将学习如何在 Word 文档中输入文本，以及如何对文本内容进行各种编辑操作。

## 2.1 输入文本内容

制作文字类文档的第一步就是输入文本内容，其中包括文字的输入、标点和符号的输入、特殊符号的输入，以及时间和日期的输入等。

### 2.1.1 定位光标

新建或打开 Word 文档后，会在文档的开始位置出现一个闪烁的竖线，这就是光标，其作用是确定插入文本的位置。下面将介绍定位光标的方法。

#### 1. 用鼠标定位光标

在空白 Word 文档中，光标位于文档的开始位置，此时可以直接输入文本，如图 2-1 所示；若 Word 文档中有文本内容，当需要在其他位置输入文本时，只需将鼠标指针移至该位置并单击鼠标左键即可，如图 2-2 所示。

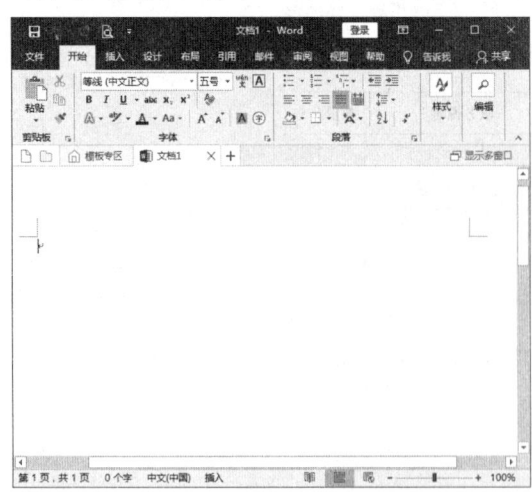
图 2-1 光标位于文档开始位置

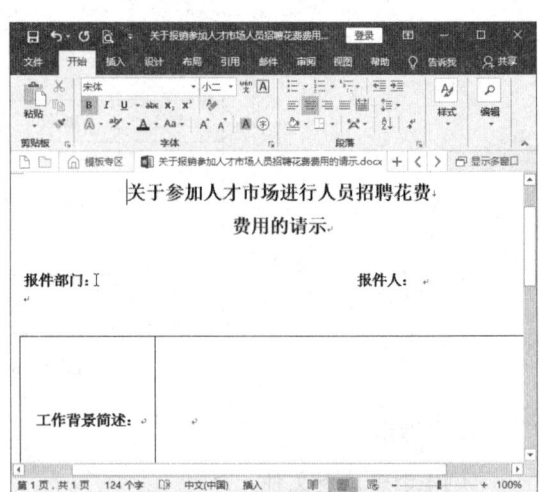
图 2-2 单击定位光标

## 2. 用键盘定位光标

- **向左或向右移动一个字符**：按【←】或【→】键，可以将光标向左或向右移动一个字符。
- **向上或向下移动一个字符**：按【↑】或【↓】键，可以将光标向上或向下移动一个字符。
- **向左或向右移动一个词**：按【Ctrl+←】或【Ctrl+→】组合键，可以将光标向左或向右移动一个词。
- **移到段落开始位置**：按【Ctrl+↑】或【Ctrl+↓】组合键，可以将光标移到本段落或下一个段落的开始位置。
- **移到行首或行尾**：按【Home】或【End】键，可以将光标移到本行的行首或行尾位置。
- **移到文档开头或结尾**：按【Ctrl+Home】和【Ctrl+End】组合键，可以将光标移到文档的开头或结尾位置。
- **向上或向下移动一屏**：按【Page Up】或【Page Down】键，可以将光标向上或向下移动一屏。
- **移到上一页或下一页开始位置**：按【Ctrl+Page Up】或【Ctrl+Page Down】组合键，可以将光标移到上一页或下一页的开始位置。

### 2.1.2 输入文本

文本一般主要包括文字和标点符号等，在 Word 2016 中输入文本的具体操作方法如下。

**Step 01** 新建空白 Word 文档，光标将自动定位到文档编辑区的第一行，切换到自己熟悉的输入法，如图 2-3 所示。

**Step 02** 在文档中输入所需的文本内容，如图 2-4 所示。

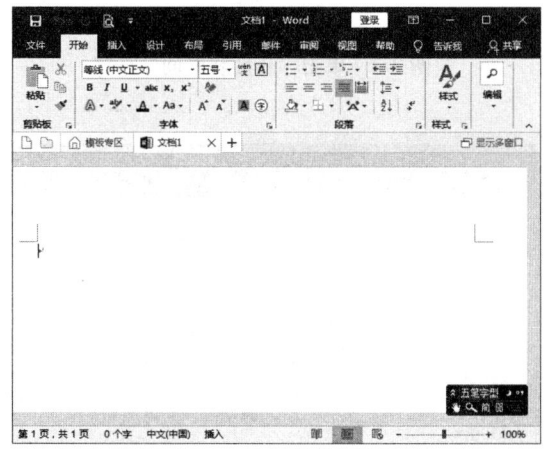

图 2-3 切换输入法

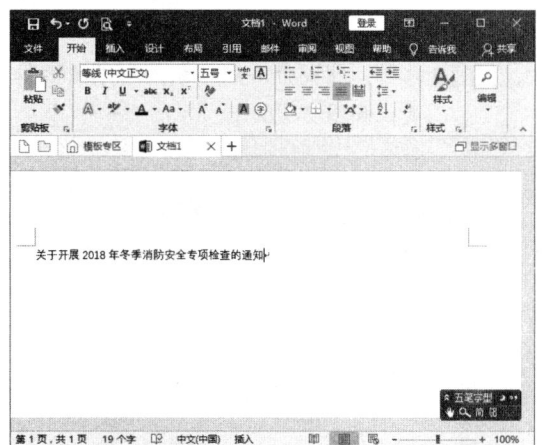

图 2-4 输入文本内容

**Step 03** 按【Enter】键，即可将光标切换到下一行，继续输入文本，如图 2-5 所示。

**Step 04** 采用同样的方法，输入文档的其他文本，当文字到达一行的最右侧时，将自动跳转至下一行，如图 2-6 所示。

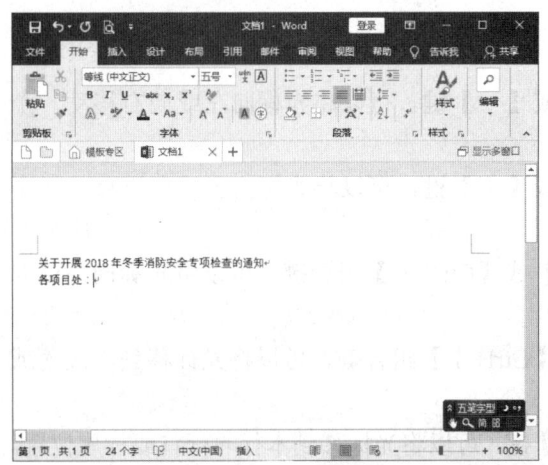

图 2-5 继续输入文本

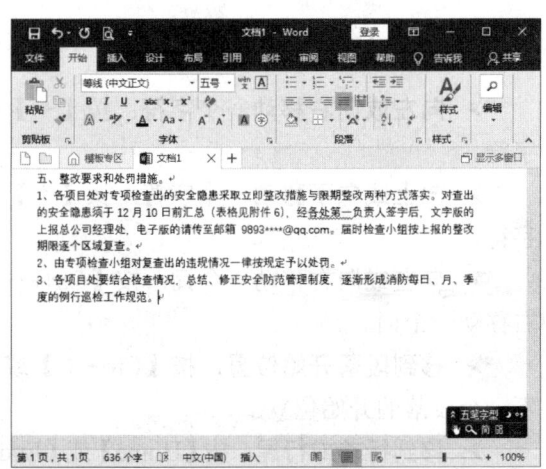

图 2-6 自动换行

## 2.1.3 快速输入当前日期和时间

在制作文档时，有时需要插入当前日期和时间，具体操作方法如下。

**Step 01** 在文档中将光标定位到需要插入日期的位置，选择"插入"选项卡，单击"文本"组中的"日期和时间"按钮，如图 2-7 所示。

**Step 02** 弹出"时间和日期"对话框，在"可用格式"列表框中选择需要的时间格式，然后单击"确定"按钮，如图 2-8 所示。

**Step 03** 此时，即可将当前日期插入到所需位置，如图 2-9 所示。

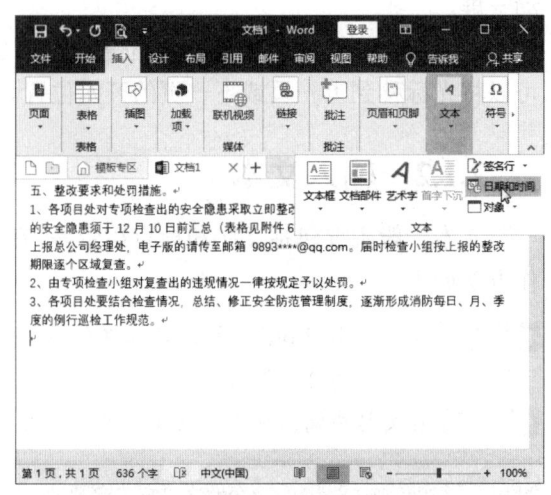

图 2-7 单击"日期和时间"按钮

图 2-8 选择时间格式

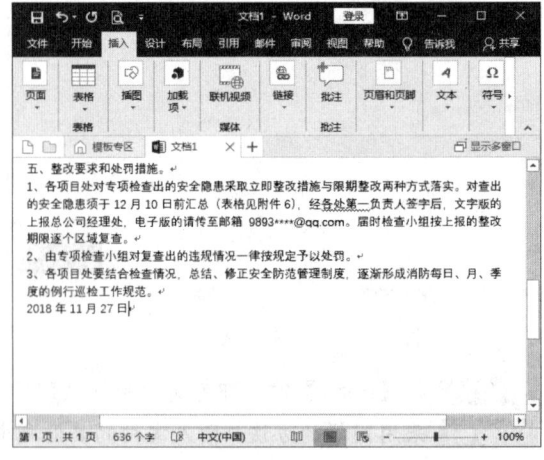

图 2-9 插入当前日期

**Step 04** 采用同样的方法，也可将当前时间添加到指定位置，如图 2-10 所示。

## 2.1.4 插入符号

在制作文档时，经常会遇到普通文本以外的特殊符号，此时需要通过插入符号的方法进行输入，具体操作方法如下。

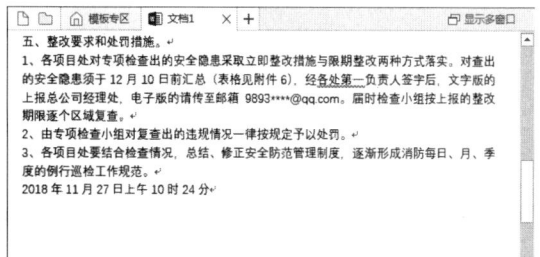

图 2-10 插入当前时间

**Step 01** 将光标定位到需要插入特殊符号的位置，选择"插入"选项卡，在"符号"组中单击"符号"下拉按钮，选择"其他符号"选项，如图 2-11 所示。

**Step 02** 弹出"符号"对话框，在"子集"下拉列表框中选择"广义标点"选项，如图 2-12 所示。

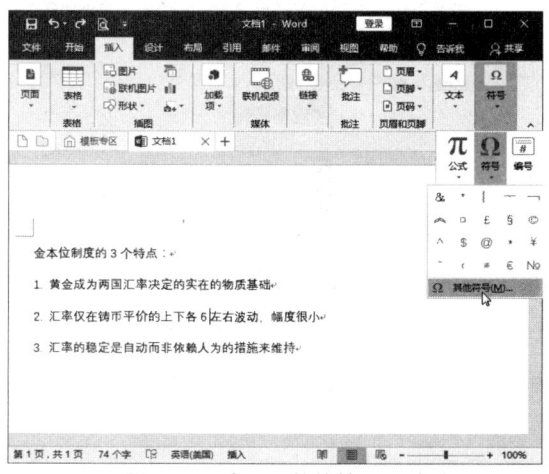

图 2-11 选择"其他符号"选项

图 2-12 选择子集

**Step 03** 在符号列表框中选择所需的符号，然后单击"插入"按钮，如图 2-13 所示。

**Step 04** 此时，即可将所选的特殊符号插入到文档的相应位置，单击"关闭"按钮，关闭"符号"对话框，效果如图 2-14 所示。

图 2-13 选择符号

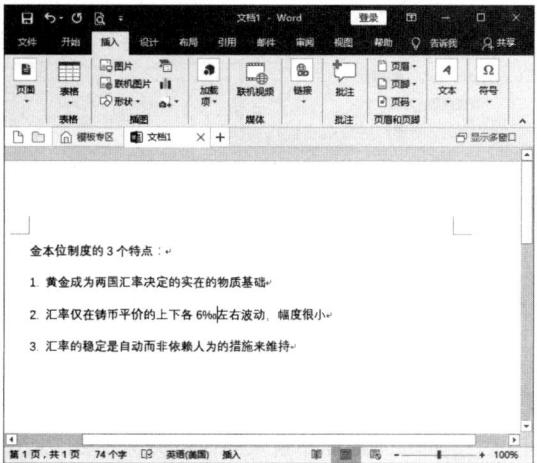

图 2-14 插入符号

## 2.1.5 输入公式

在制作文档的过程中,有时需要输入一些公式,使用 Word 2016 可以轻松地在文档中输入公式,具体操作方法如下。

**Step 01** 在文档中定位光标,选择"插入"选项卡,单击"符号"组中的"公式"按钮,如图 2-15 所示。

**Step 02** 此时,在文档编辑区中将插入"在此处键入公式"占位符,并自动切换到"设计"选项卡,如图 2-16 所示。

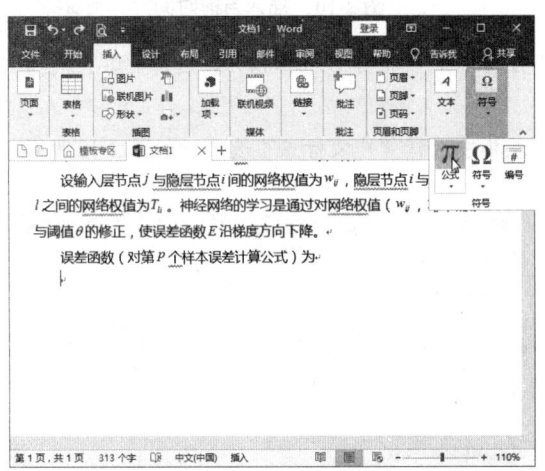
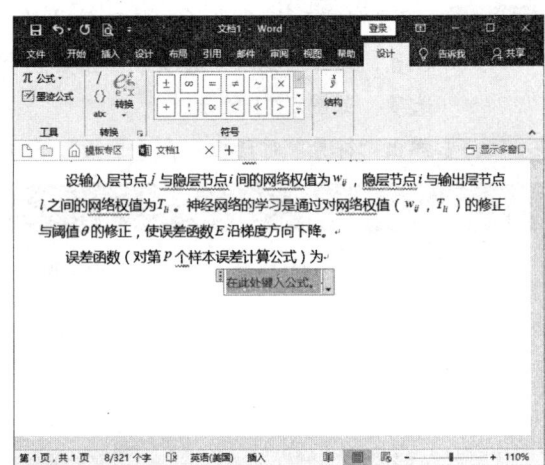

图 2-15　单击"公式"按钮　　　　　　　图 2-16　插入公式占位符

**Step 03** 单击"结构"组中的"上下标"下拉按钮,在弹出的下拉列表中选择"下标"选项,如图 2-17 所示。

**Step 04** 将光标定位到左侧文本框中并输入内容,如图 2-18 所示。

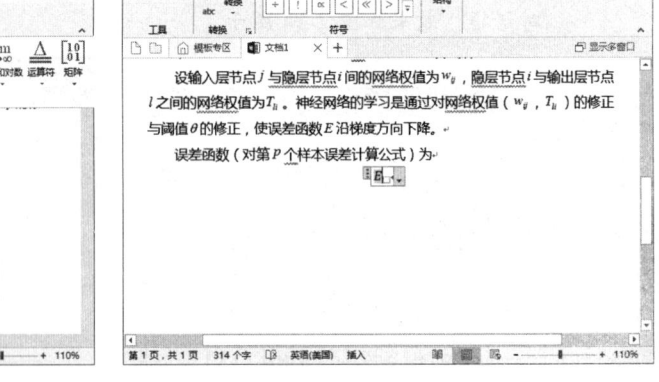

图 2-17　选择"下标"选项　　　　　　　图 2-18　输入内容

**Step 05** 将光标定位到下标的文本框中并输入内容,如图 2-19 所示。

**Step 06** 定位光标并输入等号,效果如图 2-20 所示。

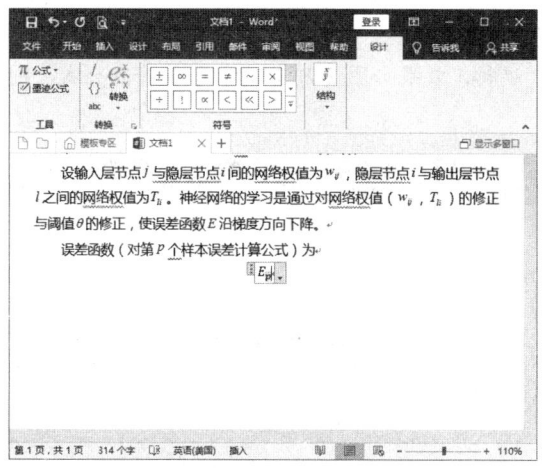
图 2-19　输入下标内容

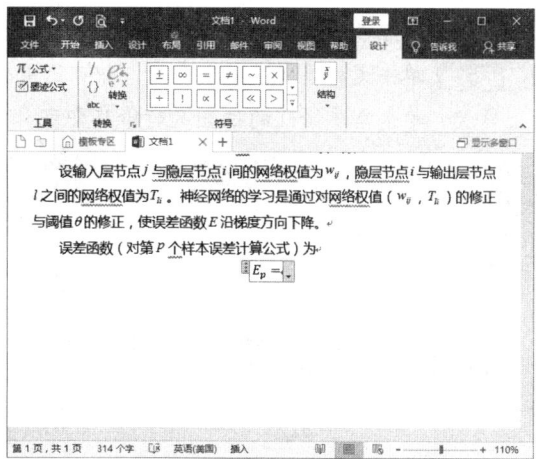
图 2-20　输入等号

**Step 07** 单击"结构"组中的"分式"下拉按钮,在弹出的下拉列表中选择"分式(竖式)"选项,如图 2-21 所示。

**Step 08** 将光标定位到分子位置,输入分子,如图 2-22 所示。

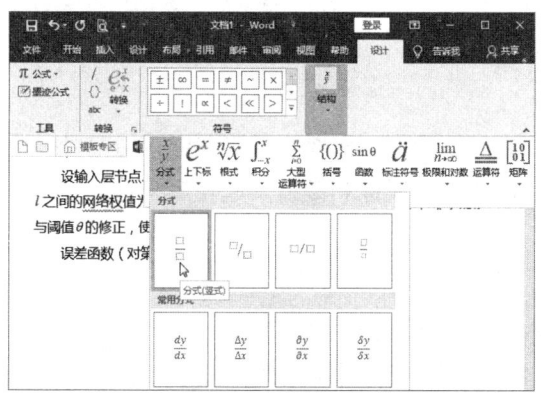
图 2-21　选择分式

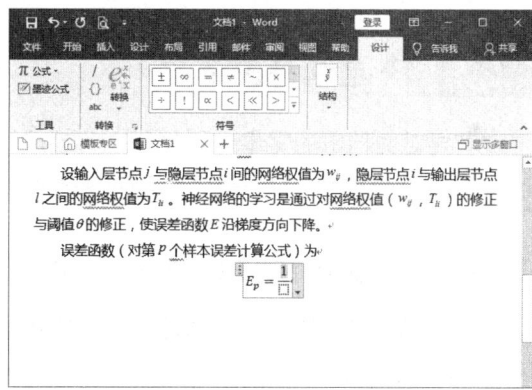
图 2-22　输入分子

**Step 09** 将光标定位到分母位置,输入分母,如图 2-23 所示。

**Step 10** 定位光标,单击"结构"组中的"大型运算符"下拉按钮,在弹出的下拉列表中选择"有下限的求和符"选项,效果如图 2-24 所示。

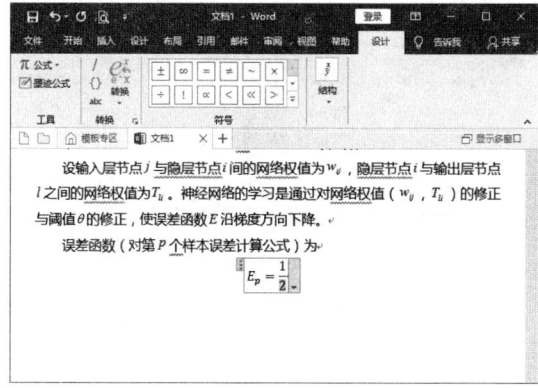
图 2-23　输入分母

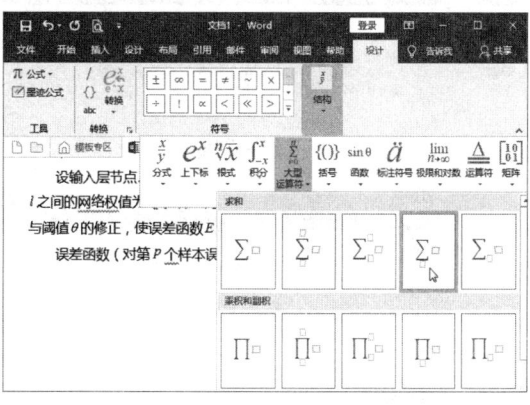
图 2-24　选择运算符选项

**Step 11** 参照前面的方法继续输入公式内容，如图 2-25 所示。

**Step 12** 单击文档编辑区的空白处，即可退出公式编辑，效果如图 2-26 所示。若要修改公式，则单击需要修改的位置进行修改即可。

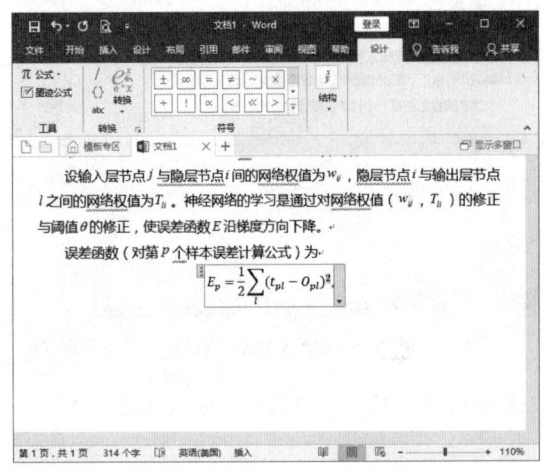

图 2-25　继续输入公式内容

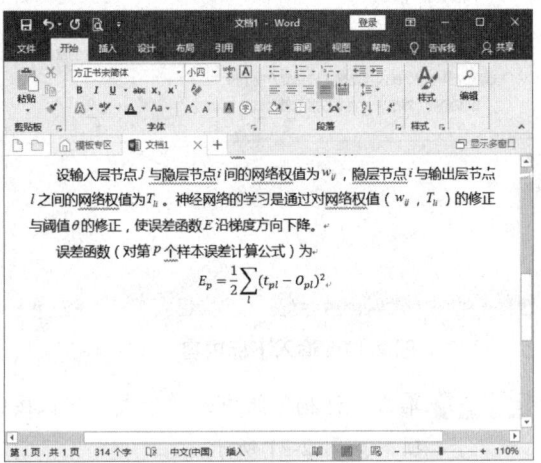

图 2-26　退出公式编辑

## 2.2 快速选择文本

若要对文档中的文本进行复制、移动或设置格式等操作，需要先将其选中。用户可以通过鼠标来选择文本，也可以通过键盘来选择文本，还可以鼠标和键盘一起使用来选择文本。

### 2.2.1 使用鼠标选择文本

使用鼠标可以快速、方便地选择所需的文本，方法如下。

➢ **选择任意文本**：将光标定位到要选择文本的起始位置，然后按住鼠标左键并拖动，选择所需文本后松开鼠标即可，如图 2-27 所示。

➢ **选择单个词组**：将鼠标指针移到要选择词组的前面或中间位置，然后双击该词组，即可快速将其选中，如图 2-28 所示。

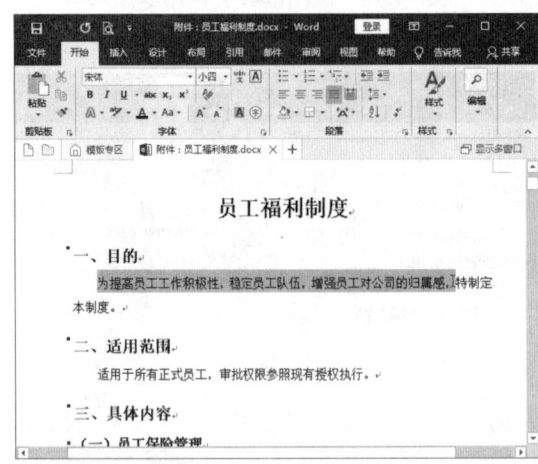

图 2-27　选择任意文本

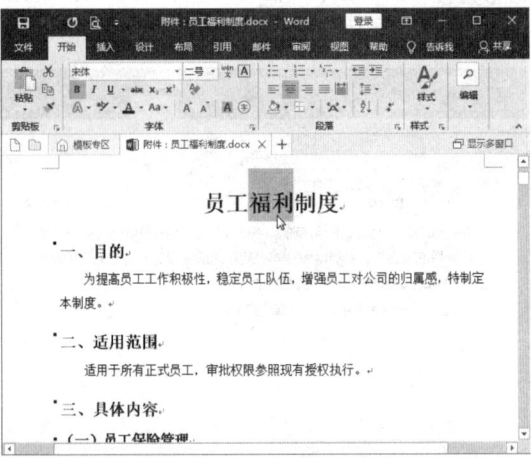

图 2-28　选择单个词组

➢ **选择单行文本**：将鼠标指针移到要选择的单行文本左侧空白区域，当指针呈 ⌐ 形状时单击鼠标左键，即可选择该行文本，如图 2-29 所示。

➢ **选择多行文本**：将鼠标指针移到要选择行的左侧空白区域，当指针呈 ⌐ 形状时按住鼠标左键并向下拖动，到达末尾位置时松开鼠标即可，如图 2-30 所示。

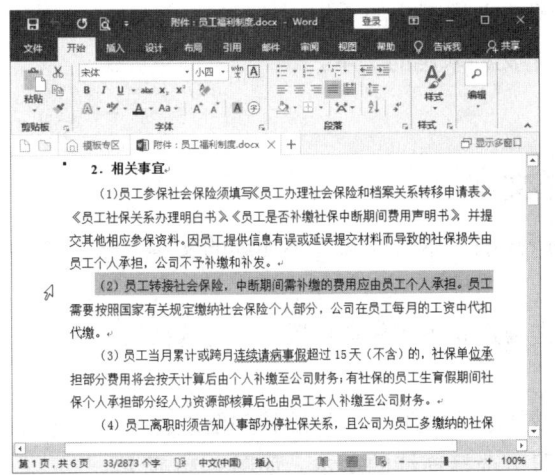

图 2-29　选择单行文本　　　　　　图 2-30　选择多行文本

➢ **选择段落**：将鼠标指针移到要选择的段落左侧空白区域，当指针呈 ⌐ 形状时双击鼠标左键，即可选择该段落，如图 2-31 所示。

➢ **选择整篇文档**：将鼠标指针移到文档左侧空白区域，当指针呈 ⌐ 形状时，连续快速单击鼠标左键三次，即可选择整篇文档，如图 2-32 所示。

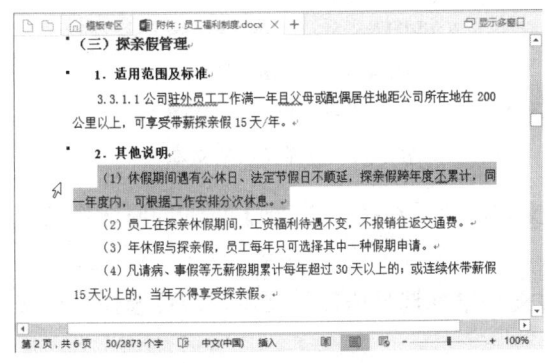 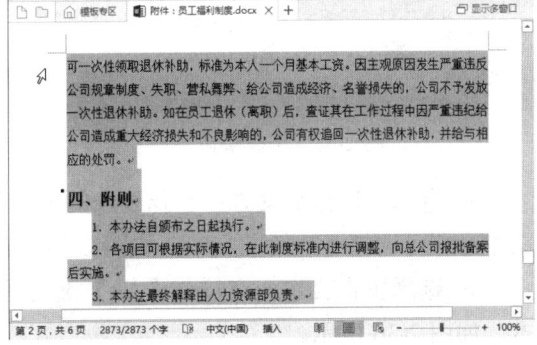

图 2-31　选择段落　　　　　　　　图 2-32　选择整篇文档

## 2.2.2　使用键盘选择文本

使用键盘也可以快速选择所需的文本，省去了键盘与鼠标之间的切换，从而提高工作效率效率。使用键盘选择文本的快捷键如下。

➢ 【Shift+←】：选择光标所在位置左侧的一个字符。
➢ 【Shift+→】：选择光标所在位置右侧的一个字符。
➢ 【Ctrl+Shift+←】：选择光标所在位置左侧的单字或词组。
➢ 【Ctrl+Shift+→】：选择光标所在位置右侧的单字或词组。

- 【Shift+↑】：选择光标所在位置至上一行对应位置处的文本。
- 【Shift+↓】：选择光标所在位置至下一行对应位置处的文本。
- 【Shift+Home】：选择光标所在位置至行首的文本。
- 【Shift+End】：选择光标所在位置至行尾的文本。
- 【Ctrl+Shift+Home】：选择光标所在位置至文档开头的文本。
- 【Ctrl+Shift+End】：选择光标所在位置至文档末尾的文本。
- 【Ctrl+A】：选择整篇文档。

### 2.2.3 鼠标和键盘结合使用选择文本

鼠标和键盘结合使用可以更加灵活地选择所需的文本，如选择不连续的文本、垂直文本等，方法如下。

- **选择整句**：在按住【Ctrl】键的同时单击要选句子的任意位置，即可选择该句子，如图 2-33 所示。
- **选择连续的文本**：将鼠标指针移到要选文本的起始位置，然后找到要选择文本的末尾位置，在按住【Shift】键的同时单击该位置，即可选择连续的文本，如图 2-34 所示。

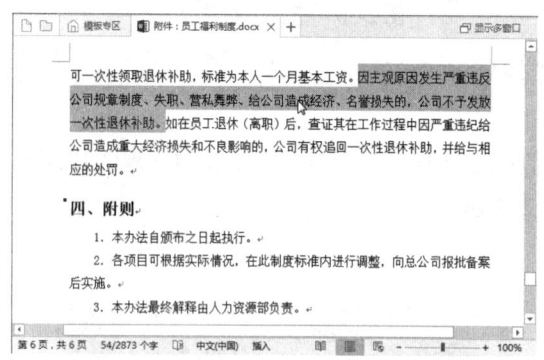

图 2-33　选择整句

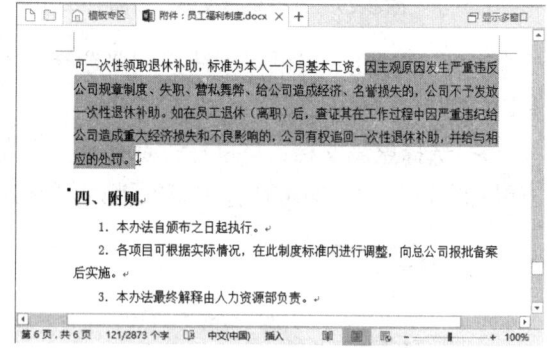

图 2-34　选择连续的文本

- **选择不连续的文本**：选择要选的第一处文本，然后在按住【Ctrl】键的同时选择其他文本，即可选择不连续的文本，如图 2-35 所示。
- **选择垂直文本**：在按住【Alt】键的同时拖动鼠标选择所需的文本，即可选择垂直文本，如图 2-36 所示。

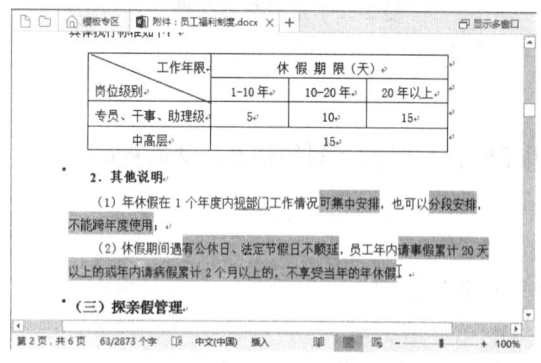

图 2-35　选择不连续的文本

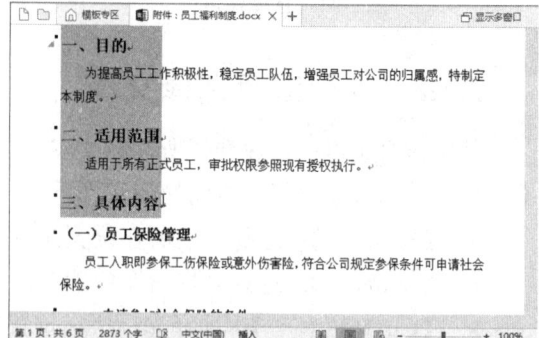

图 2-36　选择垂直文本

## 2.3 编辑文本

文本输入完成,可能需要对文本进行一些编辑操作,如更改、增加或删除文本,通过复制操作快速输入相同内容,通过剪切操作快速移动内容等。下面将详细介绍编辑文本的方法。

### 2.3.1 更改文本

若需要对文档中的文本进行修改,可以先将其选中,然后输入所需的文本内容即可,具体操作方法如下。

**Step 01** 打开"素材文件\第 2 章\劳动合同.docx",选择需要更改的文本,如图 2-37 所示。

**Step 02** 直接输入所需的文本,即可更改文本,如图 2-38 所示。

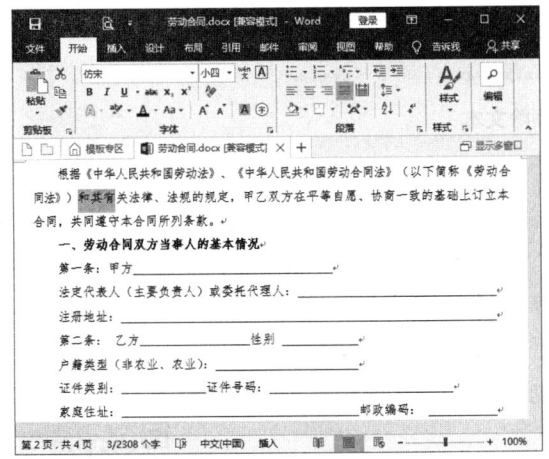
图 2-37 选择文本

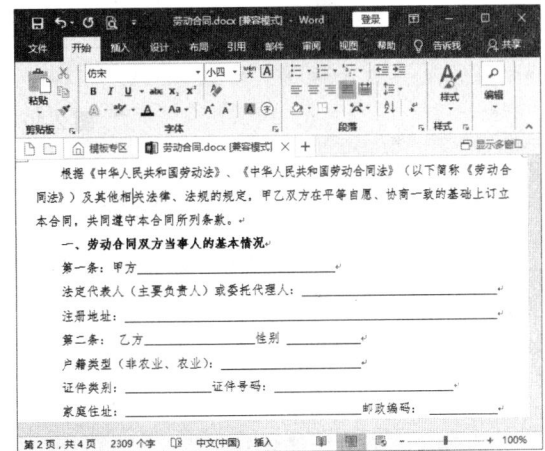
图 2-38 更改文本

### 2.3.2 增加文本

若在文档中有漏输的文本,可以将光标定位至需要增加文本的位置,然后输入所需的内容即可,如图 2-39 所示。

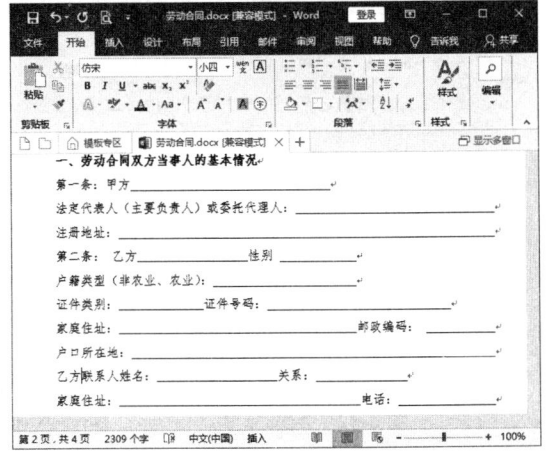
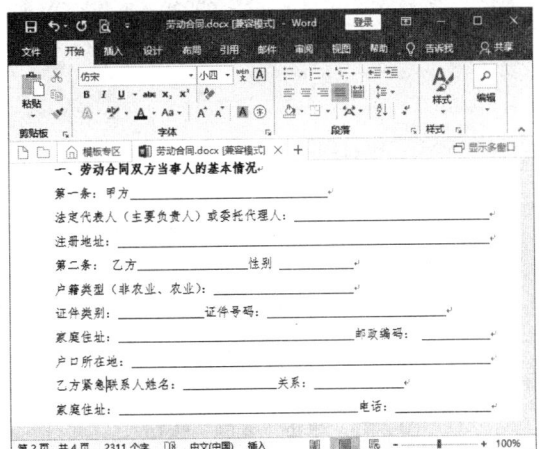

图 2-39 增加文本

### 2.3.3 删除文本

若要删除文档中的文本，可以先选择需要删除的文本内容，然后直接按【Delete】键或【Backspace】键即可，如图 2-40 所示。按一下【Delete】键，可以删除光标后的一个字符；按一下【Backspace】键，可以删除光标前的一个字符；按一下【Ctrl+Delete】组合键，可以删除光标后的一个单词或短语；按一下【Ctrl+Backspace】键，可以删除光标前的一个单词或短语。

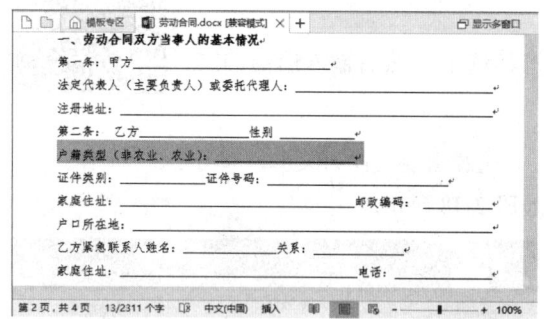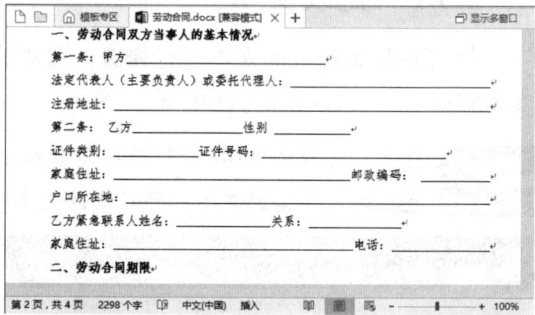

图 2-40　删除文本

### 2.3.4 剪切、复制和粘贴文本

剪切是指将文档中的内容复制到剪贴板中，同时删除原内容，然后将内容粘贴到目标位置，常用于移动操作。复制也是将文档中的内容复制到剪贴板中，但原位置上的内容仍然存在，然后将内容粘贴到目标位置，常用于输入重复的内容。

复制和剪切文本的操作方法类似，其方法也有多种，下面将分别对其进行介绍。

**方法 1：单击功能按钮**

通过单击功能区中的"剪切""复制"和"粘贴"按钮可以移动或复制文本，方法如下。

**Step 01** 选择要复制的文本，在"剪贴板"组中单击"复制"按钮，如图 2-41 所示。

**Step 02** 将光标定位到要粘贴文本的位置，如图 2-42 所示。

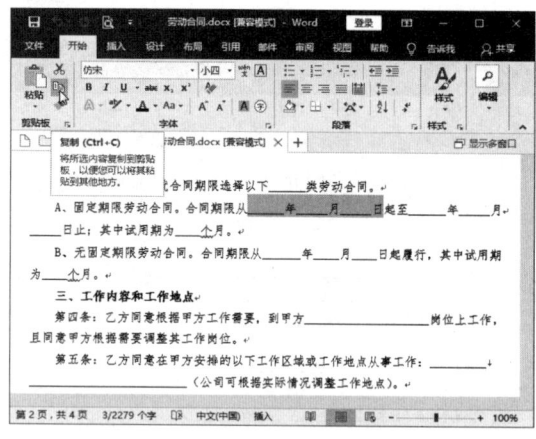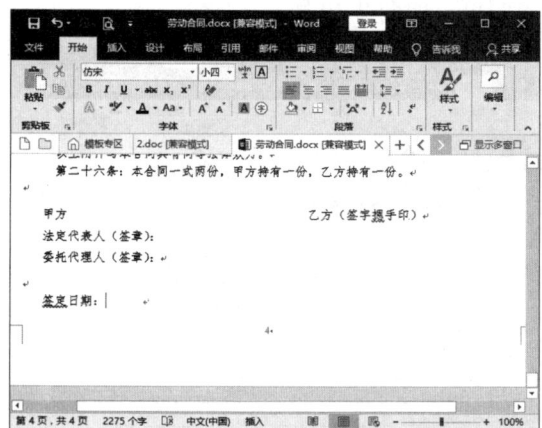

图 2-41　单击"复制"按钮　　　　　图 2-42　定位光标

**Step 03** 在"剪贴板"组中单击"粘贴"按钮，如图 2-43 所示。

**Step 04** 此时,即可粘贴文本,如图 2-44 所示。单击"剪贴板"组右下方的扩展按钮,可以打开"剪贴板"窗格,从中可以查看复制或剪切过的内容。若没有手动删除,剪贴板中的内容将一直存在。

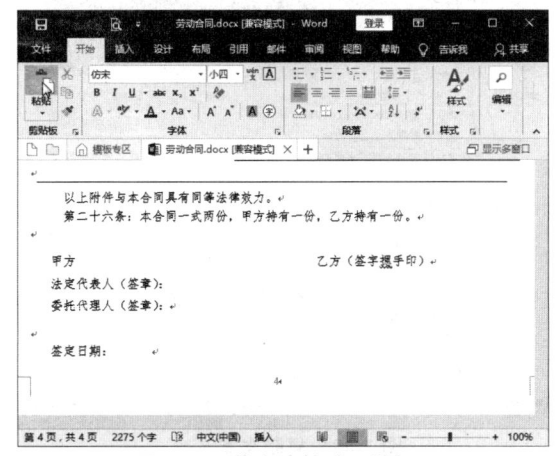

图 2-43 单击"粘贴"按钮　　　　　　图 2-44 粘贴文本

**方法 2:使用快捷菜单命令**

用户还可以通过快捷菜单命令来快速复制、剪切和粘贴文本,方法如下。

**Step 01** 选择要移动的文本并右击,在弹出的快捷菜单中选择"剪切"命令,如图 2-45 所示。

**Step 02** 将光标定位到要粘贴的位置并右击,在弹出的快捷菜单中选择所需的粘贴选项,如图 2-46 所示。

 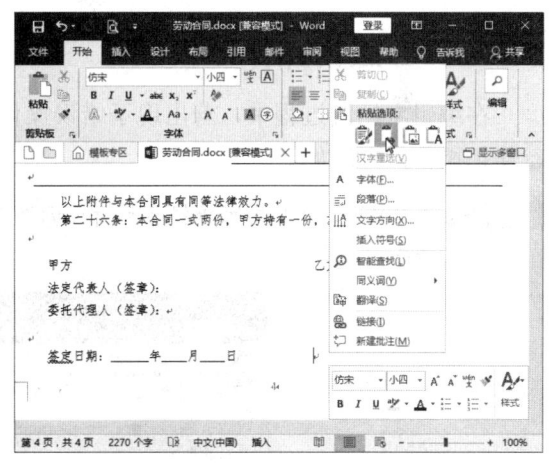

图 2-45 选择"剪切"命令　　　　　　图 2-46 选择粘贴选项

**方法 3:使用快捷键**

选择文本后按【Ctrl+C】组合键可以复制文本,按【Ctrl+X】组合键可以剪切文本。将光标定位到目标位置,按【Ctrl+V】组合键即可粘贴文本,默认使用"保留源格式"粘贴选项。

**方法 4:拖动鼠标**

选择文本后直接拖动所选的文本,即可移动文本的位置,如图 2-47 所示。若在拖动过程中按住【Ctrl】键，即可复制文本，如图 2-48 所示。该方法只适用于在当前文档中进行文本的复制和移动操作。

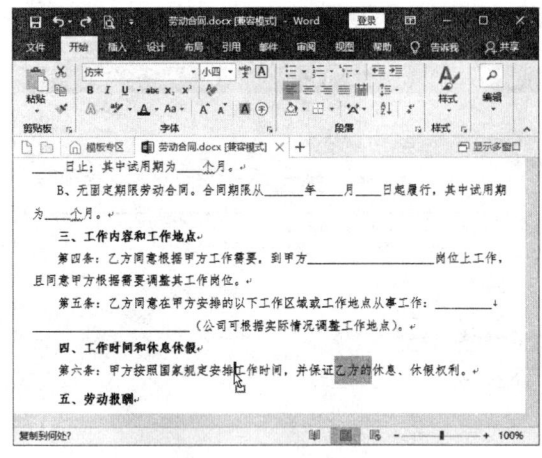

图 2-47　移动文本

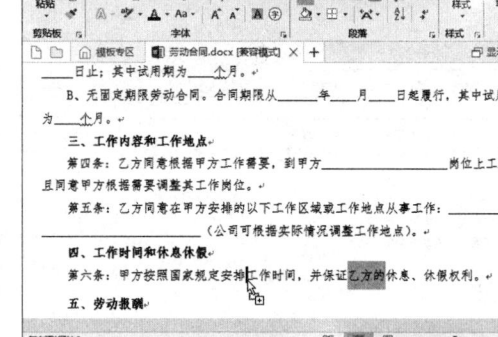

图 2-48　复制文本

## 2.4　撤销、恢复与重复操作

在编辑文档时，Word 2016 会自动记录最近所执行的操作。若用户执行了错误操作，可以重复或撤销刚执行的操作，还可以将撤销的操作进行恢复。在执行操作时，建议使用快捷键，这样可以提高工作效率。

### 2.4.1　撤销操作

在编辑文档的过程中，若出现了错误操作，可以通过"撤销"功能来执行撤销操作，方法如下。

**Step 01**　选择文本"（公司可根据实际情况调整工作地点）"，按【Delete】键将其删除，如图 2-49 所示。

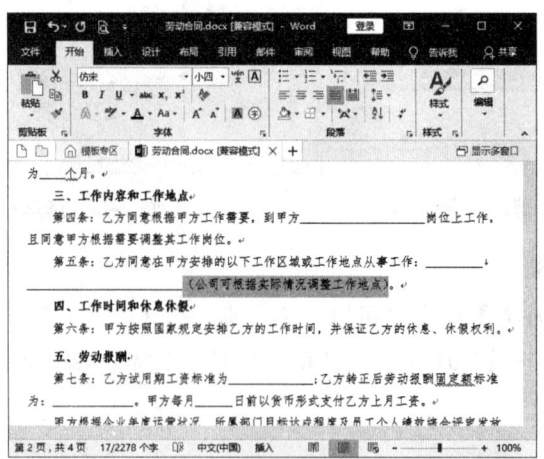

图 2-49　删除文本

**Step 02** 单击快速访问工具栏中的"撤销"按钮 或按【Ctrl+Z】组合键,即可撤销删除文本操作,如图 2-50 所示。

**Step 03** 此时,即可看到已经撤销了删除文本操作,如图 2-51 所示。若想撤销多步操作,可以多次单击"撤销"按钮 或多次按【Ctrl+Z】组合键,也可以单击其"撤销"按钮右侧的下拉按钮,在弹出的列表中选择要撤销到的状态。

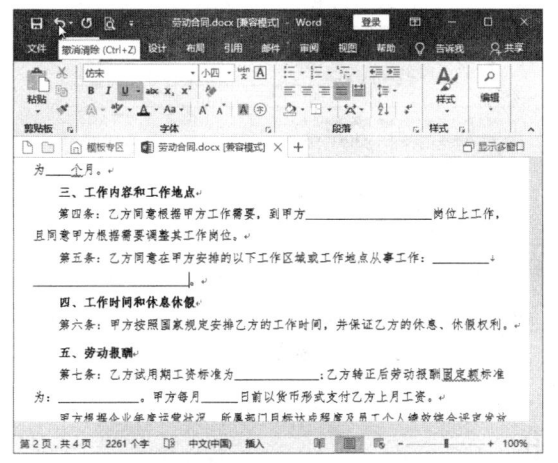

图 2-50 单击"撤销"按钮

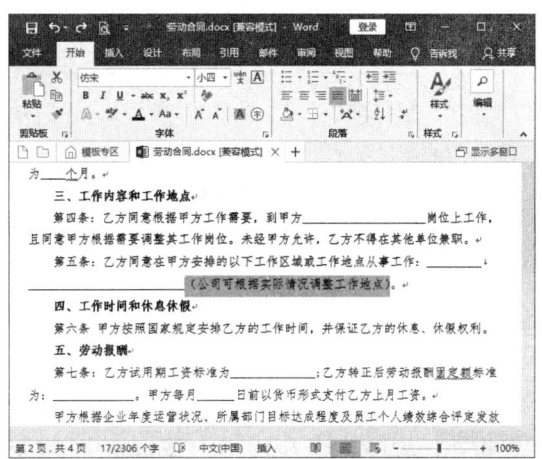

图 2-51 撤销删除文本操作

### 2.4.2 恢复操作

执行"撤销"操作后,还可以通过"恢复"功能来取消之前的撤销操作,方法如下:继续上一节进行操作,单击"恢复"按钮 (如图 2-52 所示)或按【Ctrl+Y】组合键,即可恢复删除操作,如图 2-53 所示。若在执行撤销操作后又对文档内容进行了其他编辑操作,将不能再执行恢复操作,并且此时的"恢复"按钮 将变成"重复"按钮 。

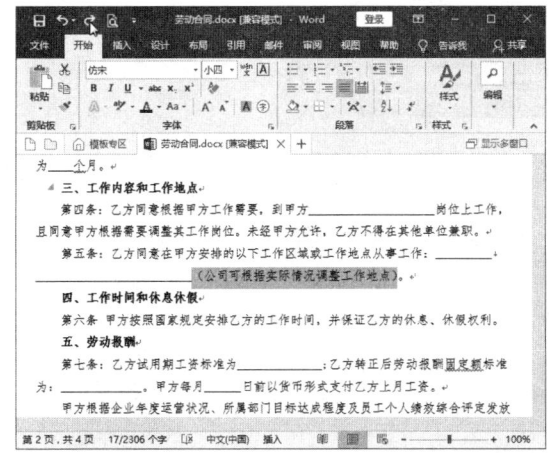

图 2-52 单击"恢复"按钮

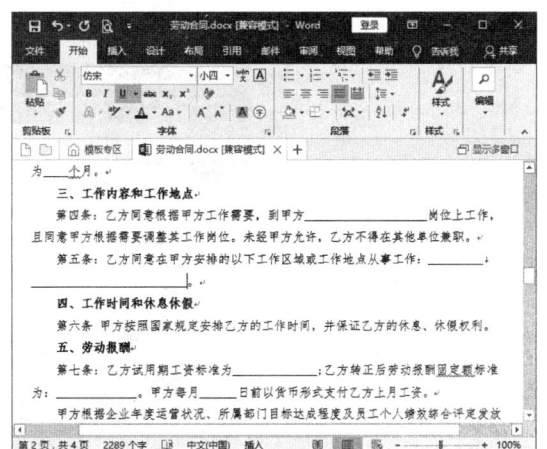

图 2-53 恢复删除操作

### 2.4.3 重复操作

"重复"功能主要用于重复上一步操作,例如,将文档中的"定"改为"订"后,选择下一个"定",单击"重复"按钮 ○(如图 2-54 所示),即可重复更改操作,如图 2-55 所示。

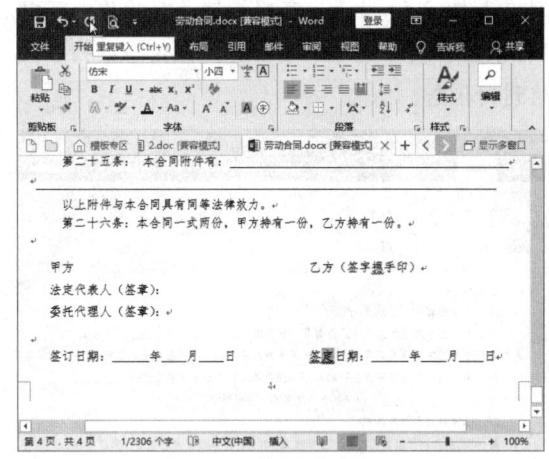

图 2-54 更改文本

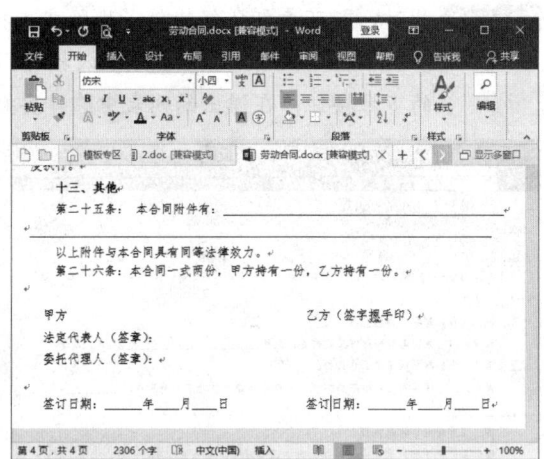

图 2-55 重复操作

## 2.5 综合实例——制作"委托书"

通过复制网页中的素材到 Word 文档中可以快速制作自己所需的文档,下面将综合运用本章所学知识制作一份"委托书",方法如下。

**Step 01** 打开浏览器,搜索所需内容,在搜到的网页中右击要复制的内容,在弹出的快捷菜单中选择"复制"命令,如图 2-56 所示。

图 2-56 选择"复制"命令

**Step 02** 新建空白 Word 文档,单击"开始"选项卡下"剪贴板"组中的"粘贴"下拉按钮,选择"只保留文本"选项,如图 2-57 所示。

**Step 03** 选择需要复制的下划线,单击"剪贴板"组中的"复制"按钮 或按【Ctrl+C】组合键,如图 2-58 所示。

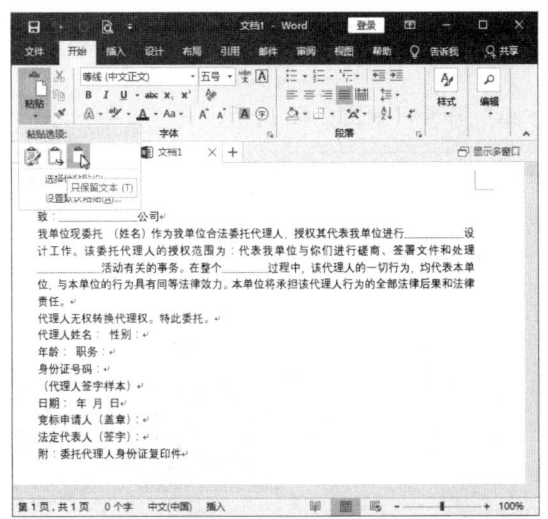
　　图 2-57　粘贴文本

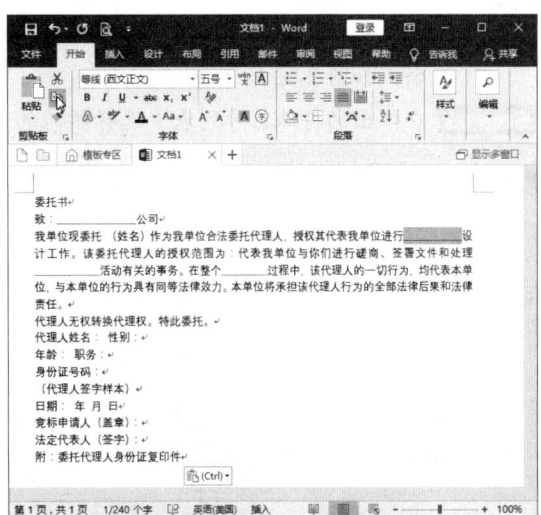
　　图 2-58　单击"复制"按钮

**Step 04** 选择需要替换的内容，单击"剪贴板"组中的"粘贴"按钮或按【Ctrl+V】组合键，如图 2-59 所示。

**Step 05** 继续粘贴下划线，如图 2-60 所示。

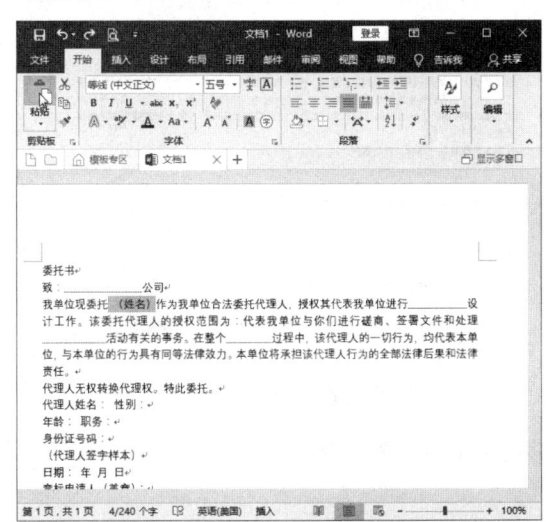
　　图 2-59　单击"粘贴"按钮

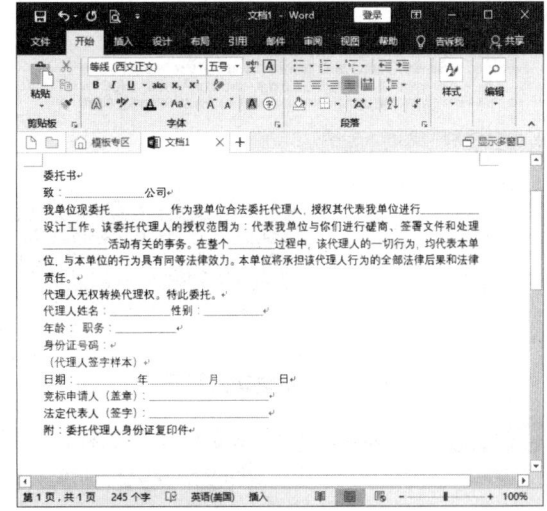
　　图 2-60　粘贴下划线

**Step 06** 选择需要删除的文本，然后按【Delete】键，如图 2-61 所示。

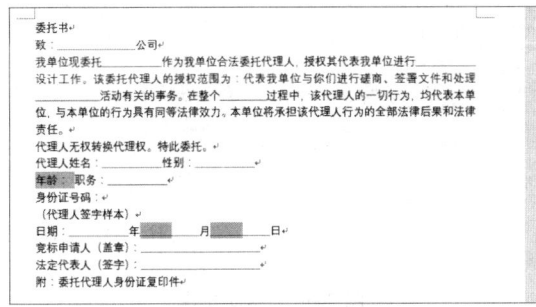
　　图 2-61　选择并删除文本

**Step 07** 定位光标，右击输入法中的"软键盘"按钮，在弹出的快捷菜单中选择"特殊符号"命令，如图 2-62 所示。

**Step 08** 在弹出的特殊符号列表中选择所需的"方框"符号，如图 2-63 所示。

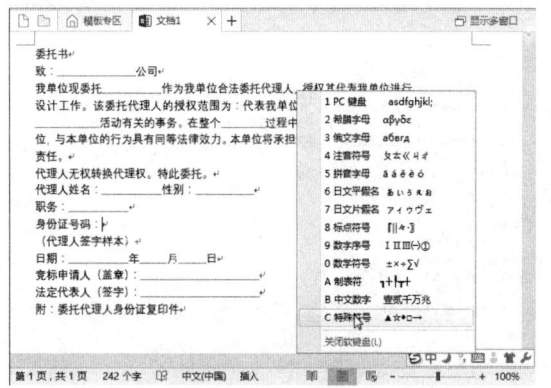
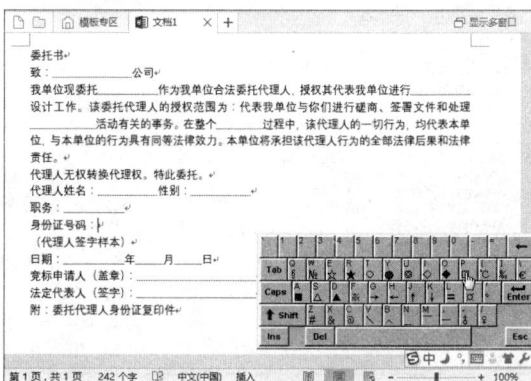

图 2-62　选择"特殊符号"命令　　　　　　　图 2-63　选择符号

**Step 09** 继续单击"方框"符号或按【F4】键继续输入，如图 2-64 所示。

**Step 10** 选择需要移动的文本并拖动鼠标，如图 2-65 所示。

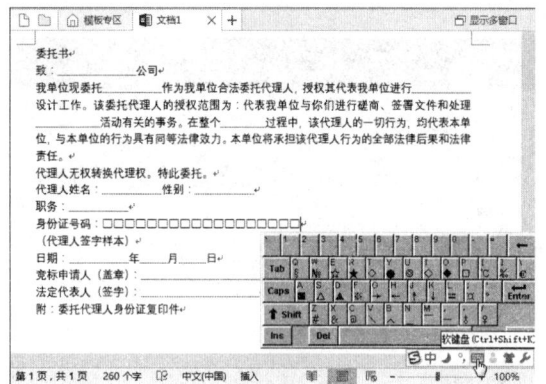
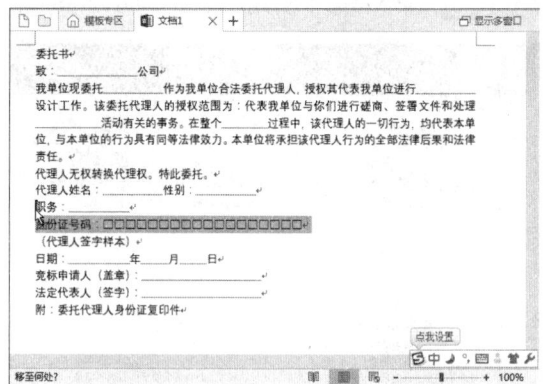

图 2-64　重复输入符号　　　　　　　　　　图 2-65　拖动文本

**Step 11** 将文本拖至所需位置后松开鼠标，即可移动文本，如图 2-66 所示。

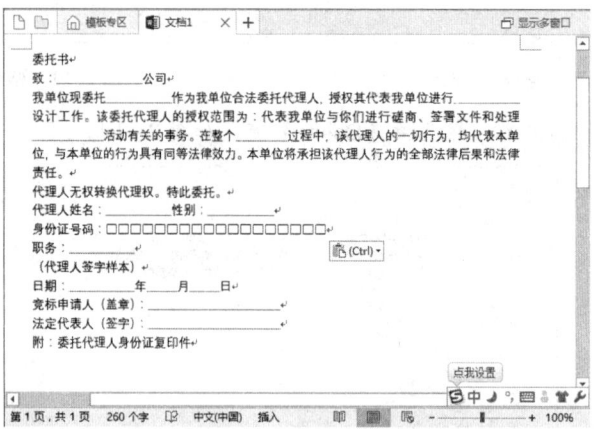

图 2-66　移动文本

**Step 12** 单击快速访问工具栏中的"保存"按钮 或按【Ctrl+S】组合键，即可保存文档，如图2-67所示。

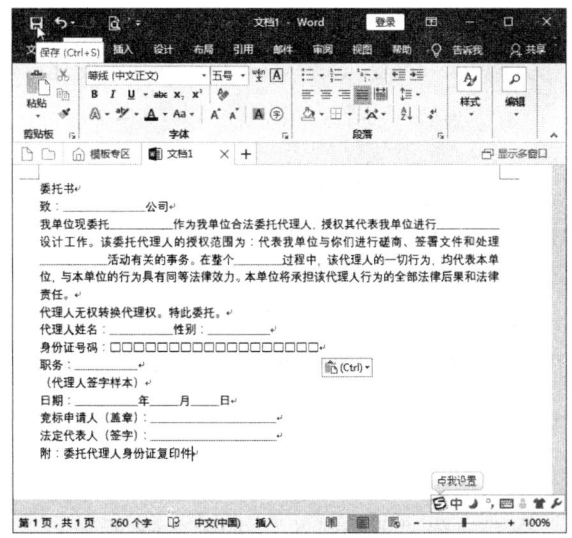

图2-67 保存文档

## 本章小结

通过本章的学习，读者应重点掌握以下知识。
（1）定位光标并输入文本。
（2）快速插入当前日期和时间。
（3）在文档中插入符号和公式。
（4）运用多种方法选择文本。
（5）更改文本、增加文本、删除文本、剪切文本、复制文本和粘贴文本。
（6）在文档中撤销、恢复和重复操作。

## 课后习题

**一、选择题**

1. 将插入点定位于文本"工作述职报告"中的"作"与"述"之间，按两下【Backspace】键，则该文本（　）。
　　A．变为"述职报告"　　　　　　　B．变为"工作报告"
　　C．变为"报告"　　　　　　　　　D．整句被删除

2. 用Word 2016进行文档编辑时，需要将选择的内容放到剪贴板中，此时可以单击"开始"选项卡中的（　）按钮。
　　A．剪切或粘贴　　　　　　　　　B．复制或粘贴
　　C．粘贴或查找　　　　　　　　　D．剪切或复制

3. 在文档编辑状态下，单击"粘贴"按钮将剪贴板中的内容粘贴到光标所在位置，此时剪贴板中的内容（  ）。

  A．回到上一次剪切的内容　　　　　B．回到上一次复制的内容
  C．消失　　　　　　　　　　　　　D．不发生变化

## 二、填空题

1. 在选择文本时，按_____组合键可以选择光标所在位置至文档开头的文本，按_____组合键可以选择光标所在位置至文档末尾的文本。

2. _____是指将文档中的内容复制到剪贴板中，同时删除原内容，然后将内容粘贴到目标位置，常用于移动操作。

3. 在文档中进行了删除文本操作，单击快速访问工具栏中的_____按钮，可以恢复刚删除的文本。

## 三、实操题

运用本章所学知识，制作一份"调查问卷"，如图2-68所示。

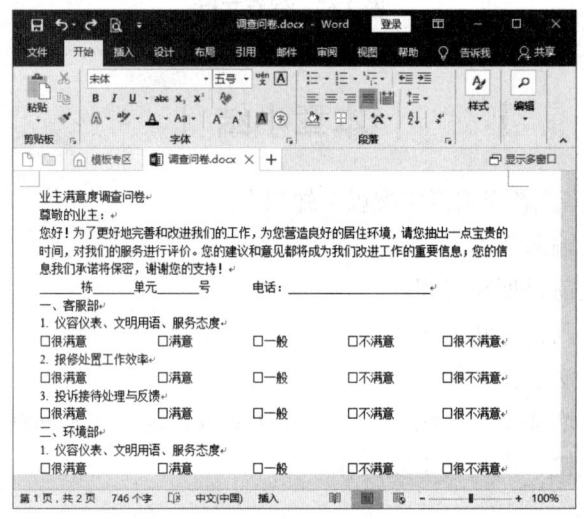

图2-68　调查问卷

**操作提示：**

（1）新建文档并输入内容。
（2）插入特殊符号。
（3）复制重复内容。
（4）插入当前日期。

# 第 3 章 文本和段落格式的设置

【学习目标】

- 掌握设置字体、字号、颜色、字符缩放、间距与位置的方法。
- 掌握设置段落对齐方式、段落缩进、行间距和段间距的方法。
- 掌握添加边框和底纹的方法。
- 掌握添加项目符号和编号的方法。
- 掌握设置首字下沉和纵横混排的方法。
- 掌握使用格式刷复制格式的方法。

当在 Word 文档中输入文本后，可以为文本设置不同的格式，设置段落的对齐方式、段落缩进、行间距和段间距等，以使文档更加美观和规范。本章将学习如何在 Word 文档中对文本和段落格式进行设置。

## 3.1 设置文本格式

设置文本格式是格式化文档最基本的操作，主要包括设置文本字体格式、字形、字号和颜色等。

### 3.1.1 设置字体格式

字体格式主要包括字体、字号、颜色、加粗、倾斜、下划线等，常用的设置字体格式的方法有以下三种。

#### 1．通过"字体"组设置

在 Word 2016 中默认的字体为"等线"，字号为五号。在"开始"选项卡下"字体"组中包含了字体格式设置选项，通过这些选项可以对字体格式进行设置，具体操作方法如下。

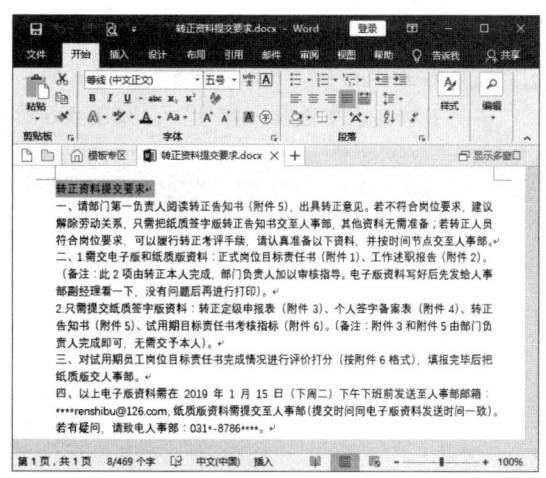

图 3-1 选择文本

**Step 01** 打开"素材文件\第 3 章\转正资料提交要求.docx"，选择需要设置字体格式的标题文本，如图 3-1 所示。

**Step 02** 单击"字体"组中的"字体"下拉按钮，在弹出的下拉列表中选择所需的字体，如"黑体"，如图 3-2 所示。

**Step 03** 单击"字号"下拉按钮,在弹出的下拉列表中选择字号大小,如"二号",如图3-3所示。也可以在"字号"文本框中直接输入阿拉伯数字来设置字号大小,还可以按【Ctrl+Shift+>】组合键增大字号,按【Ctrl+Shift+<】组合键可以减小字号。

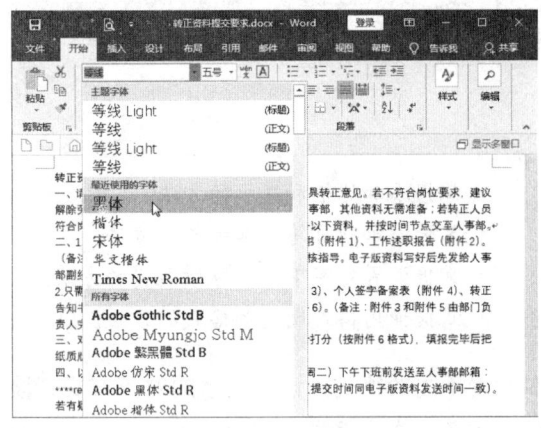

图3-2 设置字体

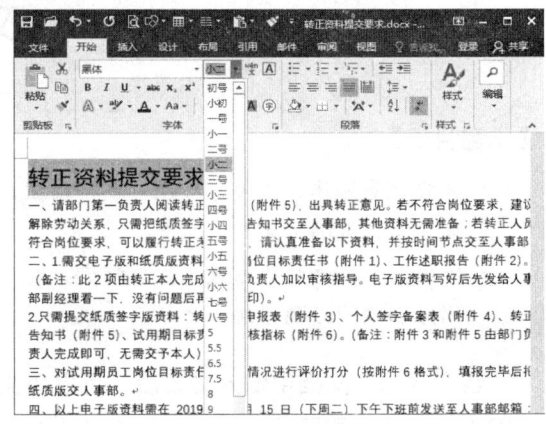

图3-3 设置字号

**Step 04** 此时,即可查看设置字体格式后的文本效果,如图3-4所示。

### 2. 通过浮动工具栏设置

选择文本后,浮动工具栏就会自动显示出来。通过浮动工具栏可以快速地对文本进行常用格式的设置,具体操作方法如下。

**Step 01** 选择需要设置格式的文本,此时将自动弹出浮动工具栏,如图3-5所示。

**Step 02** 单击"字号"下拉按钮,在弹出的下拉列表中选择"四号",如图3-6所示。

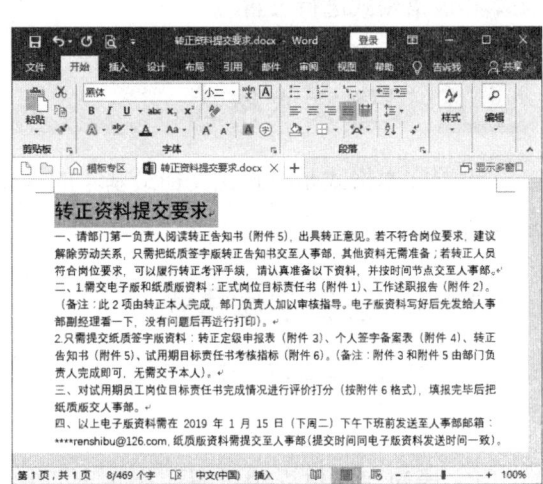

图3-4 查看设置效果

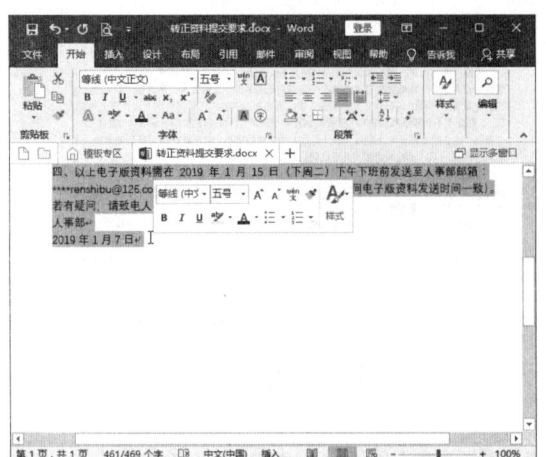

图3-5 选择文本

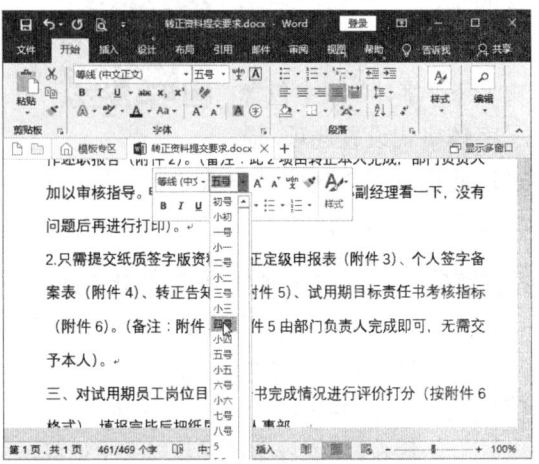

图3-6 设置字号

**Step 03** 选择需要加粗的文本，单击浮动工具栏上的"加粗"按钮 B，如图 3-7 所示。

**Step 04** 此时，即可将所选的文本加粗，如图 3-8 所示。用户还可以按组合键来设置文本字形，如按【Ctrl+B】组合键加粗文本，按【Ctrl+I】组合键倾斜文本，按【Ctrl+U】组合键添加下划线。

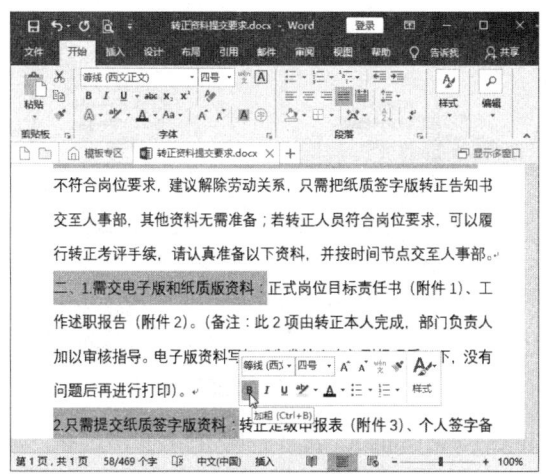
图 3-7　单击"加粗"按钮

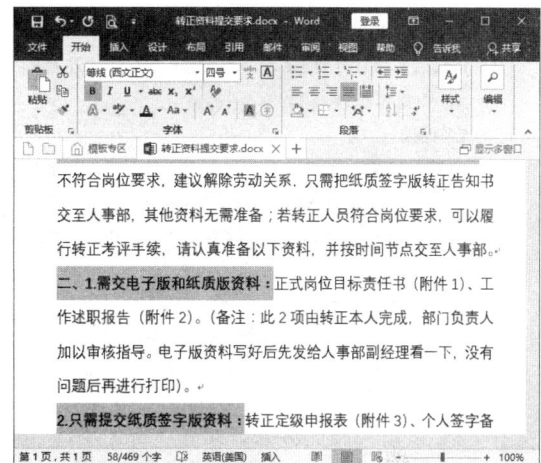
图 3-8　加粗文本

**Step 05** 选择需要添加下划线的文本，单击浮动工具栏上的"下划线"按钮 U，如图 3-9 所示。

**Step 06** 此时，即可为文本添加下划线，效果如图 3-10 所示。

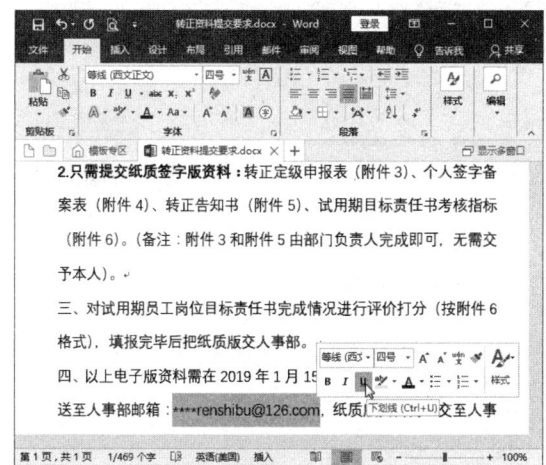
图 3-9　单击"下划线"按钮

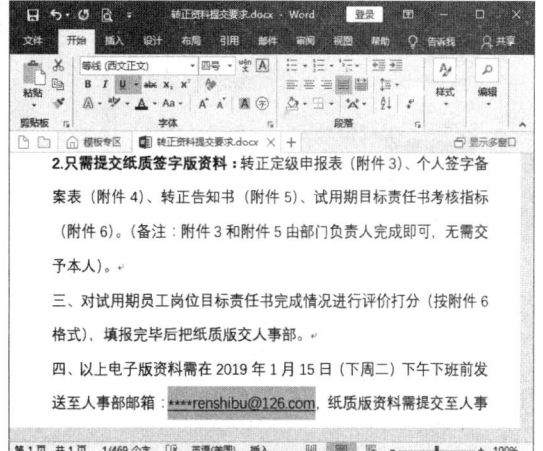
图 3-10　添加下划线效果

### 3．通过"字体"对话框设置

通过"字体"对话框也可以对字体格式进行设置，具体操作方法如下。

**Step 01** 选择需要设置格式的文本，单击"开始"选项卡下"字体"组右下角的扩展按钮或按【Ctrl+D】组合键，如图 3-11 所示。

**Step 02** 弹出"字体"对话框，单击"中文字体"下拉按钮，在弹出的下拉列表中选择所需的字体，如"楷体"，如图 3-12 所示。

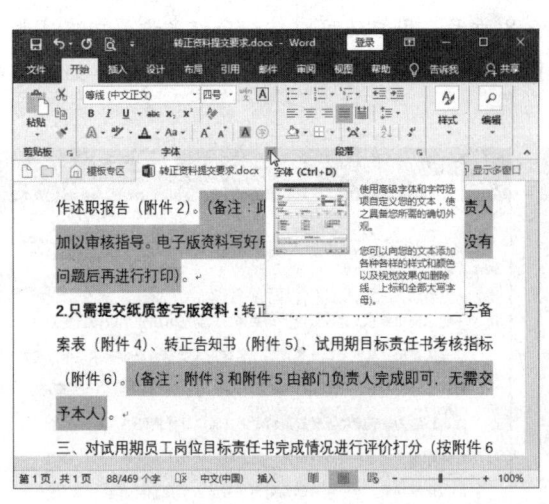

图 3-11 单击"字体"组扩展按钮

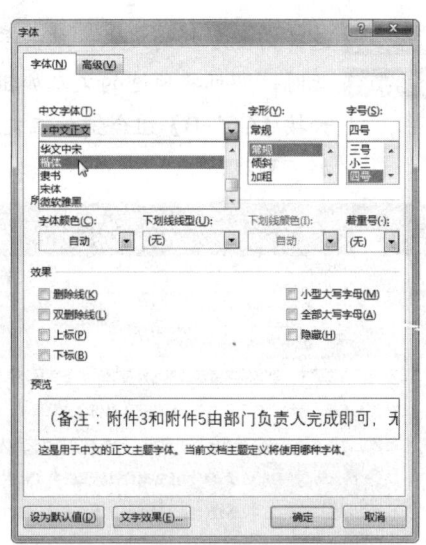

图 3-12 设置字体

**Step 03** 采用同样的方法,设置"西文字体"为 Times New Roman,在"字形"列表框中选择"加粗"选项,在"字体颜色"下拉列表框中选择"红色",如图 3-13 所示。

**Step 04** 此时,即可查看设置字体格式后的文本效果,如图 3-14 所示。

图 3-13 设置字体字形与颜色

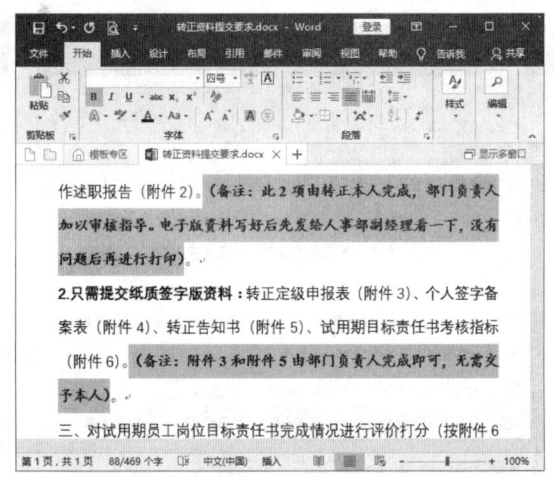

图 3-14 设置字体格式效果

## 3.1.2 设置上标和下标

在输入化学公式或数学公式时,经常会使用上标和下标。设置上标和下标的具体操作方法如下。

**Step 01** 选择需要设置为下标的文本,单击"开始"选项卡下"字体"组中的"下标"按钮 $x_2$,如图 3-15 所示。

**Step 02** 选择需要设置为上标的文本,单击"开始"选项卡下"字体"组中的"上标"按钮 $x^2$,如图 3-16 所示。

第 3 章 文本和段落格式的设置 45

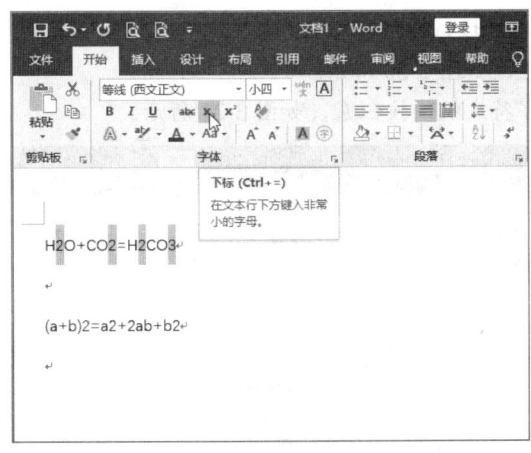

图 3-15 设置下标

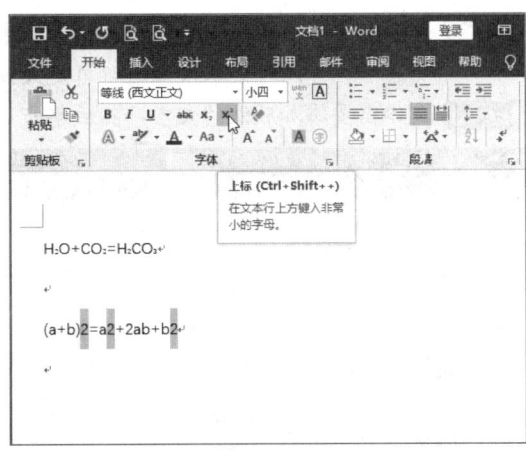

图 3-16 设置上标

**Step 03** 此时，即可查看设置的下标和上标效果，如图 3-17 所示。选择文本后，按【Ctrl+=】组合键可以将其设置为下标，按【Ctrl+Shift+=】组合键可以将其设置为上标。

### 3.1.3 设置文本效果

在 Word 文档中可以为文本添加边框、底纹、阴影、映像等效果，具体操作方法如下。

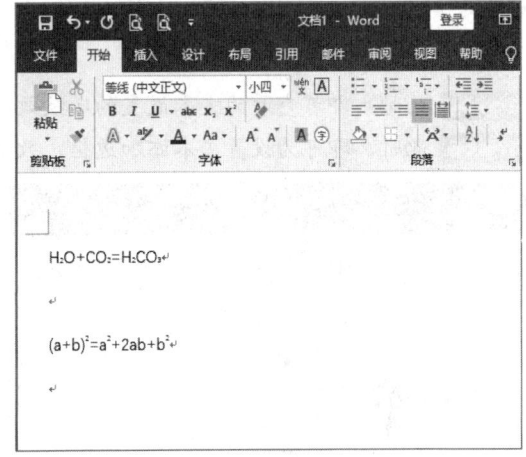

图 3-17 查看上标和下标效果

**Step 01** 打开"素材文件\第 3 章\少儿学古诗 50 首.docx"，选择需要设置格式的文本，如图 3-18 所示。

**Step 02** 单击"文本效果"下拉按钮，在弹出的下拉列表中可以选择 Word 2016 提供的预设文本效果，如图 3-19 所示。

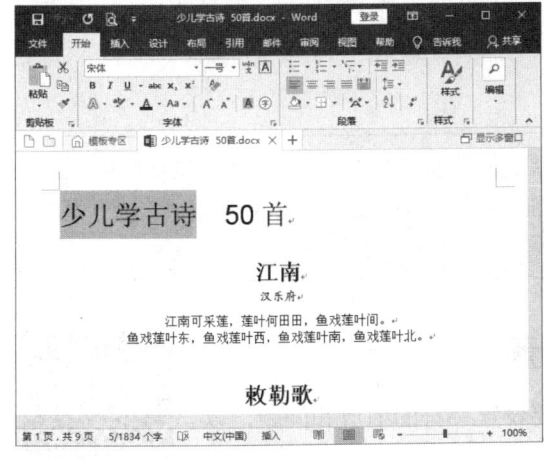

图 3-18 选择文本

图 3-19 选择文本效果

**Step 03** 单击"文本效果"下拉按钮，在弹出的下拉列表中展开"轮廓""阴影"和"映像"等选项，可以对文本效果进行自定义设置，如图3-20所示。

**Step 04** 选择需要添加底纹的文本，然后单击"字符底纹"按钮，如图3-21所示。

图 3-20　自定义设置文本效果　　　　　图 3-21　单击"字符底纹"按钮

**Step 05** 此时，即可查看为文本设置的底纹效果，单击"字符边框"按钮，如图3-22所示。

**Step 06** 此时，即可为设置文本添加边框，效果如图3-23所示。

图 3-22　单击"字符边框"按钮　　　　　图 3-23　添加文本边框

> **课堂解疑**
>
> 若要对文本填充、文本边框和轮廓样式等效果进行详细设置，还可以打开"字体"对话框，单击"字体"选项卡中最下方的"文字效果"按钮，在弹出的"设置文本效果格式"对话框中进行设置。

### 3.1.4 设置字符缩放、间距与位置

为使文档版面更加美观，用户可以根据需要设置字符的缩放和间距，以及调整字符的位置，具体操作方法如下。

**Step 01** 选择需要设置格式的文本，单击"字体"组右下角的扩展按钮，如图 3-24 所示。

**Step 02** 弹出"字体"对话框，选择"高级"选项卡，在"缩放"下拉列表框中直接输入数字 115，然后单击"确定"按钮，如图 3-25 所示。

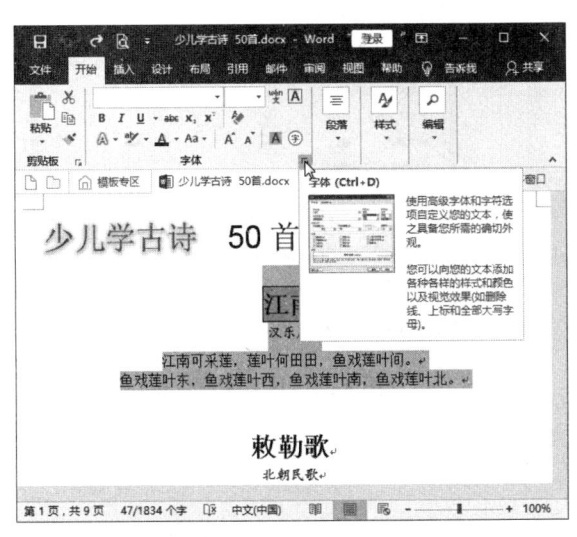

图 3-24　选择文本　　　　　　　　　　图 3-25　设置字符间距

**Step 03** 选择需要设置格式的文本，单击"字体"组右下角的扩展按钮，如图 3-26 所示。

**Step 04** 弹出"字体"对话框，选择"高级"选项卡，在"间距"下拉列表框中选择"加宽"选项，并设置磅值为"5 磅"，如图 3-27 所示。

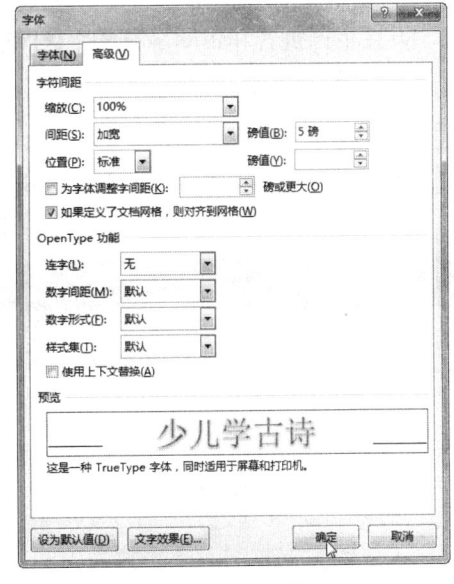

图 3-26　选择文本　　　　　　　　　　图 3-27　设置字符间距

**Step 05** 选择需要设置格式的文本，单击"字体"组右下角的扩展按钮，如图 3-28 所示。

**Step 06** 弹出"字体"对话框，选择"高级"选项卡，在"位置"下拉列表框中选择"上升"选项，并设置"磅值"为"15 磅"，如图 3-29 所示。

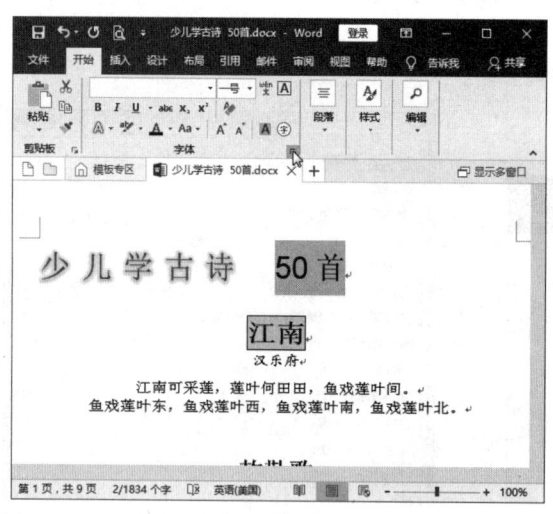

图 3-28 选择文本

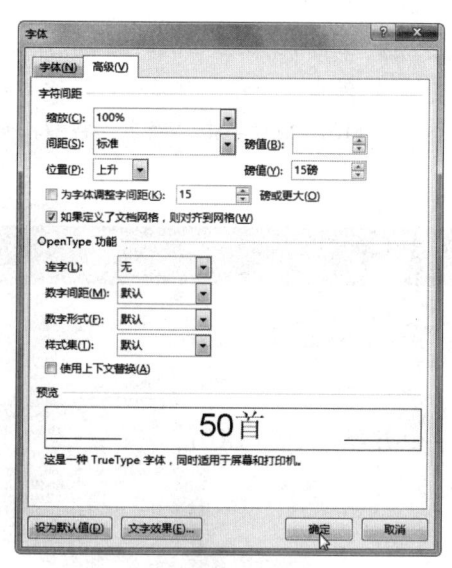

图 3-29 设置字符位置

**Step 07** 此时,即可查看设置完成后的文本效果,如图 3-30 所示。

### 3.1.5 设置字符拼音和带圈字符

在编辑文档时,有时需要对文本进行特殊的格式设置,如为文本添加拼音,设置带圈字符等。设置字符拼音和带圈字符的具体操作方法如下。

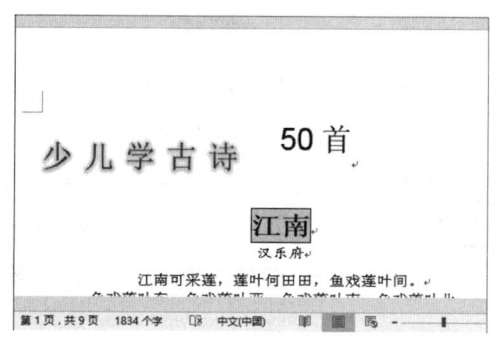

图 3-30 查看文本效果

**Step 01** 选择需要添加拼音的文本,然后单击"拼音指南"按钮 ,如图 3-31 所示。

**Step 02** 弹出"拼音指南"对话框,设置"对齐方式"为"居中","字号"为"10 磅",然后单击"确定"按钮,如图 3-32 所示。

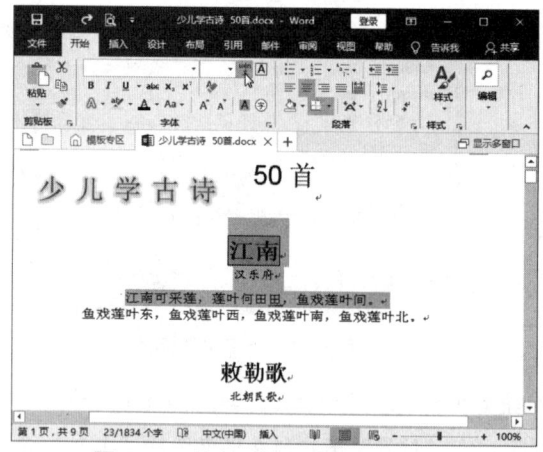

图 3-31 单击"拼音指南"按钮

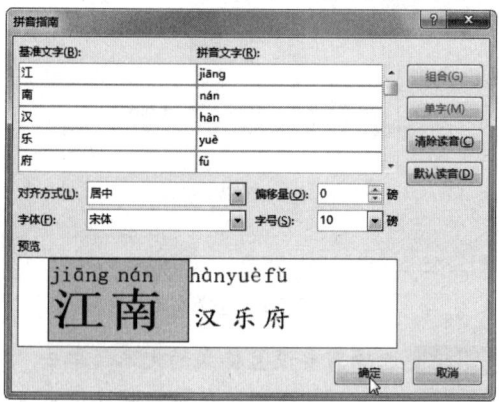

图 3-32 设置拼音格式

**Step 03** 选择需要设置为带圈字符的文本,然后单击"带圈字符"按钮 ,如图 3-33 所示。

**Step 04** 弹出"带圈字符"对话框,设置"样式"为"增大圈号",然后单击"确定"按钮,如图 3-34 所示。

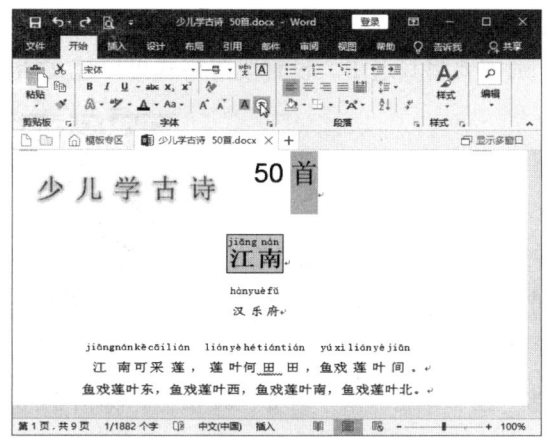

图 3-33　单击"带圈字符"按钮

图 3-34　设置带圈字符样式

**Step 05** 此时,即可查看设置完成后的文本效果,如图 3-35 所示。

### 3.1.6　设置文本突出显示

在编辑文档时,对于一些比较重要的内容,可以使用"突出显示"功能对其进行颜色标记,以使其在文档中更加醒目。设置文本突出显示的具体操作方法如下。

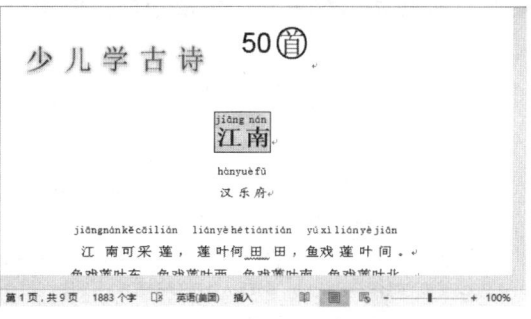

图 3-35　查看文本效果

**Step 01** 打开"素材文件\第 3 章\转正资料提交要求.docx",选择需要突出显示的文本,然后单击"字体"组中的"文本突出显示颜色"按钮,如图 3-36 所示。

**Step 02** 此时,即可查看文本突出显示效果,如图 3-37 所示。

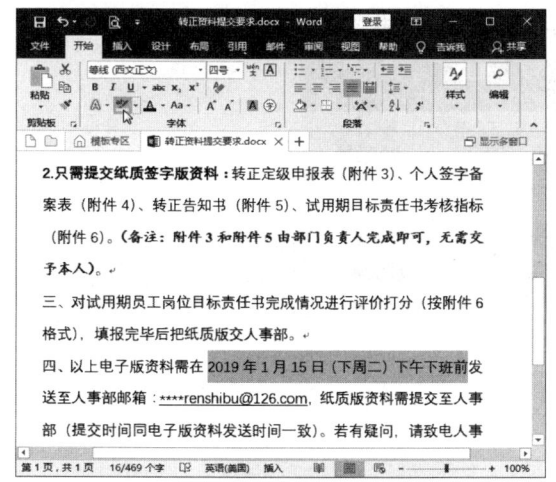

图 3-36　单击"文本突出显示颜色"按钮

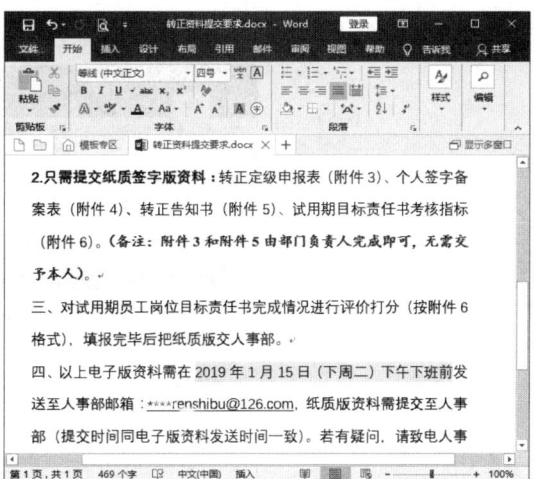

图 3-37　文本突出显示效果

## 3.2 设置段落格式

段落格式是指以段落为单位的格式设置，在设置段落格式时，直接将光标定位到需要设置的段落即可，若要对多个段落进行格式设置，则需要将其选中。设置段落格式可以使文档结构清晰，层次分明，更便于阅读。

### 3.2.1 设置段落对齐方式

段落对齐方式控制着段落中文本行的排列方式，包含"两端对齐""左对齐""居中对齐""右对齐"和"分散对齐"等几种方式。文档默认的对齐方式是"两端对齐"。用户可以根据需要设置段落对齐方式，具体操作方法如下。

**Step 01** 将光标定位到标题段落中，然后在"段落"组中单击"居中对齐"按钮，如图3-38所示。

**Step 02** 此时，即可将标题段落文本居中对齐，效果如图3-39所示。

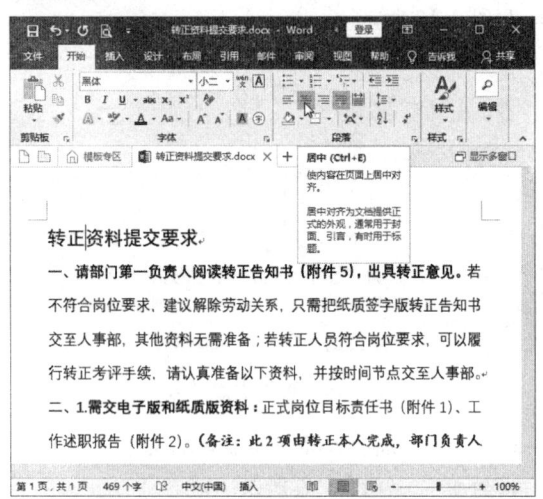
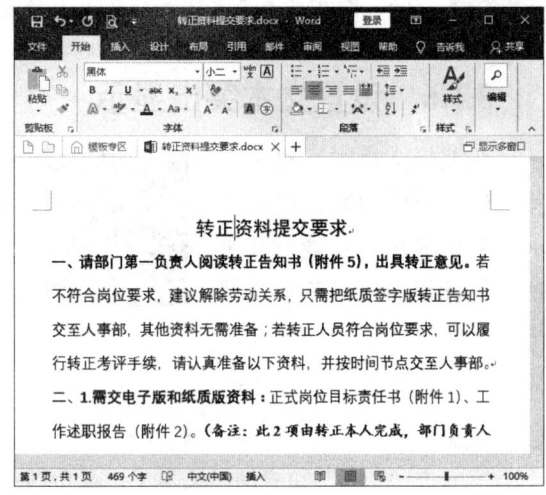

图3-38　单击"居中对齐"按钮　　　　　图3-39　居中对齐

**Step 03** 选择需要设置对齐方式的段落，在"段落"组中单击"右对齐"按钮，如图3-40所示。

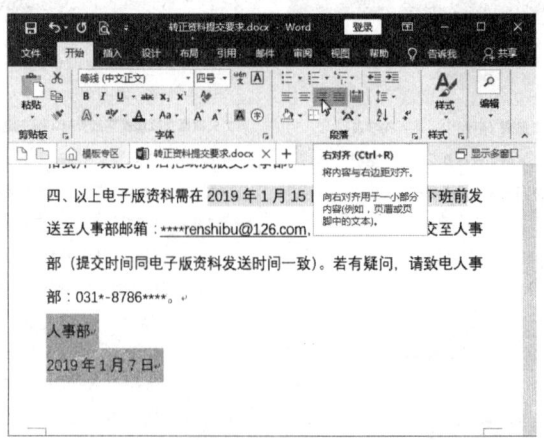

图3-40　单击"右对齐"按钮

**Step 04** 此时,即可将所选段落的文本右对齐,效果如图 3-41 所示。也可以通过快捷键来设置段落对齐方式:按【Ctrl + L】组合键设置左对齐,按【Ctrl + E】组合键设置居中对齐,按【Ctrl + R】组合键设置右对齐,按【Ctrl + J】组合键设置两端对齐,按【Ctrl + Shift + J】组合键设置分散对齐。

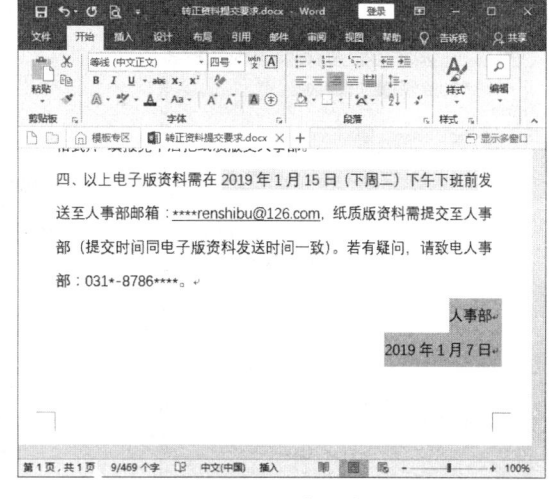

图 3-41 右对齐

### 3.2.2 设置段落缩进

段落缩进是指段落相对左右页边距向页内缩进一段距离。在 Word 2016 中,段落缩进有以下几种形式。

- ➢ **左缩进**:整个段落中所有行的左边界向右缩进。
- ➢ **右缩进**:整个段落中所有行的右边界向左缩进。
- ➢ **首行缩进**:段落首行从第一个字符开始向右缩进,以区别于前面的段落。
- ➢ **悬挂缩进**:将整个段落中除首行外的所有行的左边界向右缩进。

下面将详细介绍如何在文档中设置段落缩进,具体操作方法如下。

**Step 01** 选择需要设置段落缩进的段落,然后单击"开始"选项卡下"段落"组右下角的扩展按钮,如图 3-42 所示。

**Step 02** 弹出"段落"对话框,单击"特殊格式"下拉按钮,选择"首行"选项,如图 3-43 所示。

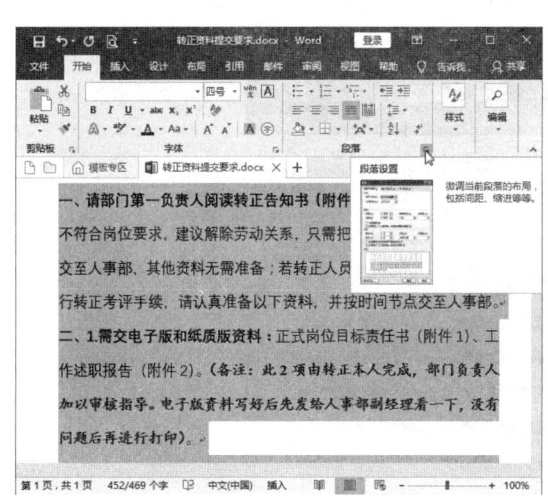

图 3-42 选择段落

图 3-43 选择"首行"选项

**Step 03** 采用默认缩进量为"2 字符",单击"确定"按钮,如图 3-44 所示。

**Step 04** 此时，即可将所选段落设置为首行缩进 2 字符，效果如图 3-45 所示。

图 3-44 设置缩进量

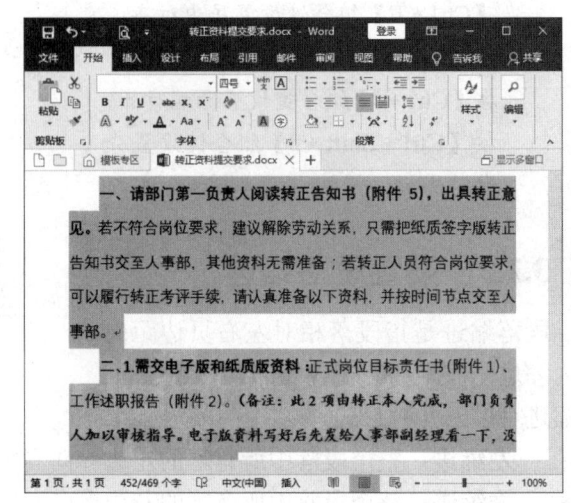

图 3-45 首行缩进效果

### 3.2.3 设置段落行距和间距

行间距是指行与行之间的距离，段间距则是指两个相邻段落之间的距离。用户可以根据需要来调整文本的行间距和段间距。

#### 1．设置行间距

默认情况下，Word 2016 会自动设置段落文本的行间距为一行，即单倍行距。用户可以根据需要为段落文本设置行间距，具体操作方法如下。

**Step 01** 将光标定位到标题段落中，单击"段落"组右下角的扩展按钮，如图 3-46 所示。

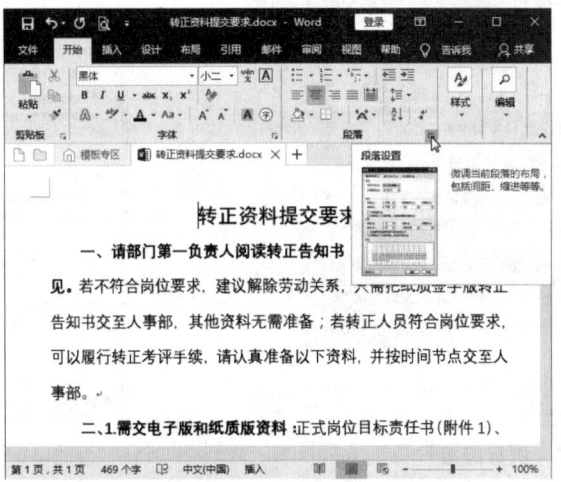

图 3-46 单击"段落"组右下角的扩展按钮

**Step 02** 在弹出的"段落"对话框中单击"行距"下拉按钮,选择"多倍行距"选项,如图 3-47 所示。

**Step 03** 在"设置值"数值框中输入 5,然后单击"确定"按钮,如图 3-48 所示。

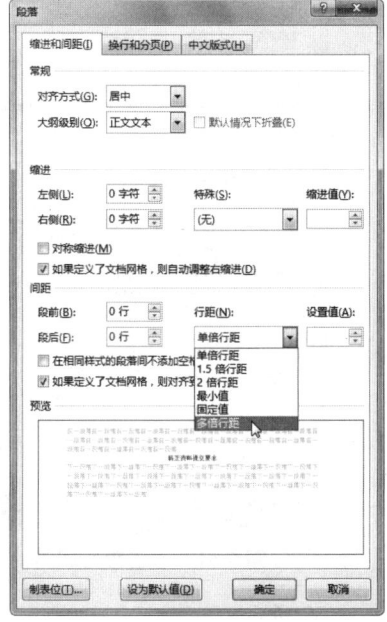
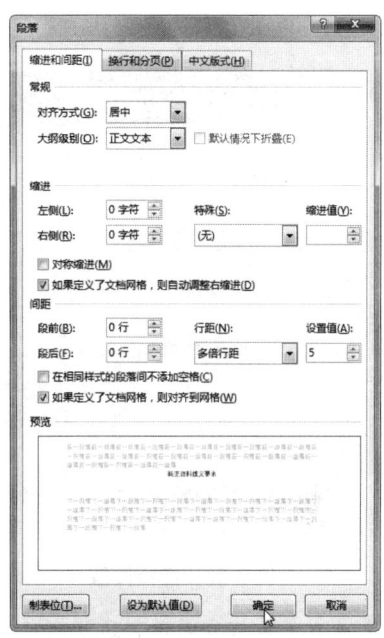

图 3-47　设置行距　　　　　　　　　　图 3-48　设置行距值

**Step 04** 此时,即可查看设置行间距后的文档效果,如图 3-49 所示。此外,利用快捷键也可以快速调整段落的行间距:按【Ctrl + 1】组合键可以设置单倍行距;按【Ctrl + 2】组合键可以设置 2 倍行距;按【Ctrl + 5】组合键可以设置 1.5 倍行距。

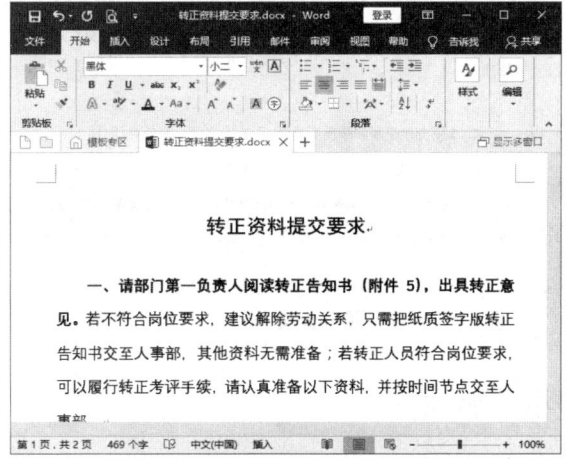

图 3-49　查看行间距效果

## 2. 设置段间距

调整段间距可以有效地改善页面的外观效果,具体操作方法如下。

**Step 01** 选择需要设置段间距的段落,单击"段落"组右下角的扩展按钮,如图 3-50 所示。

**Step 02** 弹出"段落"对话框,设置"段后"为"1.5 行",再单击"确定"按钮,如图 3-51 所示。

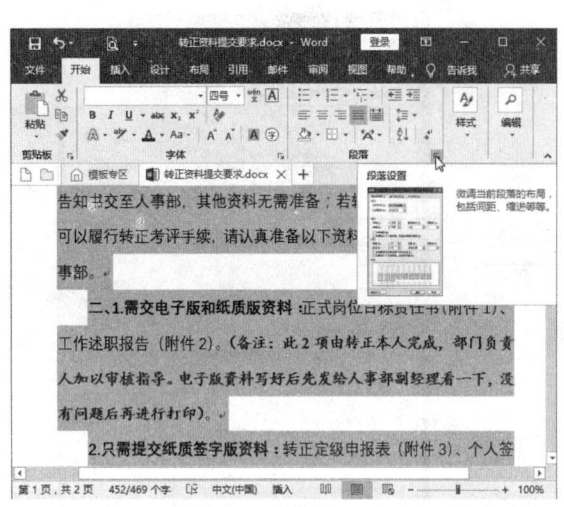

图 3-50 选择段落

图 3-51 设置段后间距

**Step 03** 此时,即可查看设置段间距后的文档效果,如图 3-52 所示。

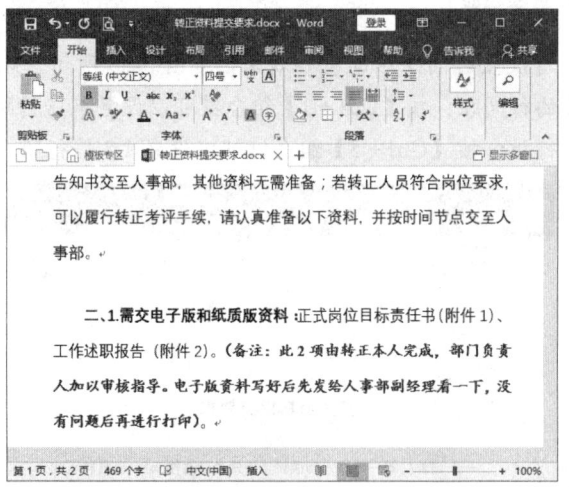

图 3-52 查看段间距效果

### 3.2.4 添加边框和底纹

为段落添加边框和底纹,不仅可以美化文档,使其赏心悦目,还可以突出显示文档内容。为段落添加边框和底纹的具体操作方法如下。

**Step 01** 打开"素材文件\第 3 章\前台的 100 句暖心话.docx",选择需要添加边框的段落,如图 3-53 所示。

**Step 02** 单击"段落"组中的"边框"下拉按钮,在弹出的下拉列表中选择"边框和底纹"选项,如图 3-54 所示。

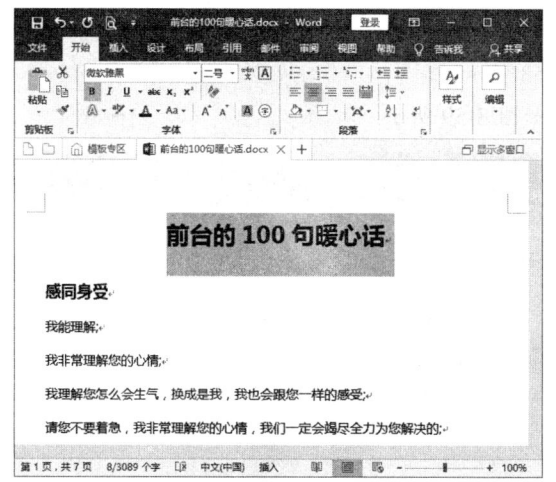

图 3-53 选择段落

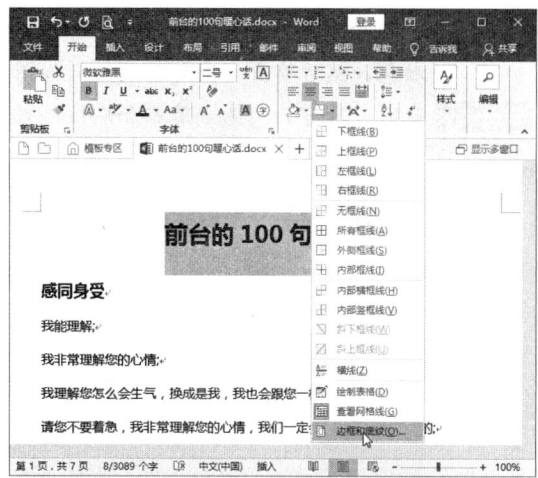

图 3-54 选择"边框和底纹"选项

**Step 03** 弹出"边框和底纹"对话框,选择"设置"选项区中的"方框"选项,然后设置边框的样式、颜色和宽度,如图 3-55 所示。

**Step 04** 此时,即可为所选段落添加边框,效果如图 3-56 所示。

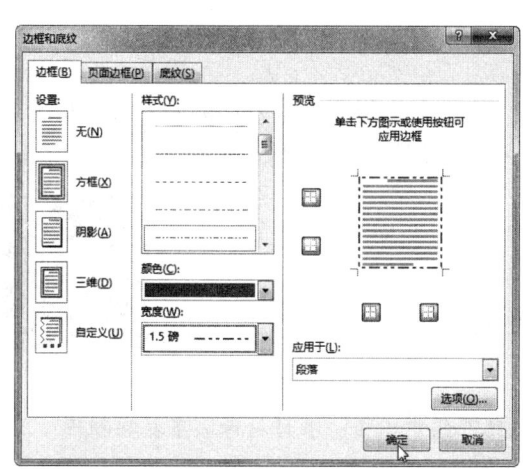

图 3-55 设置边框样式

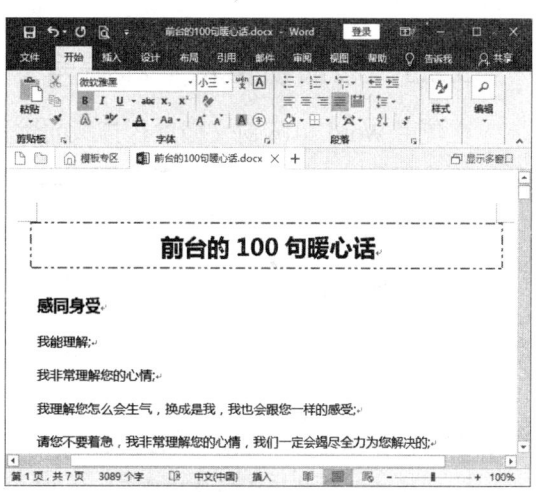

图 3-56 添加边框效果

**Step 05** 选择需要添加底纹的段落,如图 3-57 所示。

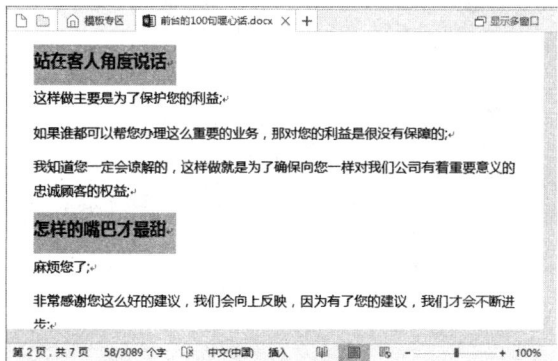

图 3-57 选择段落

**Step 06** 打开"边框和底纹"对话框,选择"底纹"选项卡,在"填充"下拉列表框中选择填充颜色,然后单击"确定"按钮,如图 3-58 所示。

**Step 07** 此时,即可为所选段落添加底纹,效果如图 3-59 所示。

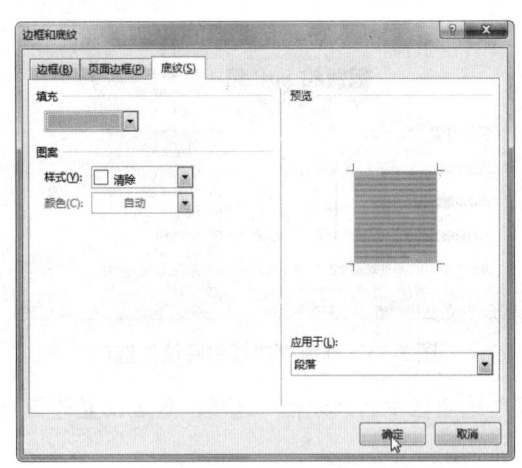

图 3-58 设置底纹

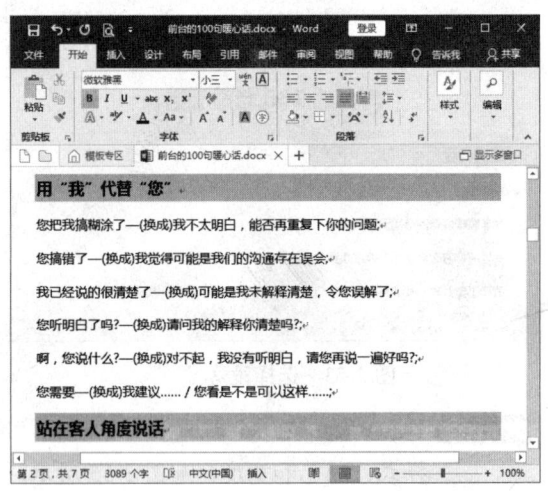

图 3-59 添加底纹效果

### 3.2.5 添加项目符号和编号

在使用 Word 2016 对文档进行排版的过程中,经常会使用项目符号和编号。为段落添加项目符号和编号,可以使文档的内容层次分明,更便于阅读。下面将详细介绍如何在 Word 文档中添加项目符号和编号。

**1. 添加项目符号**

为文档添加项目符号可以使文档结构更加清晰,一目了然。在文档中添加项目符号的具体操作方法如下。

**Step 01** 选择要添加项目符号的段落,然后在"段落"组中单击"项目符号"下拉按钮,选择"定义新项目符号"选项,如图 3-60 所示。

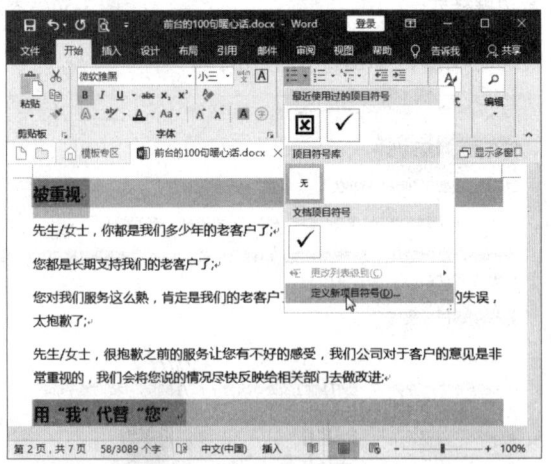

图 3-60 选择"定义新项目符号"选项

**Step 02** 弹出"定义新项目符号"对话框,单击"符号"按钮,如图 3-61 所示。

**Step 03** 弹出"符号"对话框,在"字体"下拉列表框中选择 Wingdings 字体,在符号列表框中选择所需的符号,然后单击"确定"按钮,如图 3-62 所示。

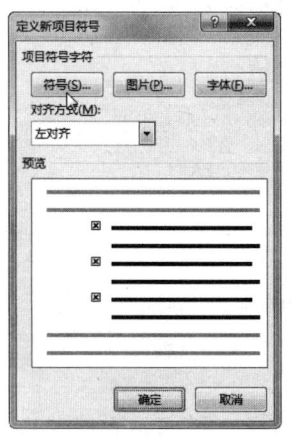

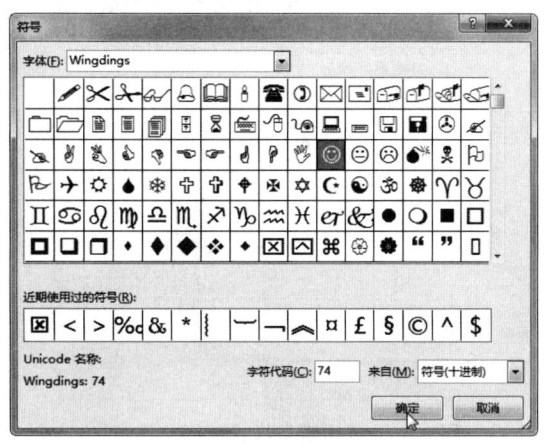

图 3-61　单击"符号"按钮　　　　　　　　图 3-62　选择符号

**Step 04** 返回"定义新项目符号"对话框,单击"确定"按钮,如图 3-63 所示。

**Step 05** 此时,即可为所选的段落添加自定义项目符号,效果如图 3-64 所示。

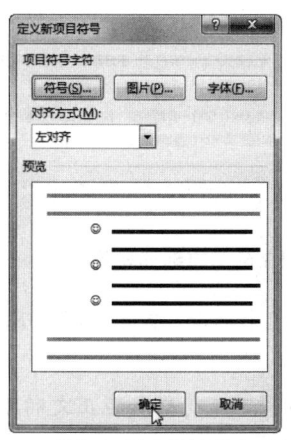

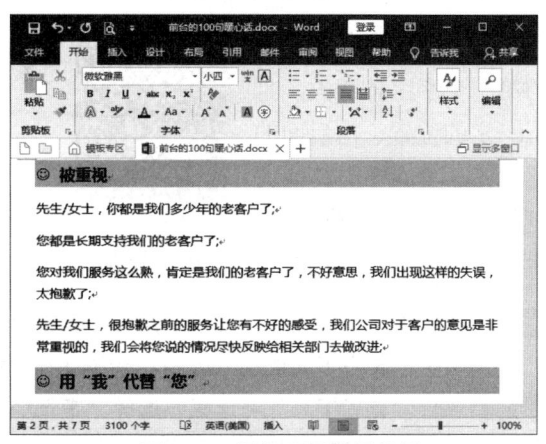

图 3-63　"定义新项目符号"对话框　　　　图 3-64　添加项目符号效果

## 2．添加编号

在文档中插入编号,可以使文档的结构有条有理,层次分明。在文档中插入编号的具体操作方法如下。

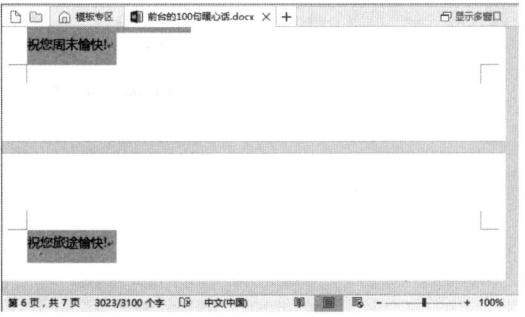

**Step 01** 选择要添加编号的段落,如图 3-65 所示。

图 3-65　选择段落

**Step 02** 在"段落"组中单击"编号"下拉按钮,在弹出的下拉列表中选择编号样式,如图 3-66 所示。

**Step 03** 将光标定位到要重新开始编号的段落并右击,在弹出的快捷菜单中选择"重新开始于1"命令,如图3-67所示。

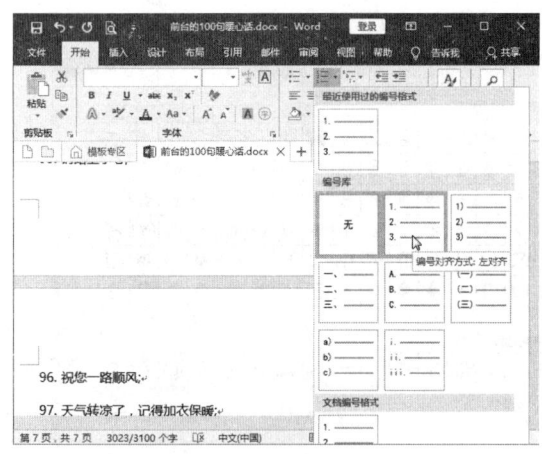

图3-66 选择编号样式

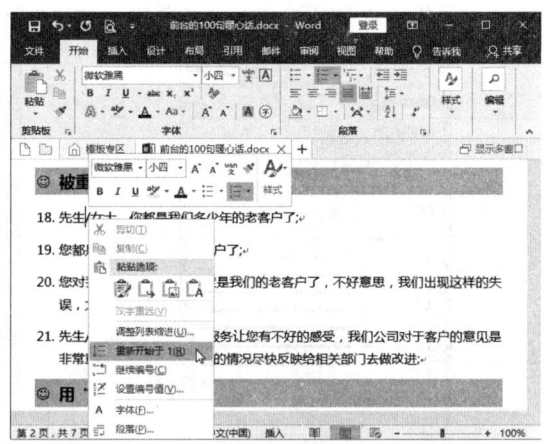

图3-67 选择"重新开始于1"选项

**Step 04** 此时,即可查看重新编号的文档效果,如图3-68所示。

### 3.2.6 设置首字下沉

首字下沉即段落中第一行的第一个字字体变大,且向下一定的位置,与后面的段落对齐,段落中的其他文本则保持原样。设置首字下沉主要是为了美化文档,具体操作方法如下。

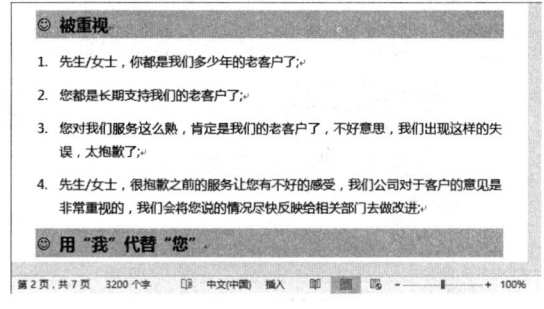

图3-68 重新编号效果

**Step 01** 在段落中定位光标,选择"插入"选项卡,在"文本"组中单击"首字下沉"下拉按钮,选择"首字下沉选项"选项,如图3-69所示。

**Step 02** 弹出"首字下沉"对话框,选择"下沉"选项,分别设置下沉行数和距正文的距离,然后单击"确定"按钮,如图3-70所示。

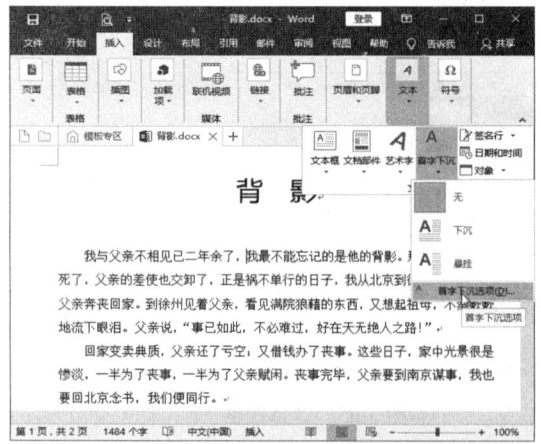

图3-69 选择"首字下沉选项"选项

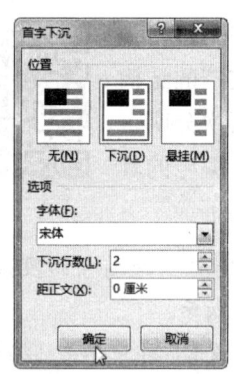

图3-70 设置首字下沉

Step 03 此时，即可查看段落首字下沉效果，如图 3-71 所示。

### 3.2.7 设置纵横混排

使用"纵横混排"功能可以使文本产生纵横交错的效果，具体操作方法如下。

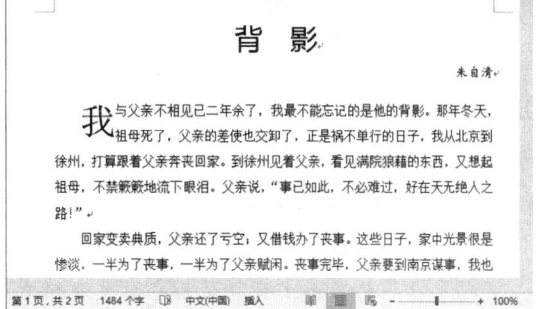

图 3-71 首字下沉效果

Step 01 选择要混排的文本，单击"开始"选项卡下"段落"组中的"中文版式"下拉按钮，选择"纵横混排"选项，如图 3-72 所示。

Step 02 弹出"纵横混排"对话框，取消选择"适应行宽"复选框，然后单击"确定"按钮，如图 3-73 所示。

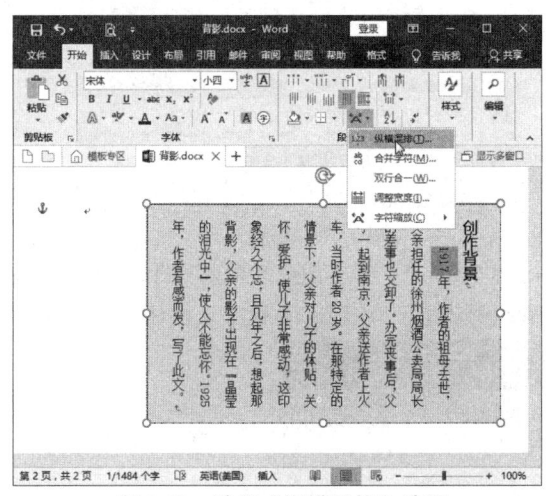

图 3-72 选择"纵横混排"选项

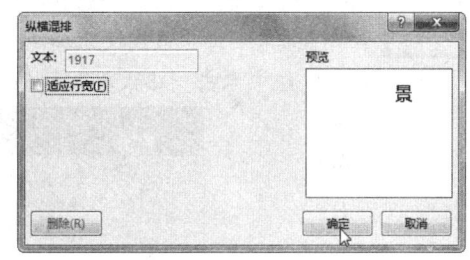

图 3-73 "纵横混排"对话框

Step 03 此时，即可查看设置纵横混排后的文档效果，如图 3-74 所示。

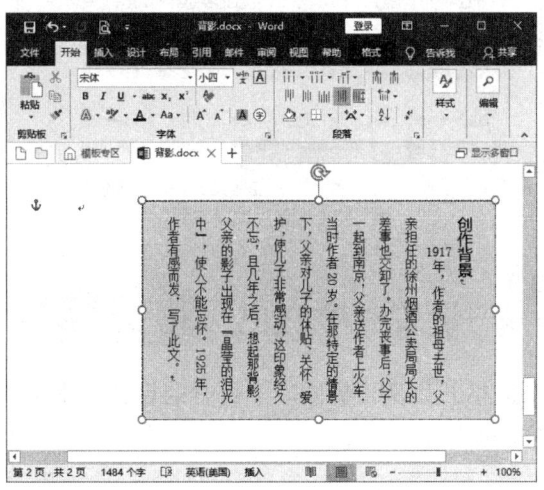

图 3-74 纵横混排效果

## 3.3 使用格式刷复制格式

使用格式刷工具可以对文本或段落格式乃至图形格式进行复制和应用，从而省去了重复设置格式的繁琐操作。使用格式刷复制格式的具体操作方法如下。

**Step 01** 选择已经设置格式的文本（若要复制段落格式，可将光标定位到段落中），然后单击"开始"选项卡下"剪贴板"组中的"格式刷"按钮，如图3-75所示。

**Step 02** 在目标文本上拖动鼠标即可复制格式，如图3-76所示。

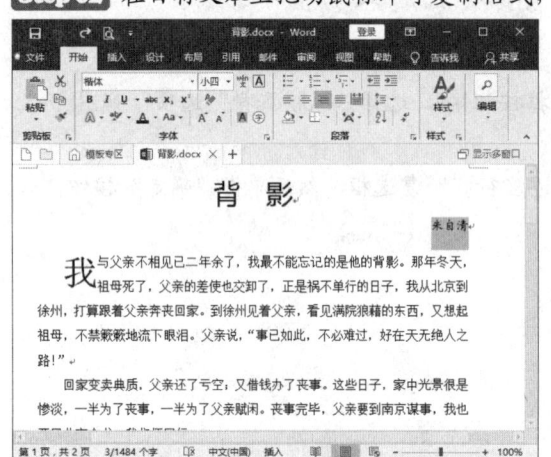
图3-75 单击"格式刷"按钮

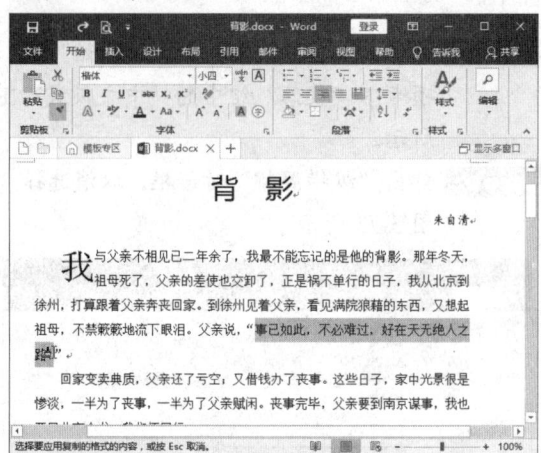
图3-76 复制格式

**Step 03** 松开鼠标后，即可应用文本格式，效果如图3-77所示。需要连续复制格式时，可以在"剪贴板"组中双击"格式刷"按钮，进入格式刷状态，按【Esc】键可退出格式刷状态。

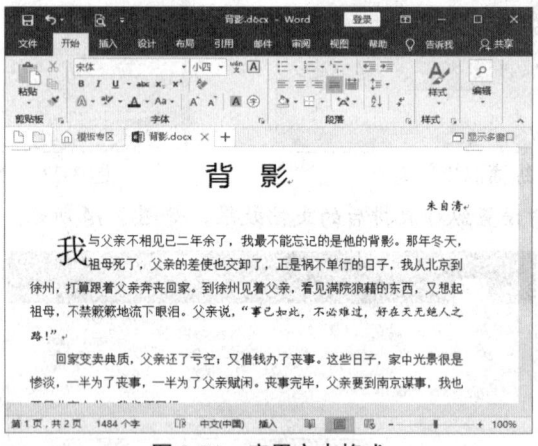
图3-77 应用文本格式

## 3.4 综合实例——设置"委托书"格式

下面以设置"委托书"格式为例，巩固本章所学的设置文本格式与段落格式等知识，具体操作方法如下。

**Step 01** 打开"素材文件\第3章\委托书.docx",选择文档标题,在"开始"选项卡下"字体"组中设置"字体"为"微软雅黑"、"字号"为"一号",然后单击"加粗"按钮 B,如图 3-78 所示。

**Step 02** 单击"字体"组右下角的扩展按钮,如图 3-79 所示。

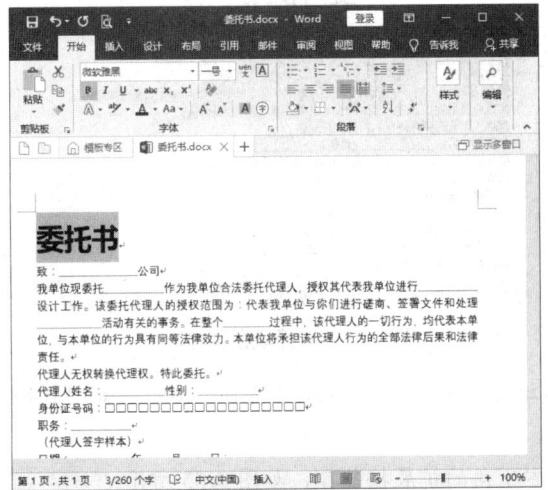

图 3-78 设置标题字体格式

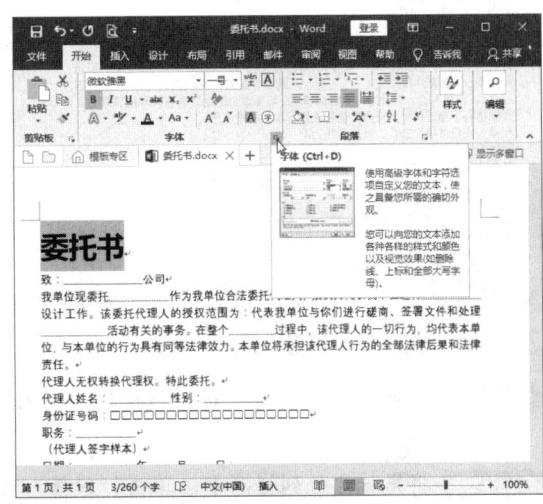

图 3-79 单击扩展按钮

**Step 03** 弹出"字体"对话框,选择"高级"选项卡,设置字符间距为加宽 8 磅,然后单击"确定"按钮,如图 3-80 所示。

**Step 04** 继续设置其他文本的字体格式,效果如图 3-81 所示。

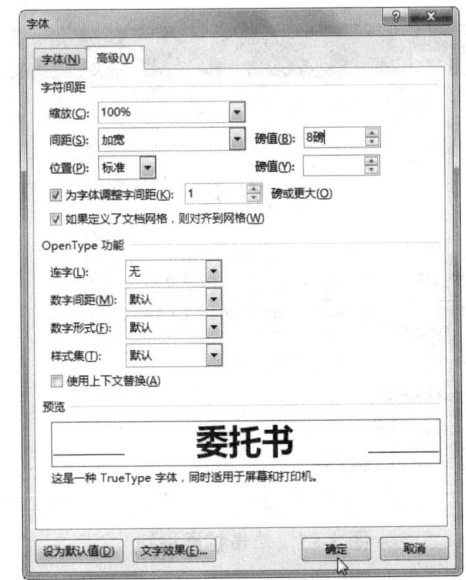

图 3-80 设置字符间距

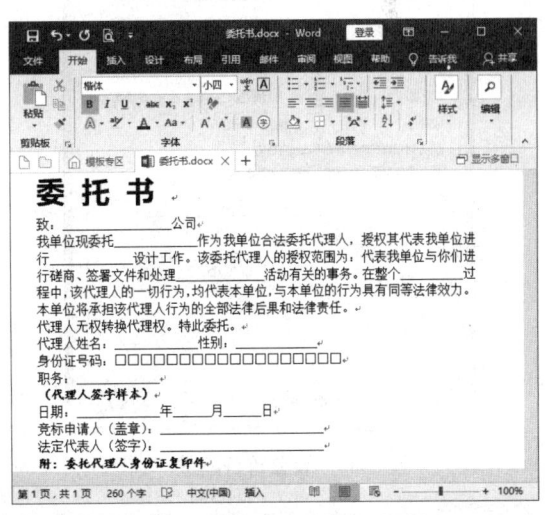

图 3-81 设置其他文本字体格式

**Step 05** 将光标定位到标题中,单击"段落"中的"居中"按钮,如图 3-82 所示。

**Step 06** 选择需要设置缩进的段落文本,单击"开始"选项卡下"段落"组右下角的扩展按钮,如图 3-83 所示。

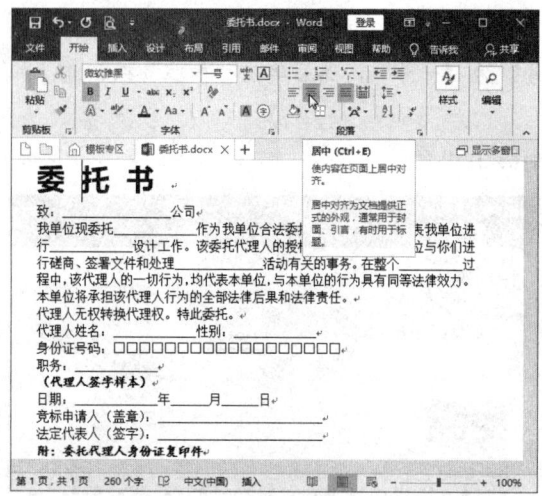

图 3-82　设置标题居中对齐

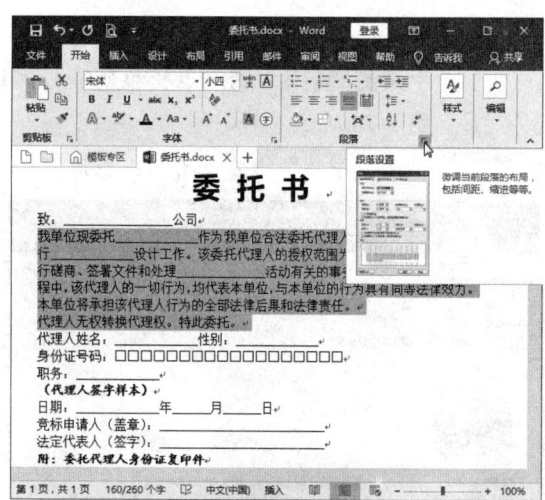

图 3-83　选择段落文本

**Step 07** 在弹出的"段落"对话框中设置首行缩进 2 字符，然后单击"确定"按钮，如图 3-84 所示。

**Step 08** 将光标定位到标题中，单击"段落"组右下角的扩展按钮，如图 3-85 所示。

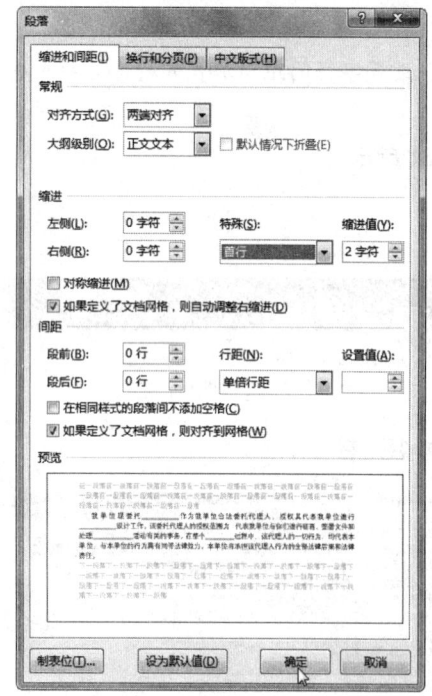

图 3-84　设置首行缩进

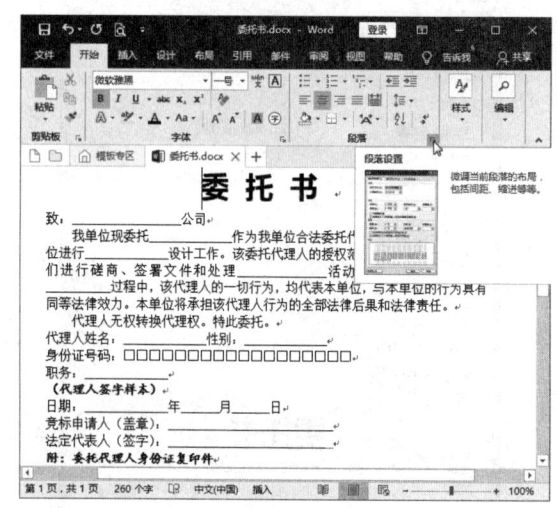

图 3-85　单击扩展按钮

**Step 09** 弹出"段落"对话框，在"行距"下拉列表框中选择"多倍行距"选项，在"设置值"数值框中输入 5，然后单击"确定"按钮，如图 3-86 所示。

**Step 10** 选择需要设置行距的段落，然后单击"段落"组中的"行和段落间距"下拉按钮，选择 1.5 选项，即可设置 1.5 倍行距，如图 3-87 所示。

第 3 章 文本和段落格式的设置 | 63

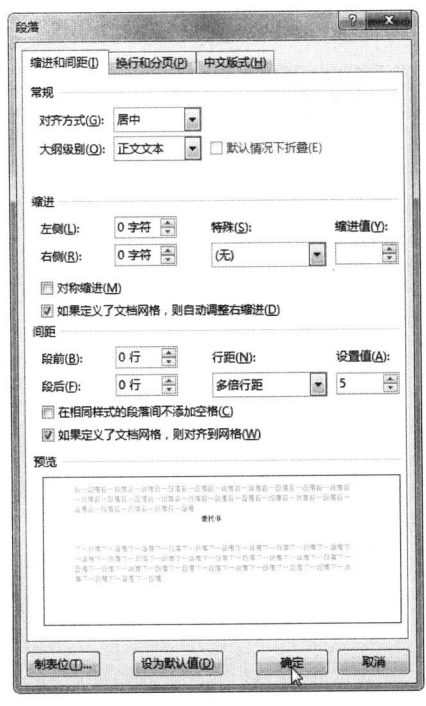

图 3-86 设置多倍行距

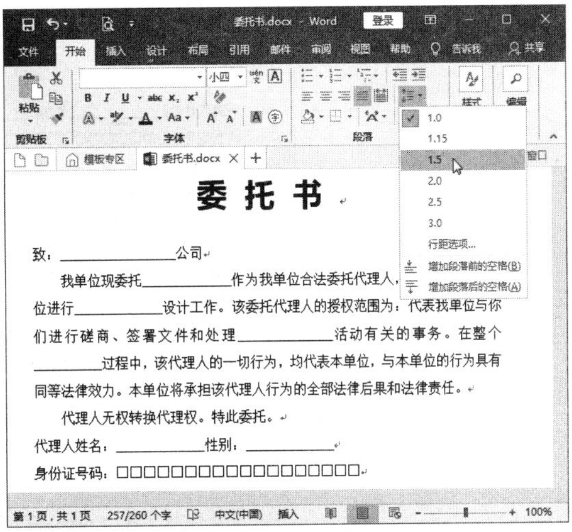

图 3-87 设置 1.5 倍行距

**Step 11** 选择需要设置段间距的段落，单击"段落"组右下角的扩展按钮，如图 3-88 所示。

**Step 12** 弹出"段落"对话框，设置"段后"间距为"3 行"，然后单击"确定"按钮，如图 3-89 所示。

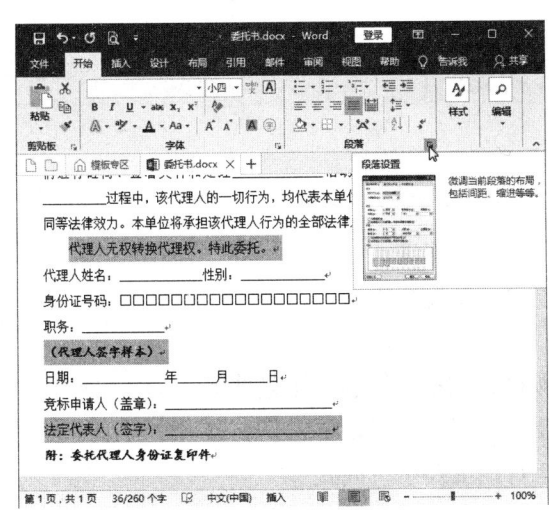

图 3-88 单击扩展按钮

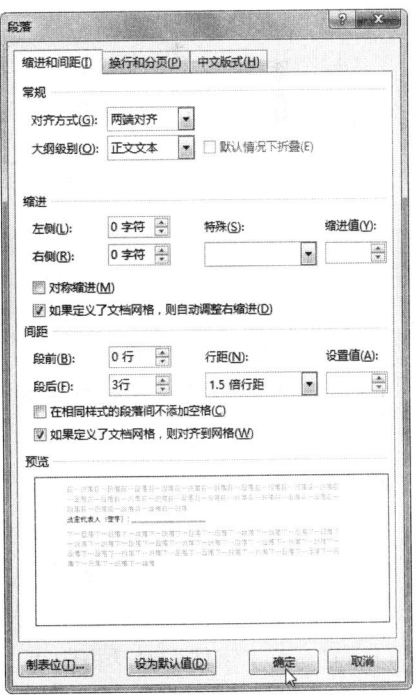

图 3-89 设置段后间距

Step 13 此时，即可完成文档格式的设置，效果如图 3-90 所示。

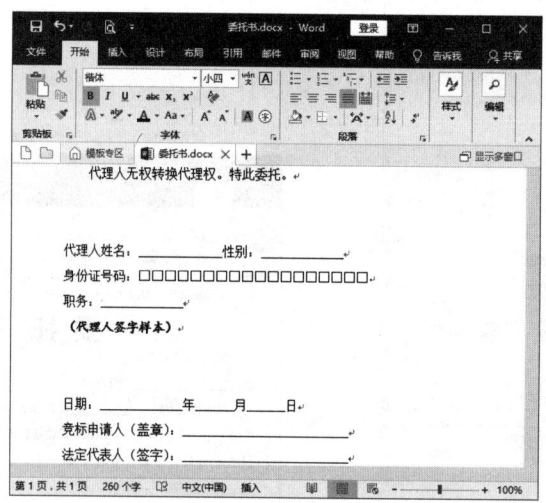

图 3-90 查看文档效果

## 本章小结

通过本章的学习，读者应重点掌握以下知识。
（1）设置字体、字号、字符间距等字体格式的多种方法。
（2）设置特殊文本效果，如添加拼音和带圈字符等。
（3）设置段落对齐方式、段落缩进、行间距和段间距等的方法。
（4）为段落添加边框、底纹、项目符号和编号。
（5）设置首字下沉和纵横混排。
（5）使用格式刷快速复制格式。

## 课后习题

### 一、选择题

1. 段落的缩放方式不包括下面哪一项？（　　）
   A．首行缩进　　　　　　　　B．左缩进
   C．首字下沉　　　　　　　　D．悬挂缩进
2. 关于设置文本格式以下说法错误的是（　　）。
   A．字体格式主要包括字体、字号、颜色、加粗、倾斜、下划线等
   B．要设置文本上标或下标格式，需要在"字体"对话框操作
   C．在"字体"对话框中可以自定义字符缩放及字符间距
   D．在文档中还可以为文本添加边框、底纹、阴影、映像等效果
3. 关于设置段落格式以下说法错误的是（　　）。

A．要设置单个段落的格式，需先选中段落文本

B．在文档中可以使用快捷键快速设置段落对齐方式

C．在设置段落行距时，可以设置多倍行距，或设置为固定值

D．通过为段落添加边框和底纹格式，可以美化文档

二、填空题

1．选择文本后，按_____组合键可以加粗文本；按_____组合键可以倾斜文本；按_____组合键可以设置下划线。

2．Word 2016 中段落的对齐方式有_____、_____、_____、_____和_____，默认的对齐方式是_____。

3．在 Word 文档中，利用_____按钮可以快速复制文档格式。

三、实操题

打开如图 3-91 所示的"素材文件\第 3 章\调查问卷.docx"，设置文档的字体格式和段落格式，最终效果如图 3-92 所示。

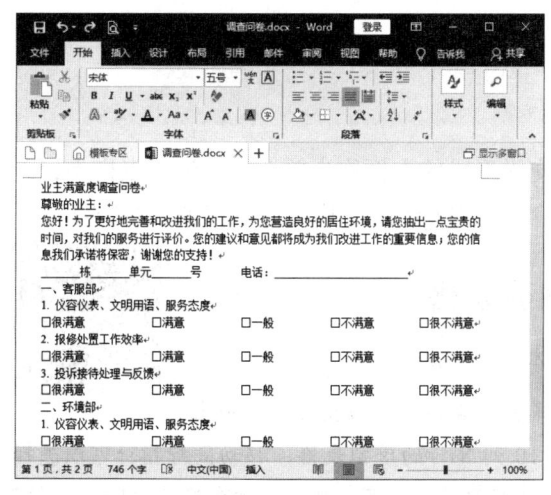

图 3-91　打开素材文件

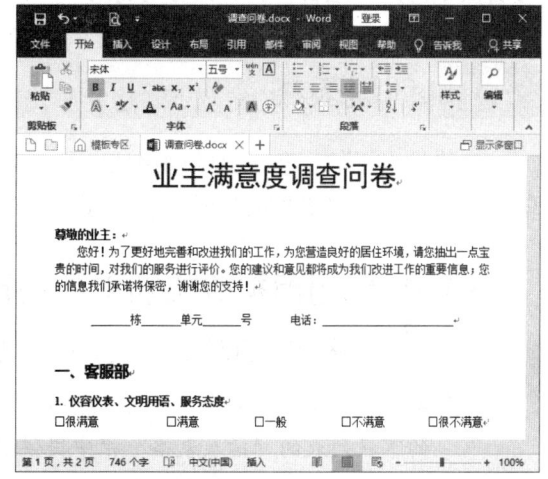

图 3-92　设置文档格式效果

**操作提示：**

（1）设置字体格式。

（2）设置段落对方方式、段落缩进。

（3）设置段落行间距、段间距。

（4）在"插入"选项卡下单击"日期和时间"按钮插入日期。

# 第 4 章 创建与编辑表格

【学习目标】

- 掌握在 Word 2016 中创建表格的多种方法。
- 掌握输入与编辑表格文本的方法。
- 掌握插入与删除行/列，合并与拆分单元格的方法。
- 掌握为表格设置边框与底纹的方法。
- 掌握对表格中的数据进行计算和排序的方法。
- 掌握将表格转换为文本，以及将文本转换为表格的方法。

利用表格可以将各种复杂的信息简明扼要地表达出来。在 Word 2016 中，不仅可以快速创建各种各样的表格，还可以方便地编辑单元格、表格结构及设置表格格式。此外，还可以对表格中的内容进行计算、排序等操作。

## 4.1 创建表格

表格由水平的行和垂直的列组成，行与列交叉形成的方框称为单元格。运用表格来记录信息，可以使信息更加清晰明了。下面将详细介绍在 Word 2016 中创建表格的多种方法。

### 4.1.1 使用虚拟表格功能快速创建表格

使用虚拟表格功能可以快速创建表格，具体操作方法如下。

**Step 01** 新建空白文档，选择"插入"选项卡，单击"表格"下拉按钮，在弹出的下拉列表的"插入表格"栏中提供了 10 列 8 行的虚拟表格，移动鼠标指针可以选择行、列数，如选择 4 列 5 行，已选择的区域将显示为橙色，且在上方会显示"4×5 表格"的提示文字，如图 4-1 所示。

**Step 02** 单击鼠标左键确认，即可将 4×5 的表格插入到文档中。此时，在功能区会显示"表格工具"的"设计"和"布局"选项卡，如图 4-2 所示。

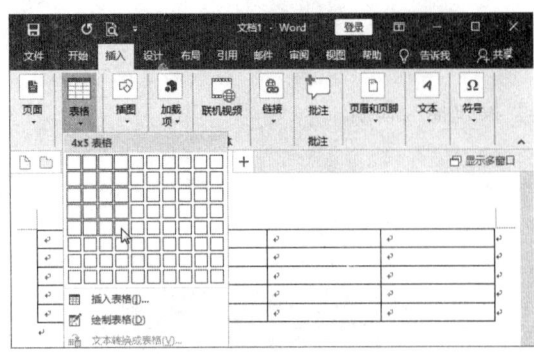

图 4-1 选择表格行、列数

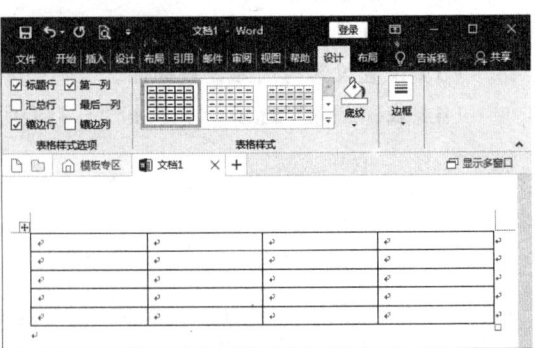

图 4-2 插入表格

## 4.1.2 通过"插入表格"对话框创建表格

通过"插入表格"对话框也可以创建表格，具体操作方法如下。

**Step 01** 选择"插入"选项卡，单击"表格"下拉按钮，在弹出的下拉列表中选择"插入表格"选项，如图4-3所示。

**Step 02** 弹出"插入表格"对话框，设置表格的列数和行数，然后单击"确定"按钮，如图4-4所示。

图4-3 选择"插入表格"选项

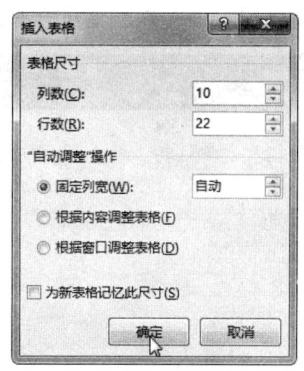

图4-4 设置表格的列数和行数

**Step 03** 此时，即可在文档中插入指定行数与列数的表格，如图4-5所示。

**Step 04** 若在"插入表格"对话框中选中"根据内容自动调整表格"单选按钮，则插入的表格效果如图4-6所示。

图4-5 插入表格

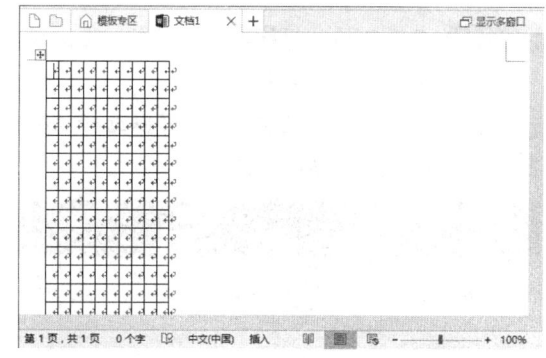

图4-6 根据内容自动调整表格

在"插入表格"对话框的"'自动调整'操作"选项区中，各选项的含义如下。

➢ **固定列宽**：表格列的宽度是固定的，表格大小不会随表格内容的多少或文档版心的变化而自动调整。当单元格中的内容过多时，将会自动换行。

➢ **根据内容调整表格**：表格大小会根据内容的多少自动进行调整。

➢ **根据窗口调整表格**：在插入表格时，其总宽度与文档的版心相同，当更改版心大小或页面设置时，其总宽度将随之改变。

若在"插入表格"对话框中选中"为新表格记忆此尺寸"复选框,则下次再次使用"插入表格"对话框时会自动设置为此时的表格尺寸。

### 4.1.3 手动绘制表格

使用 Word 2016 提供的绘制表格工具手动绘制表格时,就像用笔在纸上绘图一样,若出现绘制错误,可以用橡皮擦擦除。手动绘制表格的具体操作方法如下。

**Step 01** 选择"插入"选项卡,单击"表格"下拉按钮,在弹出的下拉列表中选择"绘制表格"选项,如图 4-7 所示。

**Step 02** 此时鼠标指针呈 θ 形状,在文档空白处按住鼠标左键并拖动,拖至合适位置后松开鼠标,即可绘制出表格外框线,如图 4-8 所示。

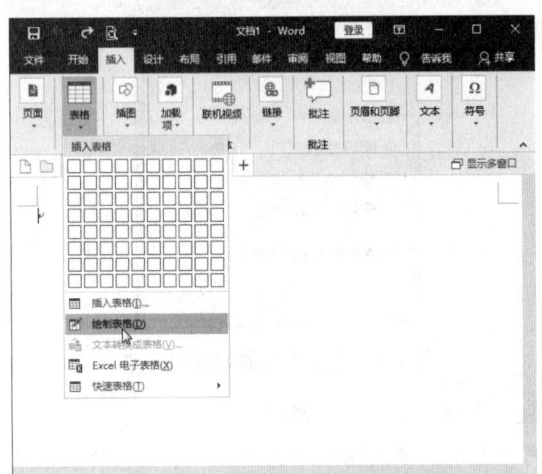
图 4-7　选择"绘制表格"选项

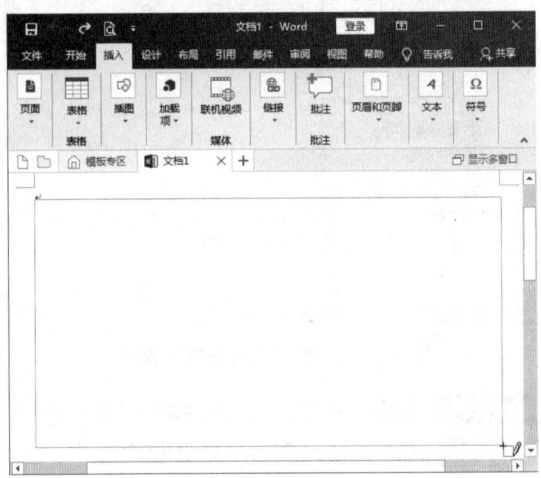
图 4-8　绘制表格外框线

**Step 03** 在绘制的外框线内拖动鼠标,当出现水平虚线或垂直虚线时松开鼠标,即可绘制表格内框线,如图 4-9 所示。

**Step 04** 若内部框线绘制有误,可以选择"表格工具"|"布局"选项卡,单击"绘图"组中的"橡皮擦"按钮,如图 4-10 所示。

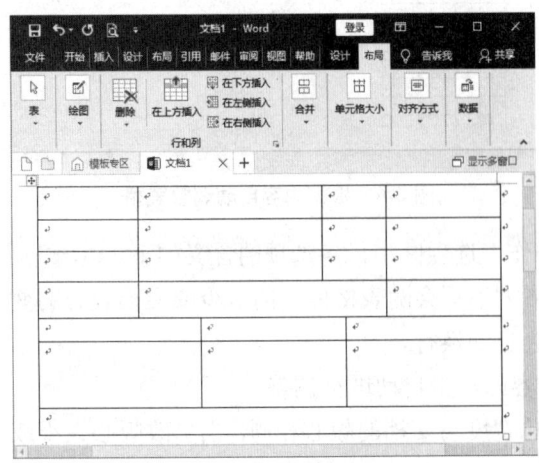
图 4-9　绘制表格内框线

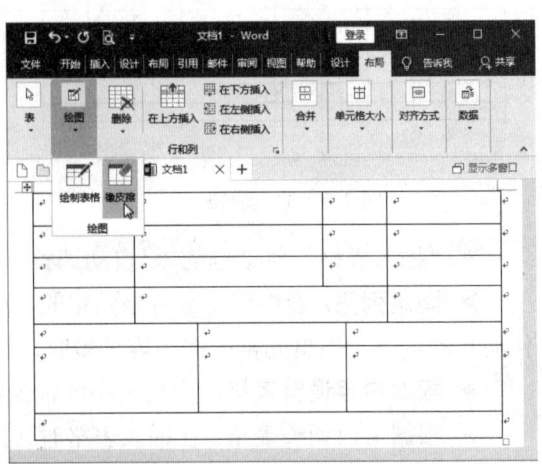
图 4-10　单击"橡皮擦"按钮

**Step 05** 此时鼠标指针呈 形状,将指针置于要擦除的内框线上,单击或在内框线上拖动鼠标,如图 4-11 所示。

**Step 06** 松开鼠标,即可将内框线擦除,如图 4-12 所示。绘制完成后按【Esc】键,即可退出表格绘制状态。

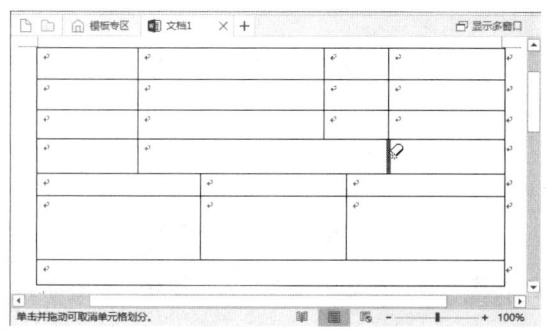
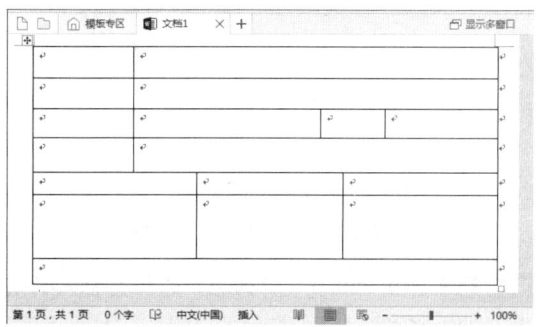

图 4-11　拖动鼠标　　　　　　　　　图 4-12　擦除内框线

### 4.1.4　在 Word 文档中插入 Excel 表格

在 Word 文档中还可以插入 Excel 表格,并且可以像在 Excel 中一样进行比较复杂的数据运算和处理。在 Word 文档中插入 Excel 电子表格的具体操作方法如下。

**Step 01** 选择"插入"选项卡,单击"表格"下拉按钮,在弹出的下拉列表中选择"Excel 电子表格"选项,如图 4-13 所示。

**Step 02** 此时,即可在 Word 文档中插入 Excel 表格,如图 4-14 所示。在单元格中输入数据后单击表格以外的区域,即可返回 Word 文档编辑区。

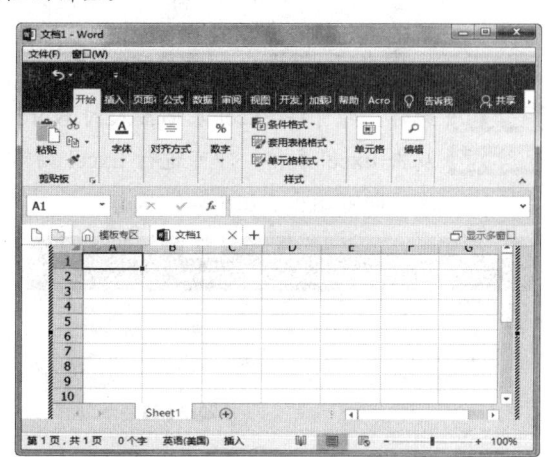

图 4-13　选择"Excel 电子表格"选项　　　　图 4-14　插入 Excel 表格

用户还可以将创建好的 Excel 表格插入到 Word 文档中,具体操作方法如下。

**Step 01** 选择"插入"选项卡,单击"文本"组中的"对象"下拉按钮,在弹出的下拉列表中选择"对象"选项,如图 4-15 所示。

**Step 02** 弹出"对象"对话框,选择"由文件创建"选项卡,单击"浏览"按钮,如图 4-16 所示。

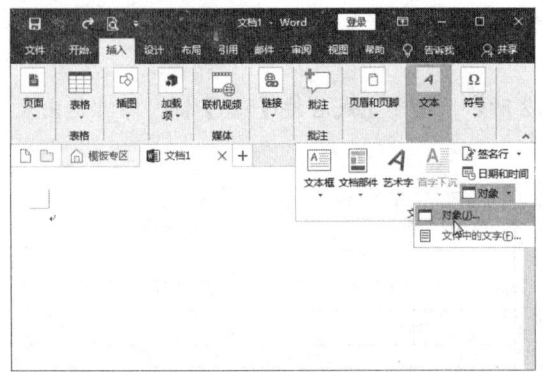

图 4-15 选择"对象"选项

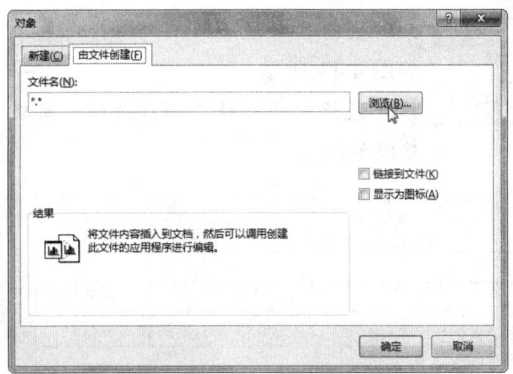

图 4-16 "对象"对话框

**Step 03** 弹出"浏览"对话框,选择要插入的 Excel 表格文件,然后单击"插入"按钮,如图 4-17 所示。

**Step 04** 返回"对象"对话框,单击"确定"按钮,如图 4-18 所示。

图 4-17 选择 Excel 表格文件

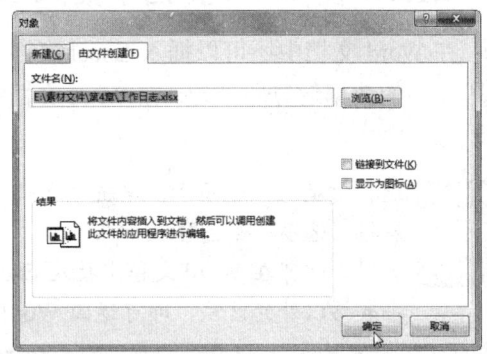

图 4-18 "对象"对话框

**Step 05** 此时,即可将 Excel 表格插入到 Word 文档中,如图 4-19 所示。

**Step 06** 双击 Excel 表格,即可进行 Excel 编辑状态,如图 4-20 所示。单击 Excel 表格以外的区域,即可退出 Excel 编辑状态。

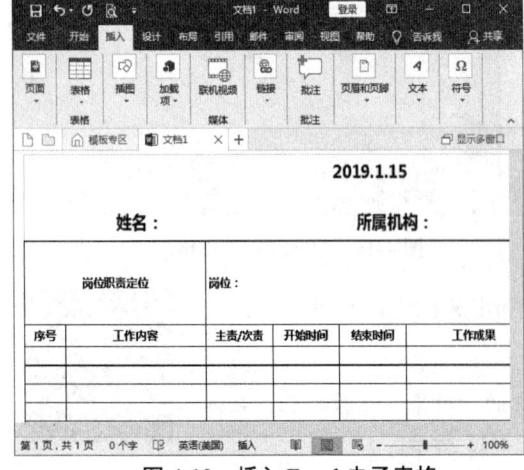

图 4-19 插入 Excel 电子表格

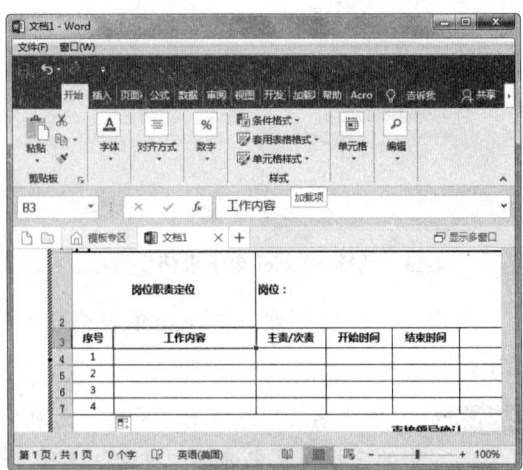

图 4-20 编辑 Excel 表格

### 4.1.5 使用"快速表格"功能插入表格

Word 2016 内置了多种样式的表格,用户可以根据需要快速插入这些样式的表格,具体操作方法如下。

**Step 01** 选择"插入"选项卡,单击"表格"下拉按钮,在弹出的下拉列表中选择"快速表格"选项,如图 4-21 所示。

**Step 02** 此时,即可在文档中插入预设样式的表格,效果如图 4-22 所示。

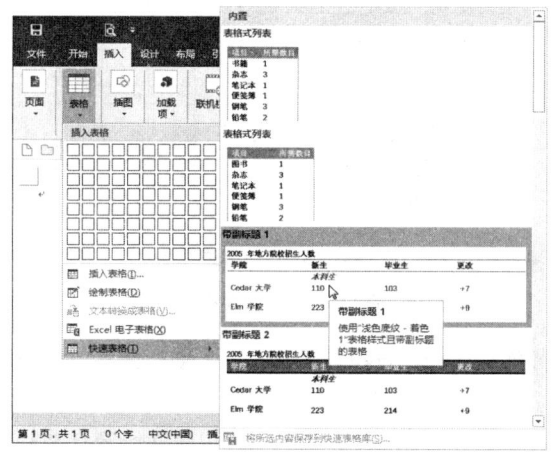

图 4-21　选择"快速表格"选项　　　　图 4-22　插入预设样式表格

## 4.2 编辑表格文本

插入表格后,即可在表格中输入内容。在表格中处理文本的方法与在普通文档中处理文本略有不同,因为表格中的每个单元格都是一个独立的单位,为了让表格与文本相互匹配,可以对单元格的文本格式、边距、对齐方式、高度及宽度等进行设置。

### 4.2.1 选择表格中的单元格

若要对表格、单元格或单元格区域进行操作,需要先将其选中。选择表格、单元格及单元格区域的方法如下。

**Step 01** 若要选择单个单元格,可以将鼠标指针指向该单元格的左侧,当指针呈 ↗ 形状时单击鼠标左键即可,如图 4-23 所示。

**Step 02** 若要选择连续的多个单元格,可以在起始单元格上拖动鼠标,拖至结束位置后松开鼠标即可,如图 4-24 所示。

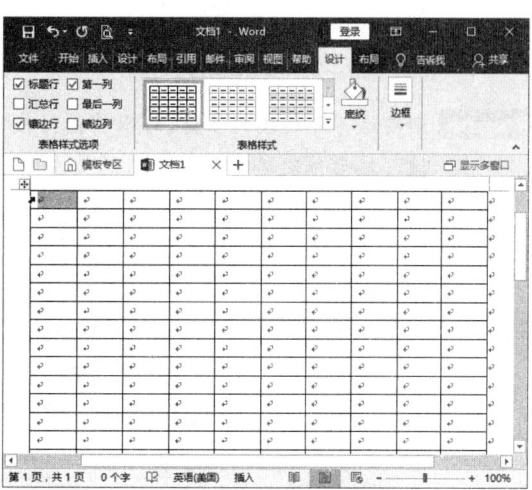

图 4-23　选择单个单元格

**Step 03** 若要选择不连续的多个单元格,则先选择第一个单元格,然后在按住【Ctrl】键的同时选择其他单元格,如图 4-25 所示。

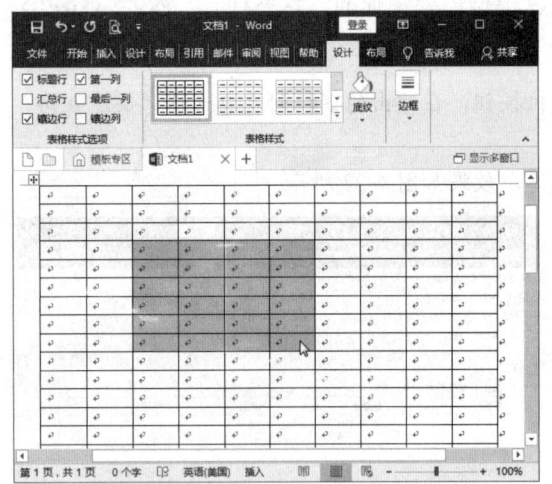
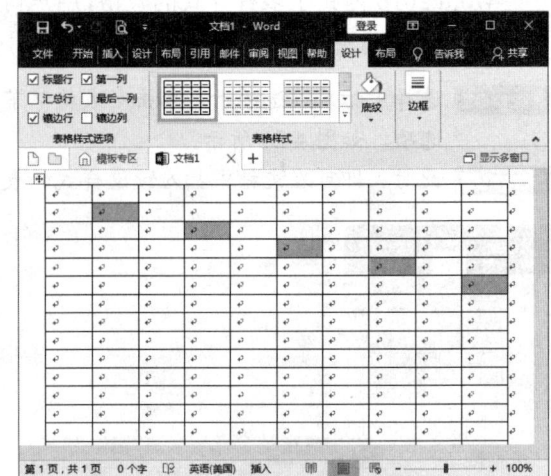

图 4-24　选择连续的多个单元格　　　　　图 4-25　选择不连续的多个单元格

**Step 04** 若要选择整行,可以将鼠标指针移至该行的最左侧,当指针呈 ⌐ 形状时单击鼠标左键即可,如图 4-26 所示。

**Step 05** 若要选择连续的多行,可以将鼠标指针移至某行的最左侧,当指针呈 ⌐ 形状时按住鼠标左键向上或向下拖动即可,如图 4-27 所示。

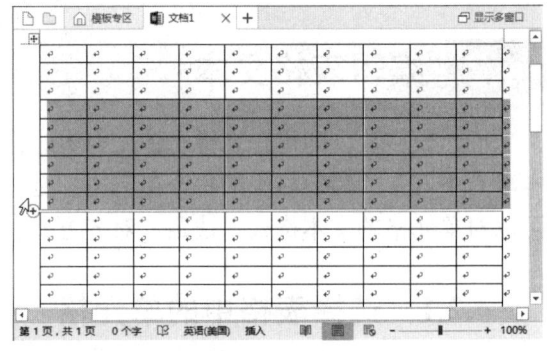

图 4-26　选择整行　　　　　　　　　　　图 4-27　选择连续的多行

**Step 06** 若要选择不连续的多行,可以将鼠标指针移至某行的最左侧,当指针呈 ⌐ 形状时按住【Ctrl】键,然后依次单击要选择行的最左侧即可,如图 4-28 所示。

图 4-28　选择不连续的多行

**Step 07** 若要选中整列,可以将鼠标指针指向该列最上方的边框,当指针呈↓形状时单击鼠标左键即可,如图4-29所示。

**Step 08** 若要选择连续的多列,可以将鼠标指针移至某列最上方的边框,当指针呈↓形状时按住鼠标左键向左或向右拖动即可,如图4-30所示。

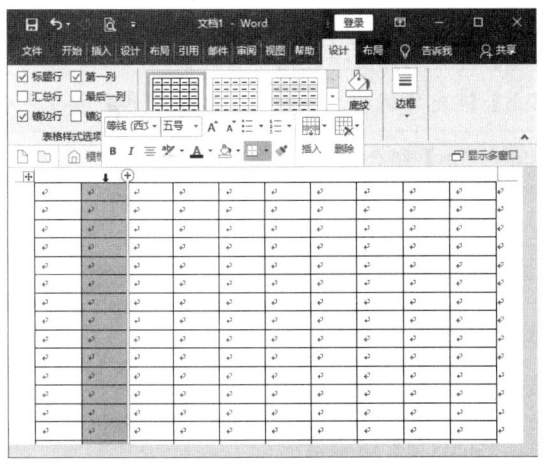
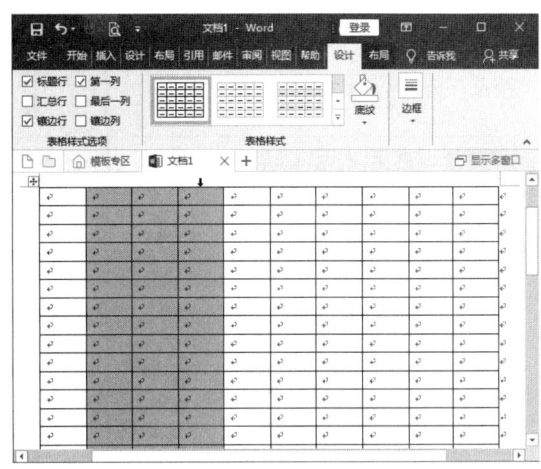

图 4-29 选中整列　　　　　　　　　　图 4-30 选择连续的多列

**Step 09** 若要选择不连续的多列,可以将鼠标指针移至某列最上方的边框,当指针呈↓形状时按住【Ctrl】键,然后依次单击要选择列最上方的边框即可,如图4-31所示。

**Step 10** 若要选择整个表格,可以直接单击表格左上方的⊞图标,如图4-32所示。

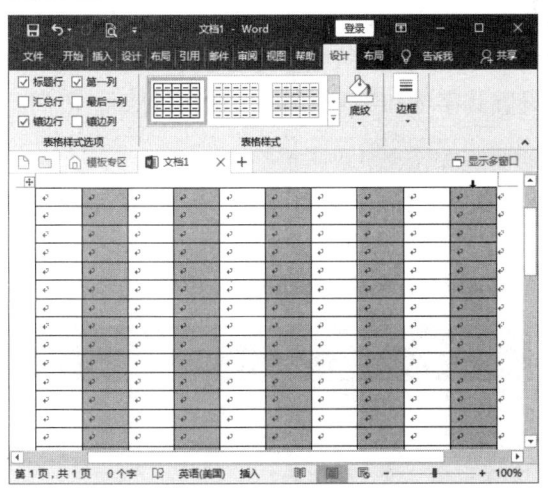
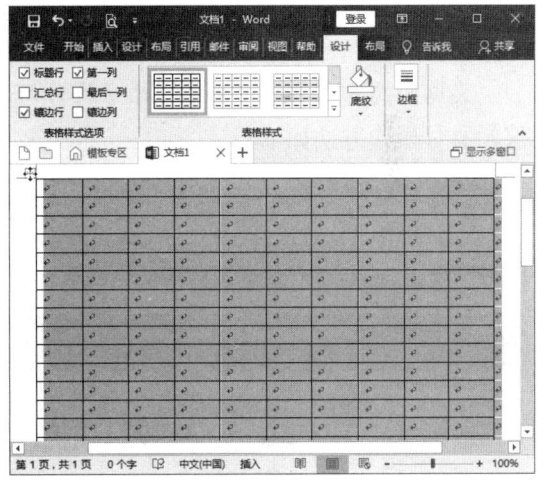

图 4-31 选择整列　　　　　　　　　　图 4-32 选择整个表格

## 4.2.2　输入文本并设置格式

在表格中输入文本的方法与在文档中输入文本的方法相似,应先将光标定位到要输入文本的单元格中,然后输入文本内容。通常情况下,Word 2016会按照单元格中最大的字符高度自动设置每行的高度。当输入的文本到达单元格的右边线时,会自动换行并增加行高,以容纳更多内容。按【Enter】键,可以在单元格中另起一段。因为单元格中可以包含多个段落,所以也能包含多种段落样式。

定位光标可以用鼠标,也可以用键盘。用鼠标定位光标时,只需在某个单元格中单击鼠标左键即可;用键盘定位光标时,可以使用【↑】、【↓】、【←】、【→】四个方向键将光标在各个单元格之间移动,详见下表。

| 目 的 | 操 作 |
| --- | --- |
| 移至下一个单元格 | 按【Tab】键(光标位于表格一行的最后一个单元格时,按【Tab】键光标将移至下一行的第一个单元格) |
| 移到前一个单元格 | 按【Shift+Tab】组合键 |
| 移至上一行 | 按【↑】键 |
| 移至下一行 | 按【↓】键 |
| 移至本行的第一个单元格 | 按【Alt+Home】组合键 |
| 移至本行的最后单元格 | 按【Alt+End】组合键 |
| 移至本列的第一个单元格 | 按【Alt+Page Up】组合键 |
| 移至本列的最后单元格 | 按【Alt+Page Down】组合键 |
| 在本单元格开始一个新段落 | 按【Enter】键 |
| 在表格末添加一行 | 在末行的最后一个单元格后按【Tab】键 |
| 在位于文档开头的表格前添加文本 | 光标移到第一行的第一个单元格前按【Enter】键 |

表格中的文本与表格外的文本一样,可以设置其字体和字号,也可以设置行距、段间距等,具体操作方法如下。

**Step 01** 新建"出差报告"文档,输入文本并设置格式后,插入一个 4 列 7 行的表格,如图 4-33 所示。

**Step 02** 光标默认定位在第一行第一列单元格中,输入文本,如图 4-34 所示。

图 4-33　插入表格　　　　　　　　　　图 4-34　输入文本

**Step 03** 采用同样的方法，在表格中输入其他文本内容，如图4-35所示。

**Step 04** 选择需要设置字体的单元格，然后单击"字体"下拉按钮，在弹出的下拉列表中选择字体，如"楷体"，如图4-36所示。

**Step 05** 继续设置其他单元格的字体，如图4-37所示。

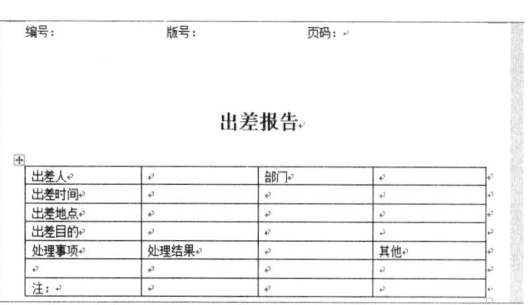

图4-35 输入其他文本内容

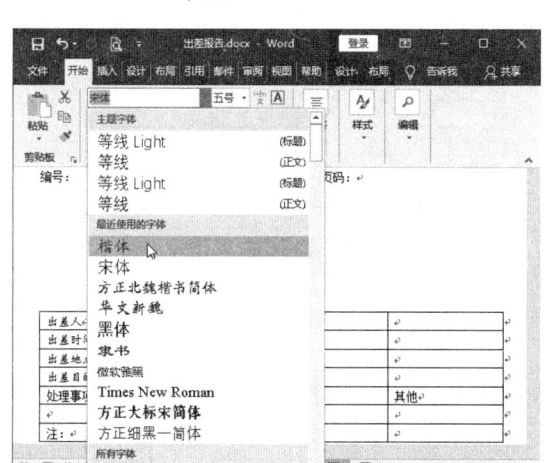

图4-36 设置字体

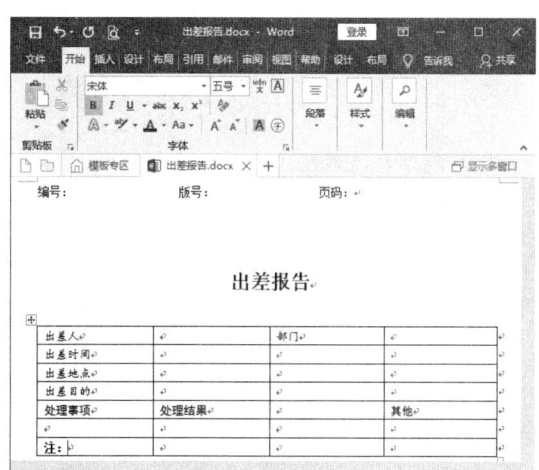

图4-37 设置字体

**Step 06** 单击表格左上方的田图标选择整个表格，单击"字号"下拉按钮，在弹出的下拉列表中选择字号，如"五号"，如图4-38所示。

**Step 07** 单击"段落"组右下角的扩展按钮，如图4-39所示。

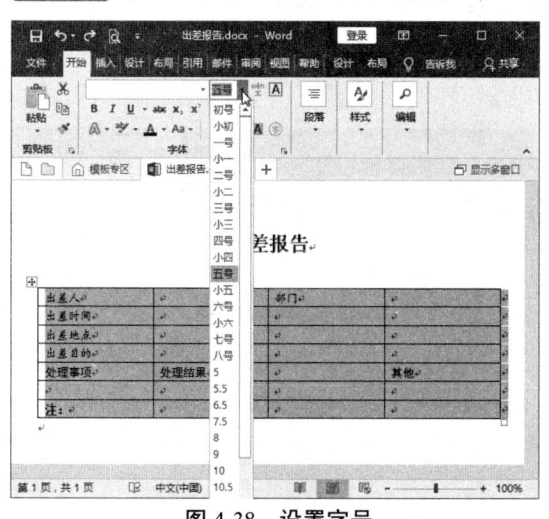

图4-38 设置字号

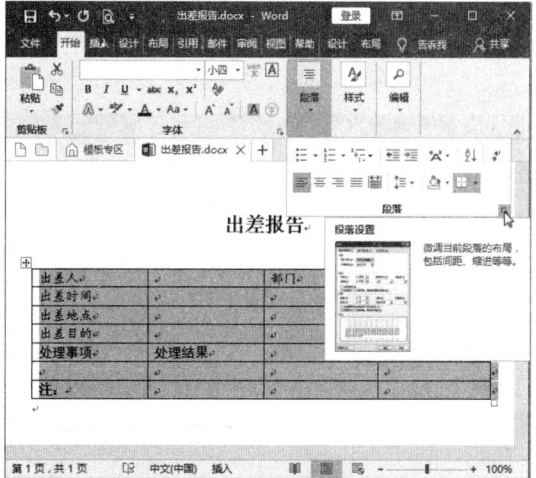

图4-39 单击扩展按钮

**Step 08** 在弹出的"段落"对话框中设置"行距"为"1.5倍行距"，然后单击"确定"按钮，如图4-40所示。

**Step 09** 此时，设置完成后的表格文本效果如图4-41所示。

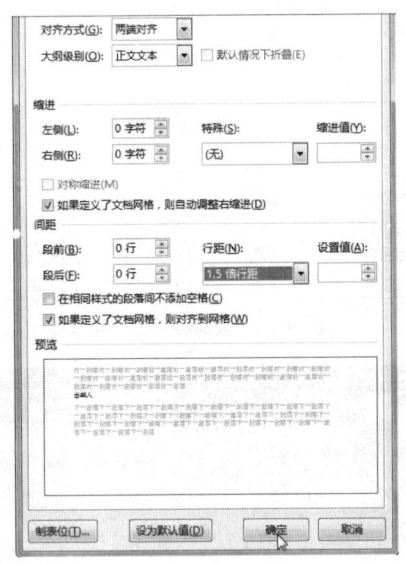

图 4-40 设置行距

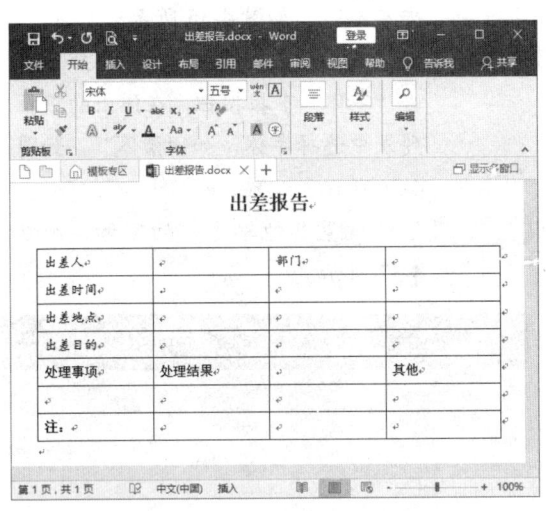

图 4-41 表格文本效果

## 4.2.3 设置对齐方式

在 Word 2016 中,既可以设置表格的对齐方式,也可以设置表格内容的对齐方式,下面将分别对其进行介绍。

### 1. 设置表格在文档中的对齐方式

设置表格在文档中的对齐方式的具体操作方法如下。

**Step 01** 打开"素材文件\第 4 章\报销招聘费用的请示.docx",单击表格左上方的 图标选择整个表格,在"段落"组中单击"居中"按钮 ,如图 4-42 所示。

**Step 02** 此时即可将表格在文档中居中对齐,如图 4-43 所示。采用同样的方法,将第 2 个表格也设置为居中对齐。

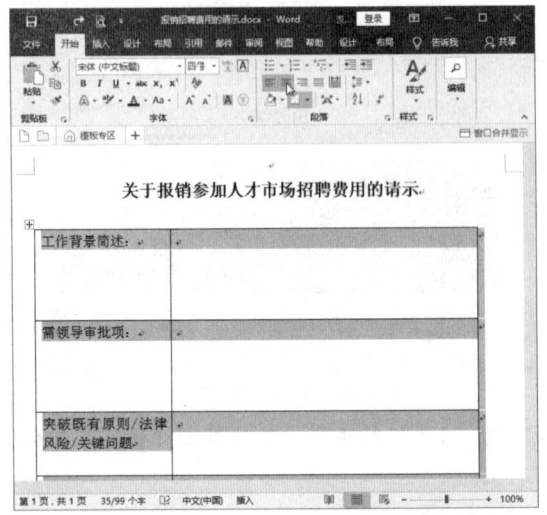

图 4-42 单击"居中"按钮

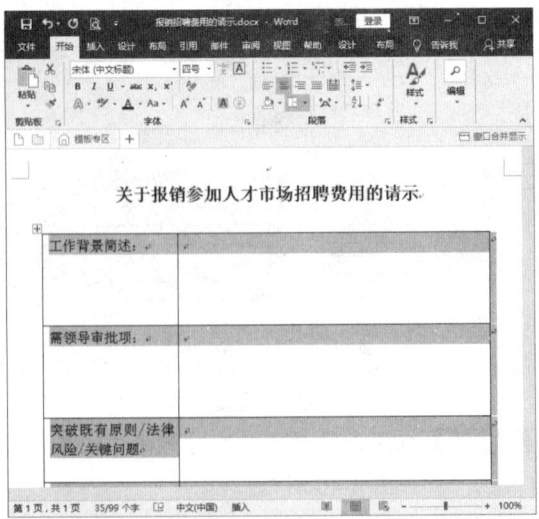

图 4-43 居中对齐表格

选择表格后,选择"布局"选项卡,单击"表"组中的"属性"按钮,弹出"表格属性"对话框,从中也可以对表格的对齐方式进行设置。有时需要对表格进行文字环绕排列,此时在"文字环绕"选项区中单击"环绕"按钮。

#### 2. 设置表格内容对齐方式

设置表格内容对齐方式的具体操作方法如下。

**Step 01** 选择要设置对齐方式的内容单元格,选择"表格工具"|"布局"选项卡,在"对齐"方式组中单击"中部两端对齐"按钮,如图4-44所示。

**Step 02** 此时,即可看到单元格中的内容位于单元格中部位置且两端对齐,效果如图4-45所示。

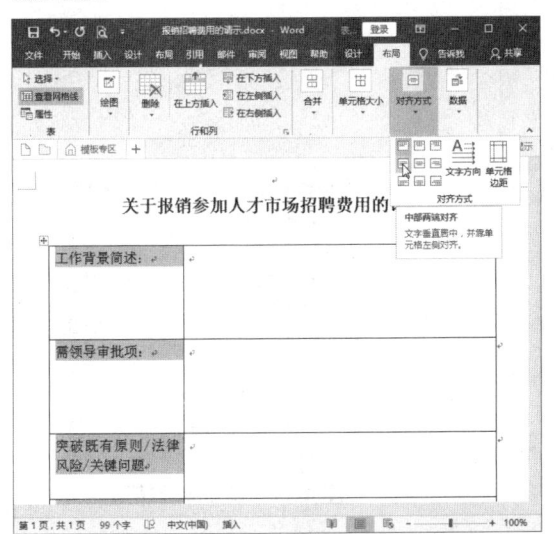

图4-44 单击"中部两端对齐"按钮

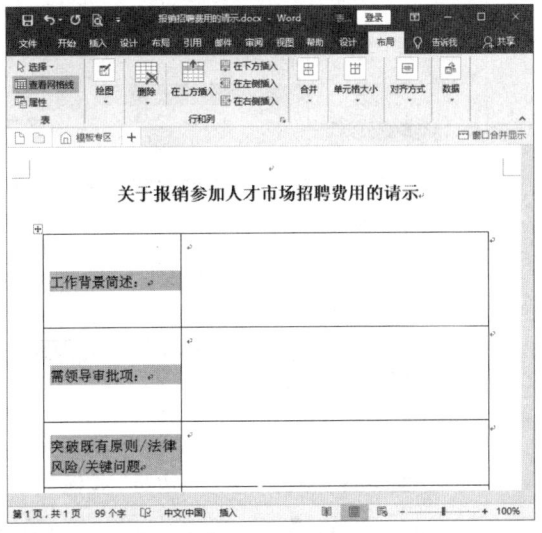

图4-45 中部两端对齐效果

**Step 03** 选择第2个表格中要设置对齐方式的内容单元格,选择"表格工具"|"布局"选项卡,在"对齐方式"组中单击"水平居中"按钮,如图4-46所示。

**Step 04** 此时,即可看到单元格中的内容位于单元格中部位置且居中对齐,效果如图4-47所示。

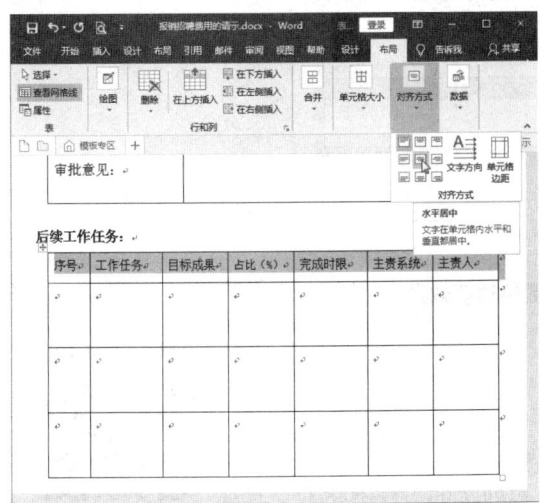

图4-46 单击"水平居中"按钮

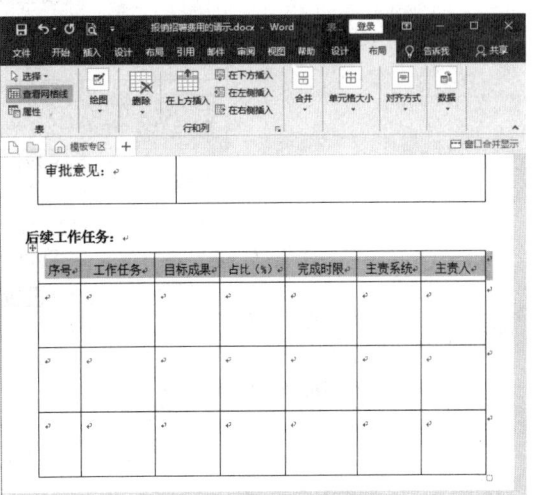

图4-47 水平居中对齐效果

### 4.2.4　设置单元格边距

单元格边距即单元格内容与边框之间的距离,用户可以根据需要设置单元格边距大小,具体操作方法如下。

**Step 01** 单击表格左上方的⊞图标全选表格,单击"布局"选项卡下"对齐方式"组中的"单元格边距"按钮,如图 4-48 所示。

**Step 02** 弹出"表格选项"对话框,设置单元格左、右边距均为 0.4 厘米,然后单击"确定"按钮,如图 4-49 所示。

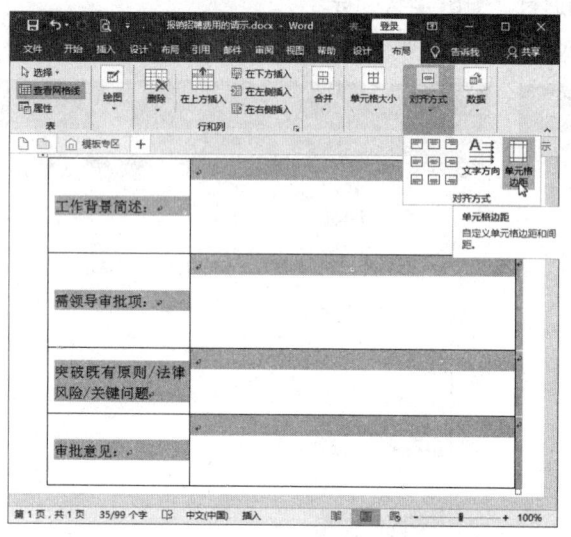

图 4-48　单击"单元格边距"按钮

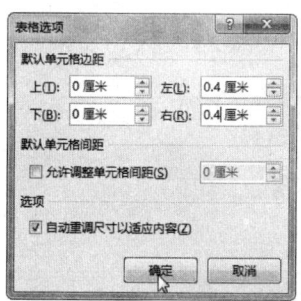

图 4-49　设置单元格边距

**Step 03** 此时,即可查看设置单元格边距后的效果,如图 4-50 所示。

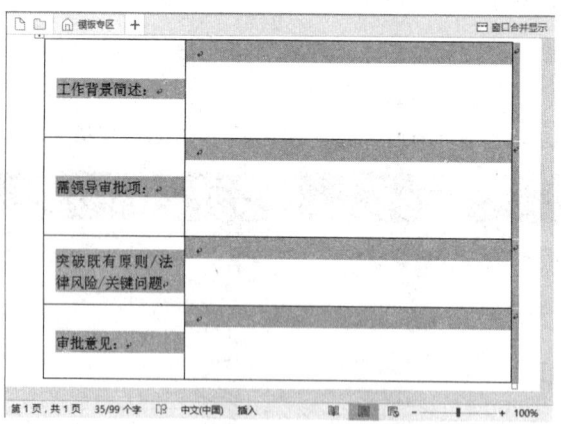

图 4-50　设置单元格边距效果

### 4.2.5　设置行高和列宽

一般情况下,Word 2016 会自动调整行高以适应输入的内容,用户还可以根据需要自定义表格的行高和列宽。设置行高和列宽的方法有多种,具体如下。

**Step 01** 将鼠标指针移至要调整行高的下边框上,当指针变成双向箭头形状时按住鼠标左键并拖动,即可调整行高,如图4-51所示。

**Step 02** 选择需要调整宽度的列,在"布局"选项卡下"单元格大小"组中输入列宽值,如图4-52所示。

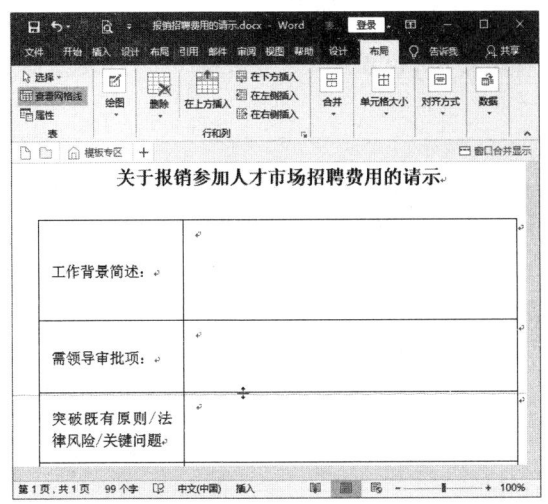

图4-51 拖动鼠标调整行高　　　　　图4-52 输入列宽值

**Step 03** 按【Enter】键确认,即可调整列宽,效果如图4-53所示。

**Step 04** 选择行,在"单元格大小"组中单击"分布行"按钮,即可将行高进行平均分布,如图4-54所示。若要调整整个表格的大小,可以将鼠标指针移至表格右下角,此时将出现口标记,当指针呈形状时按住鼠标左键并拖动,拖到合适大小后松开鼠标即可。

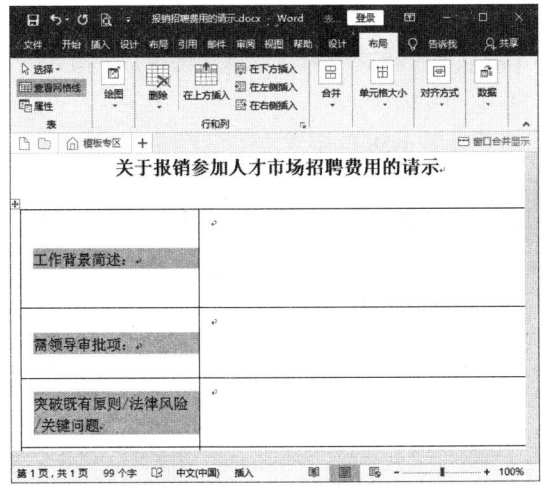 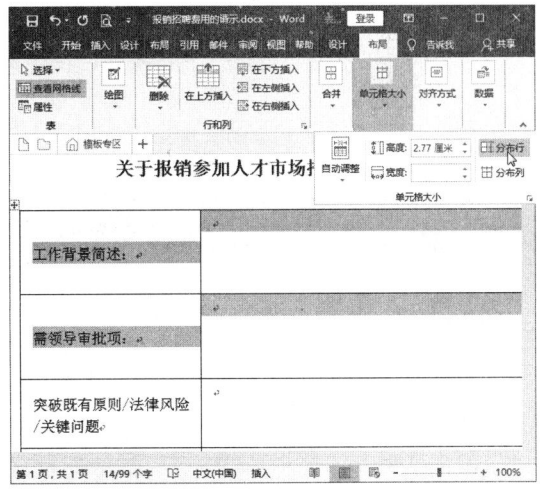

图4-53 调整列宽　　　　　　　　图4-54 平均分布行高

## 4.3 编辑表格结构

在日常办公中,有时需要制作一些比较复杂的表格,此时可以通过制作斜线表头、插入与删除行/列、合并及拆分单元格等操作来编辑表格结构,制作出符合要求的特定表格。

### 4.3.1 设置斜线表头

为了更加清楚地指出表格中的内容,有时需要在表格的第一个单元格中用斜线将表格内容按类别进行分隔,分别对应表格的行和列,即斜线表头。在 Word 2016 中可以轻松地制作出带斜线的表头,具体操作方法如下。

**Step 01** 新建文档"2019 年春节值班表",输入标题文本并设置格式,然后插入一个 4 列 9 行的表格,如图 4-55 所示。

**Step 02** 在表格中输入文本内容并设置格式,如图 4-56 所示。

图 4-55　插入表格

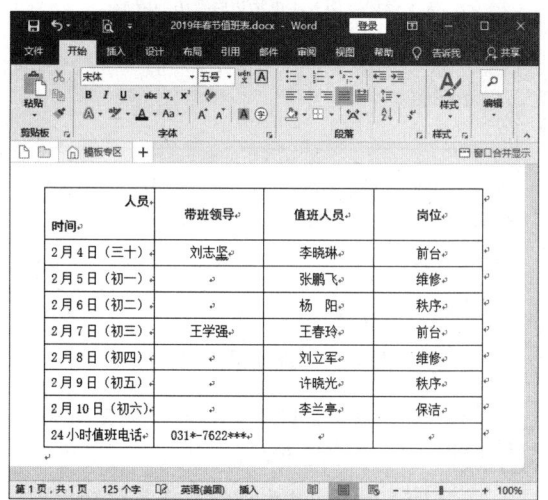

图 4-56　输入文本内容并设置格式

**Step 03** 将光标定位到第一行第一列的单元格中,选择"表格工具"|"设计"选项卡,单击"边框"组中的"边框"下拉按钮,在弹出的下拉列表中选择"斜下框线"选项,如图 4-57 所示。

**Step 04** 此时,即可将该单元格设置为斜线表头,效果如图 4-58 所示。

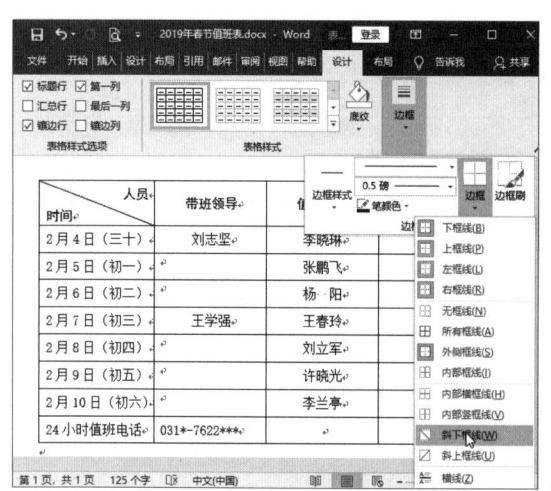

图 4-57　选择"斜下框线"选项

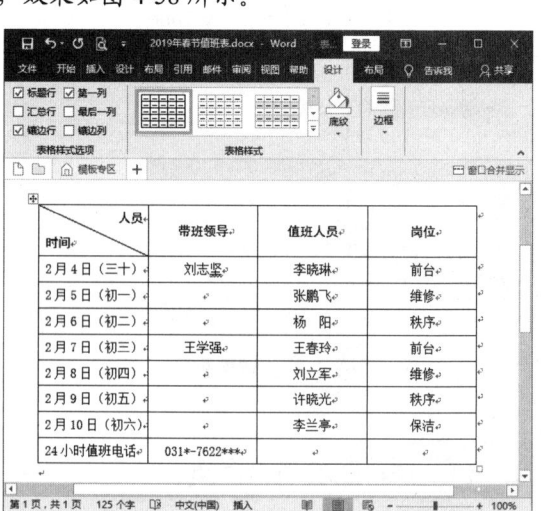

图 4-58　斜线表头效果

## 4.3.2 插入与删除行/列

在编辑表格的过程中,当发现表格中缺少内容时,可以插入新的行/列或单元格。Word 2016 为这一操作提供了相应的命令,可以一次插入一个或多个单元格,也可以插入几行或几列,甚至可以在一个表格内再插入一个表格。若表格中有多余的行或列,则可以将其删除。插入与删除行/列的具体操作方法如下。

**Step 01** 将光标定位到单元格中,选择"表格工具"|"布局"选项卡,单击"行和列"组中的"在下方插入"按钮,如图 4-59 所示。

**Step 02** 此时,即可在光标所在的单元格下方插入一行,在单元格中输入文本内容,如图 4-60 所示。

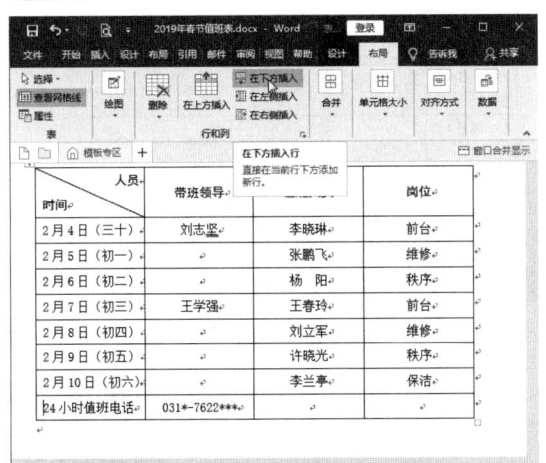

图 4-59 单击"在下方插入"按钮

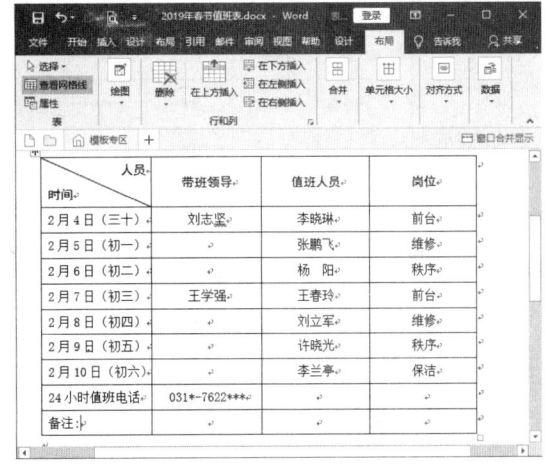

图 4-60 输入文本内容

**Step 03** 将鼠标指针置于行线左侧,此时将出现⊕按钮,单击该按钮即可快速插入 1 行,如图 4-61 所示。将光标置于表格右侧的段落标记前,按【Enter】键也可在其下方快速插入一行。

**Step 04** 定位光标,单击"布局"选项卡下"行和列"组中的"在右侧插入"按钮,或将鼠标指针移至列上端,单击⊕按钮即可在右侧快速插入 1 列,如图 4-62 所示。若要插入多行或多列,只需选择相应数目的行或列后再进行插入操作即可。

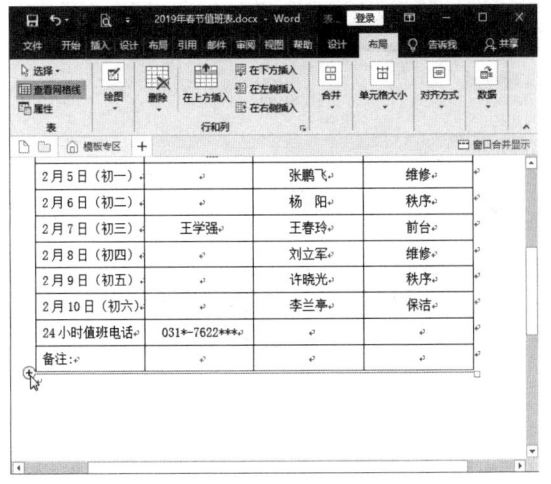

图 4-61 单击⊕按钮插入行

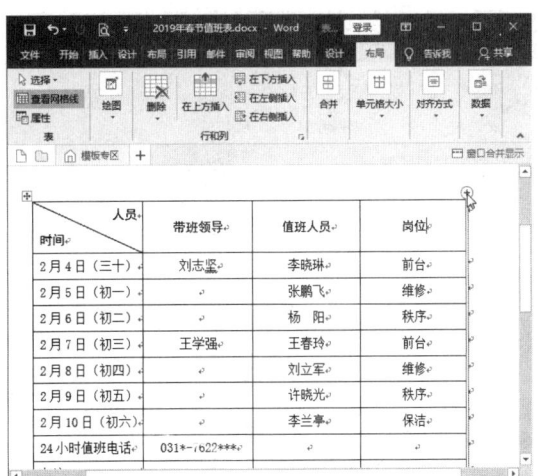

图 4-62 单击⊕按钮插入列

**Step 05** 在新插入的列中输入文本内容并设置格式，如图4-63所示。

**Step 06** 定位光标，单击"布局"选项卡下"行和列"组中的"删除"下拉按钮，在弹出的下拉列表中选择"删除行"选项，即可删除单元格所在的行，如图4-64所示。选择行、列、单元格或整个表格后，按【←Backspce】键也可执行删除操作；按【Delete】键只删除其中的数据，而不删除单元格。

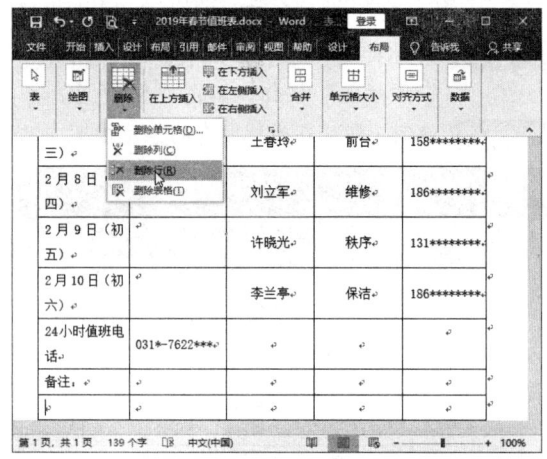

图4-63 输入文本内容并设置格式　　　　图4-64 选择"删除行"选项

### 4.3.3 合并与拆分单元格

在编辑表格时，有时需要对表格中的单元格进行合并或拆分。合并单元格是将多个单元格合并成一个单元格，拆分单元格则是将一个单元格拆分成多个单元格。合并与拆分单元格的具体操作方法如下。

**Step 01** 选择需要合并的单元格，选择"表格工具"｜"布局"选项卡，单击"合并"组中的"合并单元格"按钮，如图4-65所示。

**Step 02** 此时，即可将所选的单元格合并为一个单元格，如图4-66所示。

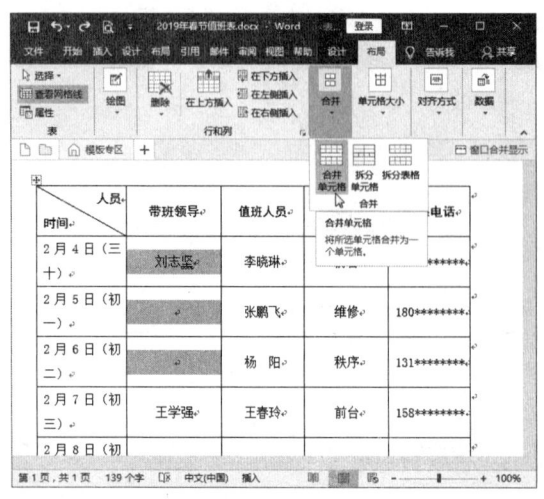
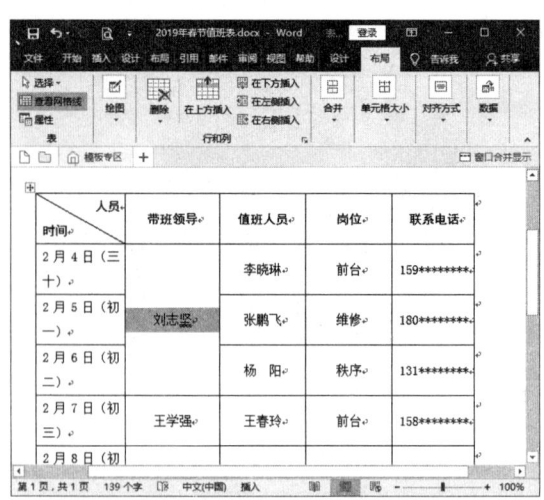

图4-65 单击"合并单元格"按钮　　　　图4-66 合并单元格

**Step 03** 单击"布局"选项卡下"绘图"组中的"橡皮擦"按钮,如图4-67所示。

**Step 04** 此时鼠标指针变为 样式,在边框线上单击或拖动鼠标,即可擦除边框线,如图4-68所示。

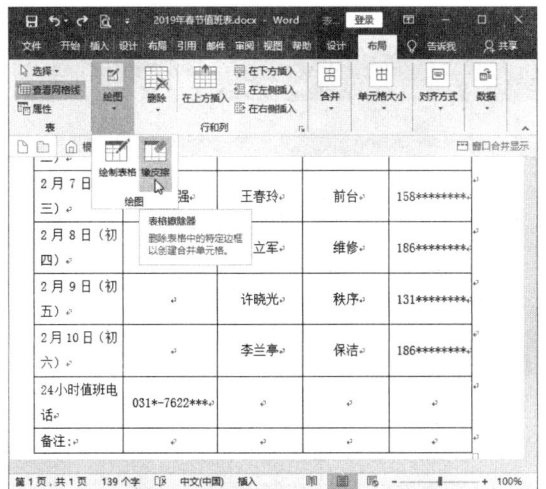
图4-67 单击"橡皮擦"按钮

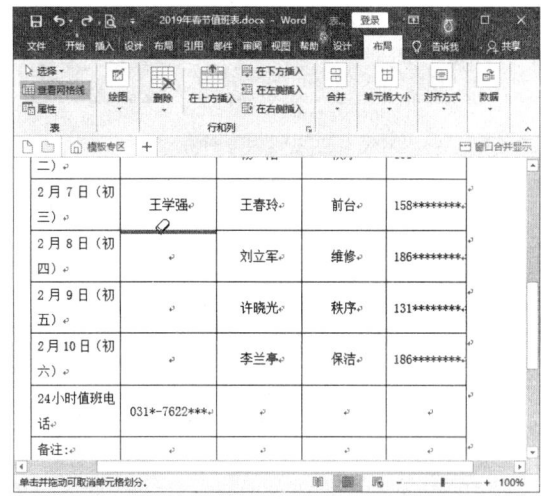
图4-68 擦除边框线

**Step 05** 松开鼠标,即可擦除边框线。继续擦除其他边框线,以合并单元格,效果如图4-69所示。

**Step 06** 选择需要合并的单元格并右击,在弹出的快捷菜单中选择"合并单元格"命令,也可合并单元格,如图4-70所示。

图4-69 合并单元格

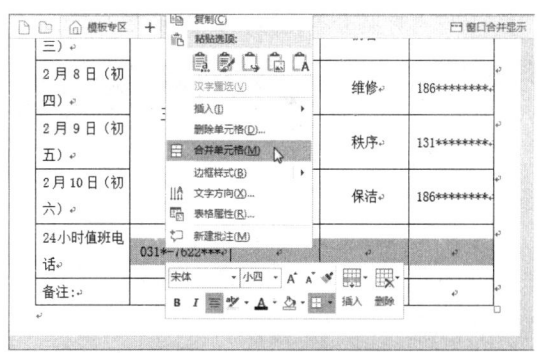
图4-70 选择"合并单元格"命令

**Step 07** 继续合并单元格,并设置单元格的文本对齐方式,如图4-71所示。

图4-71 合并单元格

**Step 08** 将光标定位到要拆分的单元格中，选择"表格工具"｜"布局"选项卡，单击"合并"组中的"拆分单元格"按钮，如图 4-72 所示。

**Step 09** 弹出"拆分单元格"对话框，设置拆分的列数和行数，然后单击"确定"按钮，如图 4-73 所示。

图 4-72　单元"拆分单元格"按钮

图 4-73　"拆分单元格"对话框

**Step 10** 此时，即可将所选的单元格拆分为 1 列 2 行，并输入文本内容，如图 4-74 所示。

**Step 11** 将光标定位到要拆分的单元格中并右击，在弹出的快捷菜单中选择"拆分单元格"命令，也可拆分单元格，如图 4-75 所示。

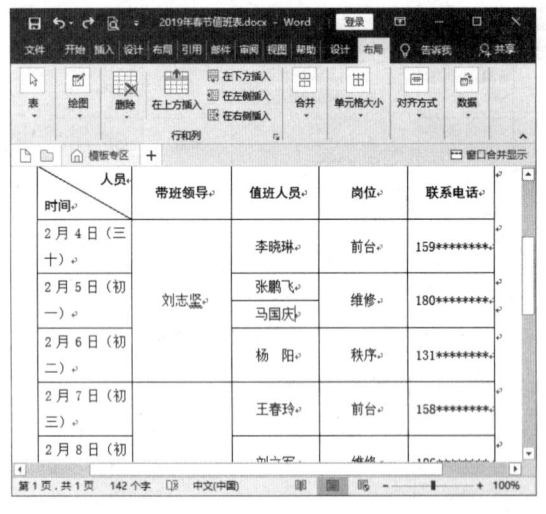
图 4-74　拆分单元格

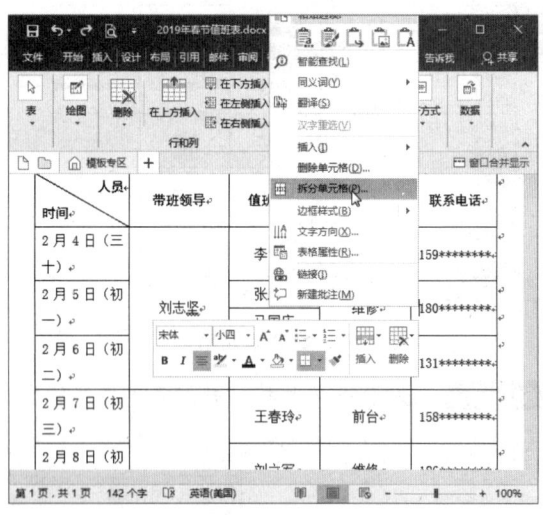
图 4-75　选择"拆分单元格"命令

**Step 12** 弹出"拆分单元格"对话框，设置拆分的列数与行数，然后单击"确定"按钮，即可拆分单元格，输入文本内容，如图 4-76 所示。

**Step 13** 继续拆分单元格并输入文本内容，根据需要调整列宽和表格内容，最终效果如图 4-77 所示。

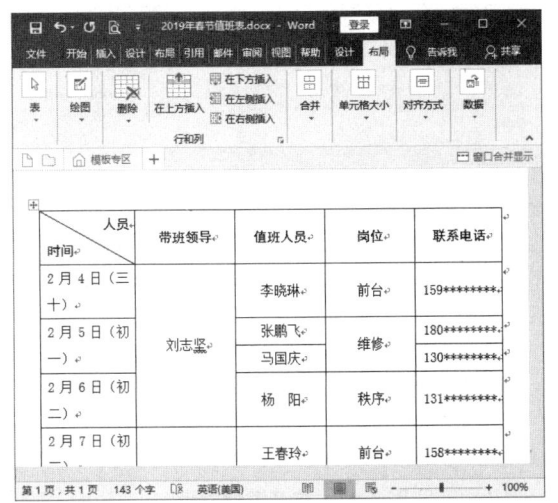
图 4-76　拆分单元格

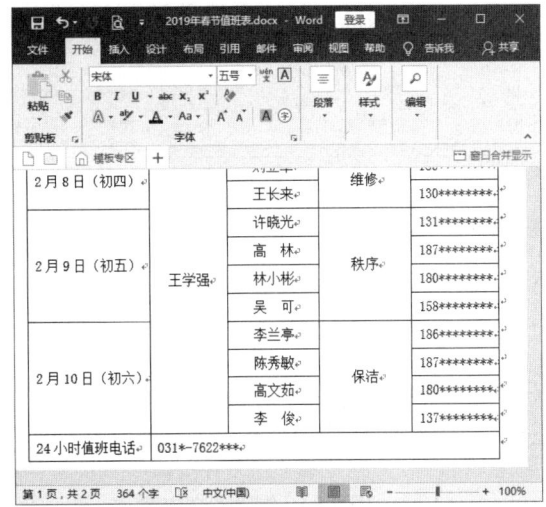
图 4-77　表格最终效果

### 4.3.4　合并与拆分表格

合并表格是将多个表格合并成一个表格，而拆分表格则是将一个表格拆分成多个表格。合并与拆分表格的具体操作方法如下。

**Step 01** 打开"素材文件\第 4 章\风险控制实施方案.docx"，如图 4-78 所示。

**Step 02** 删除两个表格之间的所有内容以及空行，即可将两个表格合并为一个表格，如图 4-79 所示。采用同样的方法，继续合并其他表格。

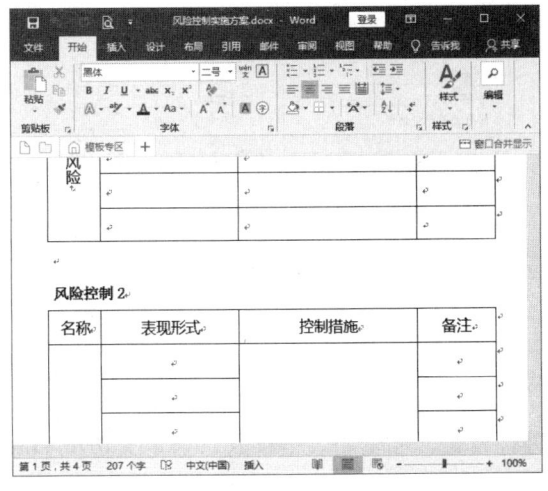
图 4-78　打开素材文件

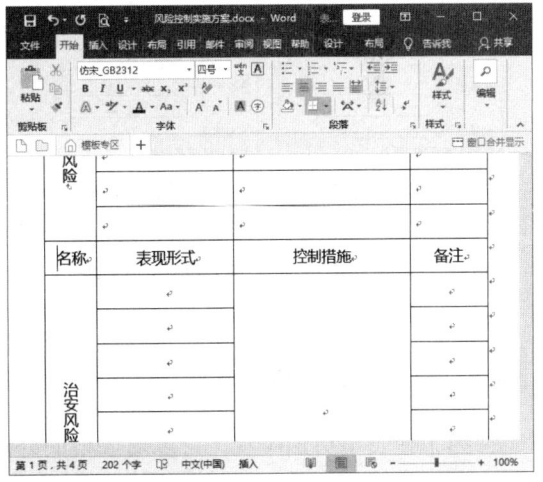
图 4-79　合并表格

**Step 03** 合并表格之后，会发现表格中多了几行重复的表头，将这些多余的内容删除即可，如图 4-80 所示。

**Step 04** 打开"素材文件\第 4 章\垃圾清运记录单.docx"，如图 4-81 所示。

图 4-80　删除多余内容

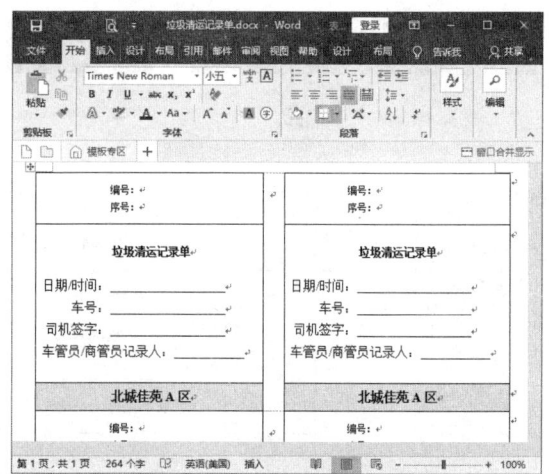

图 4-81　打开素材文件

**Step 05** 将光标定位到要成为新表格首行的任意单元格中，选择"表格工具"|"布局"选项卡，单击"合并"组中的"拆分表格"按钮，如图 4-82 所示。

**Step 06** 此时，即可将表格拆分为两个表格。继续进行拆分，拆分后的表格效果如图 4-83 所示。

图 4-82　单击"拆分表格"按钮

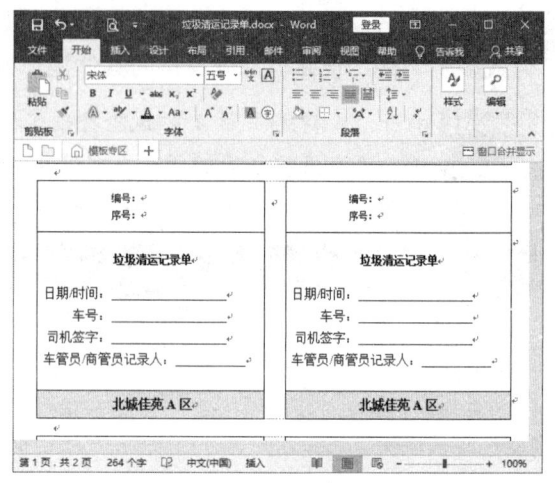

图 4-83　拆分表格效果

## 4.4　设置表格样式

为了使表格更加美观，可以对表格的外观进行设置，如套用表格样式，自定义边框和底纹，设置重复标题行等。

### 4.4.1　套用表格样式

Word 2016 提供了许多精美的表格样式，若希望迅速改变表格的外观，可以直接套用表格样式，具体操作方法如下。

# 第 4 章 创建与编辑表格

**Step 01** 打开"素材文件\第 4 章\培训计划.docx",将光标定位到表格的任意单元格中,选择"表格工具"|"设计"选项卡,在"表格样式选项"组中选中"标题行"和"第一列"复选框,如图 4-84 所示。

**Step 02** 单击"表格样式"组中的"其他"按钮,如图 4-85 所示。

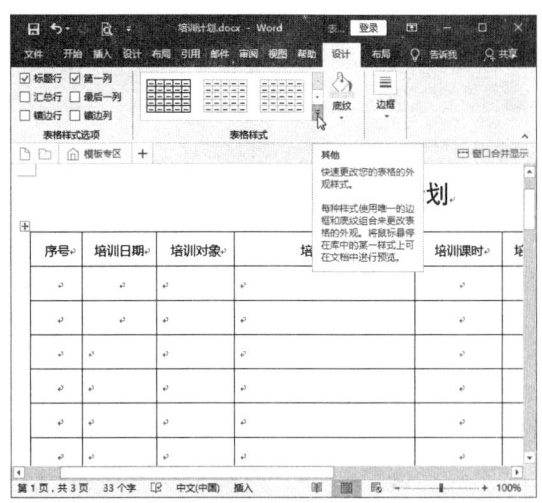

图 4-84 选择表格样式选项　　　　图 4-85 单击"其他"按钮

**Step 03** 在弹出的下拉列表中选择所需的表格样式,如图 4-86 所示。

**Step 04** 此时,即可套用所选的表格样式,效果如图 4-87 所示。要保留表格原有格式,可以右击表格样式,选择"应用并保持格式"命令。

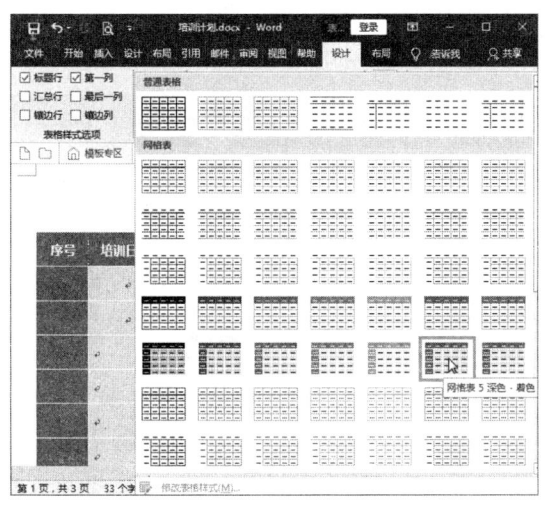

图 4-86 选择表格样式　　　　图 4-87 套用表格样式

## 4.4.2 设置边框和底纹

若不想套用 Word 2016 提供的表格样式,用户可以自定义表格的边框和底纹,具体操作方法如下。

**Step 01** 继续上一节进行操作，按【Ctrl+Z】组合键撤销套用表格样式操作。单击"设计"选项卡下的"边框"下拉按钮，在弹出的下拉列表中选择"边框和底纹"选项，如图 4-88 所示。

**Step 02** 弹出"边框和底纹"对话框，在左侧选择"方框"选项，在右侧设置边框的样式、颜色及宽度，如图 4-89 所示。

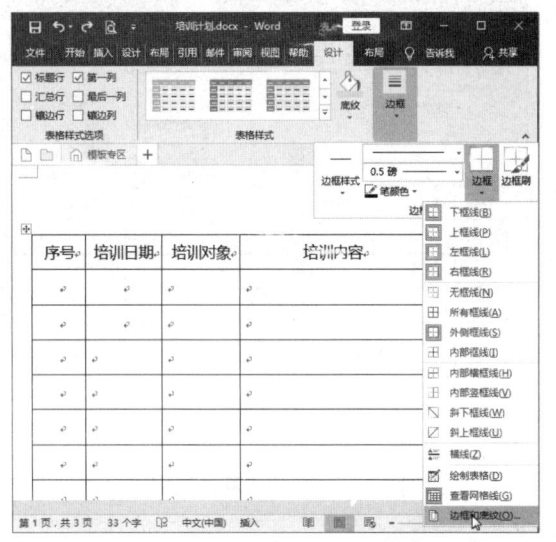
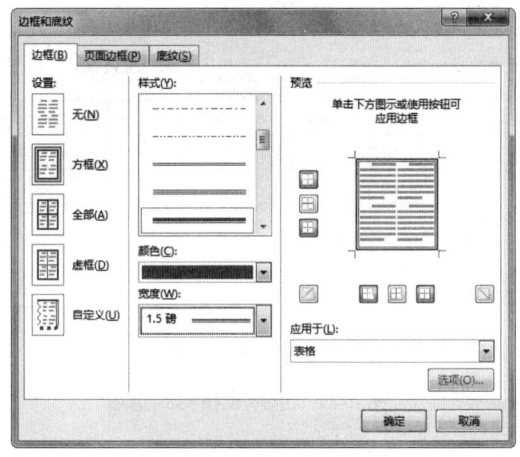

图 4-88　选择"边框和底纹"选项　　　　　图 4-89　设置外部框线

**Step 03** 在左侧选择"自定义"选项，在右侧设置边框样式，在"预览"选项区中单击要显示的内部边框按钮，然后单击"确定"按钮，如图 4-90 所示。

**Step 04** 此时，即可查看为表格应用自定义边框样式后的效果，如图 4-91 所示。

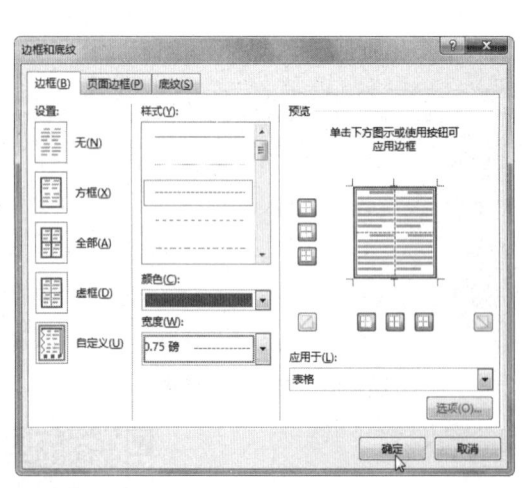

图 4-90　设置内部框线　　　　　图 4-91　自定义表格边框效果

**Step 05** 选择第 1 行，在"设计"选项卡下"边框"组中设置边框线的线型及粗细，然后单击"边框"下拉按钮，在弹出的下拉列表中选择"下边框"选项，即可更改所选单元格的下边框样式，如图 4-92 所示。

**Step 06** 单击"底纹"下拉按钮，在弹出的下拉列表中选择所需的底纹颜色，即可为所选的单元格添加底纹，如图 4-93 所示。在"边框和底纹"对话框中选择"底纹"选项卡，在"图案"选项区中还可以设置底纹的图案样式和颜色。

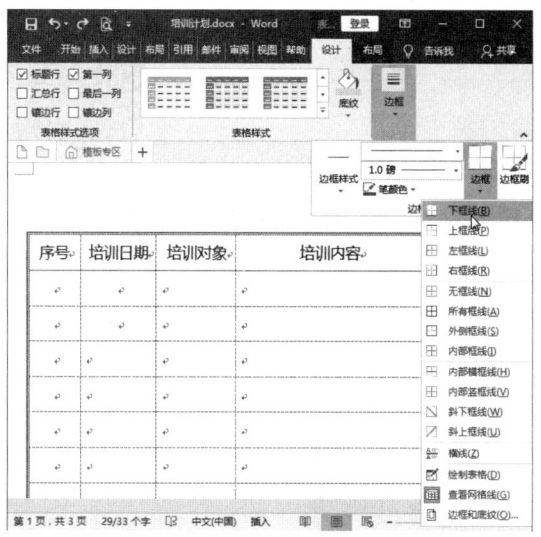

图 4-92 选择"下边框"选项

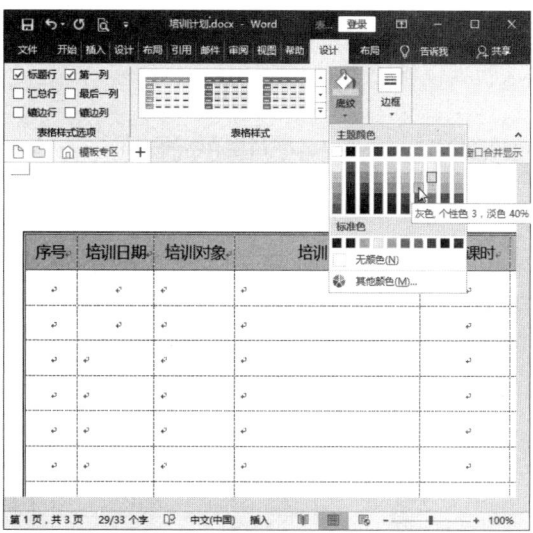

图 4-93 添加底纹

### 4.4.3 设置重复标题行

在 Word 文档中插入多页表格时，表格会在分页处自动分割，分割后的表格除第一页之外均没有标题行。用户可以根据需要让后续页中也显示标题行，具体操作方法如下。

**Step 01** 选择标题行，然后选择"表格工具"｜"布局"选项卡，单击"数据"组中的"重复标题行"按钮，如图 4-94 所示。

**Step 02** 此时，其他页中也将重复出现该标题行，效果如图 4-95 所示。

图 4-94 单击"重复标题行"按钮

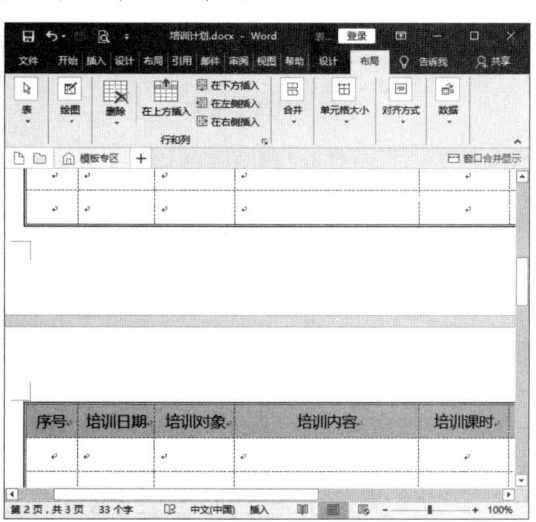

图 4-95 重复标题行

## 4.5 处理表格数据

在 Word 表格中，利用表格的计算功能可以对表格中的数据进行一些简单的运算，如求和、求平均值、求最大值等，以及按照递增或递减的顺序将表格内容按笔画、数字、拼音或日期进行排序等。

### 4.5.1 表格数据的计算

在对表格数据进行计算之前，首先了解单元格的命名规则，以便在计算数据时进行正确的输入操作。在 Word 表格中，单元格的命名与 Excel 相同，即以"列编号+行编号"的方式命名，若有合并的单元格，则以合并前左上角单元格的地址来命名，如图 4-96 所示。

|   | A | B | C | D | … |
|---|---|---|---|---|---|
| 1 | A1 | B1 | C1 | D1 | … |
| 2 | A2 | B2 | C2 | D2 | … |
| 3 | A3 | B3 | C3 |  | … |
| 4 | A4 | B4 |  |  | … |
| ⋮ | ⋮ | ⋮ | ⋮ | ⋮ |  |

图 4-96　单元格命名规则

下面以求乘积及求和为例介绍如何在 Word 表格中计算数据，具体操作方法如下。

**Step 01** 打开"素材文件\第 4 章\8 月份材料采购表.docx"，将光标定位在"合计（元）"单元格下方的单元格中，准备计算"单价×数量"的结果，如图 4-97 所示。

**Step 02** 选择"表格工具"｜"布局"选项卡，单击"数据"组中的"公式"按钮，如图 4-98 所示。

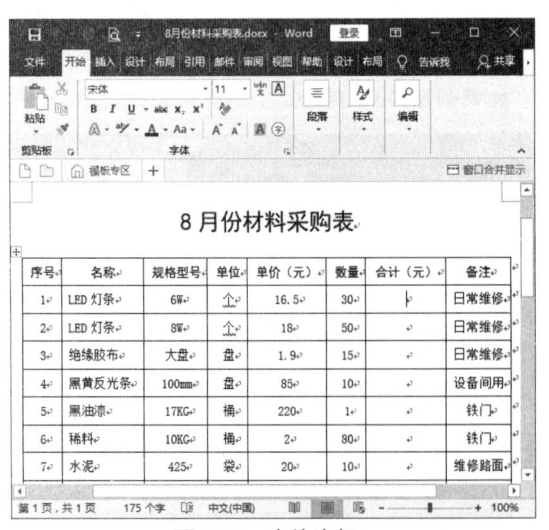

图 4-97　定位光标

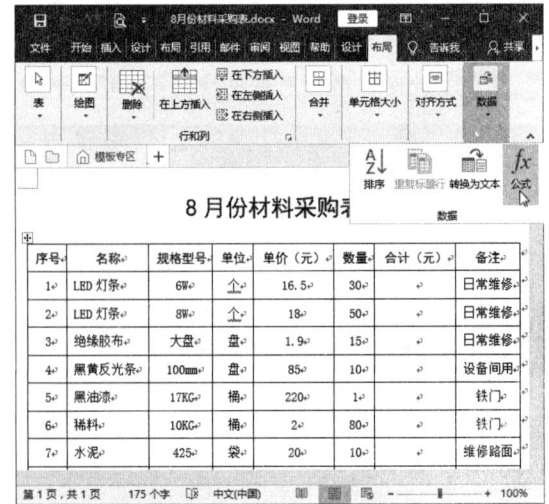

图 4-98　单击"公式"按钮

**Step 03** 弹出"公式"对话框，在"公式"文本框中删除等号后面的公式并输入"E2*F2"，在"编号格式"下拉列表框中选择 0.00 选项，然后单击"确定"按钮，如图 4-99 所示。

**Step 04** 系统会自动计算结果并填入单元格中，如图 4-100 所示。

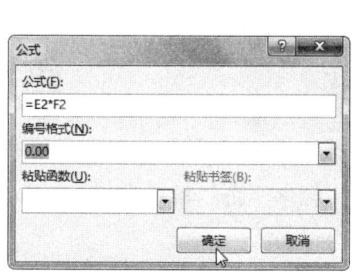

图 4-99 "公式"对话框　　　　　图 4-100 计算结果

**Step 05** 采用同样的方法，计算出"单价×数量"的合计值，如图 4-101 所示。

**Step 06** 将光标定位到 C12 单元格需要插入计算结果的位置，单击"数据"组中的"公式"按钮，弹出"公式"对话框，在"公式"文本框会自动出现求和函数，保持默认设置，在"编号格式"下拉列表框中选择 0.00 选项，然后单击"确定"按钮，如图 4-102 所示。

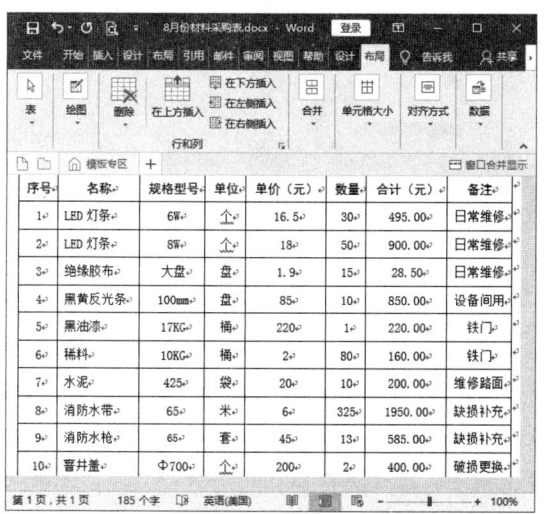

图 4-101 继续进行计算

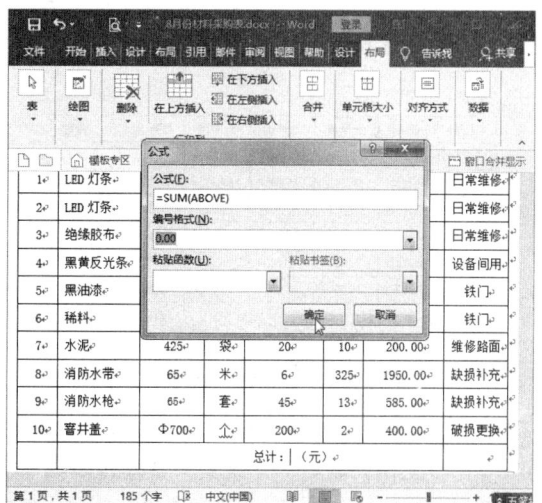

图 4-102 设置编号格式

**Step 07** 此时，程序会自动计算出求和结果，如图 4-103 所示。

**Step 08** 若更改了表格中的数据，计算结果并不会自动更新。若想更新计算结果，可以选择整个表格，然后按【F9】键即可，如图 4-104 所示。

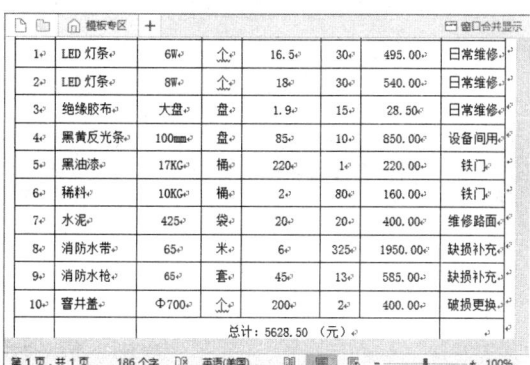

图 4-103 计算求和结果　　　　　图 4-104 更新数据

### 4.5.2 表格数据的排序

下面按照"合计"数值从高到低的顺序对表格数据进行排序,具体操作方法如下。

**Step 01** 打开"素材文件\第 4 章\销售人员 2018 年度业绩统计表.docx",将光标定位到表格中,选择"表格工具"|"布局"选项卡,在"数据"组中单击"排序"按钮,如图 4-105 所示。

**Step 02** 弹出"排序"对话框,单击"主要关键字"下拉按钮,选择"合计"选项,如图 4-106 所示。

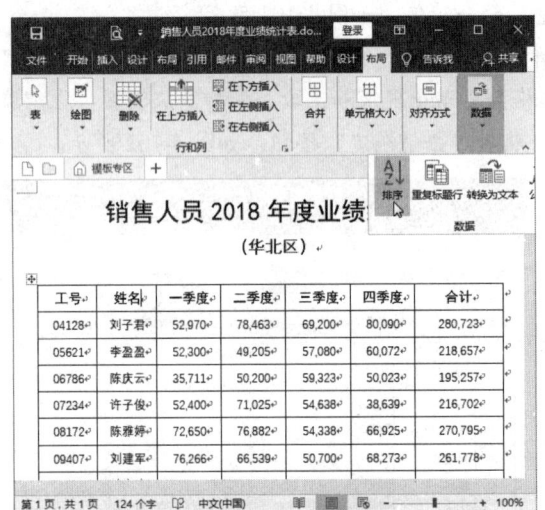

图 4-105 单击"排序"按钮

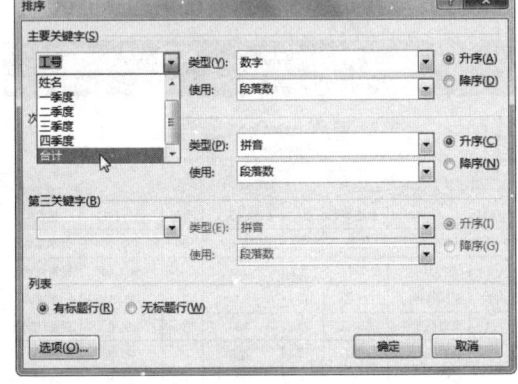

图 4-106 选择主要关键字

**Step 03** 在"主要关键字"选项区右侧选中"降序"单选按钮,然后单击"确定"按钮,如图 4-107 所示。"排序"对话框中的"次要关键字"表示第二级的排序条件,当"主要关键字"中包含两个或更多个值相同时,"次要关键字"的排序才会生效。

**Step 04** 此时,表格中的数据将以"合计"列从大到小的顺序进行降序排列,结果如图 4-108 所示。

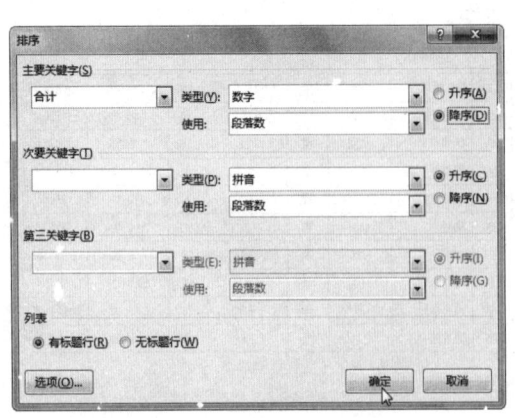

图 4-107 选中"降序"单选按钮

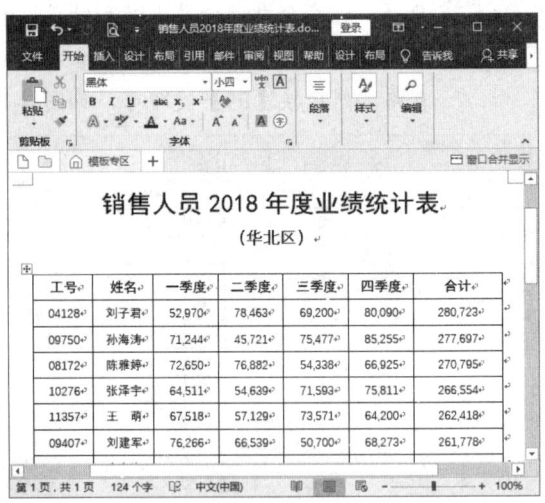

图 4-108 降序排列

## 4.6 表格与文本相互转换

对于相同的内容，有时需要用表格的形式来表示，而有时需要用文本的形式来表示。为了便于数据处理和编辑，Word 2016 提供了表格和文本之间互相转换的功能，这对于灵活使用不同的信息源，或者利用相同的信息源实现不同的工作目的都是十分有利的。

### 4.6.1 将表格转换为文本

在 Word 2016 中，可以将表格内容转换为普通的段落文本，并将原单元格中的内容用段落标记、逗号、制表符或指定的字符隔开，具体操作方法如下。

**Step 01** 打开"素材文件\第 4 章\经理绩效考核等级及绩效工资兑现率.docx"，将光标定位到要转换的表格中，选择"表格工具"｜"布局"选项卡，在"数据"组中单击"转换为文本"按钮，如图 4-109 所示。

**Step 02** 弹出"表格转换成文本"对话框，选择文字分隔符，在此选中"逗号"单选按钮，然后单击"确定"按钮，如图 4-110 所示。

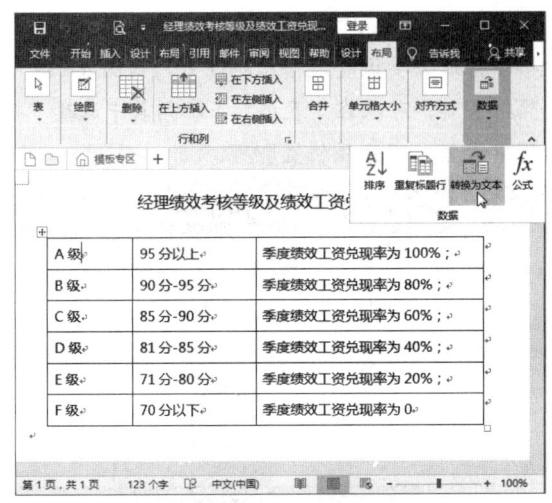

图 4-109　单击"转换为文本"按钮

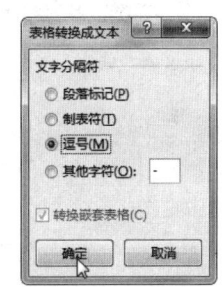

图 4-110　设置分隔符

**Step 03** 此时，即可将表格数据转换成普通文本，并以逗号隔开每列内容，效果如图 4-111 所示。

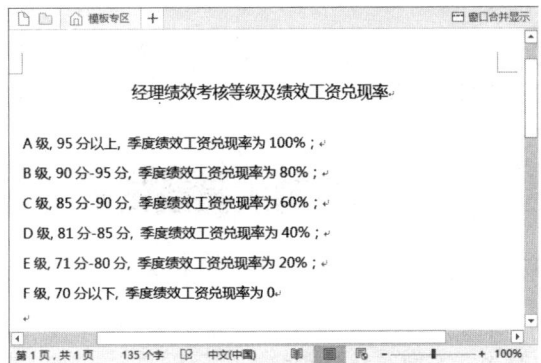

图 4-111　查看转换效果

**Step 04** 也可全选表格并剪切,然后单击"粘贴"下拉按钮,在弹出的下拉列表中单击"只保留文本"按钮,效果如图 4-112 所示。

### 4.6.2 将文本转换为表格

与将表格转换为文本不同,在将文本转换为表格之前,必须对要转换的文本进行格式化,行之间要用段落标记隔开,列之间要用分隔符(如逗号、空格、制表符等)隔开。将文本转换为表格的具体操作方法如下。

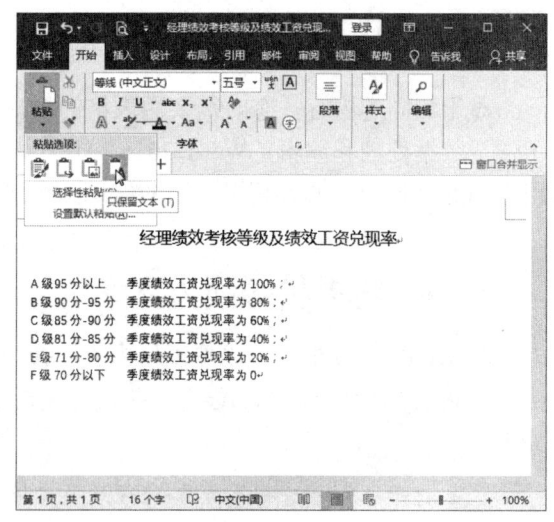

图 4-112　粘贴文本效果

**Step 01** 打开"素材文件\第 4 章\季度工作计划.docx",选择需要转换为表格的文本,然后选择"插入"选项卡,单击"表格"下拉按钮,在弹出的下拉列表中选择"插入表格"选项,如图 4-113 所示。

**Step 02** 此时,即可将所选文本转换为表格,根据需要调整表格结构即可,如图 4-114 所示。当需要转换为表格的文本中包含分隔符号时,可以在"表格"下拉列表中选择"将文本转换成表格"选项,在弹出的对话框中设置文字分隔位置即可。

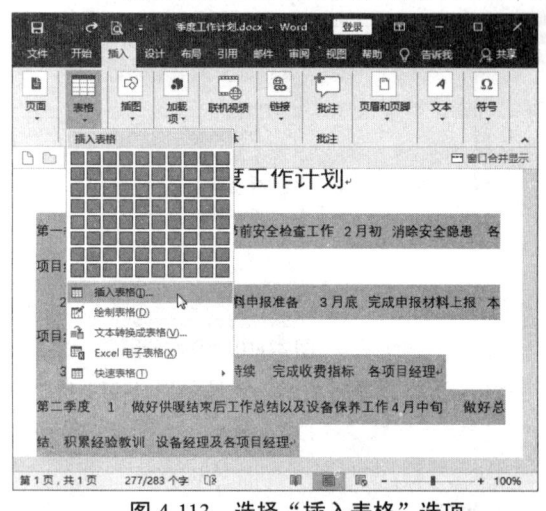

图 4-113　选择"插入表格"选项

图 4-114　将文本转换为表格

## 4.7 综合实例——制作"应聘人员登记表"

下面将综合运用本章所学知识制作"应聘人员登记表",方法如下。

**Step 01** 新建 Word 文档,并将其保存为"应聘人员登记表.docx",在编辑区中输入文本并设置格式,如图 4-115 所示。

**Step 02** 选择"插入"选项卡,单击"表格"组中的"表格"下拉按钮,在弹出的下拉列表中选择"插入表格"选项,如图 4-116 所示。

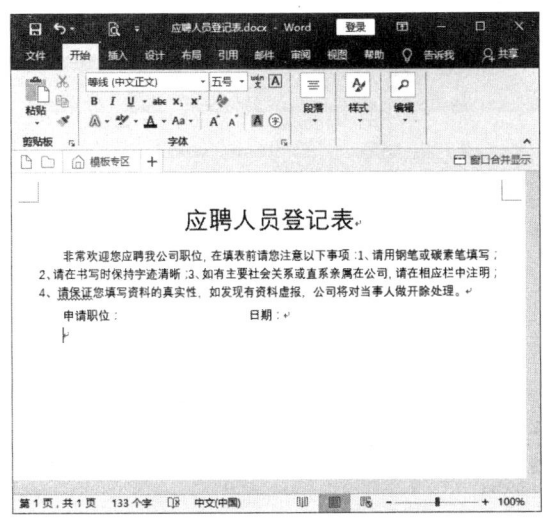

图 4-115　输入文本并设置格式

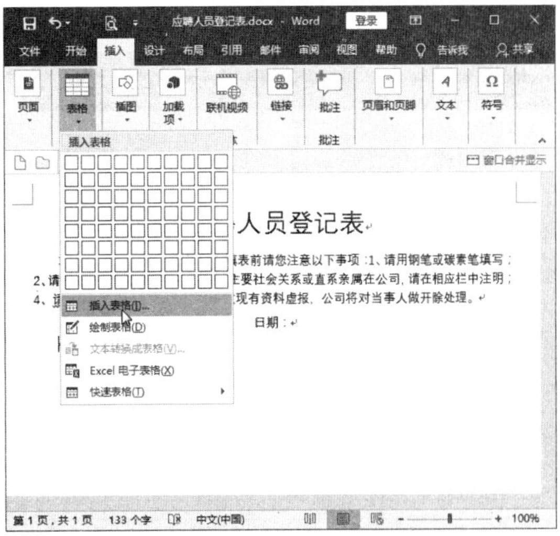

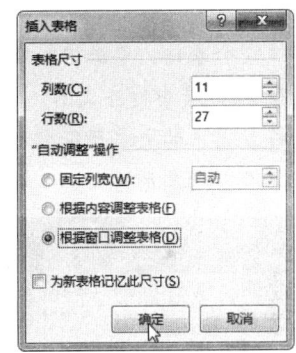

图 4-116　选择"插入表格"选项

**Step 03** 弹出"插入表格"对话框,设置表格的列数和行数,选中"根据窗口调整表格"单选按钮,然后单击"确定"按钮,如图 4-117 所示。

**Step 04** 此时,即可在文档中插入一个 11×27 的表格。在表格中输入内容,并通过拖动鼠标的方式调整单元格的列宽,如图 4-118 所示。

**Step 05** 单击表格左上方的 ⊕ 图标选择整个表格,在"段落"组中单击"居中"按钮 ≡,如图 4-119 所示。

图 4-117　设置表格参数

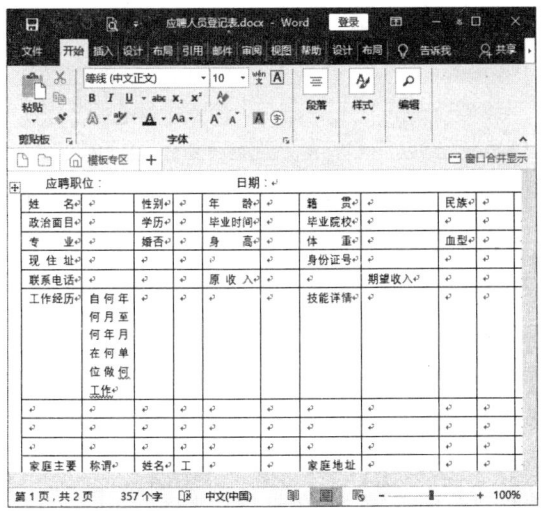

图 4-118　输入表格内容

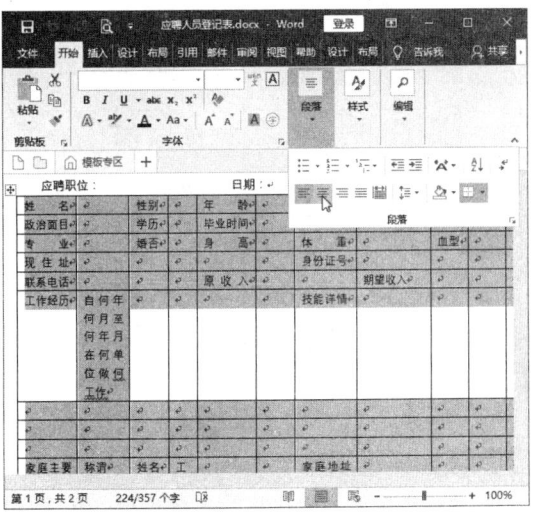

图 4-119　单击"居中"按钮

**Step 06** 此时，即可居中对齐表格。选择需要合并的单元格，选择"表格工具"|"布局"选项卡，单击"合并"组中的"合并单元格"按钮合并单元格，如图 4-120 所示。

**Step 07** 采用同样的方法，合并其他需要合并的单元格，效果如图 4-121 所示。

图 4-120　单击"合并单元格"按钮　　　　　图 4-121　合并单元格

**Step 08** 选择整个表格，单击"表格工具"|"布局"选项卡下"对齐方式"组中的"水平居中"按钮，居中对齐文本，如图 4-122 所示。

**Step 09** 调整表格中的文本段落回行，使其更加美观。选择整个表格，在"表格工具"|"布局"选项卡下"单元格大小"组中输入行高值，如图 4-123 所示。

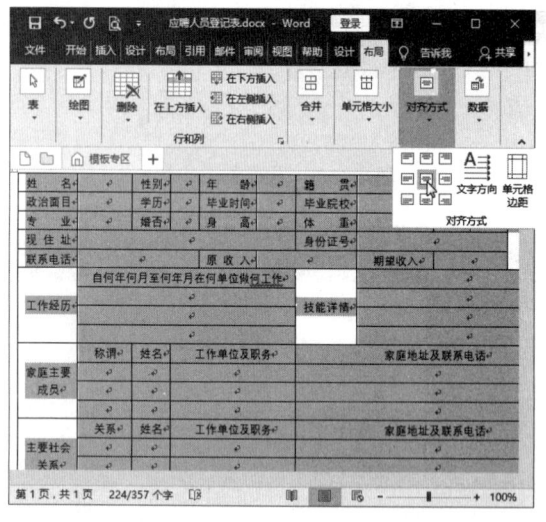
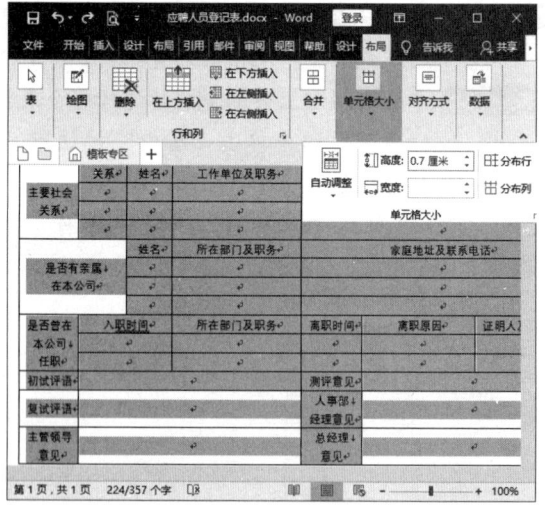

图 4-122　单击"水平居中"按钮　　　　　图 4-123　设置行高

**Step 10** 按【Enter】键确认，即可调整行高。选择整个表格，单击"开始"选项卡下"字体"组中的"字体"下拉按钮，选择"黑体"选项，如图 4-124 所示。

**Step 11** 选择"表格工具"|"设计"选项卡，在"表格样式"组中设置边框线的粗细为"1.5 磅"，然后单击"边框"下拉按钮，在弹出的下拉列表中选择"外侧框线"选项，如图 4-125 所示。

第 4 章 创建与编辑表格 97

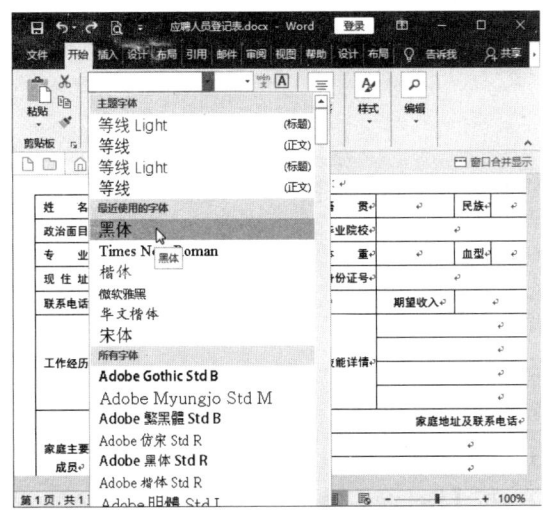

图 4-124 设置字体

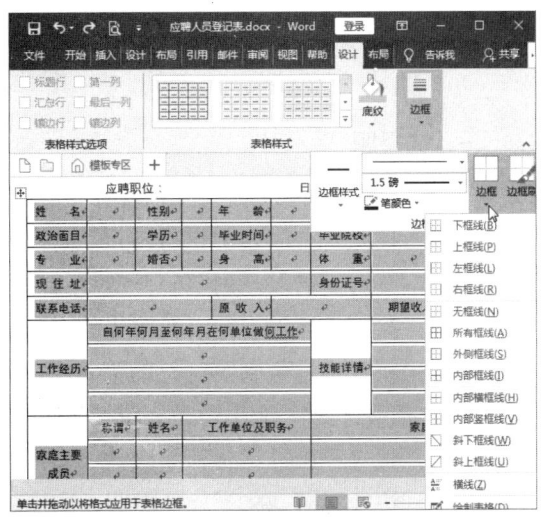

图 4-125 设置表格外框线

**Step 12** 此时，即可查看"应聘人员登记表"的最终效果，如图 4-126 所示。

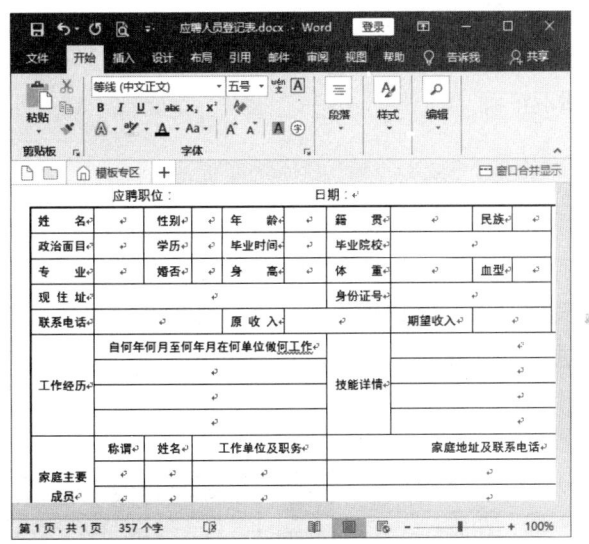

图 4-126 表格最终效果

## 本章小结

通过本章的学习，读者应重点掌握以下知识。
（1）利用多种方法在 Word 文档中创建表格。
（2）输入与编辑表格文本。
（3）设置斜线表头，插入与删除行/列，合并与拆分单元格，合并与拆分表格。
（4）设置表格样式，套用表格样式，设置边框与底纹，设置重复标题行。
（5）对表格中的数据进行计算和排序。
（6）将表格转换为文本，以及将文本转换为表格。

# 课后习题

## 一、选择题

1. 当光标在表格最后一行的最后一个单元格时，按【Tab】键将（　　）。
   A．插入一个制表位符号
   B．在右侧插入一列
   C．在下方插入一行，并将光标定位到第一个单元格
   D．将光标定位到第一行的第一个单元格

2. 选择整行或整列后，（　　）可以删除其中的文本。
   A．按【←Backspce】键　　　　　　B．按空格键
   C．按【Tab】键　　　　　　　　　D．按【Delete】键

3. 在 Word 2016 中使用"公式"按钮计算数据是，以下叙述（　　）是正确的。
   A．修改数据后，计算的结果不会自动更新
   B．修改数据后，计算的结果会自动更新
   C．修改数据后，重新打开文档计算结果会自动更新
   D．以上叙述都不正确

## 二、填空题

1. 表格由水平的行和垂直的列组成，行与列交叉形成的方框称为_____。
2. 将鼠标指针置于行线左侧，此时将出现⊕按钮，单击该按钮即可快速_____。
3. 若想标题行在其他页的开始位置重复出现，可以选择标题行，单击"表格工具"｜"布局"选项卡下"数据"组中的_____按钮。

## 三、实操题

利用本章所学知识，制作"报销单据粘贴单"，效果如图 4-127 所示。

操作提示：
（1）插入表格并输入数据。
（2）设置表格及数据的对齐方式。
（3）拆分及合并单元格。

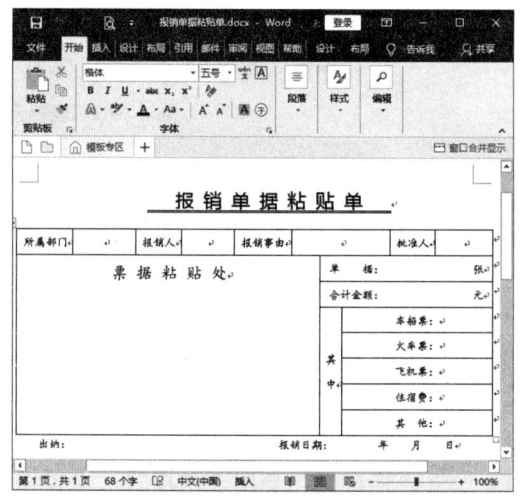

图 4-127　报销单据粘贴单

# 第 5 章
# Word 文档的图文混排

**【学习目标】**

- 掌握插入和编辑图片的方法。
- 掌握绘制和编辑自选图形的方法。
- 掌握插入和编辑文本框的方法。
- 掌握插入和编辑艺术字的方法。
- 掌握插入和编辑 SmartArt 图形的方法。
- 掌握插入和编辑图表的方法。

在使用 Word 2016 编辑文档时,图文混排能够使文档更加生动、形象。在 Word 文档中,不仅可以插入图片,还可以插入图形、艺术字和文本框等,并且可以对其进行编辑和格式设置。本章将学习如何在 Word 2016 中插入并编辑图片、自选图形、文本框、艺术字、SmartArt 图形及图表等,制作出图文并茂的 Word 文档。

## 5.1 插入并编辑图片

在编辑 Word 文档时,为了使文档更加美观,经常需要插入一些图片,这样不仅可以美化版面,还可以更准确地传达文档内容及信息。为了让图片与文档内容更完美地融合在一起,还可以对图片进行各种编辑操作。

### 5.1.1 插入图片

Word 2016 支持 JPEG、GIF、PNG、BMP 等十几种图片格式,在文档中既可以插入电脑中的图片,也可以插入联机图片及屏幕截图等。

**1. 插入电脑中的图片**

在 Word 文档中插入电脑中的图片的具体操作方法如下。

**Step 01** 打开"素材文件\第 5 章\少儿学古诗 50 首.docx",将光标定位到要插入图片的位置,然后选择"插入"选项卡,在"插图"组中单击"图片"按钮,如图 5-1 所示。

**Step 02** 弹出"图片"对话框,选择需要插入到文档中的图片,然后单击"插入"按钮,如图 5-2 所示。

**Step 03** 此时,即可将所选图片插入到 Word 文档中,效果如图 5-3 所示。

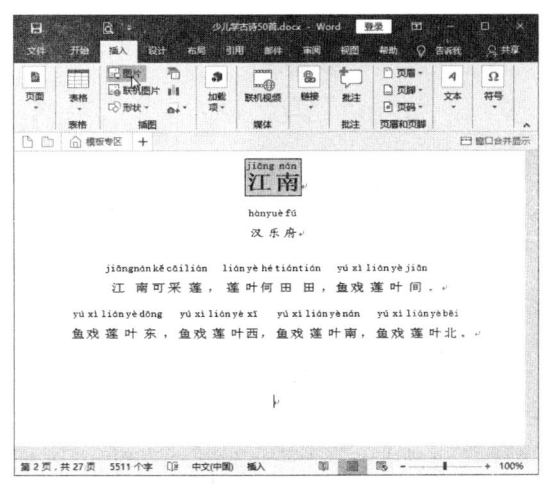

图 5-1 单击"图片"按钮

图 5-2 选择图片

图 5-3 插入图片

> **课堂解疑**
> 
> 复制电脑中的图片后，可以直接将其粘贴到 Word 文档中。

### 2. 插入联机图片

在 Word 文档中插入联机图片的具体操作方法如下。

**Step 01** 将光标定位到要插入图片的位置，在"插入"选项卡下"插图"组中单击"联机图片"按钮，如图 5-4 所示。

**Step 02** 打开"插入图片"页面，在文本框中输入搜索图片的关键字，如"风吹草低见牛羊"，然后单击"搜索"按钮，如图 5-5 所示。

图 5-4 单击"图片"按钮

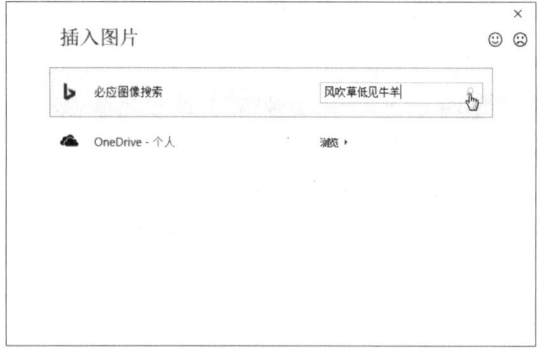

图 5-5 输入关键字

**Step 03** 在搜索结果中选择要插入的图片，然后单击"插入"按钮，如图 5-6 所示。

**Step 04** 返回文档，即可看到所选图片已经插入到文档中，效果如图 5-7 所示。

第 5 章　Word 文档的图文混排　101

图 5-6　选择图片

图 5-7　插入图片

### 3．插入屏幕截图

屏幕截图包含两种不同的方式，即截取活动窗口和截取屏幕区域。下面将介绍如何插入屏幕截图，具体操作方法如下。

**Step 01** 将光标定位到要插入屏幕截图的位置，单击"插入"选项卡下"插图"组中的"屏幕截图"下拉按钮，在"可用的视窗"选项区中将显示当前所有的活动窗口，单击要插入的窗口图片，如图 5-8 所示。

**Step 02** 此时，即可在文档中插入截取的窗口图片，并切换到"格式"选项卡，如图 5-9 所示。

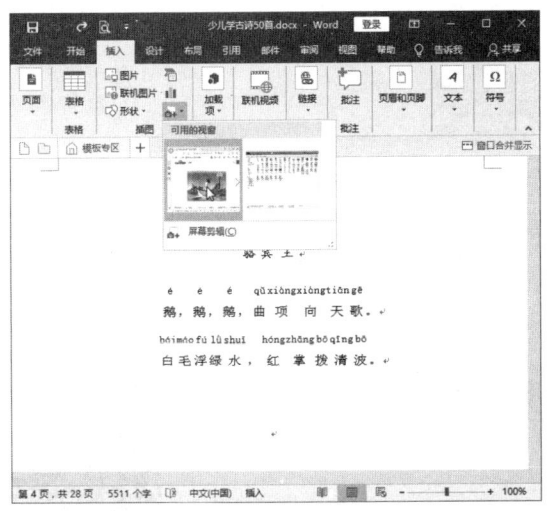

图 5-8　单击窗口图

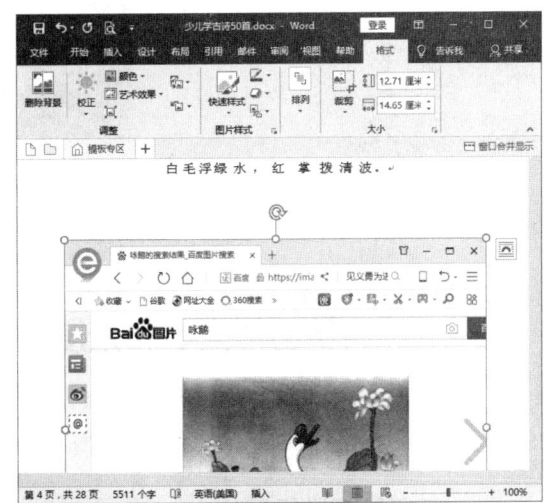

图 5-9　插入窗口图片

**Step 03** 若要截取屏幕区域，可以将光标定位到要插入屏幕截图的位置，然后单击"插入"选项卡下"插图"组中的"屏幕截图"下拉按钮，在弹出的下拉列表中选择"屏幕剪辑"选项，如图 5-10 所示。

**Step 04** 此时，当前文档窗口就会最小化，并减淡显示之前打开的窗口，拖动鼠标选择截取区域，截取完成后松开鼠标，如图 5-11 所示。

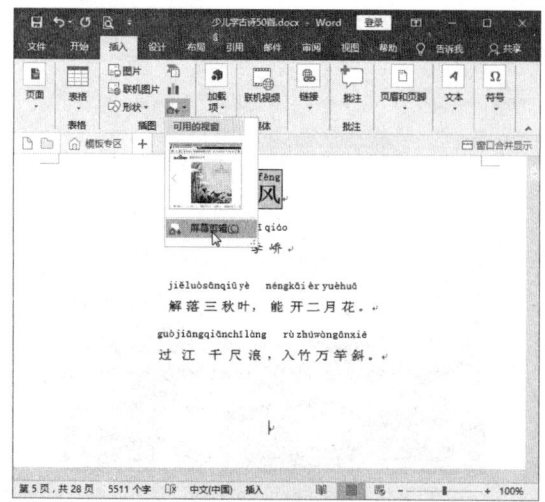
图 5-10　选择"屏幕剪辑"选项

图 5-11　选择截取区域

**Step 05** 此时，即可将截取的图片插入到 Word 文档中，如图 5-12 所示。

图 5-12　插入截取图片

## 5.1.2　调整图片大小和角度

在文档中插入图片后，用户可以根据需要调整图片的大小和角度，下面将介绍几种常用的调整方法。

### 1. 使用鼠标进行调整

用鼠标来调整图片的大小和角度既简单又快捷，方法如下。

**Step 01** 单击选择图片，图片四周出现控制点o，将鼠标指针移至控制点上，当指针变为双向箭头形状时按住鼠标左键并拖动，即可调整图片的大小，如图 5-13 所示。

**Step 02** 将鼠标指针置于图片的旋转柄上，当指针呈形状时按住鼠标左键并拖动，即可旋转图片，如图 5-14 所示。

图 5-13 调整图片大小　　　　　　图 5-14 旋转图片

### 2. 通过功能区进行调整

若想精确调整图片的大小和角度，可以通过功能区进行设置，方法如下。

**Step 01** 选择图片，选择"格式"选项卡，在"大小"组中设置图片的高度和宽度，如图 5-15 所示。

**Step 02** 在"排列"组单击"旋转"下拉按钮，在弹出的下拉列表中选择需要旋转的角度，如图 5-16 所示。

图 5-15 设置图片大小　　　　　　图 5-16 设置旋转角度

### 3. 通过对话框进行调整

通过对话框也可以精确调整图片的大小和角度，方法如下。

**Step 01** 选择图片，然后选择"格式"选项卡，单击"大小"组右下角的扩展按钮，如图 5-17 所示。

**Step 02** 弹出"布局"对话框,选择"大小"选项卡,设置图片的"高度"值,此时"宽度"值会自动进行调整,在"旋转"选项区中设置旋转角度,然后单击"确定"按钮。,如图 5-18 所示。

图 5-17　单击扩展按钮

图 5-18　设置图片大小和角度

**Step 03** 此时即可查看调整图片大小和旋转角度后的图片效果,如图 5-19 所示。

图 5-19　插入截取图片

### 课堂解疑

"布局"对话框中"大小"选项卡下的"锁定纵横比"复选框,默认为选中状态,若遇到图片变形情况,可以取消该复选框,将"缩放"选项区中的"高度"和"宽度"比例设置为同样数值即可。

## 5.1.3　裁剪图片

使用裁剪工具可以裁掉图片中不需要的部分,还可以将图片裁剪成指定的形状,下面将分别对其进行介绍。

### 1. 裁剪图片大小

裁剪图片大小的具体操作方法如下。

**Step 01** 选择图片，然后选择"格式"选项卡，单击"大小"组中的"裁剪"按钮，如图 5-20 所示。用户还可以右击图片，在浮动工具栏中单击"裁剪"按钮。

**Step 02** 进入图片裁剪状态，在图片四周出现黑色的裁剪框，拖动裁剪框即可裁剪图片，如图 5-21 所示。

图 5-20　单击"裁剪"按钮

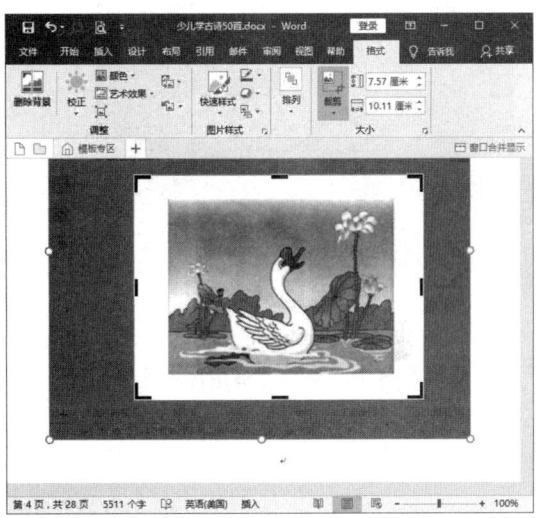
图 5-21　裁剪图片

**Step 03** 若想以固定比例进行裁剪，可以单击"裁剪"下拉按钮，选择"纵横比"选项，如 3∶4，如图 5-22 所示。

**Step 04** 此时，将以 3∶4 的比例对图片进行裁剪，效果如图 5-23 所示。

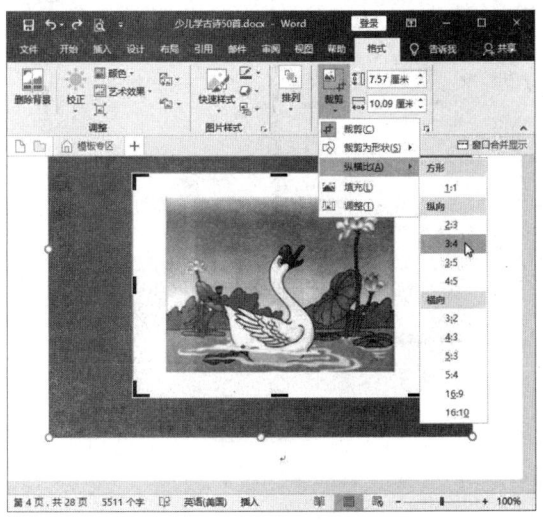
图 5-22　选择"纵横比"选项

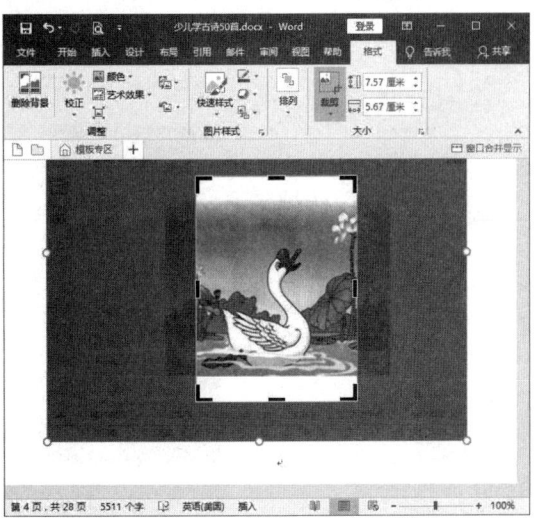
图 5-23　按比例裁剪图片

**Step 05** 在裁剪框内拖动图片，可以调整裁剪图片的位置，如图 5-24 所示。

**Step 06** 单击文档中的其他位置，即可查看裁剪图片后的效果，如图 5-25 所示。裁剪图片后，在"调整"组中单击"压缩图片"按钮，选中"删除图片的裁剪区域"复选框，单击"确定"按钮即可删除图片的裁剪区域。

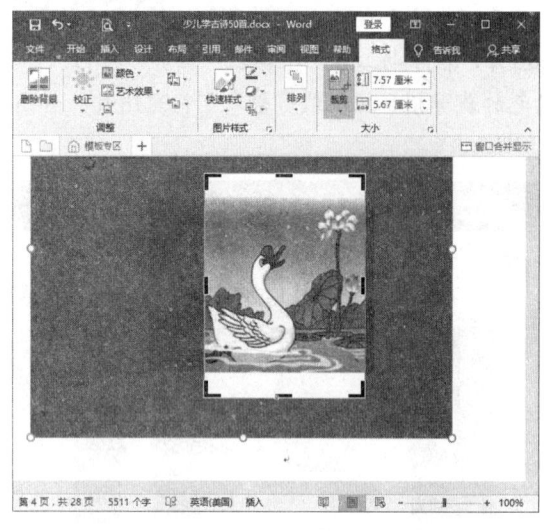

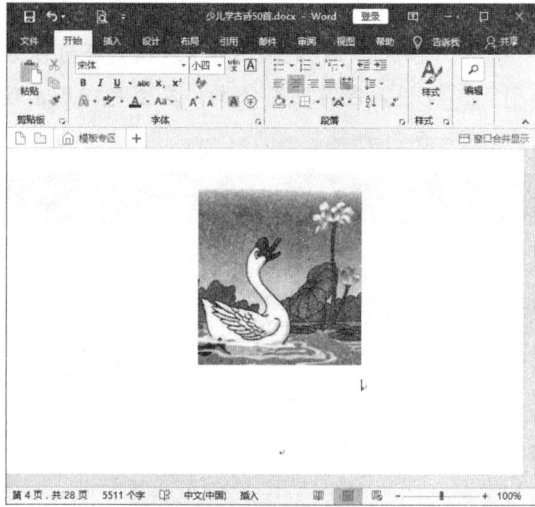

图 5-24　调整裁剪图片的位置　　　　　　　　图 5-25　裁剪图片效果

### 2．将图片裁剪为形状

用户可以根据需要将图片裁剪为特定的形状，具体操作方法如下。

**Step 01** 选择图片，然后单击"裁剪"下拉按钮，在弹出的下拉列表中选择"裁剪为形状"选项，在"基本形状"选项区中选择椭圆形状，如图 5-26 所示。

**Step 02** 此时，即可将图片裁剪为指定的形状，再次单击"裁剪"按钮，如图 5-27 所示。

图 5-26　选择椭圆形状　　　　　　　　　　图 5-27　单击"裁剪"按钮

**Step 03** 进入图片裁剪状态，拖动裁剪框可以调整形状，如图 5-28 所示。

**Step 04** 单击文档中的其他位置，即可完成图片的裁剪操作，效果如图 5-29 所示。

第 5 章　Word 文档的图文混排　107

图 5-28　调整形状

图 5-29　裁剪图片效果

## 5.1.4　设置图片样式

在 Word 2016 中可以为图片添加边框、阴影、映像、发光、柔滑边缘和棱台等效果，还可以对效果进行自定义设置，具体操作方法如下。

**Step 01** 选择图片，然后选择"格式"选项卡，在"图片样式"组中单击"图片效果"下拉按钮，在弹出的下拉列表中选择阴影效果，如"居中偏移"，如图 5-30 所示。

**Step 02** 单击"图片边框"下拉按钮，在弹出的下拉列表中选择边框颜色，如图 5-31 所示。

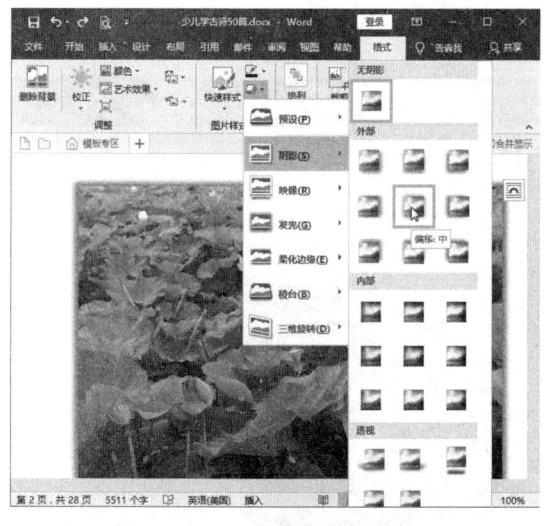

图 5-30　选择阴影效果

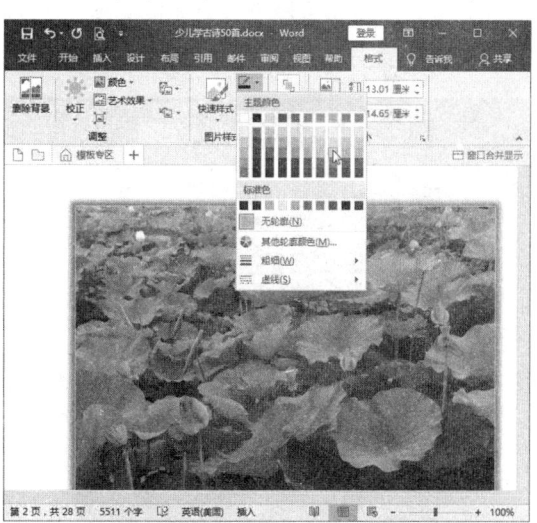

图 5-31　选择边框颜色

**Step 03** 再次单击"图片边框"下拉按钮，在弹出的下拉列表中选择边框粗细，如图 5-32 所示。

**Step 04** 还可以为图片添加软件自带的样式，单击"快速样式"下拉按钮，选择所需的样式，如"柔化边缘椭圆"，如图 5-33 所示。

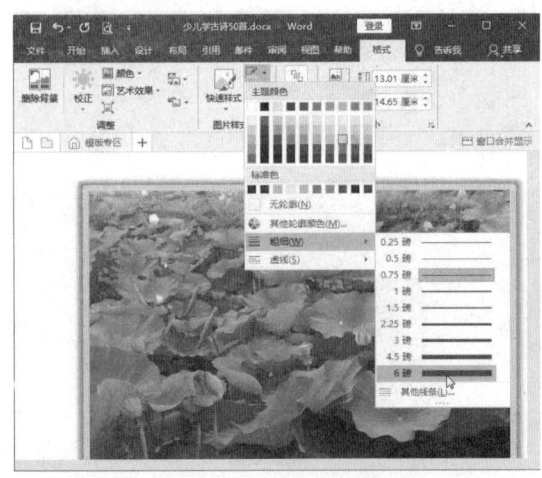 

图 5-32　选择边框粗细　　　　　　　　图 5-33　选择快速样式

### 5.1.5　为图片添加艺术效果

在 Word 2016 中预设了多种图片效果，如铅笔素描、线条图、画图刷、虚化、塑封和发光边缘等。通过使用这些预设图片效果可以非常方便地为图片添加艺术效果，具体操作方法如下。

**Step 01** 选择图片，然后选择"格式"选项卡，单击"调整"组中的"艺术效果"下拉按钮，在弹出的下拉列表中选择所需的艺术效果，如"画图笔划"，如图 5-34 所示。

**Step 02** 此时，即可将艺术效果添加到所选图片中。若想调整艺术效果的透明度等参数，可以在"艺术效果"下拉列表中选择"艺术效果选项"选项，在打开的"设置图片格式"窗格中进行详细设置，如图 5-35 所示。

 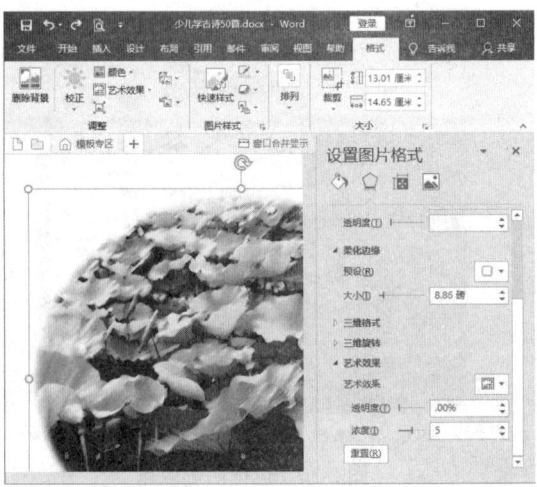

图 5-34　选择艺术效果　　　　　　　　图 5-35　设置图片格式

### 5.1.6　调整图片色彩

在 Word 2016 中可以对图片进行柔化、锐化、亮度、对比度、色调等色彩调整操作，具体操作方法如下。

**Step 01** 选择图片,然后选择"格式"选项卡,在"调整"组中单击"校正"下拉按钮,选择"亮度/对比度"样式,如图 5-36 所示。

**Step 02** 在"调整"组中单击"颜色"下拉按钮,在弹出的下拉列表中选择所需的颜色样式,如图 5-37 所示。

图 5-36　选择"亮度/对比度"样式　　　　图 5-37　选择颜色样式

## 5.1.7　复制图片样式

使用格式刷工具可以将图片样式复制到其他图片上,具体操作方法如下。

**Step 01** 选择已经应用样式的图片,然后单击"开始"选项卡下"剪贴板"组中的"格式刷"按钮 格式刷,如图 5-38 所示。

**Step 02** 在要应用同样样式的图片上单击,即可复制图片样式,效果如图 5-39 所示。

图 5-38　单击"格式刷"按钮　　　　图 5-39　复制图片样式

## 5.1.8　重设图片

若要将图片恢复为原有的样式,可以重设图片,具体操作方法如下。

**Step 01** 选择要还原样式的图片,然后选择"格式"选项卡,在"调整"组中单击"重置图片"下拉按钮，在弹出的下拉列表中选择"重设图片"选项，如图 5-40 所示。

**Step 02** 此时，即可删除图片上添加的样式，恢复图片原有的样式，如图 5-41 所示。若在"重置图片"下拉列表中选择"重设图片和大小"选项，将删除图片的所有样式，并恢复图片的原始大小。

图 5-40　选择"重设图片"选项　　　　　　图 5-41　恢复图片原有的样式

### 5.1.9　替换图片

在 Word 2016 中，可以在保留图片样式的基础上将当前图片替换为其他图片，具体操作方法如下。

**Step 01** 选择图片，然后选择"格式"选项卡，在"调整"组中单击"更改图片"下拉按钮，在弹出的下拉列表中选择"来自在线来源"选项，如图 5-42 所示。

**Step 02** 打开"插入图片"页面，在文本框中输入"鱼戏莲叶"，然后单击"搜索"按钮，如图 5-43 所示。

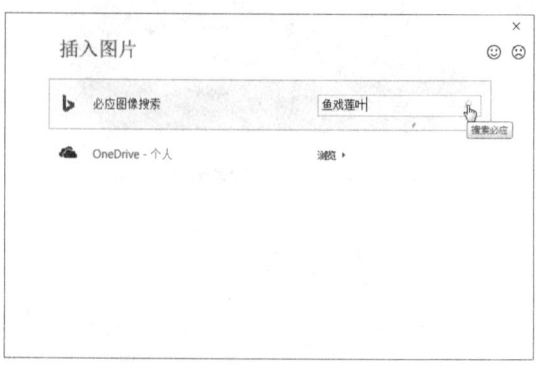

图 5-42　选择"来自在线来源"选项　　　　　图 5-43　搜索关键字

**Step 03** 在搜索结果中选择图片，然后单击"插入"按钮，如图 5-44 所示。

**Step 04** 返回文档，即可看到所选图片替换了原有图片，效果如图 5-45 所示。

图 5-44 选择图片

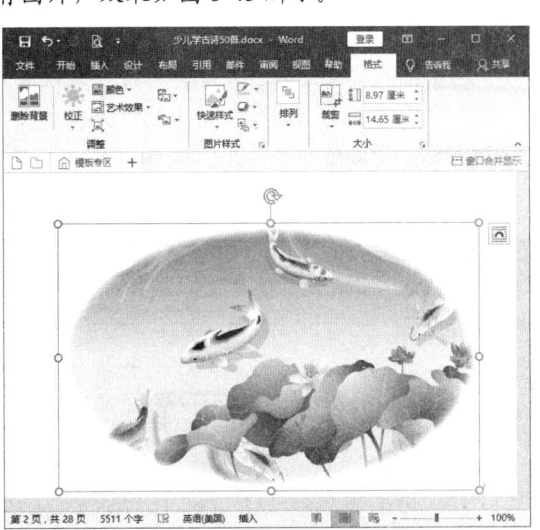

图 5-45 替换图片

## 5.1.10 设置图片环绕方式

将图片插入到文档中后，若图片的位置不合适，就会造成图片与文档的编排不合理，使文档整体上看上去不够美观。此时，可以通过更改图片的文字环绕方式来更改图片位置，具体操作方法如下。

**Step 01** 定位光标并插入图片，单击其右上方的"布局选项"按钮，选择"衬于文字下方"选项，如图 5-46 所示。图片的文字环绕方式主要包括四周型、紧密型、穿越型、衬于文字下方和浮于文字上方。

**Step 02** 此时，即可将图片置于文字下方，拖动图片至合适位置，并调整图片的大小，效果如图 5-47 所示。

图 5-46 选择"衬于文字下方"选项

图 5-47 调整图片位置和大小

### 5.1.11 删除图片背景

在 Word 2016 中可以轻松地删除图片的背景，具体操作方法如下。

**Step 01** 插入背景图片，并将其环绕方式设置为"衬于文字下方"。单击"格式"选项卡下"调整"组中的"删除背景"按钮，如图 5-48 所示。

**Step 02** 进入删除背景状态，拖动调整框设置要保留的图片大小，紫色区域为要删除的区域，如图 5-49 所示。

图 5-48 单击"删除背景"按钮

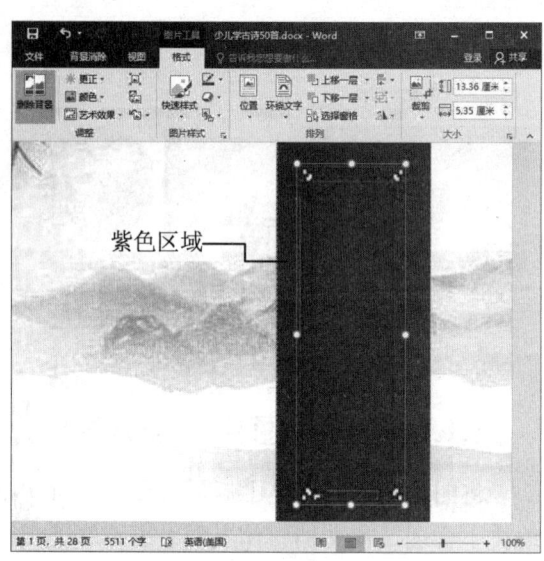

图 5-49 设置保留图片大小

**Step 03** 在功能区中单击"标记要保留的区域"按钮，在图片中通过拖动或单击鼠标左键来标记要保留的图片部分，然后单击"保留更改"按钮，如图 5-50 所示。

**Step 04** 此时，即可查看删除图片背景后的图片效果，如图 5-51 所示。

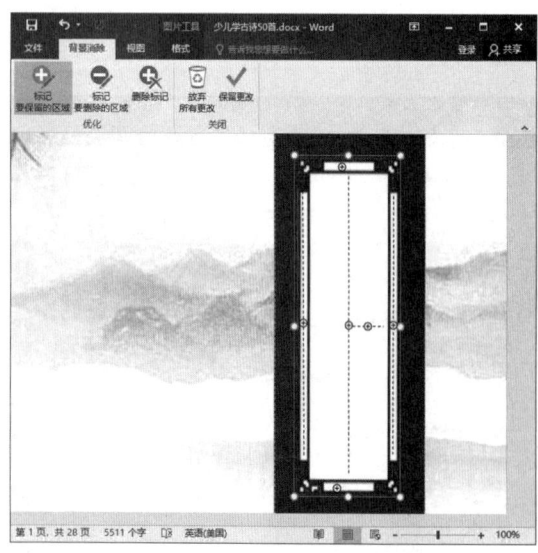

图 5-50 设置图片保留区域

图 5-51 删除图片背景效果

第 5 章 Word 文档的图文混排 | 113

## 5.1.12 排列图片次序

当在文档中插入多张图片且非"嵌入型"时，可以调整图片的前后排列次序或对齐方式，具体操作方法如下。

**Step 01** 打开"素材文件\第 5 章\摄影图片.docx"，选择图片并右击，在弹出的快捷菜单中选择"置于顶层"命令，如图 5-52 所示。

**Step 02** 此时，即可将所选图片置于顶层，效果如图 5-53 所示。

图 5-52 选择"置于顶层"选项

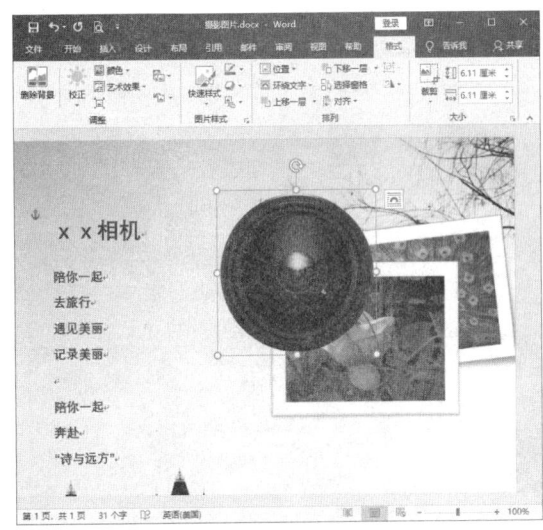

图 5-53 将图片置于顶层效果

**Step 03** 选择需要对齐的图片，然后在"格式"选项卡下单击"排列"组中的"对齐"下拉按钮，在弹出的下拉列表中选择"右对齐"选项，如图 5-54 所示。

**Step 04** 此时，即可将所选图片右对齐排列。采用同样的方法，将图片底端对齐，效果如图 5-55 所示。

图 5-54 选择"右对齐"选项

图 5-55 图片对齐效果

## 5.1.13 应用图片版式

为图片应用版式后,可以将其转换为 SmartArt 图形,这样可以多样化地排列图片、添加图片标题等。应用图片版式的具体操作方法如下。

**Step 01** 选择需要应用版式的图片,然后选择"格式"选项卡,如图 5-56 所示。

**Step 02** 单击"图片样式"组中的"图片版式"下拉按钮，在弹出的下拉列表中选择所需的版式,如图 5-57 所示。

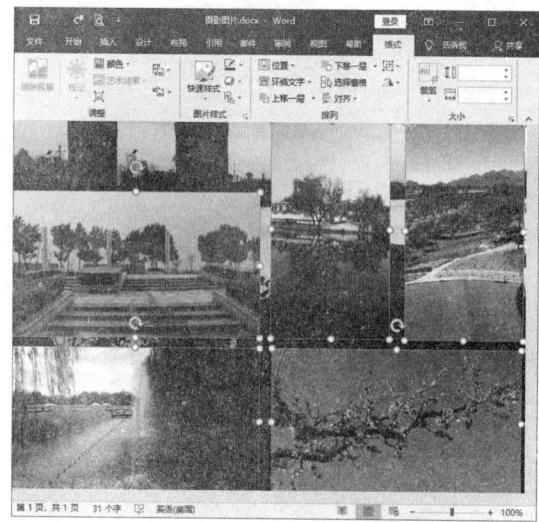

图 5-56　选择图片

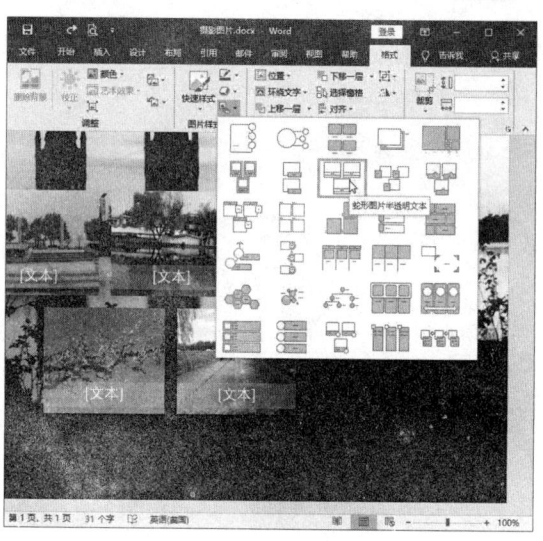

图 5-57　选择图片版式

**Step 03** 此时,即可应用图片版式,同时打开"在此处键入文本"窗格,从中输入图片的说明文本,如图 5-58 所示。

**Step 04** 选择图片,在"设计"选项卡下单击"创建图形"组中的"上移所选内容"按钮↑或"下移所选内容"按钮↓,即可调整图片的排列顺序,如图 5-59 所示。

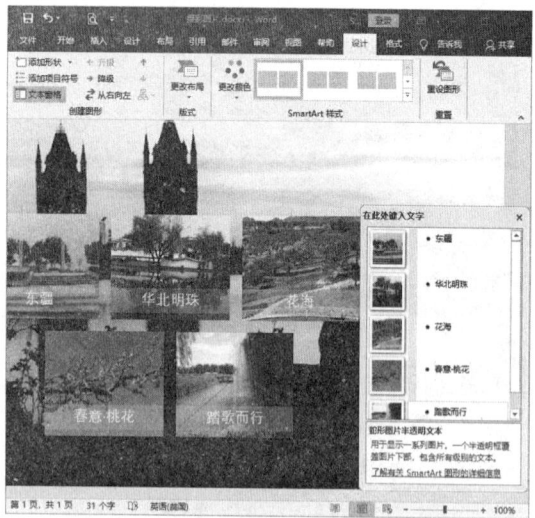

图 5-58　输入文本

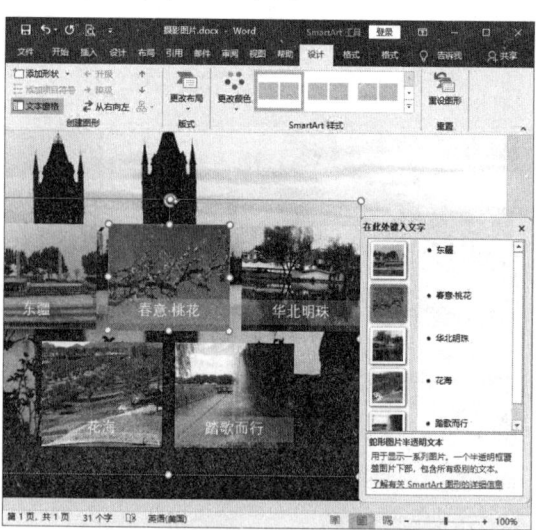

图 5-59　调整图片排列顺序

# 第 5 章 Word 文档的图文混排

**Step 05** 若要更改图片的版式布局，可以选中图形后，在"设计"选项卡下的"版式"组中选择所需的布局样式，如图 5-60 所示。

**Step 06** 此时，即可更改图片的版式布局。拖动鼠标，将图形移到合适的位置，效果如图 5-61 所示。

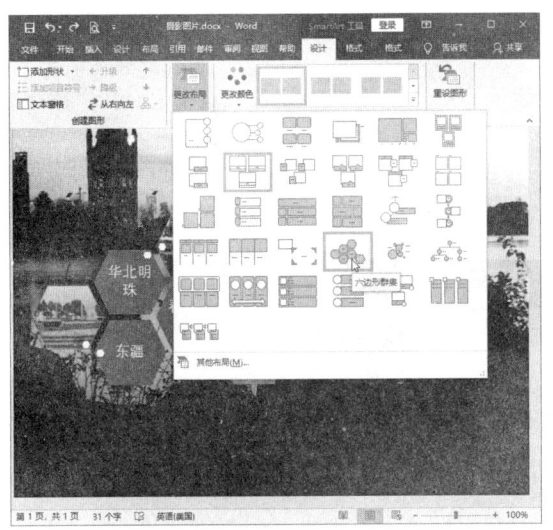

图 5-60　选择布局样式

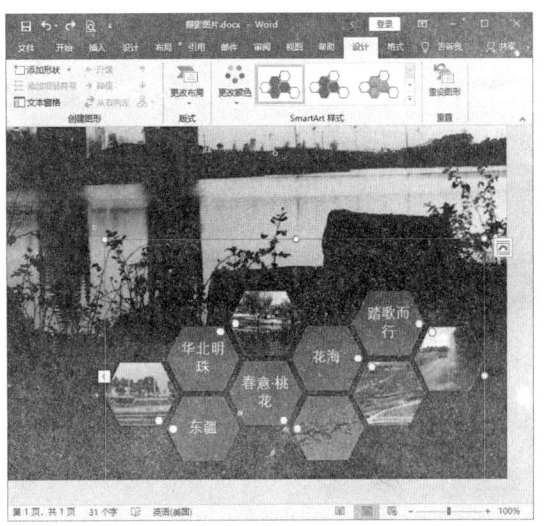

图 5-61　移动图形

**Step 07** 在"设计"选项卡下单击"SmartArt 样式"组中的"更改颜色"下拉按钮，在弹出的下拉列表中选择图片的主题颜色，如图 5-62 所示。

**Step 08** 单击"SmartArt 样式"组中的"其他"下拉按钮，在弹出的下拉列表中选择图形样式，效果如图 5-63 所示。

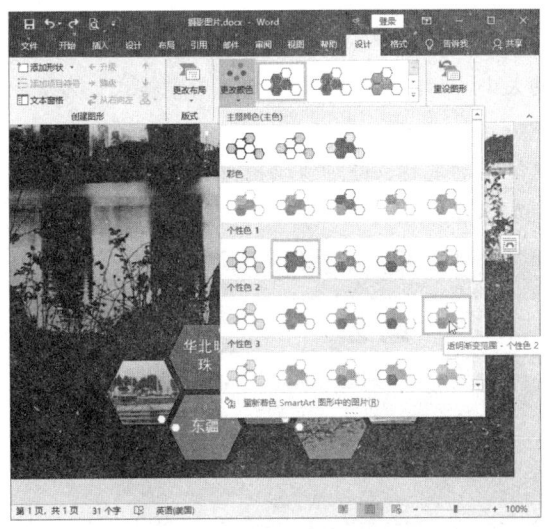

图 5-62　选择图形主题颜色

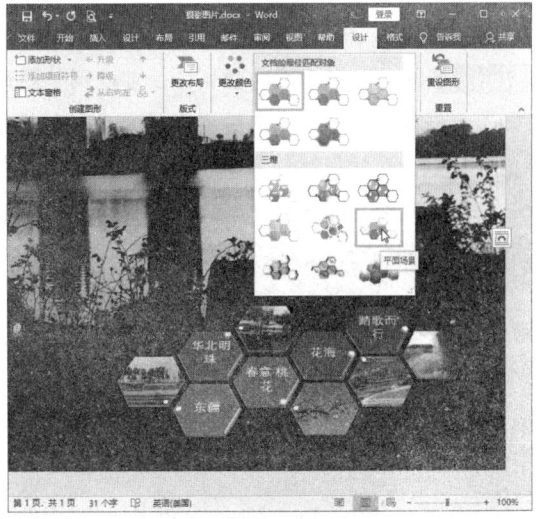

图 5-63　选择图形样式

## 5.2　绘制与编辑自选图形

使用 Word 2016 提供的绘制自选图形功能，可以轻松地绘制出各种图形。自选图形包括矩形、箭头及标注等多种类型，用户可以根据需要在自选图形中添加文字，以及对绘制的图形进行旋转、翻转、更改图形样式等操作。

### 5.2.1 绘制自选图形

使用 Word 2016 绘制自选图形的具体操作方法如下。

**Step 01** 打开"素材文件\第 5 章\十大文明旅游提醒语.docx"，选择"插入"选项卡，在"插图"组中单击"形状"下拉按钮，在弹出的下拉列表中选择形状，如图 5-64 所示。

**Step 02** 此时鼠标指针变为✛形状，在需要插入形状的位置单击或拖动鼠标即可绘制图形，如图 5-65 所示。

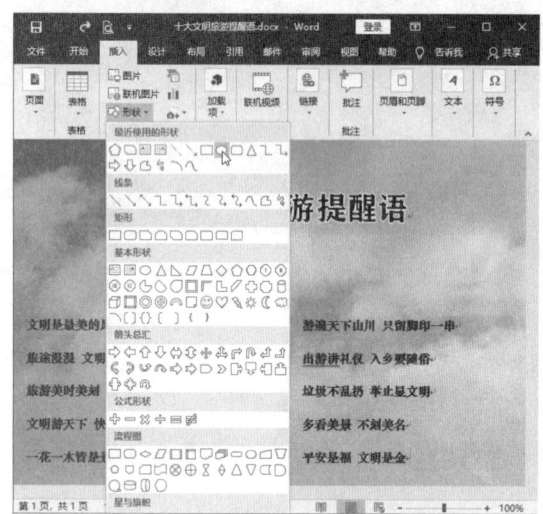 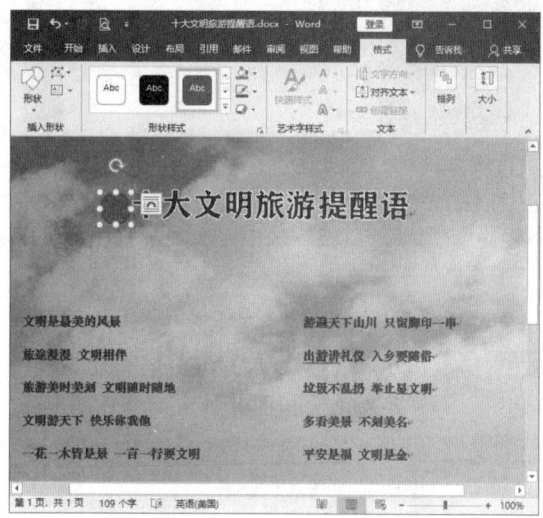

图 5-64　选择形状　　　　　　　　　　图 5-65　绘制图形

**Step 03** 拖动图形周围的控制点，可以调整图形的大小，如图 5-66 所示。也可在"格式"选项卡下"大小"组中对图形的大小进行设置。

**Step 04** 将鼠标指针移至图形上，当指针呈✛形状时拖动鼠标，即可移动图形的位置，如图 5-67 所示。也可选择图形，通过键盘上的方向键来微调图形的位置。

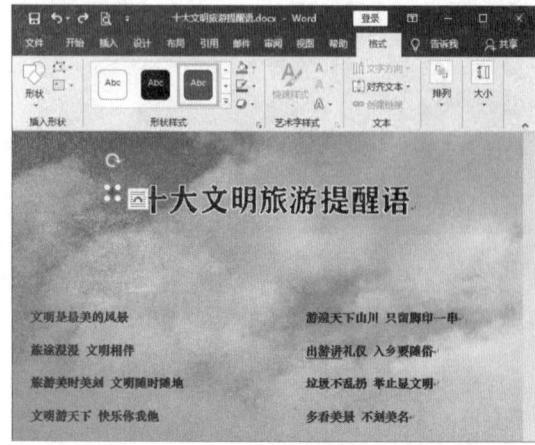 

图 5-66　调整图形大小　　　　　　　　图 5-67　移动图形位置

**Step 05** 选择"插入"选项卡,在"插图"组中单击"形状"下拉按钮,在弹出的下拉列表中选择"线条"中的"直线"选项,拖动鼠标绘制直线,如图5-68所示。

**Step 06** 将光标定位到正文开始位置,在"插图"组中单击"形状"下拉按钮,在弹出的下拉列表中选择"矩形"中的"对角圆角"选项,拖动鼠标绘制对角圆角矩形,效果如图5-69所示。

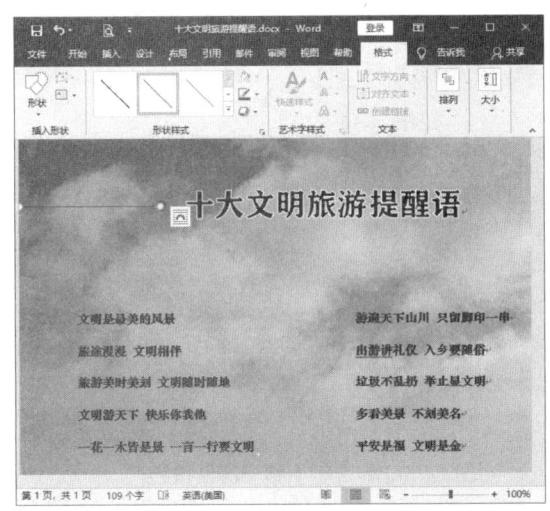

图5-68 绘制直线　　　　　　　　　　图5-69 绘制对角圆角矩形

## 5.2.2 编辑自选图形

为了让绘制的自选图形更加美观,可以为其添加多种样式,如设置填充颜色、阴影和棱台等效果,既可以使用系统预设的样式,也可以进行自定义设置,具体操作方法如下。

**Step 01** 选择图形,然后选择"格式"选项卡,在"形状样式"组中单击"其他"按钮,如图5-70所示。

**Step 02** 在打开的预设样式列表中选择所需的形状样式,即可应用预设样式,效果如图5-71所示。

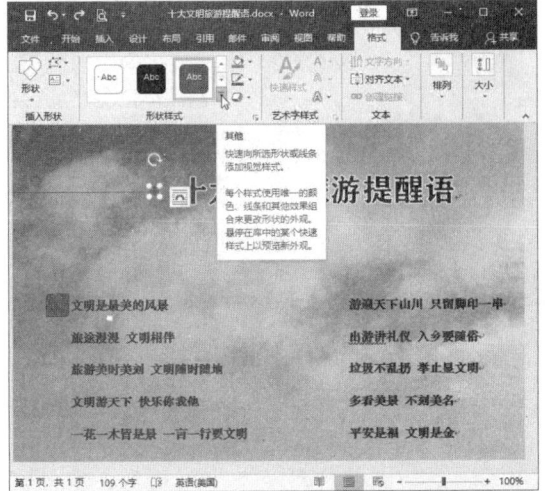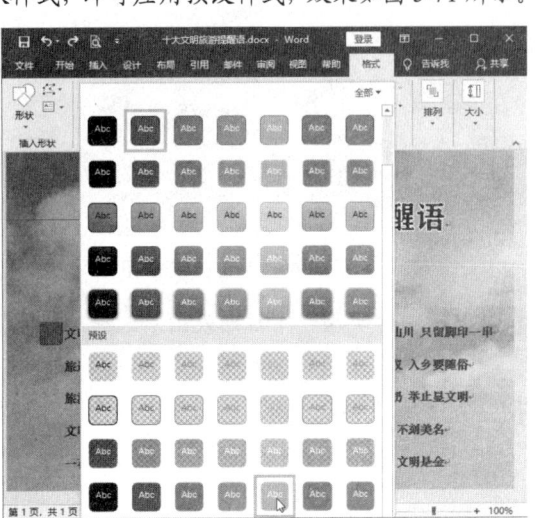

图5-70 单击"其他"按钮　　　　　　图5-71 选择形状样式

**Step 03** 选择直线形状，然后单击"形状样式"组中的"形状轮廓"下拉按钮，在弹出的下拉列表中选择"粗细"|"1.5磅"选项，如图5-72所示。

**Step 04** 在"排列"组中单击"下移一层"按钮，即可将直线移至圆形下方，如图5-73所示。

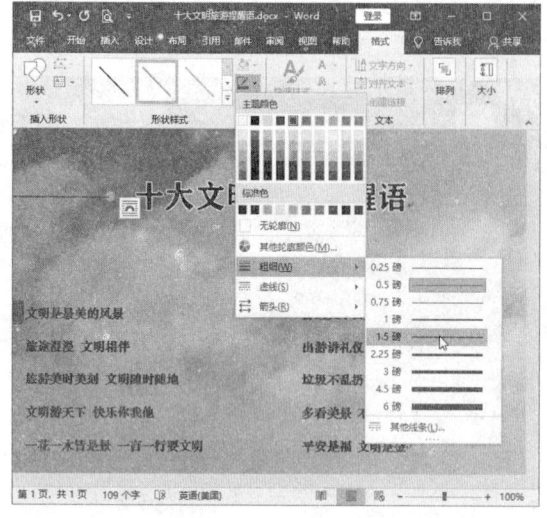
图 5-72 设置线条粗细

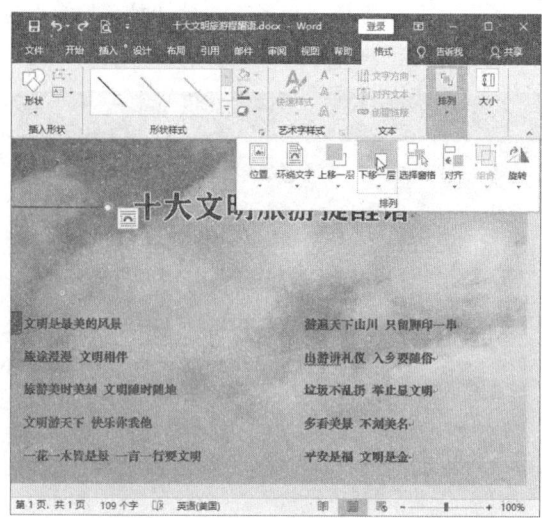
图 5-73 单击"下移一层"按钮

**Step 05** 单击"形状样式"组右下角的扩展按钮，如图5-74所示。

**Step 06** 打开"设置形状格式"窗格，选中"渐变线"单选按钮，然后单击"预设渐变"下拉按钮，在弹出的下拉列表中选择渐变色，如图5-75所示。

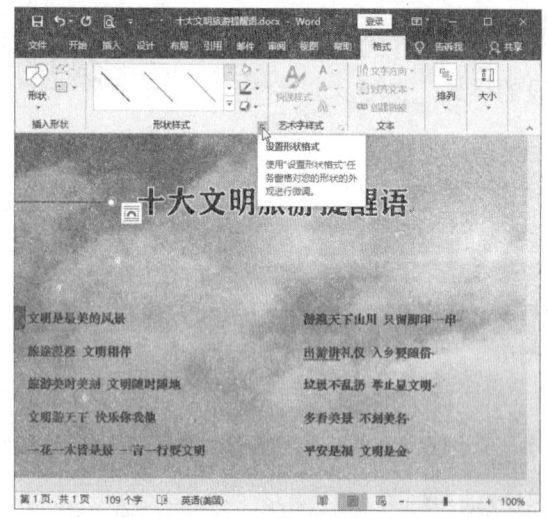
图 5-74 单击扩展按钮

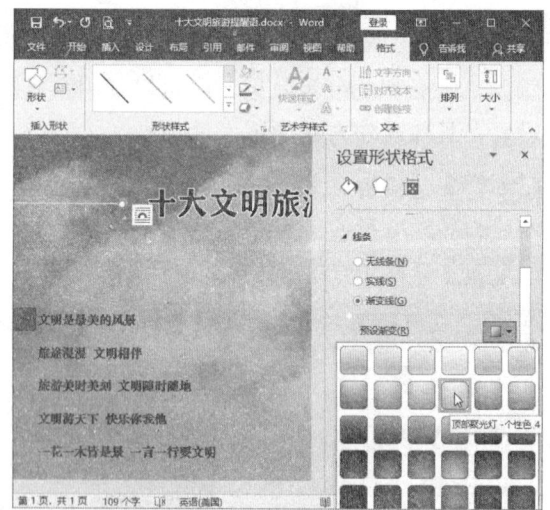
图 5-75 选择渐变色

**Step 07** 在"类型"下拉列表框中选择"线性"选项，单击"方向"下拉按钮，在弹出的下拉列表中选择"线性向左"选项，如图5-76所示。

**Step 08** 在"渐变光圈"渐变条上单击即可增加光圈，选择光圈后拖动鼠标即可调整其位置，如图5-77所示。

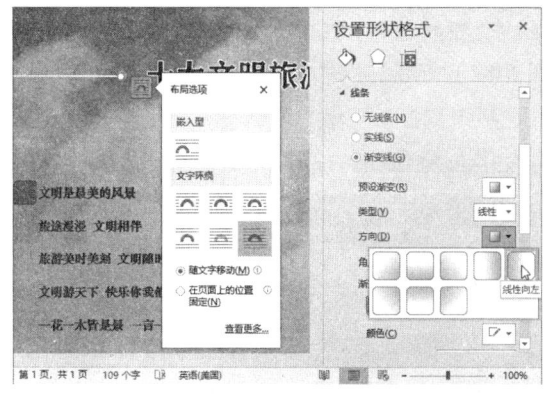
图 5-76 设置渐变类型和方向

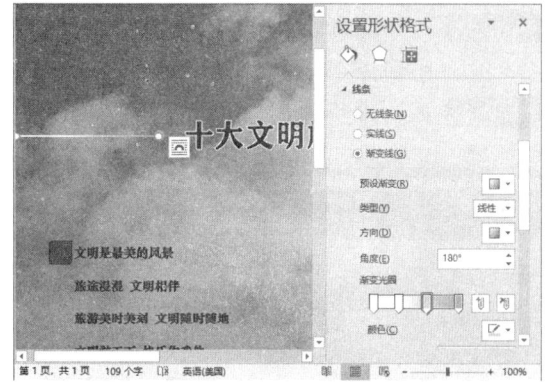
图 5-77 设置渐变光圈

**Step 09** 在渐变光圈上选择"停止点 1",将其"透明度"设置为 100%,如图 5-78 所示。

**Step 10** 在渐变光圈上选择"停止点 2",将其"透明度"设置为 70%,如图 5-79 所示。

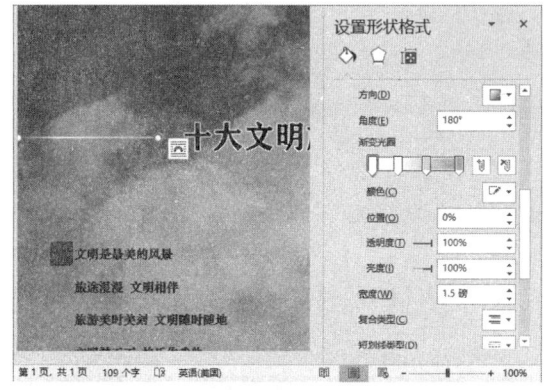
图 5-78 设置"停止点 1"的透明度

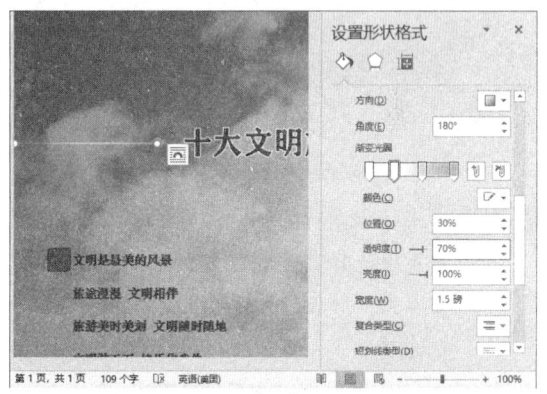
图 5-79 设置"停止点 2"的透明度

**Step 11** 选择直线和圆形,单击"排列"组中的"组合"下拉按钮,在弹出的下拉列表中选择"组合"选项,如图 5-80 所示。

**Step 12** 按住【Ctrl】键和【Shift】键的同时向右拖动形状,即可水平复制形状,如图 5-81 所示。

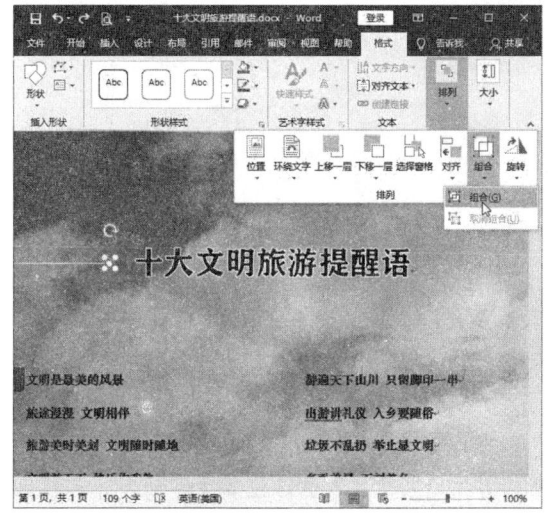
图 5-80 选择"组合"选项

图 5-81 水平复制形状

**Step 13** 选择复制的形状，单击"排列"组中的"翻转"下拉按钮，在弹出的下拉列表中选择"水平翻转"选项，即可水平翻转图形，如图 5-82 所示。

**Step 14** 选择图形后按住【Shift】键选择背景图片，单击"排列"组中的"对齐"下拉按钮，在弹出的下拉列表中选择"右对齐"选项，如图 5-83 所示。

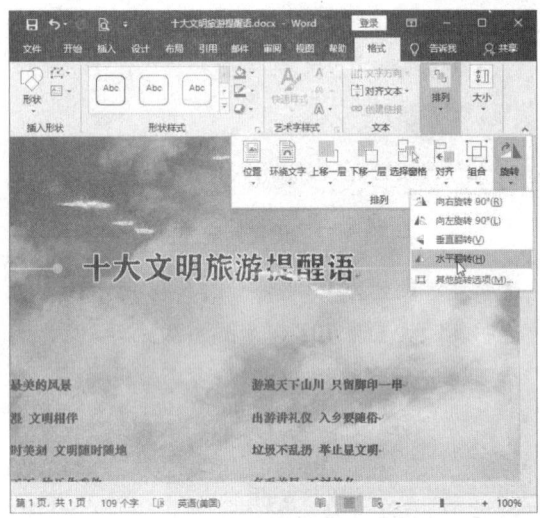

图 5-82　水平翻转图形

图 5-83　选择"右对齐"选项

**Step 15** 选择圆角对角矩形，单击"形状样式"组中的"形状填充"下拉按钮，在弹出的下拉列表中选择填充颜色，如图 5-84 所示。

**Step 16** 单击"形状样式"组中的"形状轮廓"下拉按钮，在弹出的下拉列表中选择"无轮廓"选项，如图 5-85 所示。

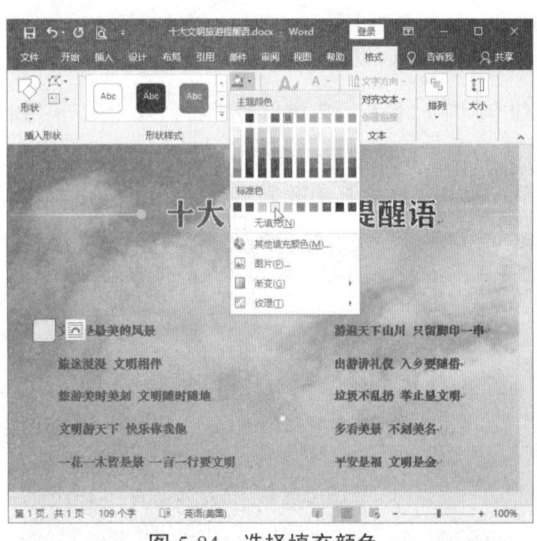

图 5-84　选择填充颜色

图 5-85　选择"无轮廓"选项

**Step 17** 单击"形状样式"组中的"形状效果"下拉按钮，在弹出的下拉列表中选择"阴影"选项，在"外部"选项区中选择"偏移：左下"选项，即可为图形添加阴影效果，如图 5-86 所示。

**Step 18** 若要在图形中输入文字，可以在选择图形后直接输入文字，然后设置文字的字体和段落格式，如图 5-87 所示。

第 5 章　Word 文档的图文混排　121

图 5-86　选择阴影样式

图 5-87　在图形中输入文字

**Step 19** 打开"设置形状格式"窗格，选择"布局属性"选项卡，在"文本框"选项区中将"左边距"和"右边距"分别设置为"0 厘米"，如图 5-88 所示。

**Step 20** 复制文本框并更改文本，然后将文本框移到合适的位置，如图 5-89 所示。

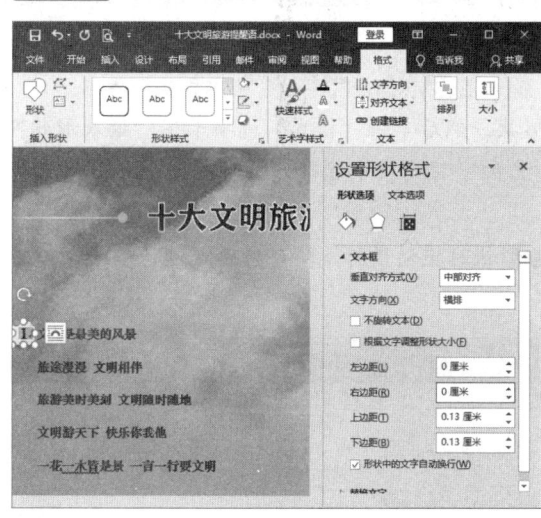

图 5-88　设置文本框边距

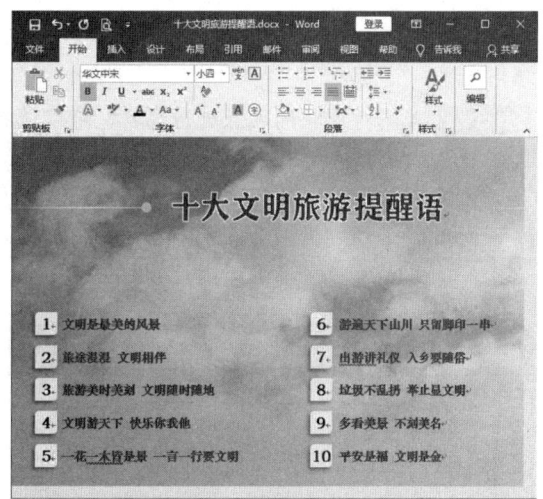

图 5-89　复制文本框

**Step 21** 采用同样的方法，继续插入形状作为文字背景，并设置形状格式，如图 5-90 所示。

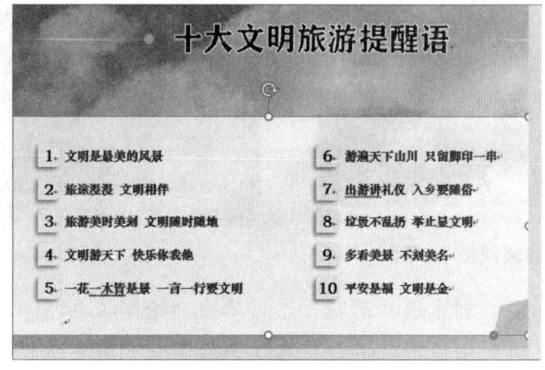

图 5-90　插入形状

**Step 22** 继续插入形状，并进行图片填充，如图 5-91 所示。

**Step 23** 若图片发生变形，可以选择"格式"选项卡，单击"大小"组中的"裁剪"下拉按钮，在弹出的下拉列表中选择"填充"选项，如图5-92所示。

图5-91　图片填充

图5-92　选择"填充"选项

**Step 24** 若想对形状的顶点进行编辑，可以选择形状，然后单击"格式"选项卡下"插入形状"组中的"编辑形状"下拉按钮，在弹出的下拉列表中选择"编辑顶点"选项，如图5-93所示。

**Step 25** 将光标移至形状的顶点位置，当指针呈形状时拖动鼠标，即可对顶点进行编辑，如图5-94所示。

图5-93　选择"编辑顶点"选项

图5-94　编辑顶点

**Step 26** 若想更改当前形状，则先选择形状，然后单击"绘图工具"|"格式"选项卡下"插入形状"组中的"编辑形状"下拉按钮，在弹出的下拉列表中选择"更改形状"选项中的形状，如图5-95所示。

**Step 27** 此时，即可查看更改形状之后的效果，如图5-96所示。

图 5-95　选择形状

图 5-96　更改形状

## 5.3　使用文本框

使用文本框可以在文档中随意更改文本框中文字的位置，或将文本与图片组合起来，还可以根据需要为文本框添加样式效果。

### 5.3.1　插入文本框

在 Word 文档中既可以插入横排文本框，也可以插入竖排文本框，用户可以根据需要进行选择。插入文本框的具体操作方法如下。

**Step 01** 选择"插入"选项卡，单击"文本"组中的"文本框"下拉按钮，在弹出的下拉列表中选择"绘制横排文本框"选项，如图 5-97 所示。

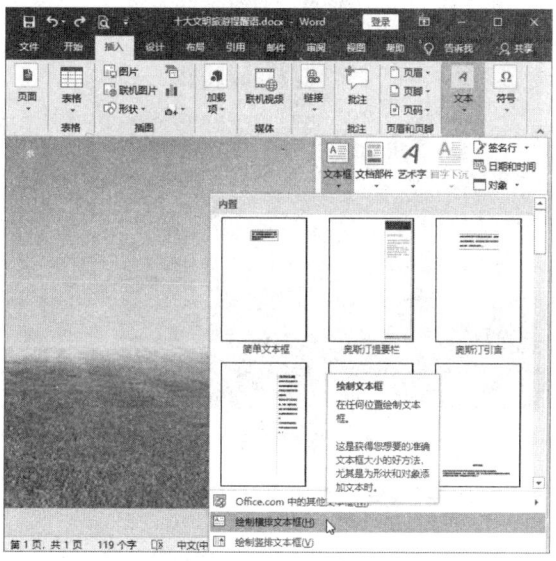
图 5-97　选择"绘制横排文本框"选项

**Step 02** 在文档中单击即可创建文本框,输入所需的文本并设置格式,如图 5-98 所示。

**Step 03** 按住【Ctrl】键的同时拖动文本框,即可复制多个文本框,修改文本内容及格式,如图 5-99 所示。

图 5-98 输入文本　　　　　　　　　图 5-99 复制文本框

### 5.3.2 编辑文本框

用户可以为文本框设置样式,以使文档更加美观。设置文本框样式的方法与设置自选图形样式的方法类似,具体操作方法如下。

**Step 01** 按住【Shift】键的同时单击文本框将其全部选择,然后选择"格式"选项卡,单击"形状填充"下拉按钮 ,在弹出的下拉列表中选择"无填充"选项,如图 5-100 所示。

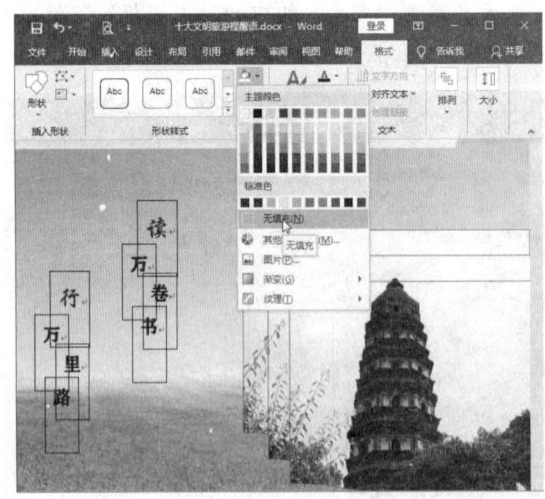

图 5-100 选择"无填充"选项

**Step 02** 单击"形状轮廓"下拉按钮 ,在弹出的下拉列表中选择"无轮廓"选项,如图 5-101 所示。

**Step 03** 调整文本框的位置,效果如图 5-102 所示。

图 5-101 选择"无轮廓"选项

图 5-102 调整文本框位置

## 5.4 使用艺术字

使用艺术字工具可以制作各种艺术字效果,还可以将艺术字扭曲成各种形状,并为其添加阴影、发光等效果。

### 5.4.1 插入艺术字

在文档中插入艺术字的具体操作方法如下。

**Step 01** 定位光标,选择"插入"选项卡,单击"文本"组中的"艺术字"下拉按钮,在弹出的下拉列表中选择所需的艺术字样式,如图 5-103 所示。

**Step 02** 此时,即可在文档中插入所选的艺术字样式并提示输入文本,输入所需的文本,并调整艺术字的大小和位置,如图 5-104 所示。

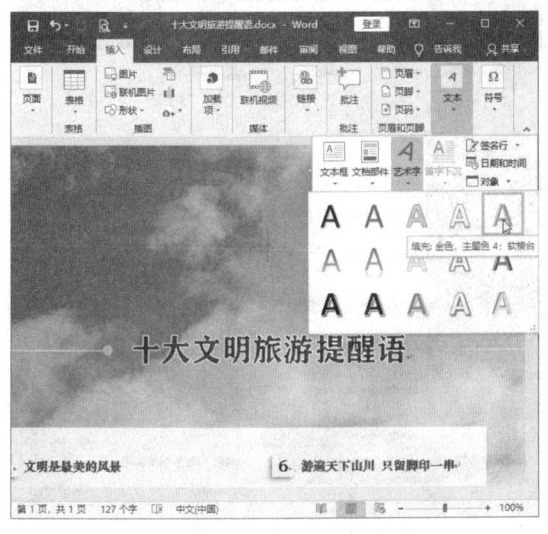
图 5-103 选择艺术字样式

图 5-104 输入文本

## 5.4.2 编辑艺术字

若对插入的艺术字效果不满意,还可以对其填充效果、文本轮廓和文字效果等进行设置,具体操作方法如下。

**Step 01** 在"艺术字"组中单击"文本填充"下拉按钮,在弹出的下拉列表中选择所需的颜色,如图 5-105 所示。

**Step 02** 单击"文本效果"下拉按钮,在弹出的下拉列表中选择"映像"选项中的样式,如图 5-106 所示。

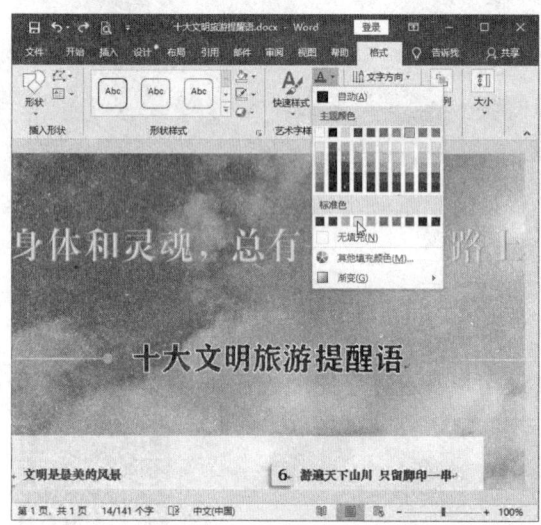

图 5-105　选择填充颜色

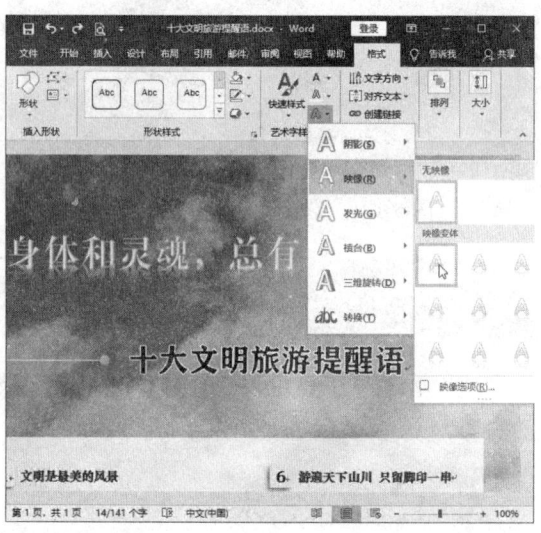

图 5-106　选择映像样式

**Step 03** 单击"文本效果"下拉按钮,在弹出的下拉列表中选择"发光"选项中的样式,如图 5-107 所示。

**Step 04** 单击"文本效果"下拉按钮,在弹出的下拉列表中选择"转换"选项中的样式,如图 5-108 所示。应用"转换"效果后可以使文字产生变形,还可以通过控制柄控制变形。

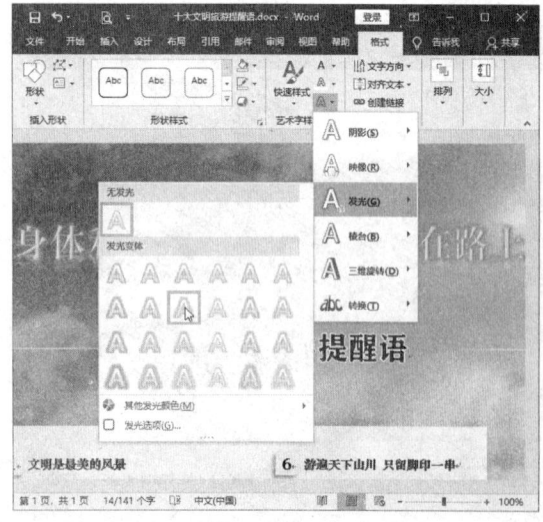

图 5-107　选择发光样式

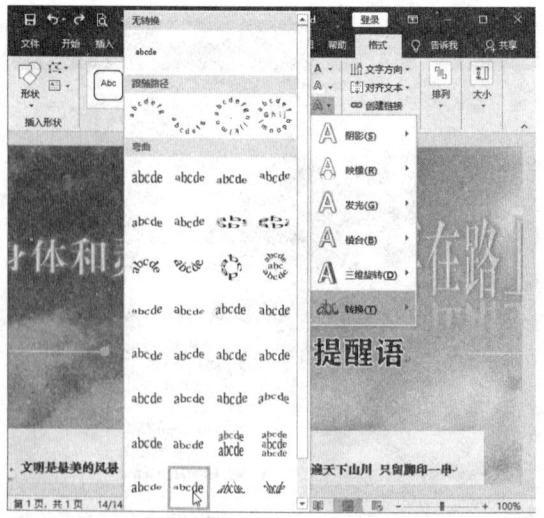

图 5-108　选择转换样式

**Step 05** 单击"文本效果"下拉按钮，在弹出的下拉列表中选择"三维旋转"选项中的样式，如图 5-109 所示。

**Step 06** 此时，即可查看设置后的艺术字效果，如图 5-110 所示。

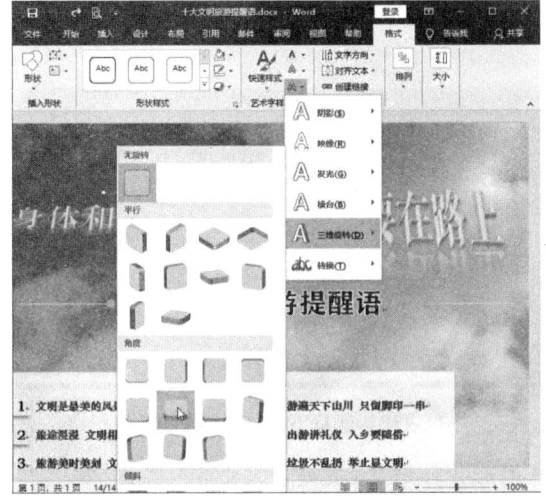
图 5-109　选择三维旋转样式

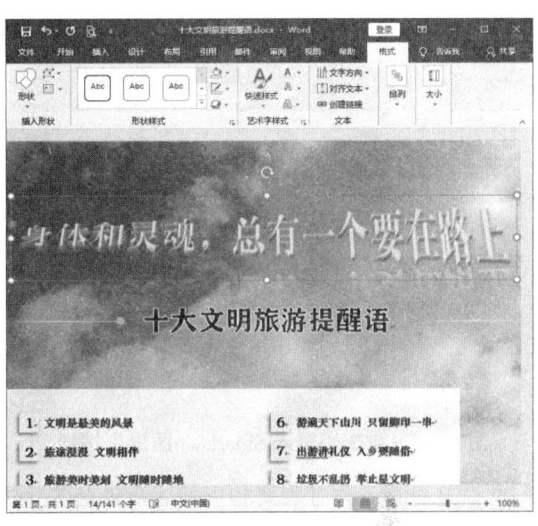
图 5-110　艺术字效果

## 5.5　使用 SmartArt 图形

使用 SmartArt 图形功能可以在文档中绘制列表、流程、循环及层次结构等相关联的图形对象，不仅可以让文档更加丰富、形象，并且能够准确地传达各种信息。

### 5.5.1　认识 SmartArt 图形

Word 2016 提供了 8 种类型的 SmartArt 图形，包括列表、流程、循环、层次结构、关系、矩阵、棱锥图和图片，每种类型的图形的作用都各不相同。

➢ **列表**：用于显示无序信息块、分组的多个信息块或列表内容。
➢ **流程**：用于显示组成一个总工作流程的路径，或一个步骤中的几个阶段。
➢ **循环**：用于以循环流程表示阶段、任务或事件的过程，也可以用于显示循环行径与中心点的关系。
➢ **层次结构**：用于显示组织中各层的关系或上下级关系。
➢ **关系**：用于比较或显示多个观点之间的关系，如对立关系、延伸关系或促进关系等。
➢ **矩阵**：用于显示部分与整体的关系。
➢ **棱锥图**：用于显示比例关系、互联关系或层次关系。
➢ **图片**：包括一些可以插入图片的 SmartArt 图形，图形的布局包括以上 7 种类型。

### 5.5.2　插入 SmartArt 图形

在创建 SmartArt 图形时，用户可以根据自己的需要来创建合适的 SmartArt 图形。在 Word 文档中插入 SmartArt 图形的具体操作方法如下。

**Step 01** 新建空白文档,选择"插入"选项卡,单击"插图"组中的"插入 SmartArt 图形"按钮，如图 5-111 所示。

**Step 02** 弹出"选择 SmartArt 图形"对话框,在左侧选择"关系"类别,在中间图形列表中选择"分离射线"类型,然后单击"确定"按钮,如图 5-112 所示。

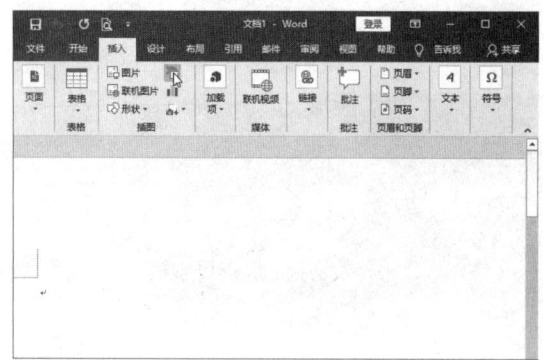

图 5-111 单击"插入 SmartArt 图形"按钮

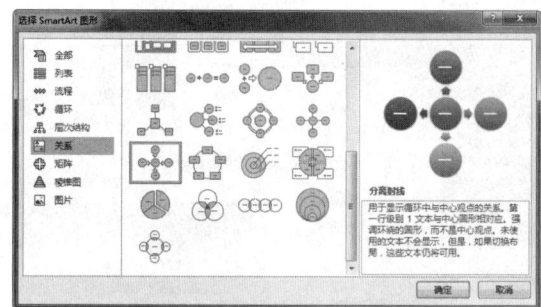

图 5-112 选择 SmartArt 图形类型

**Step 03** 此时,即可在文档中插入所选的 SmartArt 图形并打开"在此处键入文字"窗格。单击其中的形状,即可在其中输入文字,也可以在"在此处键入文字"窗格中输入文字,如图 5-113 所示。

**Step 04** 单击图形左侧的折叠按钮或单击"在此处键入文字"窗格右上角的"关闭"按钮，可关闭窗格,如图 5-114 所示。

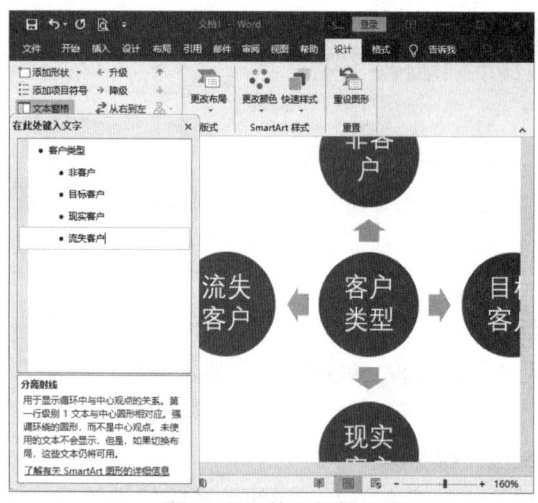

图 5-113 单击折叠按钮

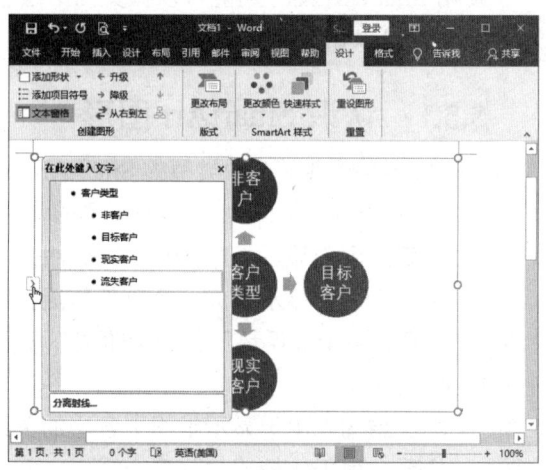

图 5-114 单击折叠按钮

### 5.5.3 调整 SmartArt 图形结构

用户可以根据需要对创建的 SmartArt 图形布局结构进行调整,如添加形状、升降级项目、调整项目顺序等,具体操作方法如下。

**Step 01** 选择"流失客户"图形,在"SmartArt 工具"|"设计"选项卡下单击"创建图形"组中的"添加形状"下拉按钮,在弹出的下拉列表中选择"在后面添加形状"选项,如图 5-115 所示。

第 5 章 Word 文档的图文混排 | 129

**Step 02** 此时即可添加同一级别的图形，在新添加的图形中输入文本，如图 5-116 所示。

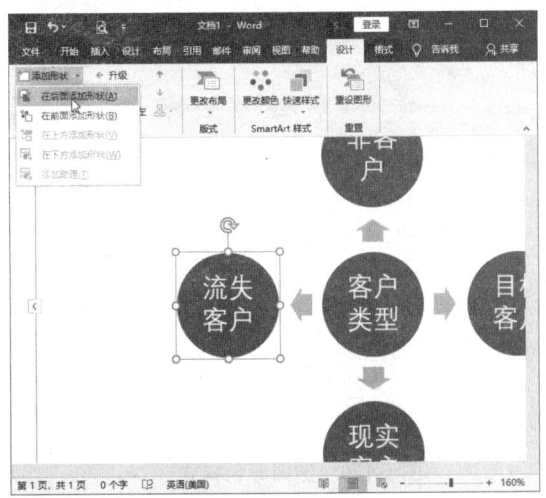

图 5-115 选择"在后面添加形状"选项

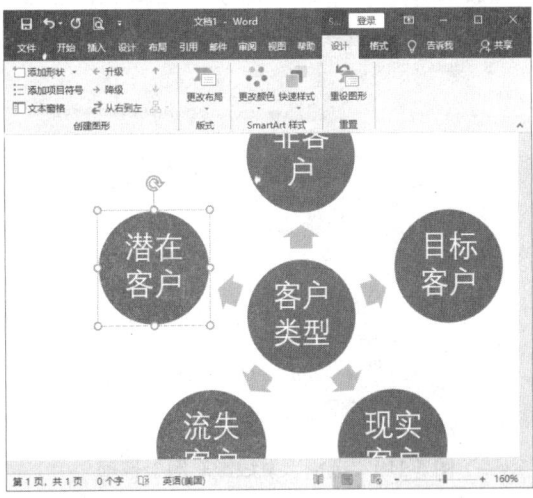

图 5-116 输入文本

**Step 03** 若要调整图形的顺序，可以先选择图形，然后在"创建图形"组中单击"上移"按钮↑或"下移"按钮↓，如图 5-117 所示。

**Step 04** 调整图形顺序后的效果如图 5-118 所示。若要改变 SmartArt 图形的级别，可以通过"升级"按钮←或"降级"按钮→进行更改。

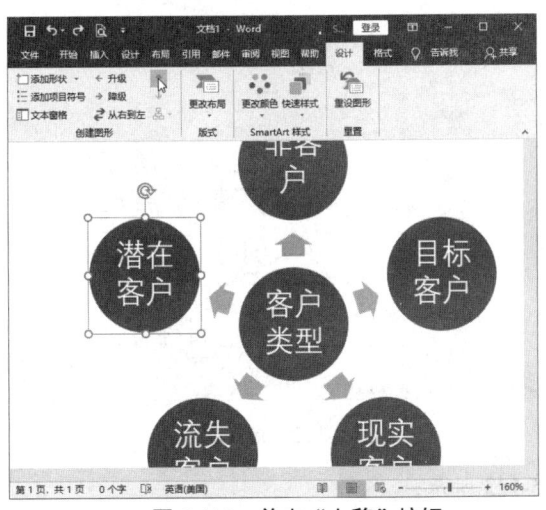

图 5-117 单击"上移"按钮

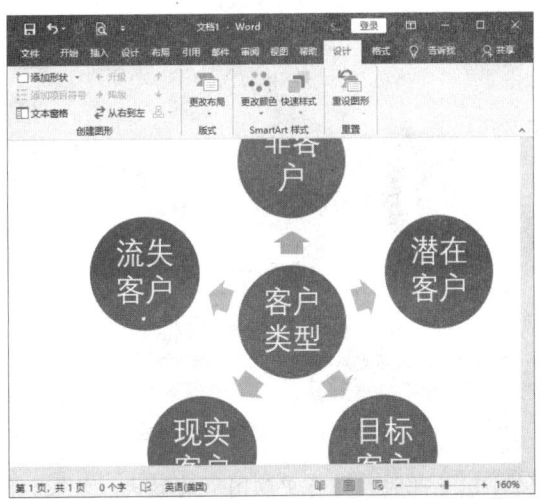

图 5-118 调整图形顺序

## 5.5.4 设置 SmartArt 图形样式

用户可以根据需要更改 SmartArt 图形的布局类型，还可以为 SmartArt 图形设置样式和色彩风格，以美化图形，具体操作方法如下。

**Step 01** 选择 SmartArt 图形，在"SmartArt 工具"|"设计"选项卡下单击"更改布局"下拉按钮，在弹出的下拉列表中选择"射线维恩图"选项，如图 5-119 所示。

**Step 02** 单击"更改颜色"下拉按钮，在弹出的下拉列表中选择所需的颜色样式，如图 5-120 所示。

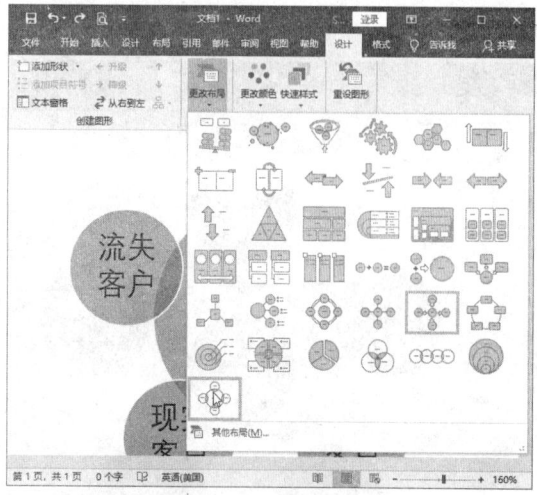

图 5-119 选择"射线维恩图"选项

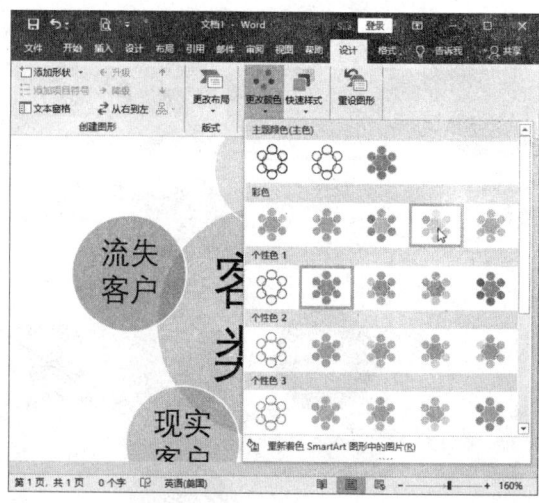

图 5-120 选择颜色样式

**Step 03** 单击"快速样式"下拉按钮，在弹出的下拉列表中选择所需的图形样式，如图 5-121 所示。

**Step 04** 选择"客户类型"图形，在"SmartArt 工具"|"格式"选项卡下"形状"组中单击"更改形状"下拉按钮，在弹出的下拉列表中选择五边形选项，如图 5-122 所示。

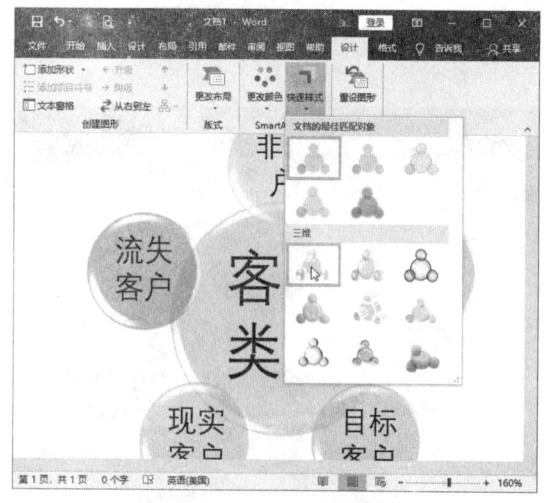

图 5-121 选择图形样式

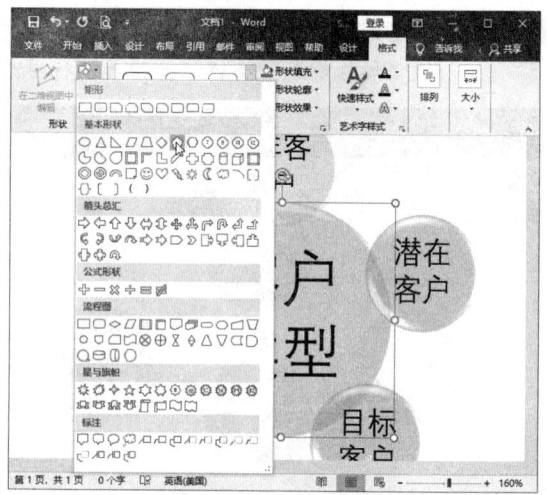

图 5-122 选择形状

**Step 05** 此时，即可更改图形的形状，效果如图 5-123 所示。

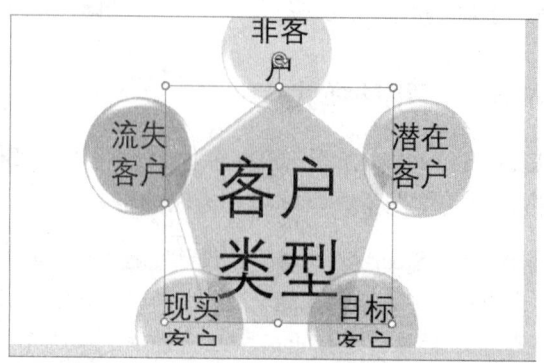

图 5-123 更改图形形状

## 5.6 应用图表

图表可以将表格中的数据以更加直观的方式表现出来,Word 2016 提供了多种类型的图表供用户选择。下面将详细介绍如何在 Word 文档中创建、编辑与美化图表。

### 5.6.1 创建图表

在 Word 文档中创建图表的具体操作方法如下。

**Step 01** 新建空白文档,选择"插入"选项卡,单击"插图"组中的"图表"按钮,如图 5-124 所示。

**Step 02** 弹出"插入图表"对话框,在左侧选择"饼图"选项,在右侧选择图表样式,然后单击"确定"按钮,如图 5-125 所示。

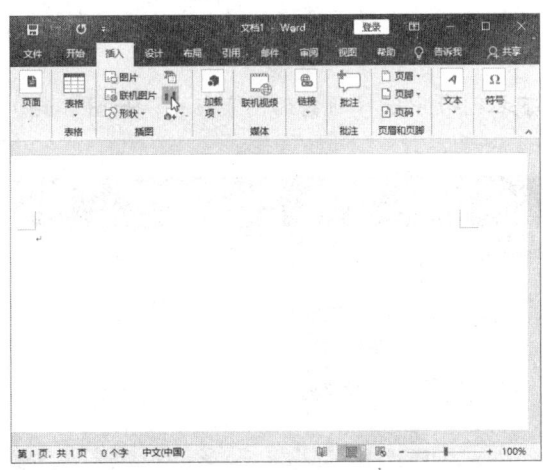

图 5-124 单击"图表"按钮

图 5-125 选择图表样式

**Step 03** 此时,即可在文档中插入所选样式的图表,同时自动打开 Excel 编辑窗口,如图 5-126 所示。

**Step 04** 在 Excel 编辑窗口中输入表格数据,如图 5-127 所示。

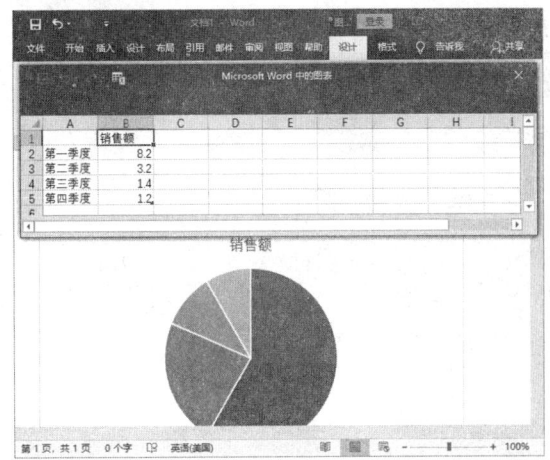

图 5-126 插入图表

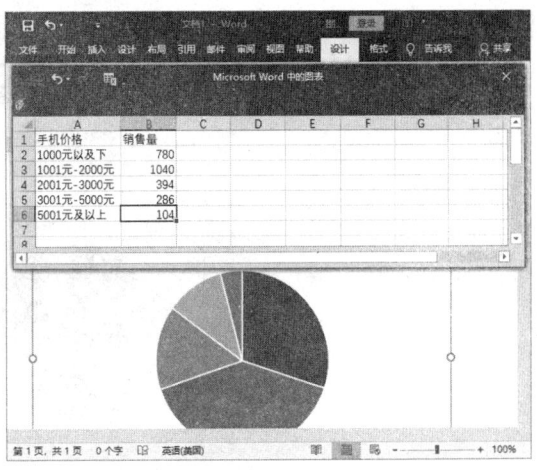

图 5-127 输入表格数据

**Step 05** 单击 Excel 编辑窗口右上角的"关闭"按钮，返回 Word 编辑窗口，输入图表标题，如图 5-128 所示。

### 5.6.2 编辑与美化图表

在文档中创建图表后，可以使用图表样式对图表进行美化，还可根据需要更改图表的类型，具体操作方法如下。

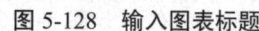

图 5-128 输入图表标题

**Step 01** 选择图表，单击"图表"|"设计"选项卡下"图表样式"组中的"快速样式"下拉按钮，在弹出的下拉列表中选择所需的图表样式，如图 5-129 所示。

**Step 02** 单击"更改颜色"下拉按钮，在弹出的下拉列表中选择所需的图表颜色，如图 5-130 所示。

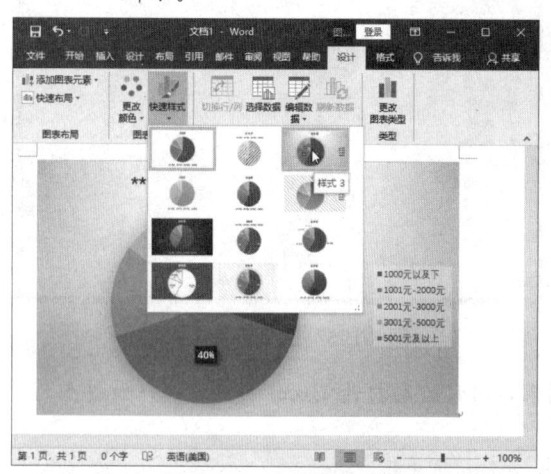

图 5-129 选择图表样式

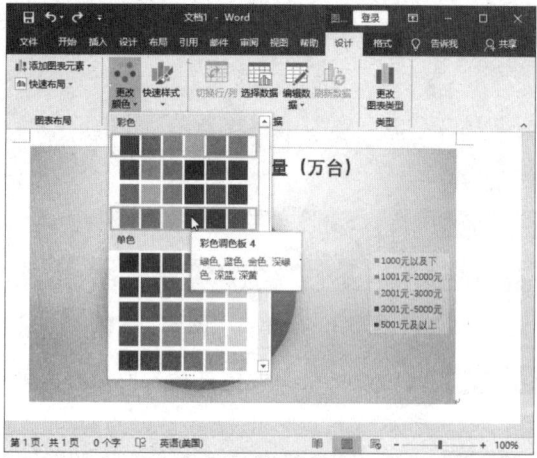

图 5-130 选择图表颜色

**Step 03** 若要更改图表类型，可以单击"更改图表类型"按钮，如图 5-131 所示。

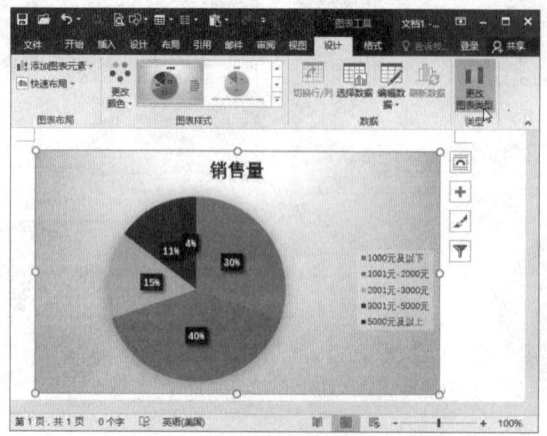

图 5-131 单击"更改图表类型"按钮

第 5 章　Word 文档的图文混排 | 133

**Step 04** 弹出"更改图表类型"对话框，选择所需的图表类型，然后单击"确定"按钮，如图 5-132 所示。

**Step 05** 此时，即可查看更改图表类型后的效果，如图 5-133 所示。

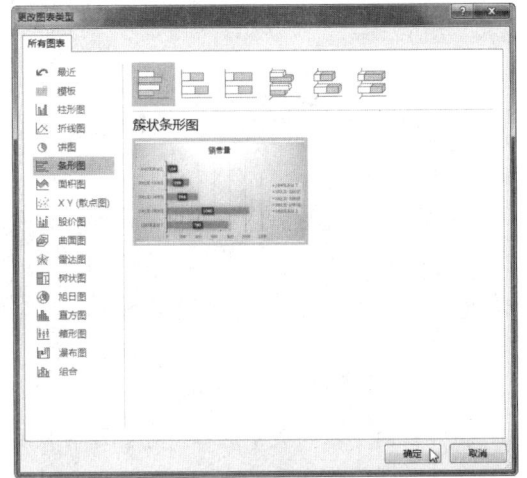

图 5-132　选择图表类型

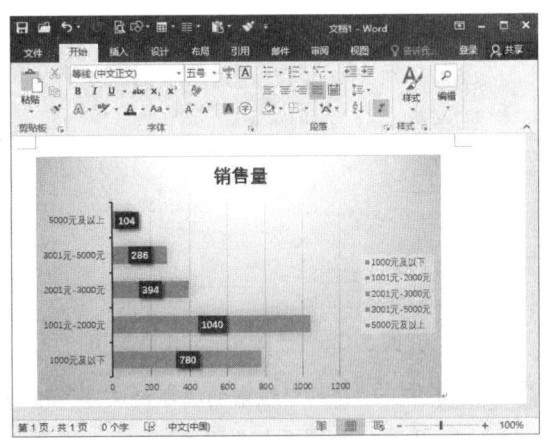

图 5-133　更改图表类型

## 5.7　综合实例——制作"招聘简章"

本章学习了在 Word 文档中插入各种对象的方法，下面将综合运用本章所学知识制作"招聘简章"，具体操作方法如下。

**Step 01** 新建"招聘简章"文档，然后选择"插入"选项卡，单击"插图"组中的"形状"下拉按钮，在弹出的下拉列表中选择"矩形"选项，如图 5-134 所示。

**Step 02** 在文档中单击即可绘制矩形，并切换至"格式"选项卡，单击"形状填充"下拉按钮，在弹出的下拉列表中选择填充颜色，如图 5-135 所示。

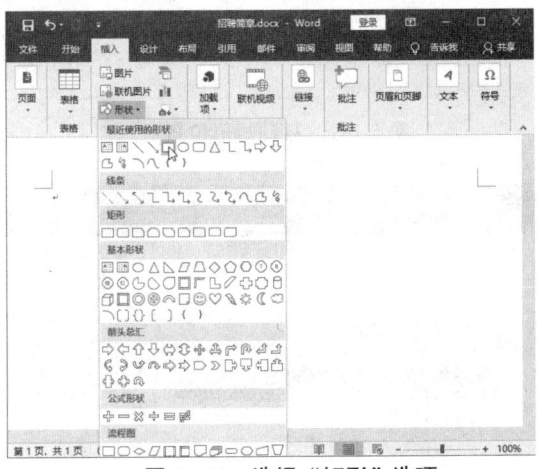

图 5-134　选择"矩形"选项

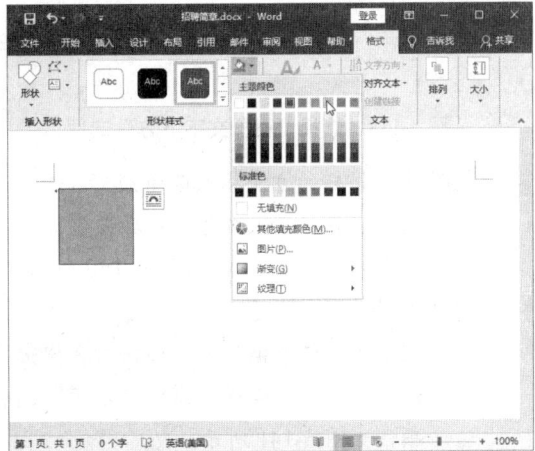

图 5-135　选择填充颜色

**Step 03** 单击"形状轮廓"下拉按钮，在弹出的下拉列表中选择"无轮廓"选项，如图 5-136 所示。

**Step 04** 在"大小"组中设置矩形的高度和宽度,如图 5-137 所示。

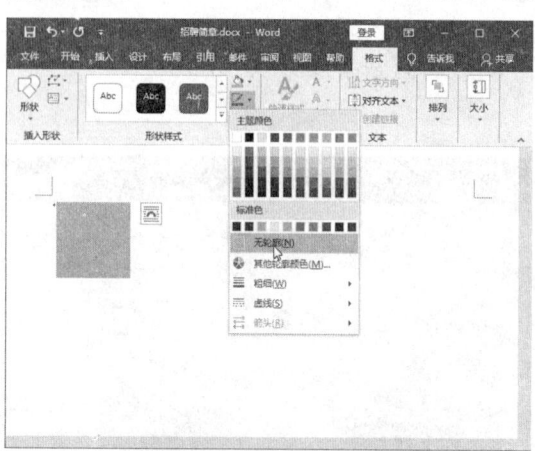

图 5-136 选择"无轮廓"选项

图 5-137 设置矩形大小

**Step 05** 单击"排列"组中的"环绕文字"下拉按钮,在弹出的下拉列表中选择"衬于文字下方"选项,如图 5-138 所示。

**Step 06** 将鼠标指针置于矩形上方,当指针呈形状时拖动鼠标,将矩形移到合适的位置,如图 5-139 所示。

图 5-138 选择"衬于文字下方"选项

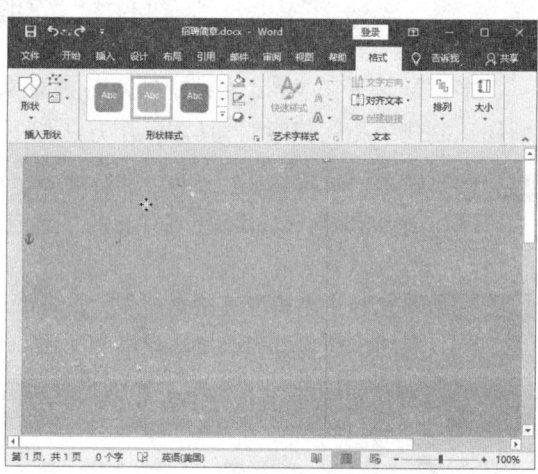

图 5-139 移动矩形位置

**Step 07** 采用同样的方法插入圆角矩形,选择图形后直接输入文字,然后设置文字的字体和段落格式,如图 5-140 所示。

**Step 08** 选择"插入"选项卡,单击"文本"组中的"文本框"下拉按钮,在弹出的下拉列表中选择"简单文本框"选项,如图 5-141 所示。

**Step 09** 选择圆角矩形和文本框,按住【Ctrl】键的同时拖动鼠标进行复制,进行两次复制操作后的效果如图 5-142 所示。

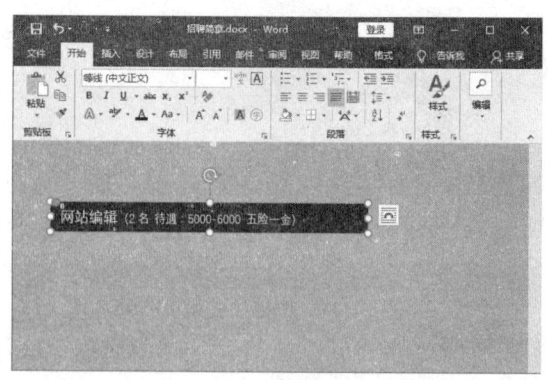

图 5-140 插入形状并输入文字

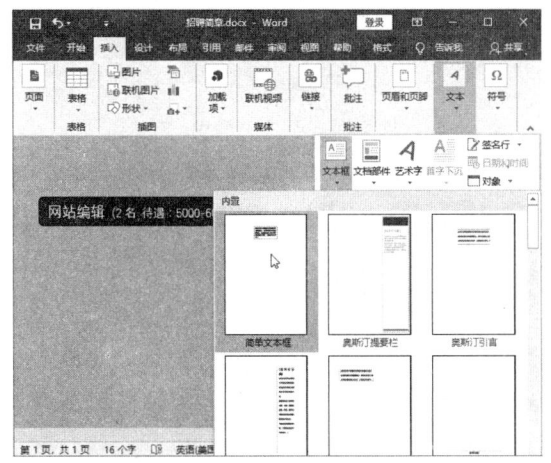
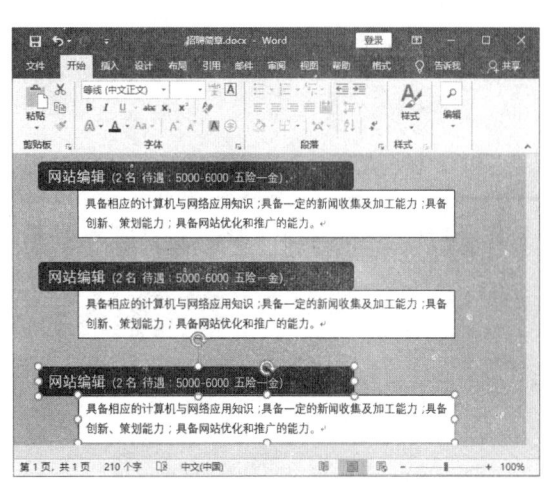

图 5-141　选择"简单文本框"选项　　　　图 5-142　复制形状和文本框

**Step 10** 修改形状和文本框中的内容，如图 5-143 所示。

**Step 11** 选择"插入"选项卡，单击"文本"组中的"艺术字"下拉按钮，在弹出的下拉列表中选择艺术字样式，如图 5-144 所示。

**Step 12** 此时，即可在文档中插入所选样式的艺术字并提示输入文本，输入所需的文本，并设置艺术字的格式，如图 5-145 所示。

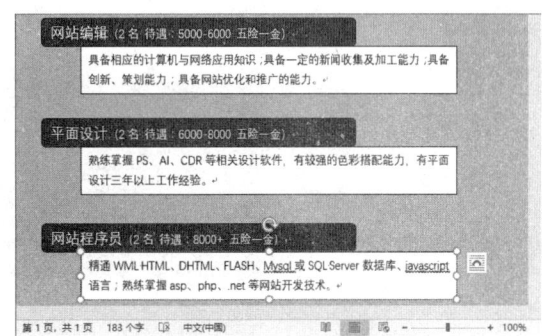

图 5-143　修改内容

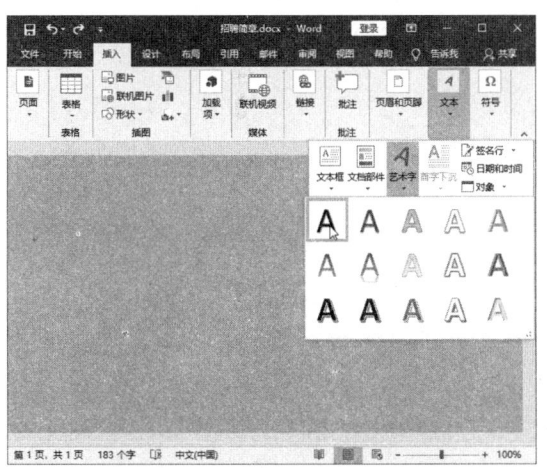

图 5-144　选择艺术字样式　　　　图 5-145　输入艺术字并设置格式

**Step 13** 选择"插入"选项卡，单击"插图"组中的"形状"下拉按钮，在弹出的下拉列表中选择"直线"选项，如图 5-146 所示。

**Step 14** 拖动鼠标绘制直线，然后在"格式"选项卡下单击"形状轮廓"下拉按钮，在弹出的下拉列表中选择线条的颜色和粗细，如图 5-147 所示。

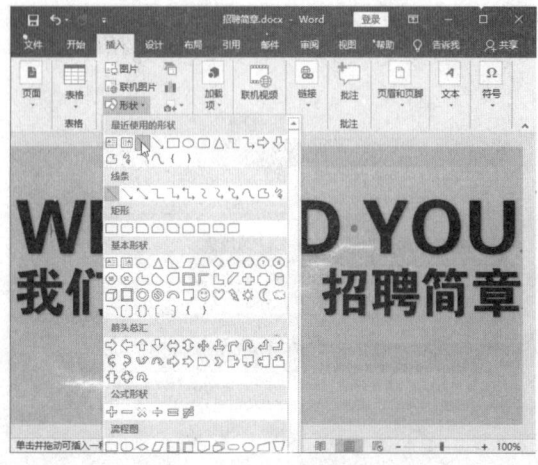
图 5-146 选择"直线"选项

图 5-147 选择线条颜色和粗细

**Step 15** 在页面下方插入图形并输入文字，最终效果如图 5-148 所示。

图 5-148 插入图形并输入文字

## 本章小结

通过本章的学习，读者应重点掌握以下知识。
（1）插入和编辑图片，如调整图片大小与角度，裁剪图片，设置图片样式等。
（2）绘制与编辑自选图形。
（3）插入与编辑文本框。
（4）插入与编辑艺术字。
（5）插入 SmartArt 图形，调整 SmartArt 图形结构，设置 SmartArt 图形样式。。
（6）创建图表，编辑与美化图表。

## 课后习题

一、选择题

1．若要在 Word 文档中绘制图形，则应单击（　　）。
  A．"插入"选项卡下的"图片"按钮　　B．"插入"选项卡下的"形状"按钮
  C．"插入"选项卡下的"对象"按钮　　D．"插入"选项卡下的"文本框"按钮

2．关于编辑图片，下列说法错误的是（　　）。
　　A．在编辑图片时，可以任意旋转和翻转图片
　　B．"删除背景"功能用于删除图片中白色的区域
　　C．设置图片样式时，可以为图片应用预设的样式，还可以应用艺术效果
　　D．使用"格式刷"工具可以复制图片样式
3．下列哪一项不是图片的环绕方式？（　　）
　　A．嵌入型　　　　　　　　　　　　B．四周型
　　C．上下型　　　　　　　　　　　　D．浮于文字上方

二、填空题

1．若要将图片恢复为原有的样式，可以_____。
2．文本效果中的_____效果可以使文字产生变形。
3．在"格式"选项卡下"创建图形"组中，可以通过_____或_____图形来改变SmartArt图形的级别；通过_____或_____图形可以改变SmartArt图形的位置。

三、实操题

请综合运用本章所学知识，制作"年会抽奖活动"文档，效果如图5-149所示。

图5-149　年会抽奖活动

操作提示：

（1）新建文档并输入内容，设置文本格式。
（2）插入图片和形状，设置图片的环绕方式。
（3）为文档标题应用艺术字样式，并设置格式。

# 第 6 章 应用样式和模板

【学习目标】
- 掌握应用系统自带样式的方法。
- 掌握创建与编辑样式的方法。
- 掌握应用样式集与主题的方法。
- 掌握创建、使用与编辑模板的方法。

在编辑 Word 文档时，考虑到文档的整体效果，经常需要将文档页面的组成元素设置为统一的效果。使用样式和模板可以快速统一文档的格式，使其看起来整齐、美观，更重要的是提高了工作效率。Word 2016 提供了许多预设的样式和模板，本章将学习如何在 Word 文档中应用样式与模板。

## 6.1 应用样式

在编辑 Word 文档时，使用样式可以迅速地统一文档格式。用户既可以使用预设样式，也可以创建新样式，还可以对样式进行修改、删除与复制等操作。

### 6.1.1 了解样式

样式是格式的集合，包括字体格式、段落格式、边框格式、图文框、语言和编号等，最终将其应用到文字上，表现为"某种特定身份的文字"，如大标题、小标题、正文、页眉、目录等。

样式在长篇文档的排版中非常有用，利用它可以系统化管理页面元素，快速同步与修改同级标题的格式等。

在 Word 2016 中，根据作用对象的不同，样式可以分为段落样式、字符样式、链接段落和字符样式、表格样式、列表样式等 5 种类型，其中前 3 种最常用。在"样式"窗格中以不同的符号来标志样式类型，详见下表。

| 符号 | 样式类型 |
| --- | --- |
| ↵ | 段落样式包括字体格式、段落格式、项目符号和编号、边框和底纹格式等。将光标置于段落中，即可应用段落样式 |
| a | 字符样式包含字体格式、边框和底纹格式等。字符样式通常用于设置少量文本的格式，不能设置段落样式 |
| ¶a | 链接段落和字符样式，与段落样式包含的格式内容相同，区别在于应用范围不同：若只选择部分文本，则应用字符格式；若选择整段或将光标置于段落中，则同时应用字符和段落两种格式 |

单击"开始"选项卡下"样式"组右下角的扩展按钮，如图 6-1 所示，即可打开"样式"窗格，样式右侧显示了样式的类型，如图 6-2 所示。

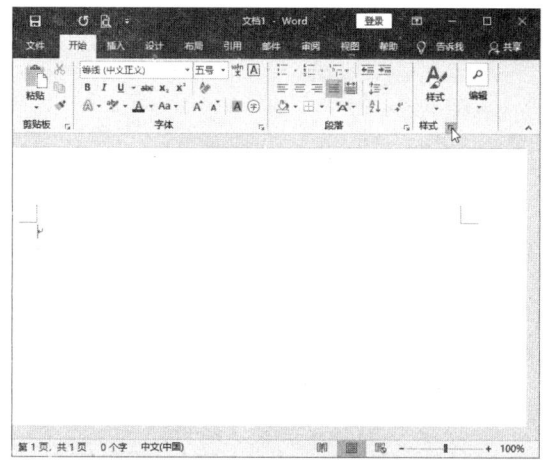

图 6-1　单击扩展按钮

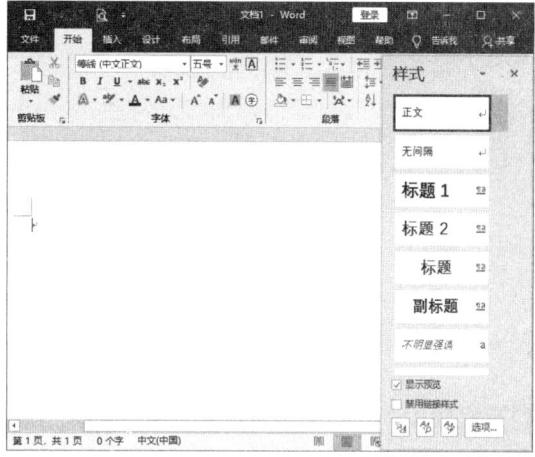

图 6-2　"样式"窗格

## 6.1.2　应用系统自带的样式

为了提高编辑文档的效率，在 Word 2016 中内置了多种样式，如正文、标题 1、标题 2、标题 3 等，使用这些样式可以很方便地为文档内容设置格式。应用系统自带样式的具体操作方法如下。

**Step 01**　打开"素材文件\第 6 章\条例摘录.docx"，此时光标位于文档开始位置，单击"开始"选项卡下"样式"组右下角的扩展按钮，打开"样式"窗格，如图 6-3 所示。

**Step 02**　选择"样式"窗格中的"标题"链接段落和字符样式，如图 6-4 所示。

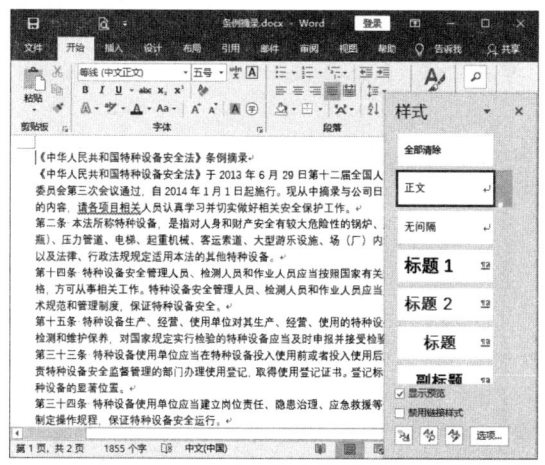

图 6-3　打开"样式"窗格

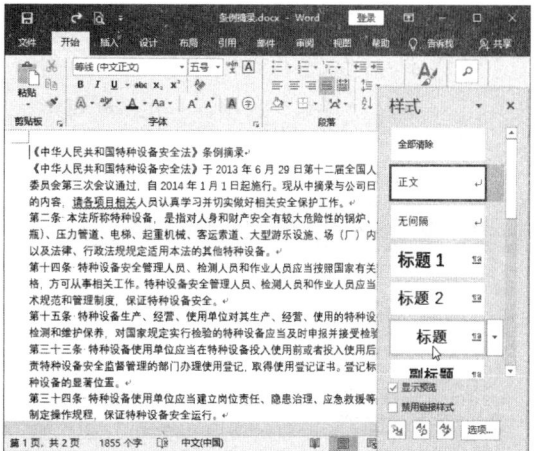

图 6-4　选择链接段落和字符样式

**Step 03**　此时，光标所在的段落即可应用"标题"样式，如图 6-5 所示。

**Step 04**　选择需要应用字符样式的文本，然后选择"样式"窗格中的"要点"字符样式，如图 6-6 所示。

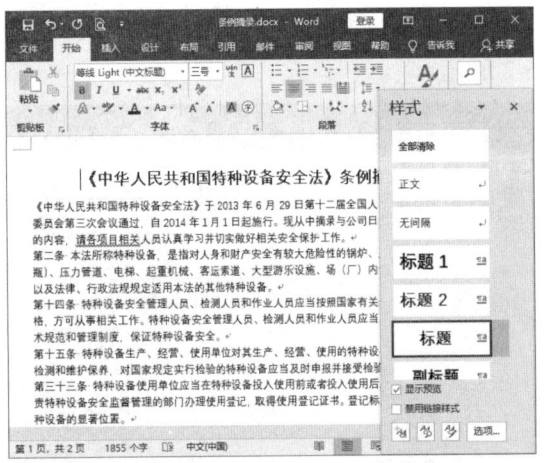

图 6-5　应用"标题"样式

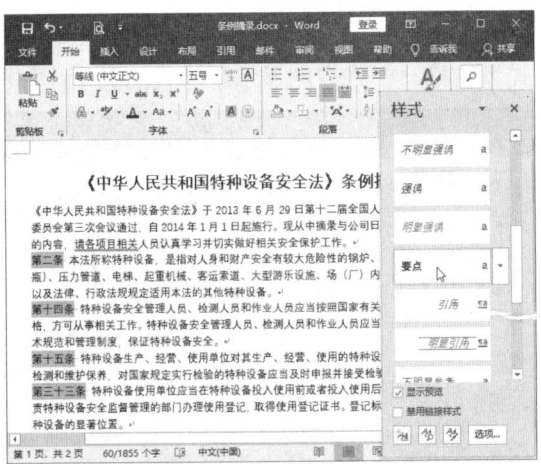

图 6-6　选择字符样式

**Step 05** 此时，所选文本即可应用"要点"样式，如图 6-7 所示。

### 6.1.3　创建新样式

在编辑 Word 文档的过程中，用户不仅可以使用系统自带的样式，还可以根据需要创建新样式，具体操作方法如下。

**Step 01** 在文档中定位光标，然后在"样式"窗格中单击"新建样式"按钮，如图 6-8 所示。

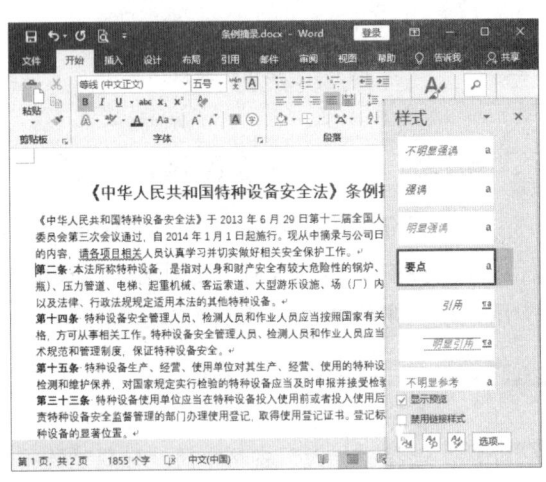

图 6-7　应用"要点"样式

**Step 02** 弹出"根据格式化创建新样式"对话框，单击"格式"下拉按钮，在弹出的下拉列表中选择"段落"选项，如图 6-9 所示。

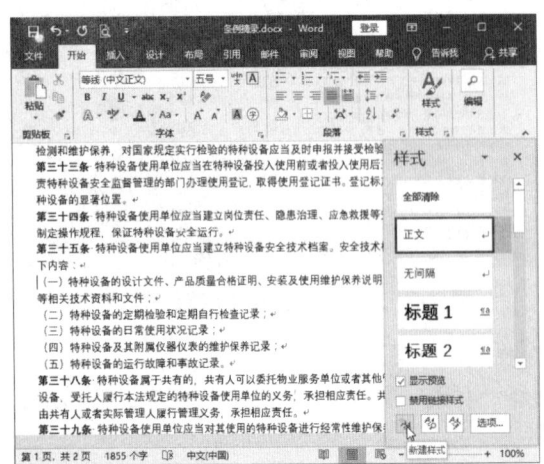

图 6-8　单击"新建样式"按钮

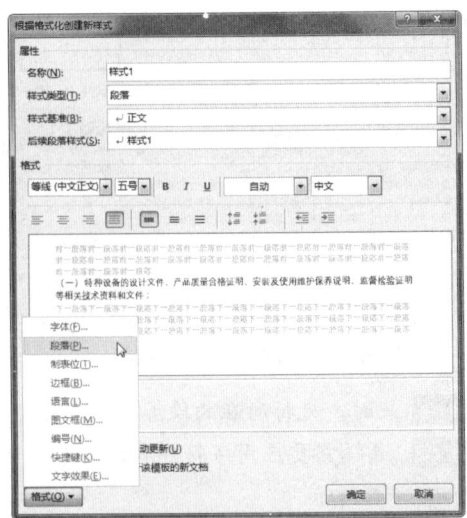

图 6-9　选择"段落"选项

# 第 6 章 应用样式和模板

**Step 03** 弹出"段落"对话框,设置"左侧"缩进为"4.5 字符","悬挂"缩进值为"3 字符",然后单击"确定"按钮,如图 6-10 所示。

**Step 04** 返回"根据格式化创建新样式"对话框,在下方的预览区可以看到当前的样式格式,单击"确定"按钮,如图 6-11 所示。

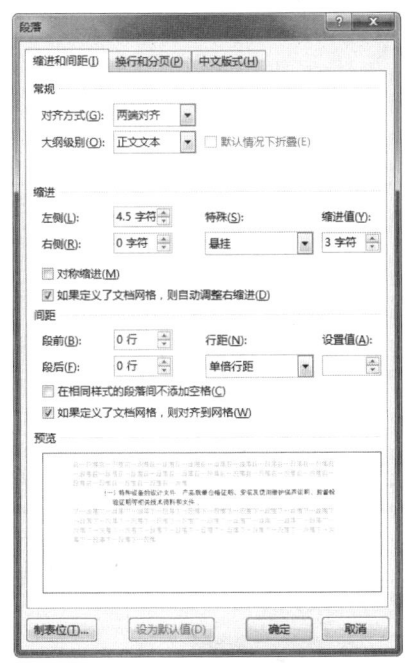

图 6-10　设置段落缩进

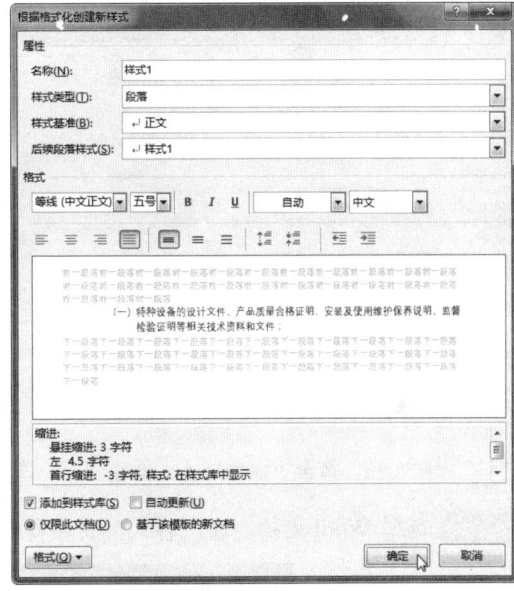

图 6-11　查看样式格式

**Step 05** 此时,在"样式"窗格中即可看到新建的样式,并将新建的样式应用到光标所在的段落中,如图 6-12 所示。

**Step 06** 选择需要应用新建样式的段落,然后在"样式"窗格中选择新创建的样式,即可应用该样式,如图 6-13 所示。

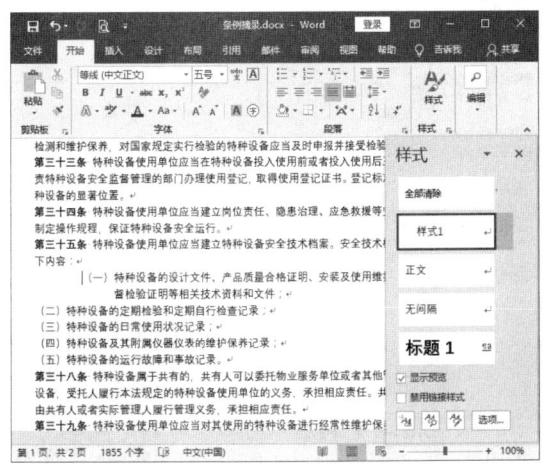

图 6-12　新建样式

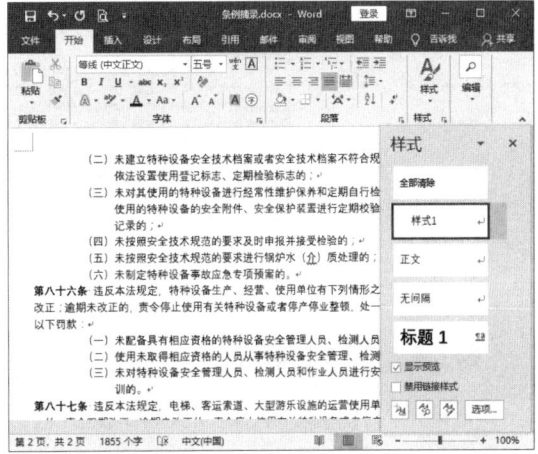

图 6-13　应用新建样式

**Step 07** 也可以先在文档中设置好格式,然后单击"样式"窗格中的"新建样式"按钮,如图 6-14 所示。

**Step 08** 弹出"根据格式化创建新样式"对话框，在"名称"文本框中输入新样式的名称，然后单击"确定"按钮，如图 6-15 所示。

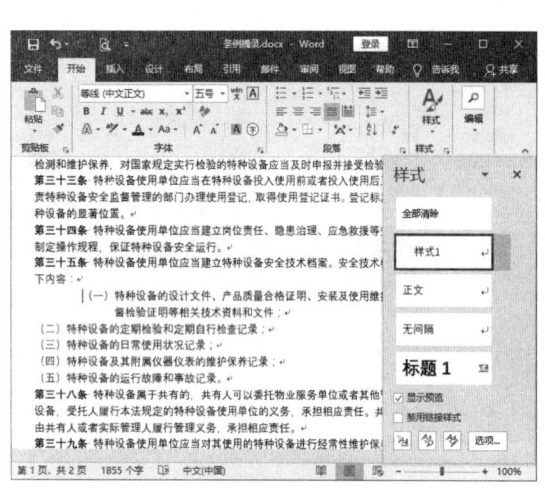

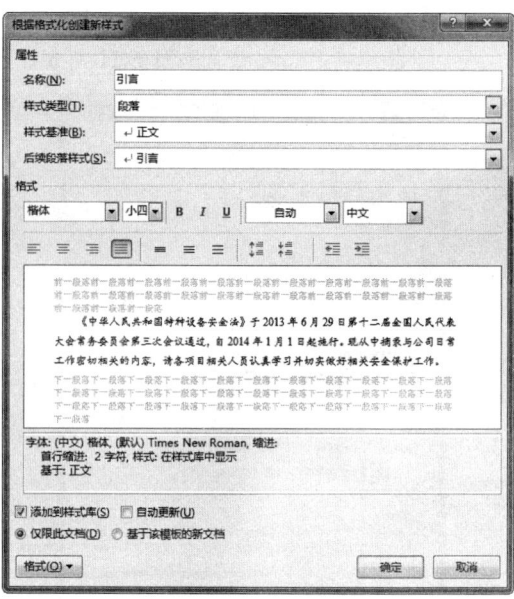

图 6-14　单击"新建样式"按钮　　　　　图 6-15　输入新样式名称

**Step 09** 返回 Word 文档，在"样式"窗格即可看到新建的样式，如图 6-16 所示。

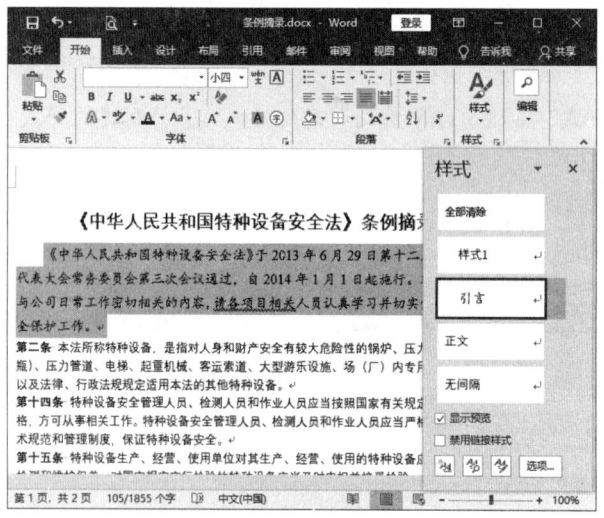

图 6-16　查看新建样式

## 6.1.4　修改样式

无论是内置样式，还是新建样式，若对样式中的某些格式不满意，可以对其进行修改，具体操作方法如下。

**Step 01** 在"样式"窗格中单击"正文"样式右侧的下拉按钮，在弹出的下拉列表中选择"修改"选项，如图 6-17 所示。

第 6 章 应用样式和模板 143

**Step 02** 弹出"修改样式"对话框,在"格式"选项区中重新设置字体与字号,然后单击"格式"下拉按钮,在弹出的下拉列表中选择"段落"选项,如图 6-18 所示。

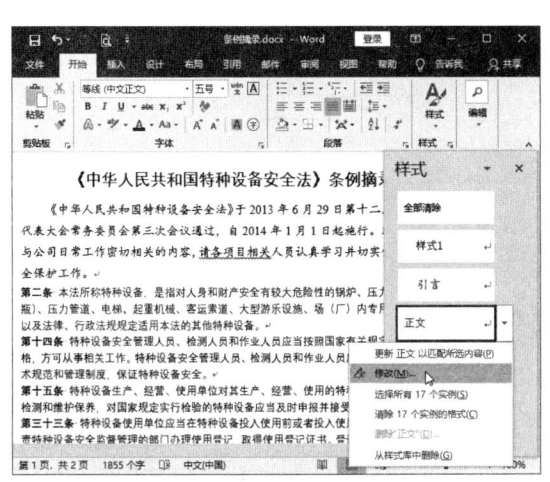

图 6-17 选择"修改"选项

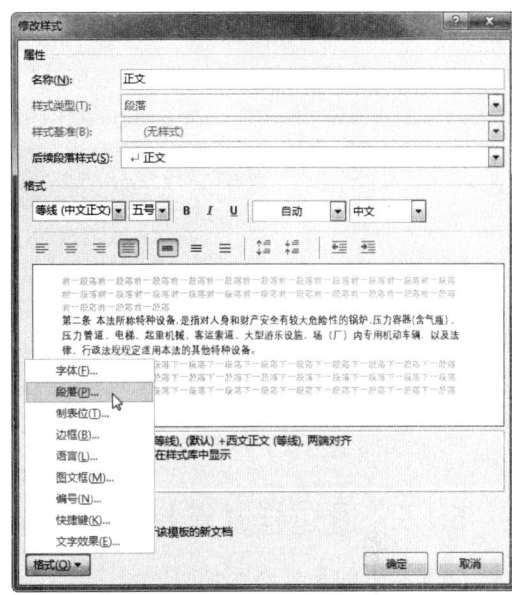

图 6-18 选择"段落"选项

**Step 03** 弹出"段落"对话框,设置"首行"缩进为"2 字符",设置"行距"为"多倍行距",设置值为 1.3,然后单击"确定"按钮,如图 6-19 所示。

**Step 04** 返回"修改样式"对话框,单击"确定"按钮,如图 6-20 所示。

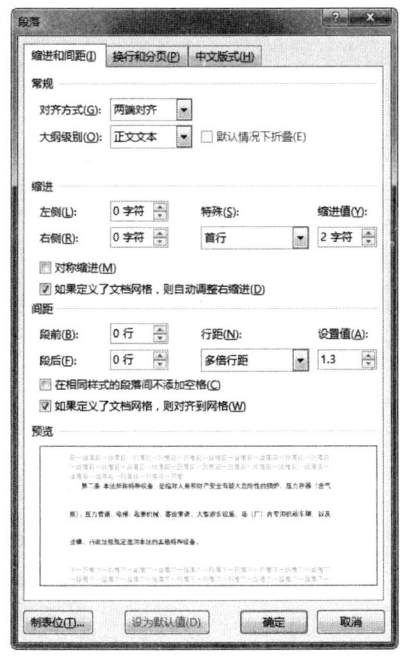

图 6-19 设置段落格式

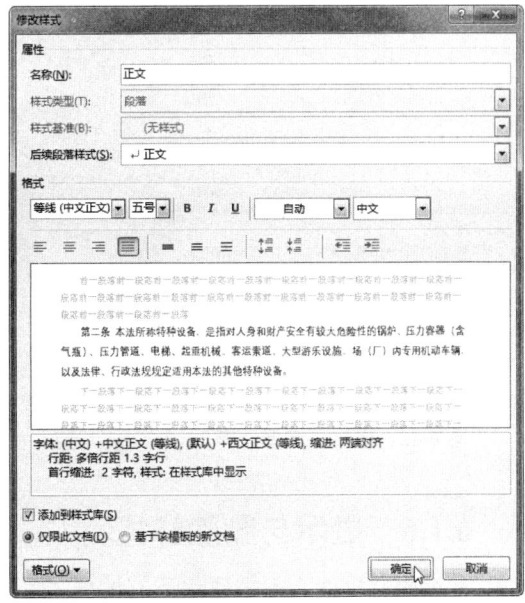

图 6-20 "修改样式"对话框

**Step 05** 返回 Word 文档,即可看到应用"正文"样式的段落格式全部发生改变,效果如图 6-21 所示。

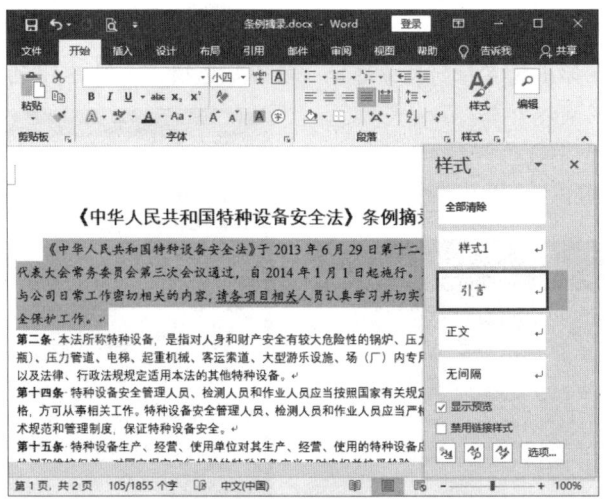

图 6-21　查看设置效果

## 6.1.5　通过样式选择相同格式的文本

当文档中的多处内容使用同一个样式时,可以通过样式来快速选择这些内容,以便对这些内容重新应用其他样式,或进行复制、删除等操作,具体操作方法如下。

**Step 01** 在"样式"窗格中单击"要点"样式右侧的下拉按钮,在弹出的下拉列表中选择"选择所有 13 个实例"选项,如图 6-22 所示。

**Step 02** 此时,即可选择文档中所有应用了"要点"样式的内容,如图 6-23 所示。

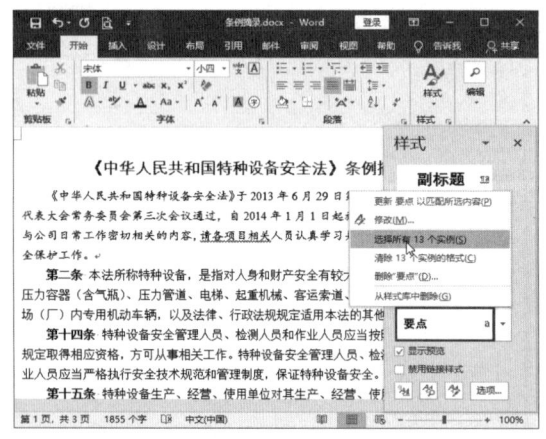

图 6-22　选择"选择所有 13 个实例"选项

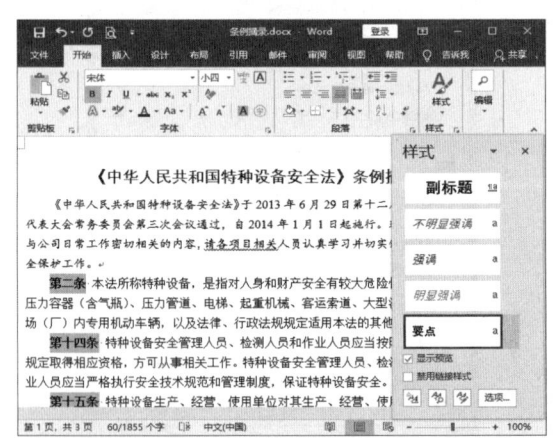

图 6-23　选择应用相同样式的内容

## 6.1.6　显示与删除样式

在编辑文档时,不需要将所有的样式都显示在"样式"窗格中,有选择地显示或删除样式可以使样式列表更加整洁。显示和删除样式的具体操作方法如下。

**Step 01** 单击"样式"窗格右下角的"选项..."按钮,如图 6-24 所示。

第 6 章 应用样式和模板 | 145

**Step 02** 弹出"样式窗格选项"对话框,在"选择要显示的样式"下拉列表中选择"正在使用的格式"选项,然后单击"确定"按钮,如图 6-25 所示。

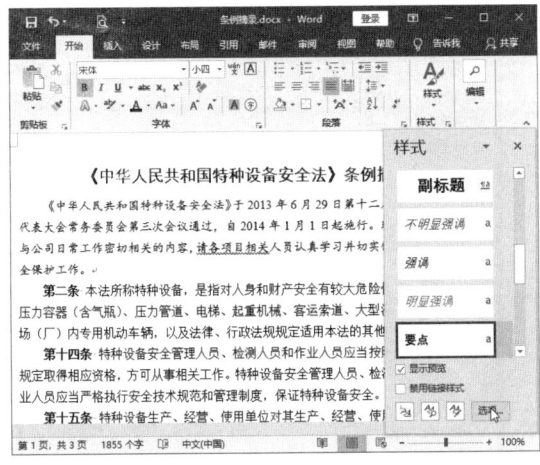

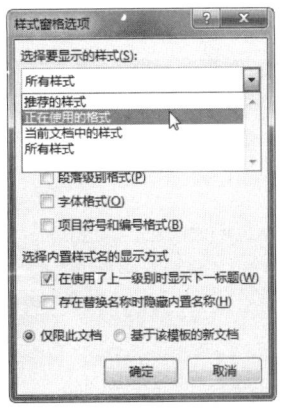

图 6-24　单击"选项"按钮　　　　　图 6-25　选择显示样式

**Step 03** 此时,即可在"样式"窗格中只显示正在使用的格式,如图 6-26 所示。

**Step 04** 若要删除样式,则单击样式右侧的下拉按钮,在弹出的下拉列表中选择删除选项,既可以删除该样式,也可以只清除应用该样式的文本格式,如图 6-27 所示。在删除样式时,只能删除自定义的样式,不能删除 Word 2016 的内置样式。删除样式后,文档中应用了该样式的文本将变为"正文"样式。

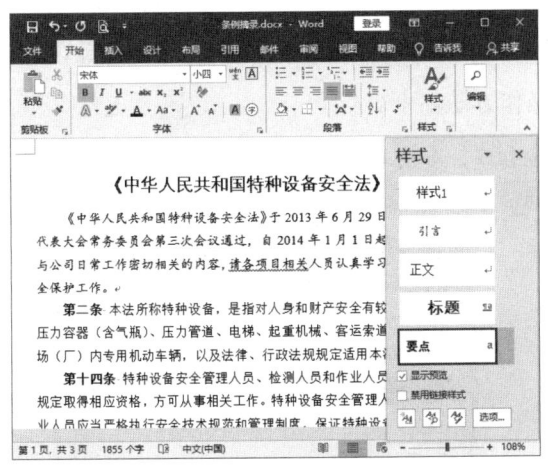
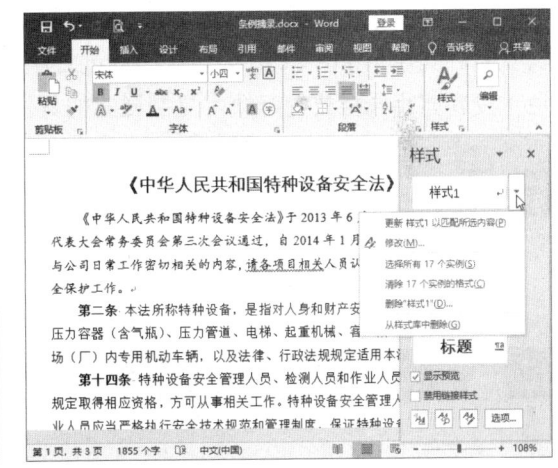

图 6-26　显示正在使用的格式　　　　　图 6-27　删除样式

## 6.1.7　重命名样式

若样式名称不能清楚地体现其作用,用户可以对其进行重命名。虽然内置样式也可以重命名,但一般情况下不建议对其进行更改。重命名样式的具体操作方法如下。

**Step 01** 单击"样式"窗格中需要重命名的样式右侧的下拉按钮,在弹出的下拉列表中选择"修改"选项,如图 6-28 所示。

**Step 02** 弹出"修改样式"对话框,在"名称"文本框中输入样式新名称,然后单击"确定"按钮,如图 6-29 所示。

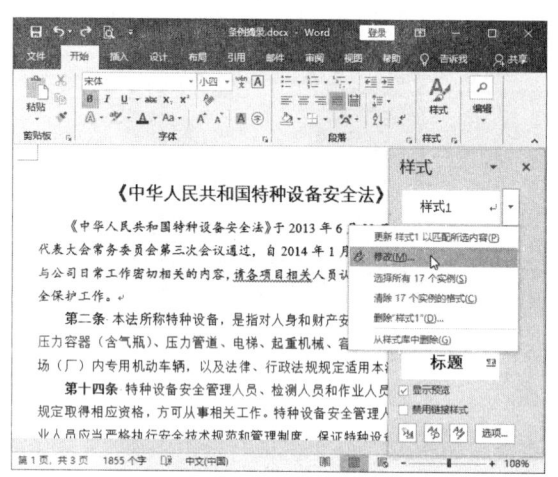

图 6-28 选择"修改"选项

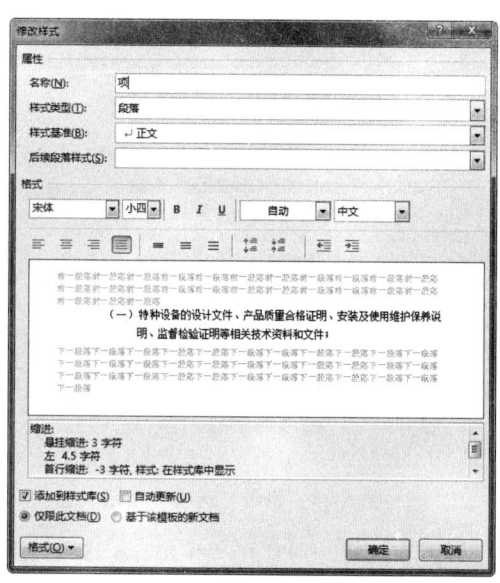

图 6-29 输入样式新名称

### 6.1.8 复制样式

用户可以根据需要将一个或多个样式复制到 Word 模板文件中,也可以将其复制到其他 Word 文档中,还可以通过复制文本的方法来复制样式,从而避免重复新建相同样式的麻烦。复制样式的具体操作方法如下。

**Step 01** 单击"样式"窗格下方的"管理样式"按钮,如图 6-30 所示。

**Step 02** 弹出"管理样式"对话框,单击左下方的"导入/导出"按钮,如图 6-31 所示。

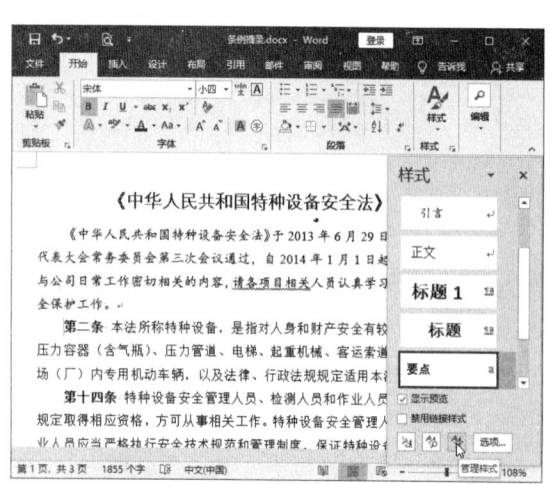

图 6-30 单击"管理样式"按钮

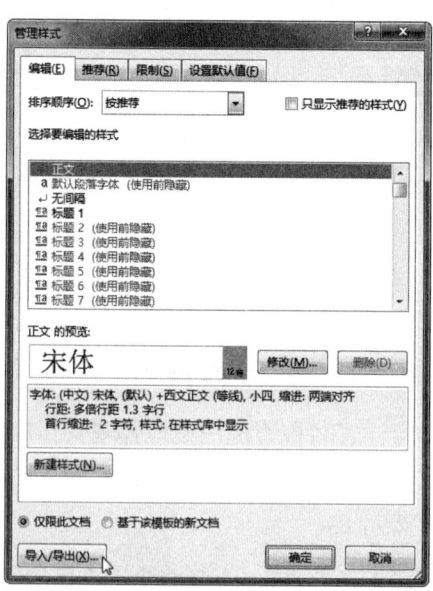

图 6-31 单击"导入/导出"按钮

Step 03 弹出"管理器"对话框,在左窗格中显示当前文档包含的样式,在右窗格中默认显示 Normal.dotm(共用模板)包含的样式。在左窗格的列表框中选择样式,然后单击"复制"按钮,如图 6-32 所示。

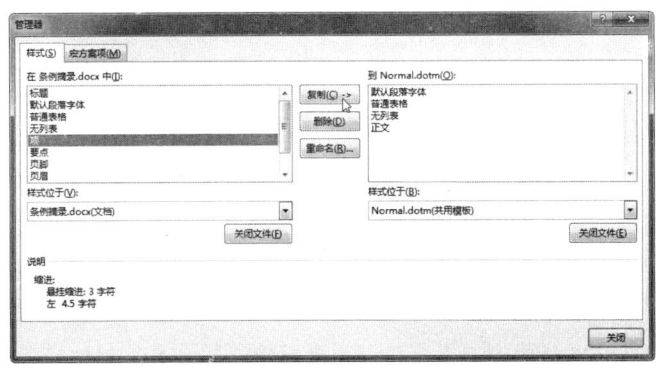

图 6-32 复制样式

Step 04 此时,即可将样式复制到右窗格的 Normal.dotm 列表框中,这样新建的 Word 文档都将包含该样式。若要将样式复制到其他文档中,则单击"关闭文件"按钮,如图 6-33 所示。

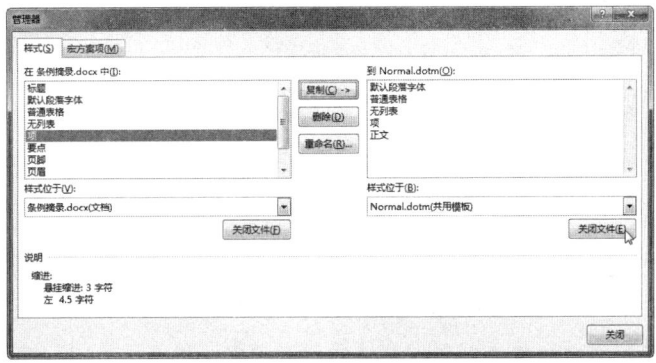

图 6-33 单击"关闭文件"按钮

Step 05 此时"关闭文件"按钮变为"打开文件"按钮,单击该按钮,如图 6-34 所示。

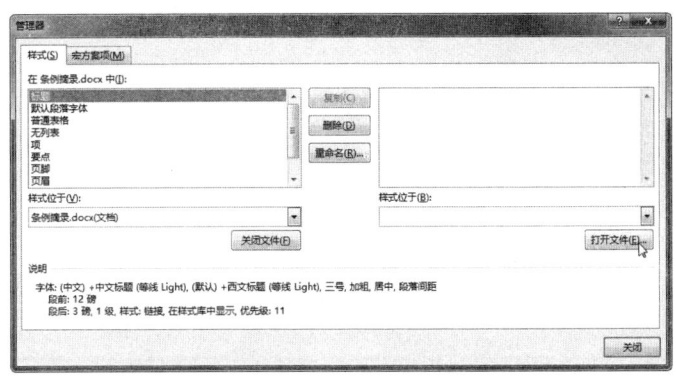

图 6-34 单击"打开文件"按钮

Step 06 弹出"打开"对话框,找到要使用样式的目标文档所在的位置,然后单击"文件类型"下拉按钮,在弹出的下拉列表中选择"所有 Word 文档"选项,如图 6-35 所示。

Step 07 选择要使用样式的目标文档,然后单击"打开"按钮,如图 6-36 所示。

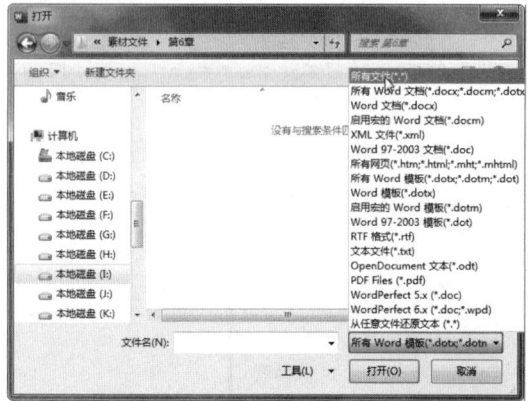

图 6-35 选择"所有 Word 文档"选项

图 6-36 选择目标文档

**Step 08** 返回"管理器"对话框，在左窗格的列表框中选择需要复制的样式，然后单击"复制"按钮，如图 6-37 所示。

图 6-37 选择要复制的样式

**Step 09** 此时，所选样式就会被复制到右窗格的列表框中，单击"关闭"按钮，如图 6-38 所示。在复制样式时，若遇到名称相同的样式，将弹出提示信息框；若要使用新样式，则单击"是"按钮，将旧样式覆盖即可。

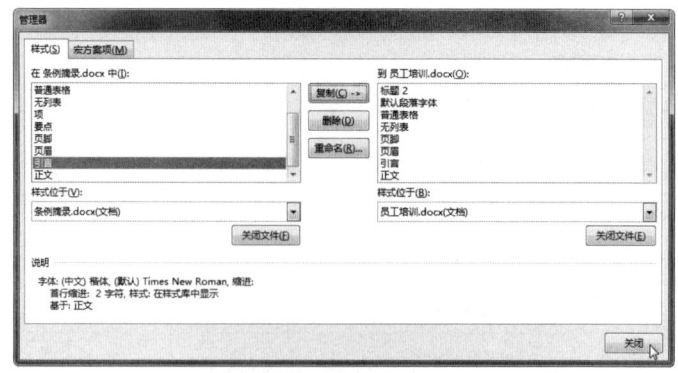

图 6-38 复制样式

**Step 10** 弹出提示信息框，单击"保存"按钮，如图 6-39 所示。

**Step 11** 打开复制了样式的 Word 文档，再打开"样式"窗格，从中可以看到复制的样式，如图 6-40 所示。

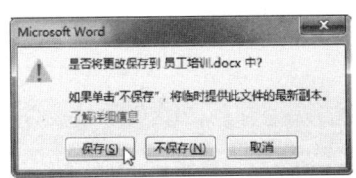

图 6-39　单击"保存"按钮

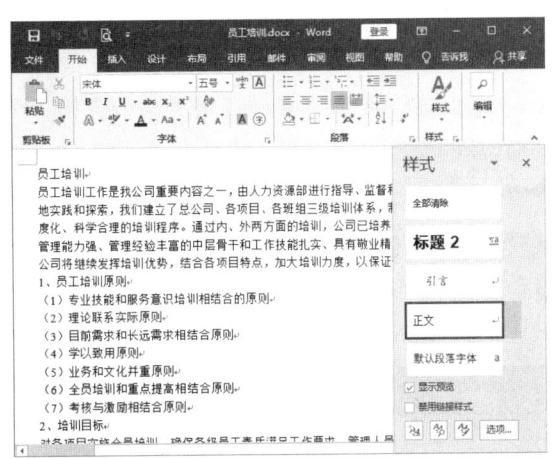

图 6-40　查看复制的样式

### 6.1.9　使用样式集与主题

使用样式集与主题也可以快速地对文档格式进行设置。使用样式集可以改变文档的字体格式和段落格式；使用主题可以改变文档的字体、颜色及图形图像的效果，但不能改变段落格式和字体大小等。使用样式集与主题的具体操作方法如下。

**Step 01** 打开"素材文件\第 6 章\附件：员工福利制度.docx"，选择"设计"选项卡，在"文档格式"组的列表框中选择所需的样式集，如图 6-41 所示。

**Step 02** 单击"主题"下拉按钮，在弹出的下拉列表中选择所需的主题，如图 6-42 所示。

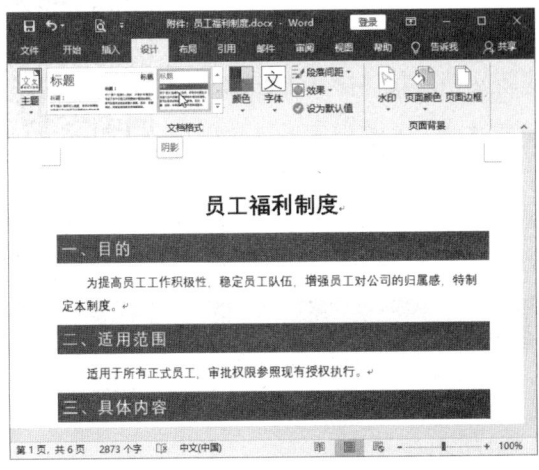

图 6-41　选择样式集

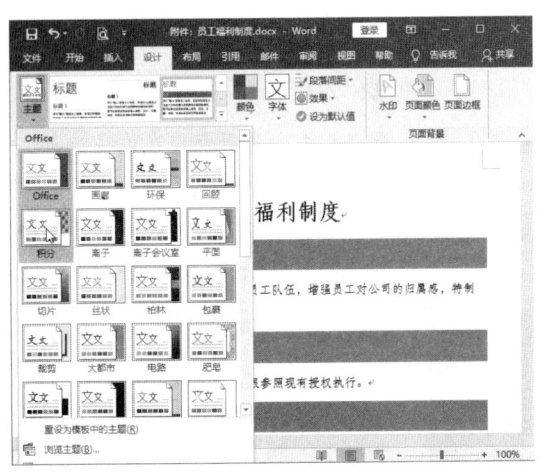

图 6-42　选择主题

## 6.2　创建与使用模板

模板是一种特殊的文档，它决定了文档的基本结构和格式设置等，Word 2016 模板文件的扩展名为.dotm。新建的文档都是根据模板创建的，例如，新建的空白文档就是基于默认的 Nomal.dotm 模板创建的。Word 2016 提供了多种模板文档，使用这些模板可以快速地创建出各种特定类型的文档。用户可以根据需要自己创建模板，这样可以大大提高工作效率。

## 6.2.1 将文档保存为模板

若经常需要创建某种特定类型的文档，可以将制作好的文档保存为模板，并以此为基础创建新的文档。将文档保存为模板的具体操作方法如下。

**Step 01** 打开"素材文件\第 6 章\每月工作汇报表.docx"，如图 6-43 所示。

**Step 02** 按【F12】键，弹出"另存为"对话框，在"保存类型"下拉列表框中选择"Word 模板（*.dotx）"选项，此时保存位置自动转到"自定义 Office 模板"，单击"保存"按钮，即可将当前文档保存为模板文件，如图 6-44 所示。

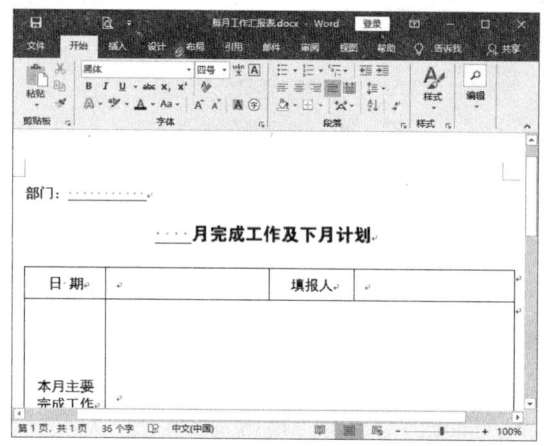

图 6-43　打开素材文件　　　　　　　　图 6-44　保存为模板文件

## 6.2.2 使用模板创建文档

将文档保存为模板后，即可使用此模板创建新文档，具体操作方法如下。

**Step 01** 选择"文件"选项卡，在左侧选择"新建"选项，在右侧选择"个人"选项卡，即可看到保存的 Word 模板，单击"每月工作汇报表"模板，如图 6-45 所示。

**Step 02** 此时，即可以该模板为基础创建一个新文档。根据需要编辑文档内容，然后进行保存即可，如图 6-46 所示。

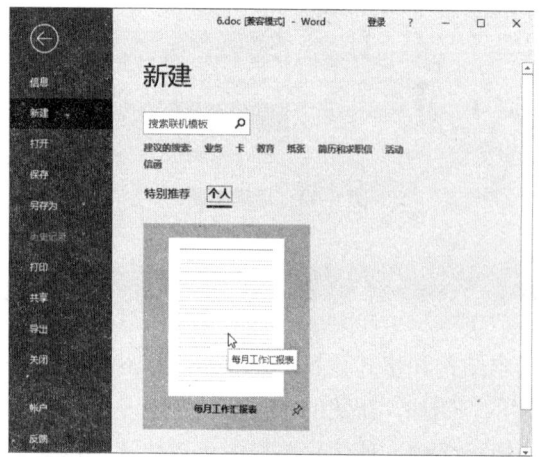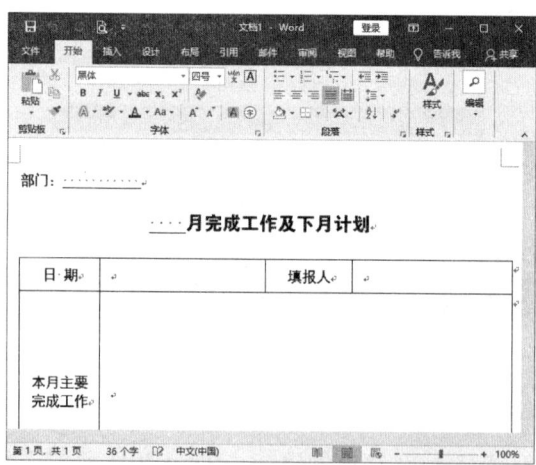

图 6-45　选择模板　　　　　　　　　　图 6-46　创建新文档

## 6.2.3 编辑模板

模板文件不可以通过双击的方式来打开,双击模板文件只是根据模板文件新建一个普通文件。若想对模板文件进行编辑,具体操作方法如下。

**Step 01** 按【F12】键打开"另存为"对话框,选择"保存类型"为"Word 模板(*.dotx)",此时将自动跳转到模板位置,在地址栏中单击鼠标左键,按【Ctrl+C】组合键复制位置路径,然后单击"关闭"按钮,如图 6-47 所示。

**Step 02** 双击桌面上的"此电脑"图标,打开"此电脑"窗口,将位置路径粘贴到地址栏中,如图 6-48 所示。

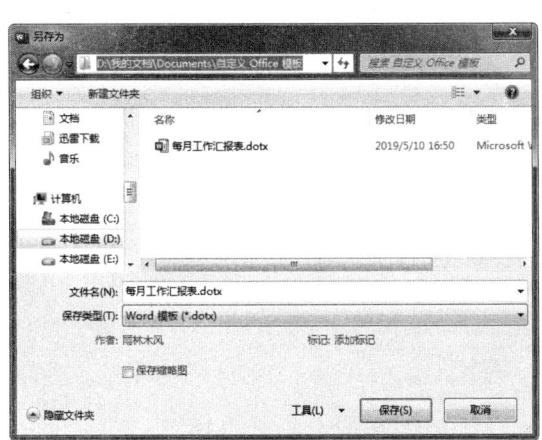

图 6-47 复制模板所在位置路径

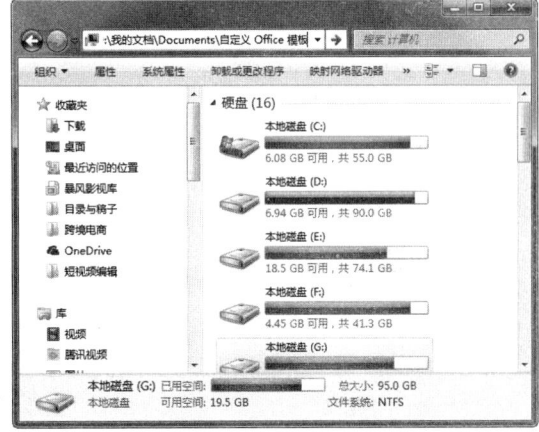

图 6-48 粘贴路径

**Step 03** 按【Enter】键确认,即可打开模板所在的文件夹。选择模板文件并右击,在弹出的快捷菜单中选择"打开"命令,如图 6-49 所示。

**Step 04** 此时,即可打开模板文件,而不是新建一个模板文档,根据需要对模板文件进行编辑即可,如图 6-50 所示。

图 6-49 选择"打开"命令

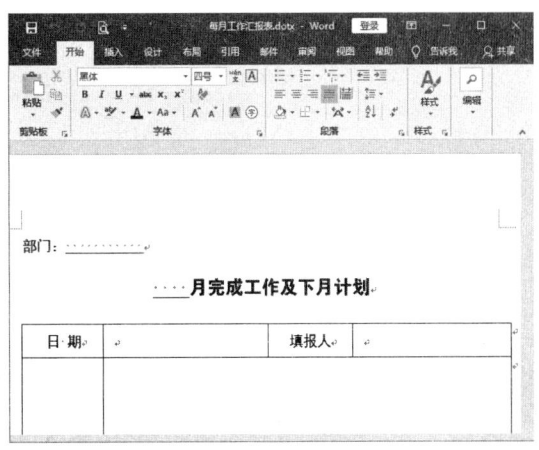

图 6-50 打开模板文件

也可以更改模板的存储位置,以便打开或删除,方法为:选择"文件"选项卡,在左侧选择"选项"选项,弹出"Word 选项"对话框,在左侧选择"保存"选项,在右侧"默认个人模板位置"文本框中设置新存储位置即可。

## 6.3 综合实例——为"参观团接待方案"文档应用样式

下面通过为"参观团接待方案"文档应用样式来巩固本章所学的知识，其中包括应用预设样式，修改样式等，然后将多级列表与样式相关联，方法如下。

**Step 01** 打开"素材文件\第 6 章\参观团接待方案.docx"，单击"开始"选项卡下"样式"组右下角的扩展按钮，如图 6-51 所示。

**Step 02** 打开"样式"窗格，选择其中的"标题"样式，如图 6-52 所示。

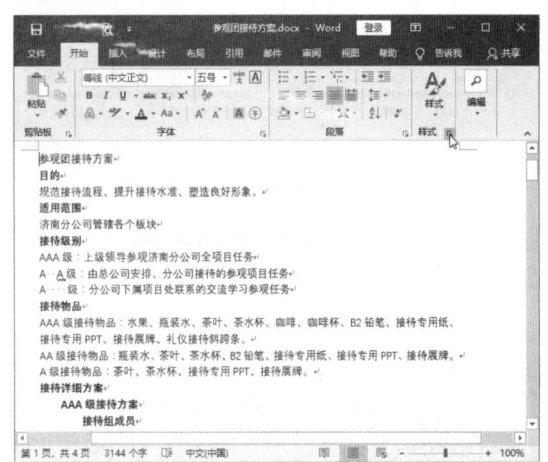
图 6-51 单击扩展按钮

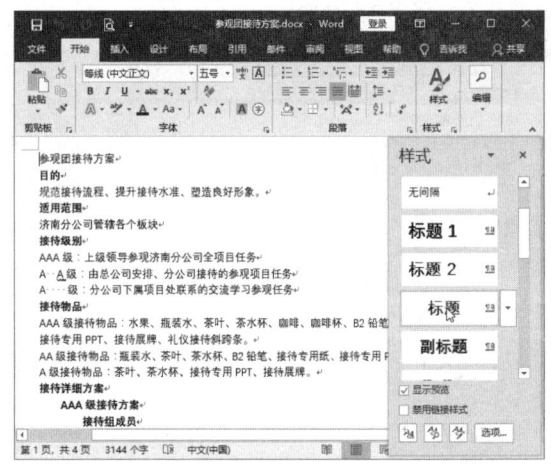
图 6-52 选择"标题"样式

**Step 03** 此时，光标所在的段落即可应用"标题"样式。若要对样式进行更改，可以单击"样式"窗格中"标题"样式右侧的下拉按钮，在弹出的下拉列表中选择"修改"选项，如图 6-53 所示。

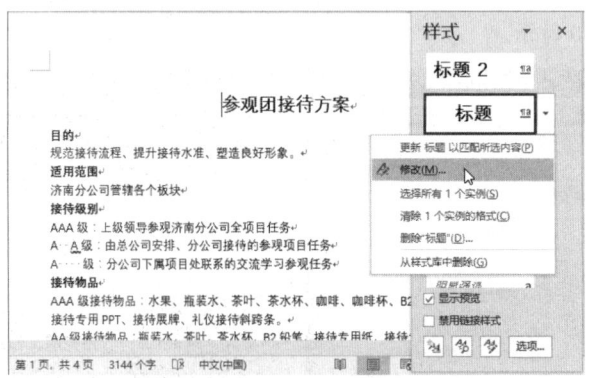
图 6-53 选择"修改"选项

**Step 04** 弹出"修改样式"对话框，在"样式基准"下拉列表框中选择"（无样式）"选项，在"格式"选项区中设置字体与字号，然后单击"确定"按钮，如图 6-54 所示。在"样式基准"下拉列表框中，选择一种样式并修改该样式后，基于该样式创建的其他样式也会发生变化；若将"样式基准"设置为"（无样式）"，则更改其他样式时该样式不受影响。

**Step 05** 选择需要应用样式的段落，在"样式"窗格中选择"标题 1"样式，如图 6-55 所示。

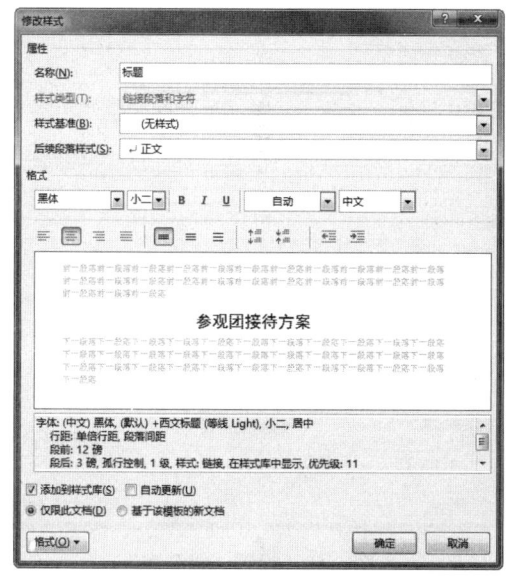

图 6-54 修改样式

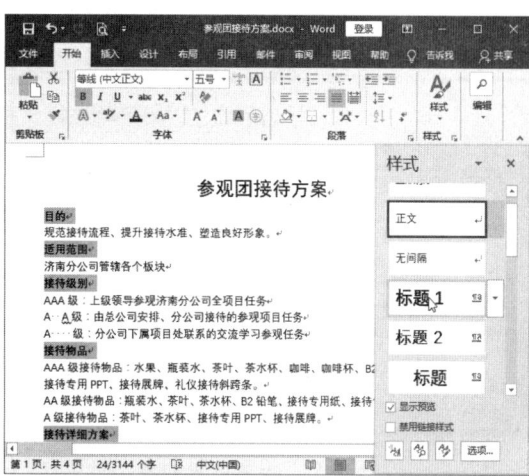

图 6-55 选择"标题 1"样式

**Step 06** 此时,所选段落将应用"标题 1"样式。采用同样的方法,为其他段落应用"标题 2""标题 3"样式,然后参照前面的方法修改标题和正文的样式,如图 6-56 所示。

**Step 07** 单击"开始"选项卡下"段落"组中的"多级列表"下拉按钮,在弹出的下拉列表中选择"定义新的多级列表"选项,如图 6-57 所示。

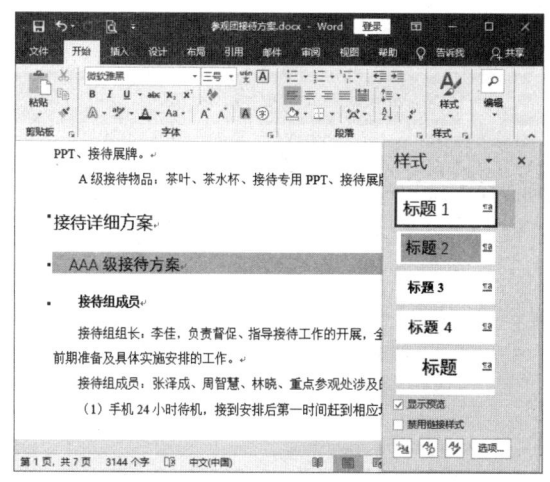

图 6-56 应用并修改样式

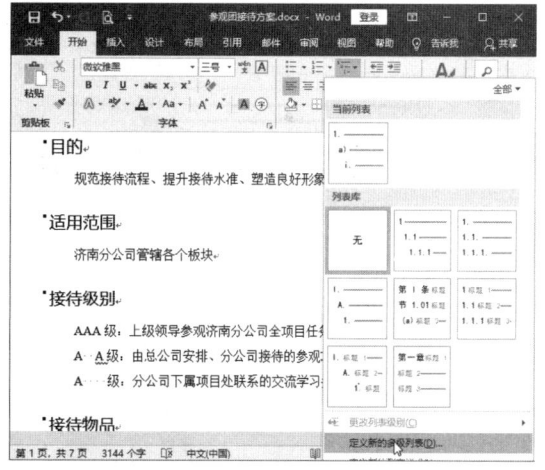

图 6-57 选择"定义新的多级列表"选项

**Step 08** 弹出"定义新多级列表"对话框,在"单击要修改的级别"列表中选择 1,在"此级别的编号样式"下拉列表框中选择编号样式,在"输入编号的格式"文本框中的"一"后面输入"、",然后单击"更多"按钮,在"将级别链接到样式"下拉列表框中选择"标题 1"样式,如图 6-58 所示。

**Step 09** 在"单击要修改的级别"列表中选择 2,在"此级别的编号样式"下拉列表框中选择编号样式,在"输入编号的格式"文本框中的"一"前面和后面分别输入"("和")",设置"文本缩进位置"为"0 厘米",在"将级别链接到样式"下拉列表框中选择"标题 2"样式,如图 6-59 所示。

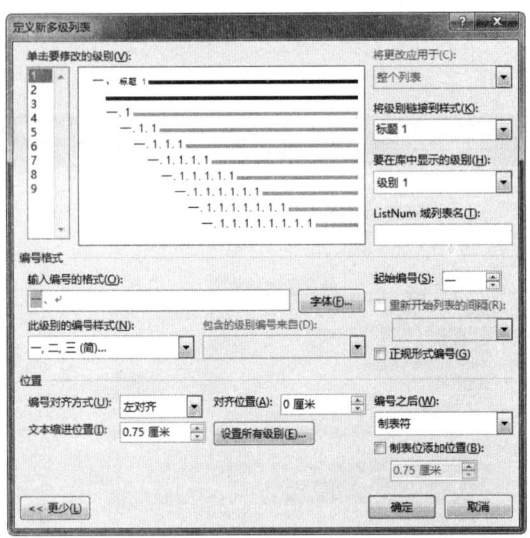

图 6-58 设置 1 级列表

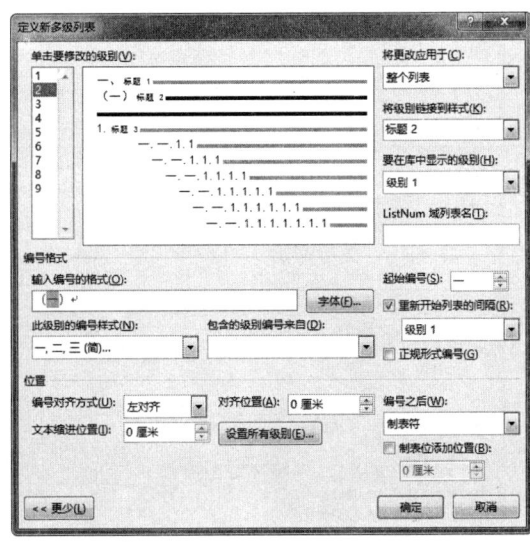

图 6-59 设置 2 级列表

**Step 10** 在"单击要修改的级别"列表中选择 3,在"此级别的编号样式"下拉列表框中选择编号样式,在"输入编号的格式"文本框中的"1"后面输入".",设置"文本缩进位置"为"0 厘米",在"将级别链接到样式"下拉列表框中选择"标题 3"样式,然后单击"确定"按钮,如图 6-60 所示。

**Step 11** 返回 Word 文档,即可查看设置效果,如图 6-61 所示。

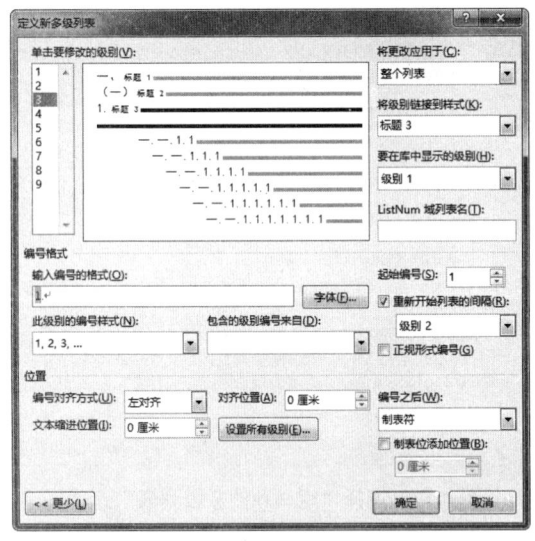

图 6-60 设置 3 级列表

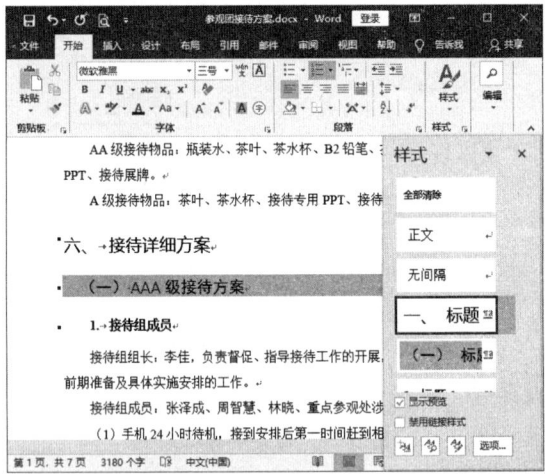

图 6-61 查看设置效果

## 本章小结

通过本章的学习,读者应重点掌握以下知识。

(1)应用系统自带样式。

(2)创建与修改样式。

（3）显示、删除与复制样式。
（4）使用样式集与主题编辑文档。
（5）将文档保存为模板，以及使用模板创建文档。
（6）对模板文件进行编辑。

| 课后习题 |

一、选择题

1．下列表述错误的是（　　）。
　　A．Word 2016 的内置样式不能删除
　　B．既可以修改内置样式，也可以修改自定义的样式
　　C．删除自定义的样式，应用了该样式的文本也将被删除
　　D．通过复制文本的方法可以复制样式

2．下列说法正确的是（　　）。
　　A．只可以对自定义的样式进行重命名，不能对内置样式进行重命名
　　B．通过样式可以快速选择相同格式的文本
　　C．若想编辑模板文件，可以双击模板文件将其打开
　　D．不可以更改模板的存储位置

3．在应用链接段落和字符样式时，将光标定位到段落中，则段落（　　）。
　　A．只应用段落样式
　　B．只应用字符样式
　　C．同时应用字符和段落两种格式
　　D．不发生变化

二、填空题

1．在 Word 2016 中，根据作用对象的不同，样式可以分为_____、_____、_____、_____和_____等 5 种类型。

2．在删除样式时，只能删除_____，而不能删除_____；删除样式后，文档中应用了该样式的文本将变为_____样式。

3．_____是一种特殊的文档，它决定了文档的基本结构和格式设置等。新建的文档都是根据_____创建的。

三、实操题

请综合运用本章所学知识，为"员工培训"文档应用样式，效果如图 6-62 所示。

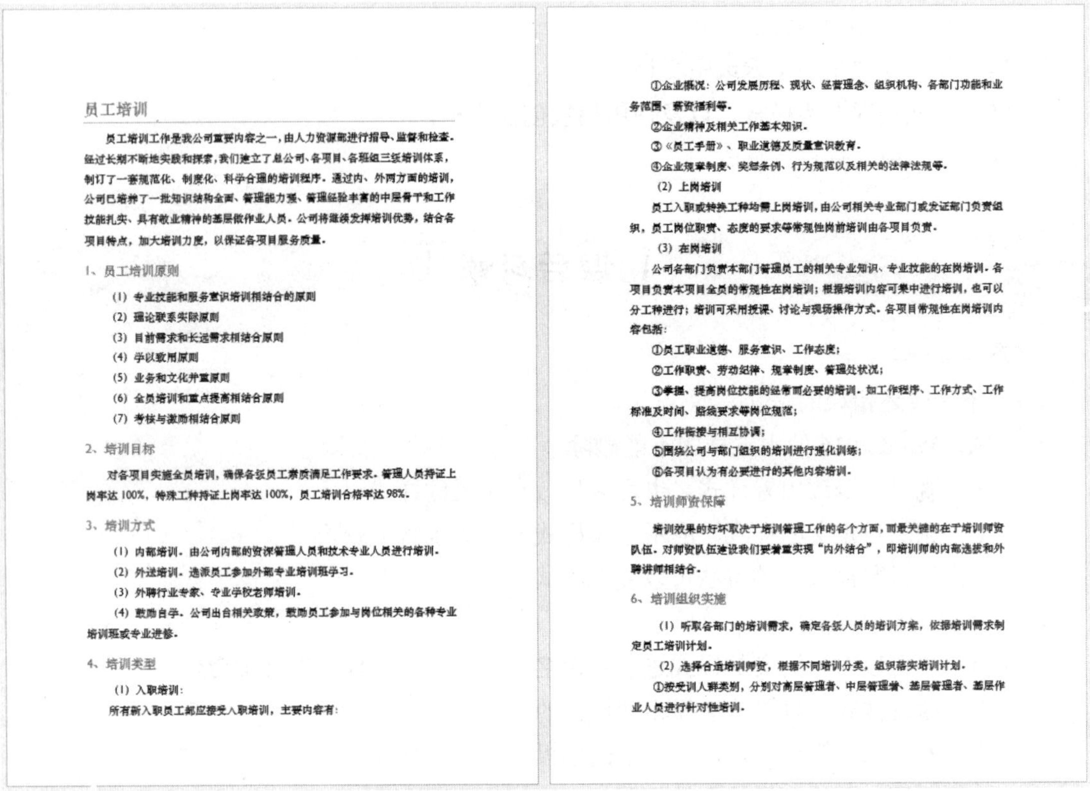

员工培训

员工培训工作是我公司重要内容之一，由人力资源部进行指导、监督和检查。经过长期不断地实践和探索，我们建立了总公司、各项目、各班组三级培训体系，制订了一套规范化、制度化、科学合理的培训程序。通过内、外两方面的培训，公司已培养了一批知识结构全面、管理能力强、管理经验丰富的中层骨干和工作技能扎实、具有敬业精神的基层做作业人员。公司将继续发挥培训优势，结合各项目特点，加大培训力度，以保证各项目服务质量。

1、员工培训原则

(1) 专业技能和服务意识培训相结合的原则
(2) 理论联系实际原则
(3) 目前需求和长远需求相结合原则
(4) 学以致用原则
(5) 业务和文化并重原则
(6) 全员培训和重点提高相结合原则
(7) 考核与激励相结合原则

2、培训目标

对各项目实施全员培训，确保各级员工素质满足工作要求。管理人员持证上岗率达 100%，特殊工种持证上岗率达 100%，员工培训合格率达 98%。

3、培训方式

(1) 内部培训。由公司内部的资深管理人员和技术专业人员进行培训。
(2) 外送培训。选派员工参加外部专业培训班学习。
(3) 外聘行业专家、专业学校老师培训。
(4) 鼓励自学。公司出台相关政策，鼓励员工参加与岗位相关的各种专业培训班或专业进修。

4、培训类型

(1) 入职培训：

所有新入职员工都应接受入职培训，主要内容有：

①企业概况：公司发展历程、现状、经营理念、组织机构、各部门功能和业务范围、薪资福利等。
②企业精神及相关工作基本知识。
③《员工手册》、职业道德及质量意识教育。
④企业规章制度、奖惩条例、行为规范以及相关的法律法规等。

(2) 上岗培训

员工入职或转换工种均需上岗培训，由公司相关专业部门或发证部门负责组织，员工岗位职责、态度的要求等常规性岗前培训由各项目负责。

(3) 在岗培训

公司各部门负责本部门管理员工的相关专业知识、专业技能的在岗培训。各项目负责本项目全员的常规性在岗培训；根据培训内容可集中进行培训，也可以分工种进行；培训可采用授课、讨论与现场操作方式。各项目常规性在岗培训内容包括：

①员工职业道德、服务意识、工作态度；
②工作职责、劳动纪律、规章制度、管理处状况；
③掌握、提高岗位技能的经常而必要的培训。如工作程序、工作方式、工作标准及时间、路线要求等岗位规范；
④工作衔接与相互协调；
⑤围绕公司与部门组织的培训进行强化训练；
⑥各项目认为有必要进行的其他内容培训。

5、培训师资保障

培训效果的好坏取决于培训管理工作的各个方面，而最关键的在于培训师资队伍。对师资队伍建设我们要着重实现“内外结合”，即培训师的内部选拔和外聘讲师相结合。

6、培训组织实施

(1) 听取各部门的培训需求，确定各级人员的培训方案，依据培训需求制定员工培训计划。
(2) 选择合适培训师资，根据不同培训分类，组织落实培训计划。
①按受训人群类别，分别对高层管理者、中层管理者、基层管理者、基层作业人员进行针对性培训。

图 6-62　应用样式后的文档效果

## 操作提示：

（1）应用样式集与主题。

（2）修改样式。

# 第 7 章 文档的页面设置

【学习目标】

- 了解页面的结构和文档的组成部分。
- 掌握设置纸张大小、方向、页边距的方法。
- 掌握为文档设置分栏的方法。
- 掌握插入分页符与分节符的方法。
- 掌握设置水印效果、页面背景和页面边框的方法。
- 掌握在文档中插入和编辑页眉/页脚、页码的方法。
- 掌握在文档中插入封面的方法。

在编辑 Word 文档的过程中,经常需要对页面的大小、方向、页边距等进行调整,有时还需要设置分栏,添加页眉/页脚,插入页码,插入封面等,以使文档更加美观、规范,阅读起来更加顺畅,本章将学习如何对文档进行页面设置。

## 7.1 页面的设置

因为 Word 文档的编辑操作都是在页面中进行的,所以每页中内容的多少、距离页面的边距、是否分栏等都由页面设置决定的。文档的用途不同,所需要的纸张大小、方向、页边距等也有所不同,所以应根据需要对文档页面进行设置,既可以使用默认的页面设置,也可以根据实际需要进行自定义设置。

### 7.1.1 页面结构和文档的组成部分

在对页面进行设置之前,首先了解页面结构和文档的组成部分。

> **页面结构**:页面主要由版心、页边距、页眉、页脚等部分组成,如图 7-1 所示。

> **文档组成部分**:文档的复杂程度不同,其组成部分也不相同。例如,一些常用的办公文档(如通知、考核表等)可能只有一页或几页,且都是正文内容;页数稍多且结构复杂些的文档(如规章制度、论文等)可能包括扉页、目录、正文等部分;若用 Word 来对书籍进行排版,则包括扉页、内容提要、版权页、前言、目录、正文等部分,有时还包括附录、后记等内容。

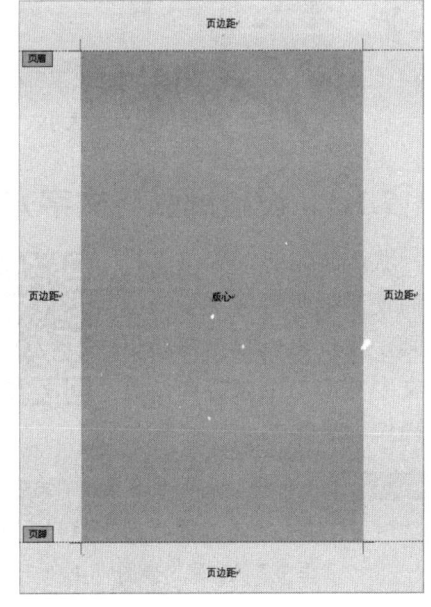

图 7-1 页面结构

### 7.1.2 设置纸张大小

一般情况下，在对页面进行设置时，首先根据文档的成品尺寸来确定页面的大小（即纸张大小）。Word 2016 默认创建的文档使用 A4（即宽 21 厘米，高 29.7 厘米）纸张大小，用户也可以根据自己的需要来设置纸张大小，具体操作方法如下。

**Step 01** 打开"素材文件\第 7 章\经典古文.docx"，选择"布局"选项卡，单击"页面设置"组中的"纸张大小"下拉按钮，根据需要选择预设的纸张大小，如图 7-2 所示。

**Step 02** 若列表中没有符合需要的纸张，可以在"纸张大小"下拉列表中选择"其他纸张大小"选项，在弹出的"页面设置"对话框中设置宽度和高度，然后单击"确定"按钮，如图 7-3 所示。单击"布局"选项卡下"页面设置"组右下角的扩展按钮，也可以打开"页面设置"对话框。

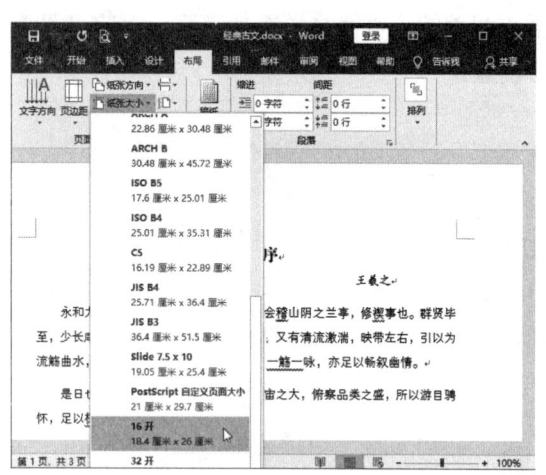

图 7-2 选择预设纸张大小

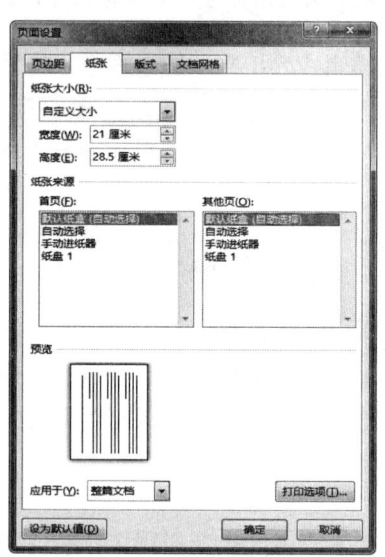

图 7-3 自定义纸张大小

### 7.1.3 设置纸张与文字方向

默认情况下，Word 文档纵向使用纸张，文字呈横向排列，用户可以根据需要更改文字方向与纸张方向，具体操作方法如下。

**Step 01** 在"布局"选项卡下单击"文字方向"下拉按钮，在弹出的下拉列表中选择"垂直"选项，如图 7-4 所示。

**Step 02** 此时，即可将文字方向更改为垂直方向，同时纸张方向也会随之变为横向，如图 7-5 所示。

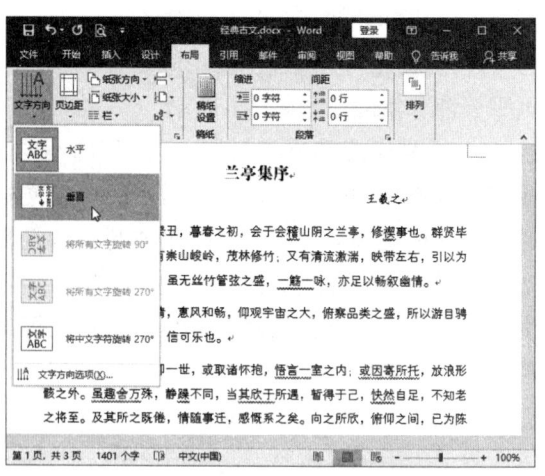

图 7-4 选择"垂直"选项

**Step 03** 在"布局"选项卡下单击"纸张方向"下拉按钮,在弹出的下拉列表中选择"纵向"选项,如图 7-6 所示。

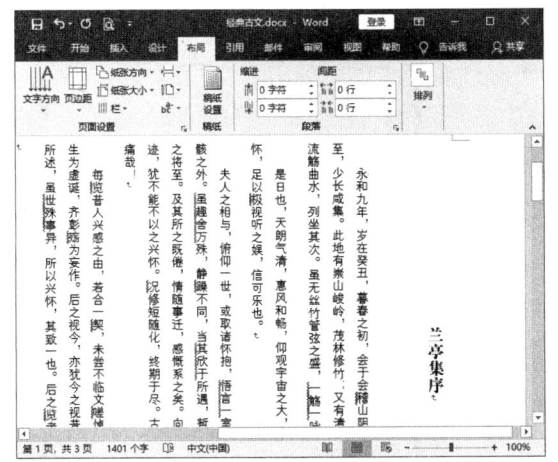

图 7-5 更改文字方向

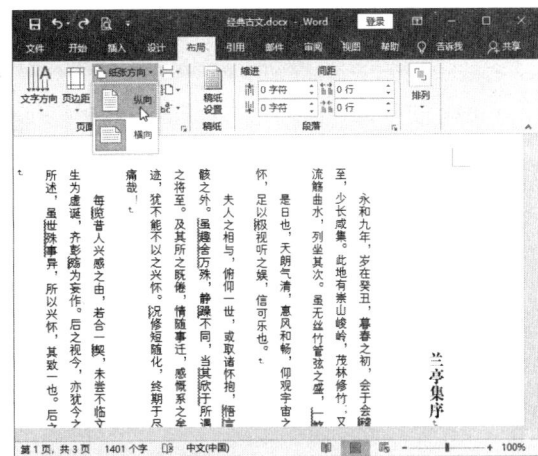

图 7-6 选择"纵向"选项

**Step 04** 此时,即可将纸张方向更改为纵向,效果如图 7-7 所示。

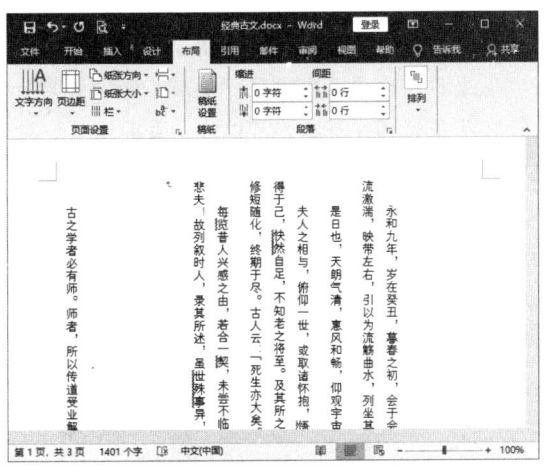

图 7-7 更改纸张方向

## 7.1.4 设置页边距

页边距是指版心 4 个边缘与页面 4 个边缘之间的距离,所以版心的大小是由页边距决定的。设置文档页边距的具体操作方法如下。

**Step 01** 打开"素材文件\第 7 章\行为规范.docx",选择"布局"选项卡,单击"页面设置"组中的"页边距"下拉按钮,在弹出的下拉列表中选择预设的页边距选项,如图 7-8 所示。

**Step 02** 若该下拉列表中没有所需的页边距设置,可以选择"自定义页边距"选项,在弹出的"页面设置"对话框的"页边距"选项区中分别设置"上""下""左""右"的值,如图 7-9 所示。在文档中显示标尺后,还可以通过拖动标尺中的明暗分界线来调整页边距。

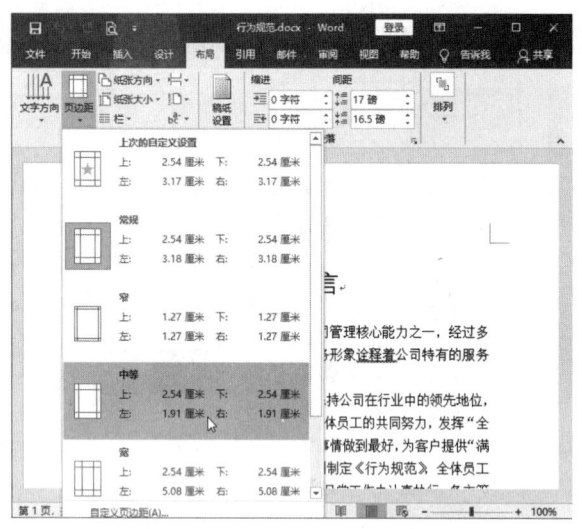

图 7-8 选择预设页边距选项

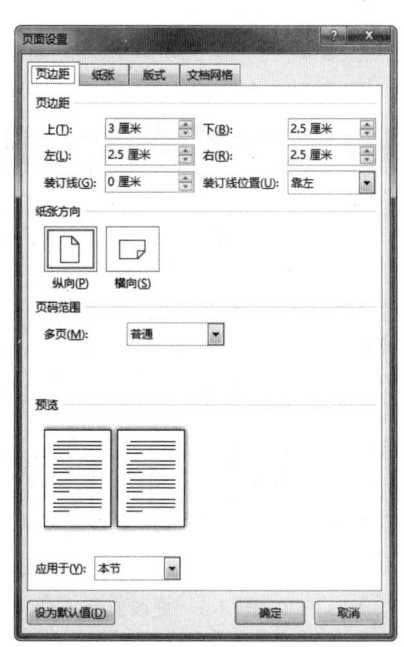

图 7-9 自定义页边距

**Step 03** 若要设置页眉/页脚内容与页面边界之间的距离，可以在"页面设置"对话框中选择"版式"选项卡，在"距边界"选项区中设置"页眉"和"页脚"的值，如图 7-10 所示。

**Step 04** 若想指定每页的行数及每行的字符数，可以在"页面设置"对话框选择"文档网格"选项卡，从中设置相关选项即可，如图 7-11 所示。

图 7-10 设置页眉/页脚内容与页面边界的距离

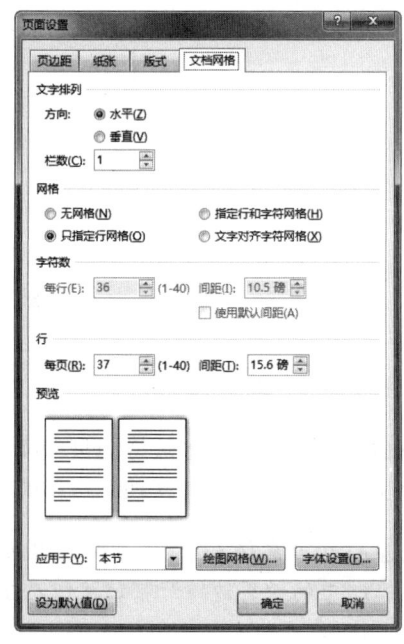

图 7-11 设置行数与字符数

## 7.1.5 插入分隔符

在 Word 2016 中，分隔符包括分页符和分节符。若要在文档中插入分隔符，需要先将光标定位到该位置。插入分隔符后，文档内容将会在该位置分页或分节，或者将其后的内容移到下一栏中。

### 1．插入分页符

若当前页的文档未满一页且需要将后面的内容放到下一页中，或者需要将当前页的内容分成多页显示时，很多人通常会使用【Enter】键输入空行来实现分页。但这种方法在文档内容发生变化时，需要调整空行的数量，而通过插入分页符来实现分页则十分简单、方便。在文档中插入分页符的具体操作方法如下。

**Step 01** 将光标定位到要插入分页符的位置，单击"布局"选项卡下"页面设置"组中的"分隔符"下拉按钮，在弹出的下拉列表中选择"分页符"栏中的"分页符"选项，如图7-12所示。

**Step 02** 此时，即可在光标所在的位置插入分页符，并将光标后边的内容移到了下一页，如图7-13所示。按【Ctrl+Enter】组合键，也可以插入分页符实现快速分页。

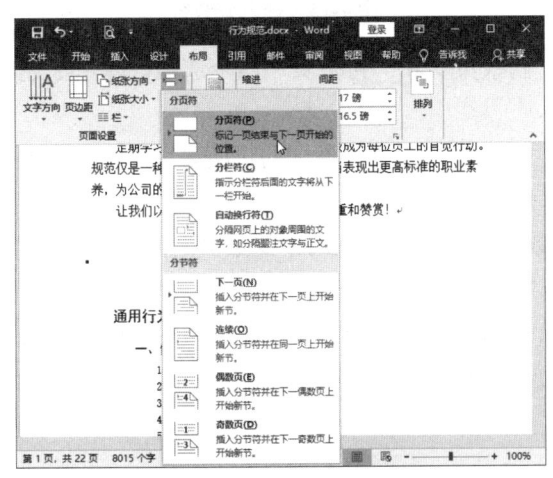
图7-12　选择"分页符"选项

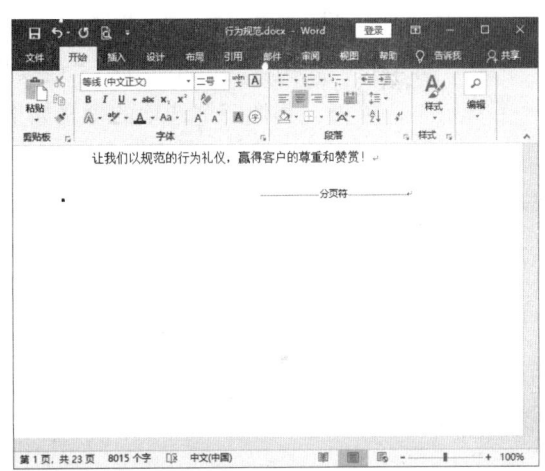
图7-13　插入分页符

在"分页符"栏中包含"分页符""分栏符"和"自动换行符"三个选项，除了上述"分页符"选项外，其他两个选项的含义如下。

➢ **分栏符**：在文档已分栏的情况下，使用分栏符可以强制将光标后的内容移到另一栏；若文档未分栏，则效果与分页符相同。

➢ **自动换行符**：从光标所在的位置强制换行。

### 2．插入分节符

默认情况下，Word 2016将整个文档视做一个"节"，对文档所做的页面设置、页眉/页脚设置等都是应用于整篇文档。若要对同一个文档进行不同的页面设置或页眉/页脚设置等，则需要对文档进行分节，即在Word文档中插入分节符。插入分节符的具体操作方法如下。

**Step 01** 将光标定位到要插入分节符的位置，单击"布局"选项卡下"页面设置"组中的"分隔符"下拉按钮，在弹出的下拉列表中选择"分节符"栏中的"下一页"选项，如图7-14所示。

Step 02 此时，即可在光标所在的位置插入分节符，并将光标后边的内容移到下一页，如图 7-15 所示。

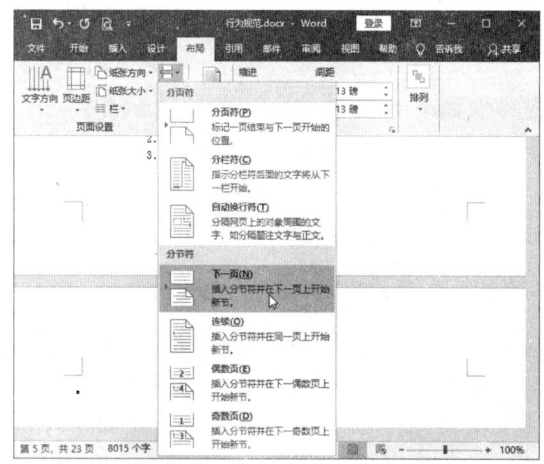
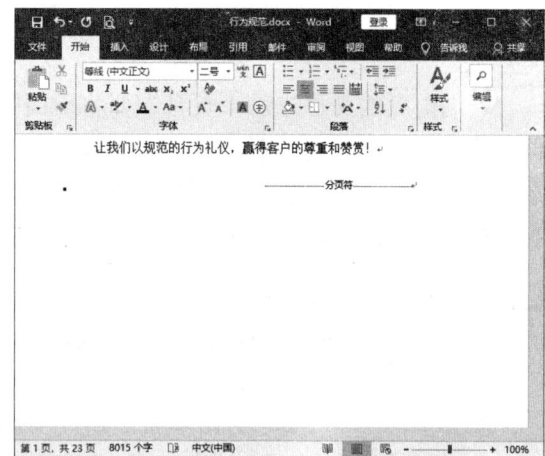

图 7-14 选择"下一页"选项　　　　　　图 7-15 插入分节符

在"分节符"栏中包含"下一页""连续""偶数页"和"奇数页"四个选项，除了上述"下一页"选项外，其他三个选项的含义如下。

➢ 连续：光标后的内容可以设置新的页眉、页脚格式或进行不同的页面设置，但内容不会移到下一页。

➢ 偶数页：光标后的内容将移到下一个偶数页上，并自动在两个偶数页之间空出一页。

➢ 奇数页：光标后的内容将移到下一个奇数页上，并自动在两个奇数页之间空出一页。

分页符与分节符的主要区别在于：分页符只是用于单纯地分页而不分节，前后内容的页面设置不会发生变化；而分节符用于将文档分为不同的节，并可以对其进行不同的页面设置或页眉/页脚设置。

### 7.1.6 设置分栏

默认情况下，页面中的内容是单栏排列的。利用 Word 2016 的分栏功能可以将文档内容分为多栏排列，这样不仅便于阅读，版式也更加灵活、美观。为文档设置分栏的具体操作方法如下。

Step 01 选择要进行分栏的文本，单击"布局"选项卡下"页面设置"组中的"栏"下拉按钮，在弹出的下拉列表中选择需要的分栏方式，如"两栏"，如图 7-16 所示。

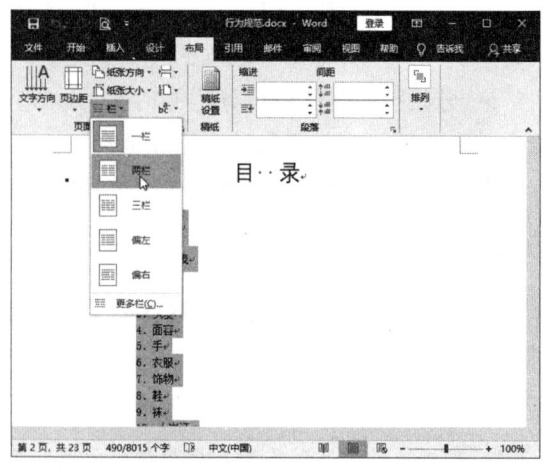

图 7-16 选择"两栏"选项

**Step 02** 此时，所选的文档内容就会分成两栏，效果如图 7-17 所示。

**Step 03** 使用"分栏"对话框不仅可以设置等宽栏，还可按照特殊要求设置不等宽栏或设置栏数大于 3 的分栏。在"栏"下拉列表中选择"更多"选项，弹出"栏"对话框，根据需要对栏数、栏宽是否相等、栏宽、分隔线及应用范围等进行详细设置，如图 7-18 所示。

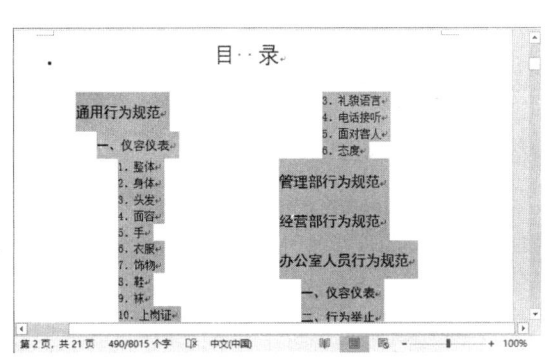

图 7-17 查看分栏效果

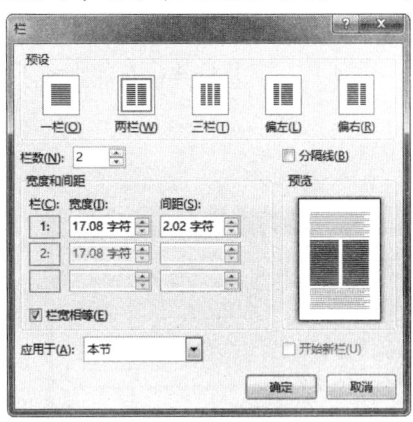

图 7-18 设置栏

## 7.2 美化文档页面

在 Word 2016 中，可以对文档的页面进行多种美化设置，如添加水印，设置颜色和图案填充，设置页面边框等，下面将分别对其进行介绍。

### 7.2.1 添加水印

用户可以为文档添加预设的文字水印，也可以自定义添加文字或图片水印，具体操作方法如下。

**Step 01** 选择"设计"选项卡，在"页面背景"组中单击"水印"下拉按钮，在弹出的下拉列表中选择"草稿 1"选项，如图 7-19 所示。

**Step 02** 此时，即可在文档中添加文字水印，效果如图 7-20 所示。

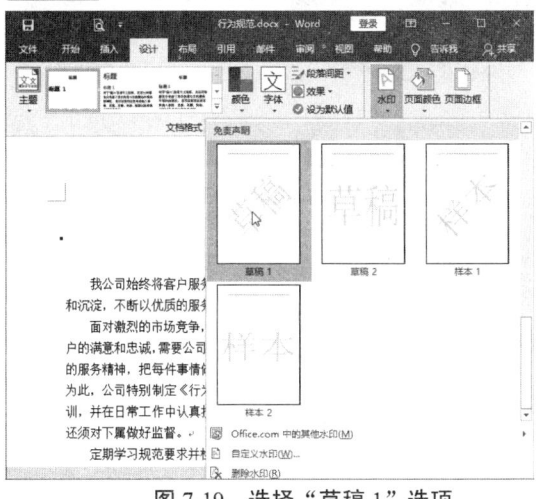

图 7-19 选择"草稿 1"选项

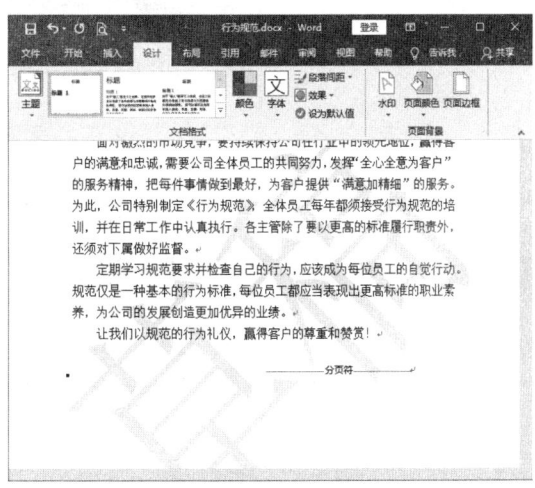

图 7-20 添加文字水印

Step 03 若预设的水印不能满足需要,可以在"水印"下拉列表中选择"自定义水印"选项,弹出"水印"对话框,默认选中"文字水印"单选按钮,根据需要输入所需的文字并设置字体格式,然后单击"确定"按钮,如图 7-21 所示。若要为文档设置图片水印,可以选中"图片水印"单选按钮,然后选择图片。

Step 04 此时,即可在文档中添加自定义的水印。若要删除水印,可以在"页面背景"组中单击"水印"下拉按钮,在弹出的下拉列表中选择"删除水印"选项,如图 7-22 所示。

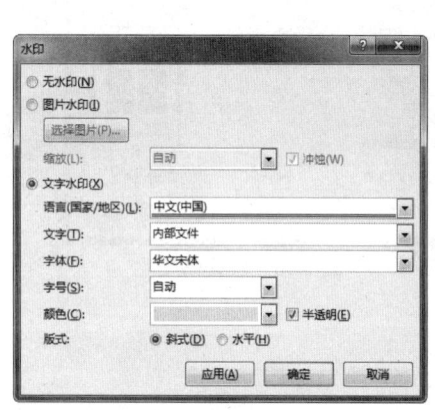

图 7-21　自定义水印

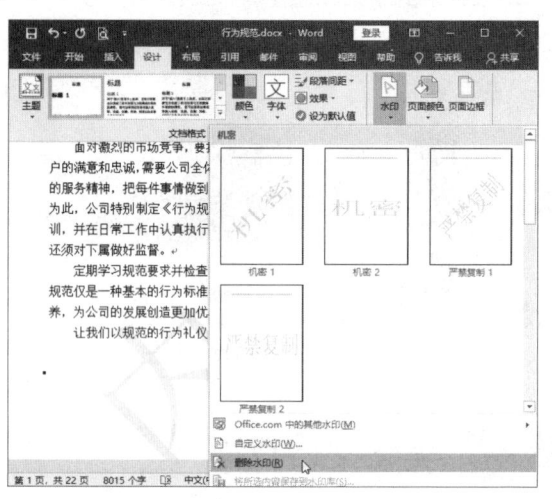

图 7-22　选择"删除水印"选项

## 7.2.2　设置页面背景

页面背景显示在页面底层,默认为白色背景,用户可以根据需要更改页面背景的颜色,也可以设置渐变填充、纹理填充、图案填充、图片填充等。通过设置页面背景,可以使文档更加赏心悦目,设置页面背景的具体操作方法如下。

Step 01 在"设计"选项卡下"页面背景"组中单击"页面颜色"下拉按钮,在弹出的下拉列表中选择所需的颜色,即可为页面背景添加颜色,如图 7-23 所示。

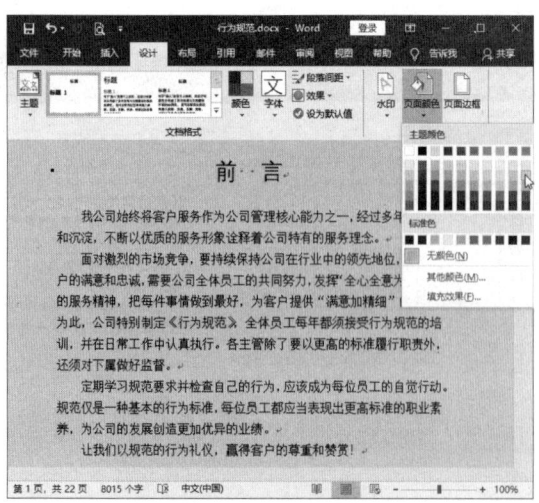

图 7-23　选择页面背景颜色

**Step 02** 若要为页面背景添加渐变或图片背景等,可以选择"填充效果"选项,在弹出的"填充效果"对话框中选择相应的选项卡,即可设置相应的填充选项。例如,选择"图片"选项卡,单击"选择图片"按钮,如图7-24所示。

**Step 03** 在打开的"插入图片"页面中输入搜索内容,然后单击"搜索"按钮,如图7-25所示。若要插入电脑中的图片,则单击"从文件"右侧的"浏览"按钮。

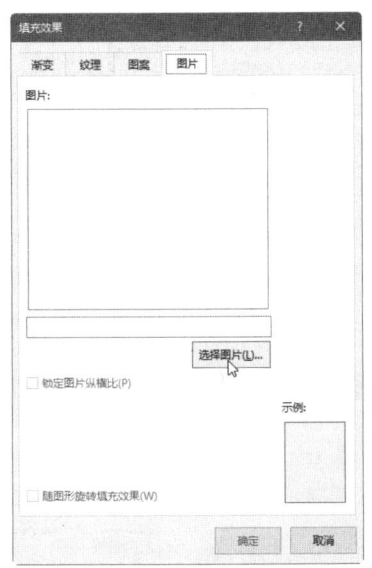
图 7-24 单击"选择图片"按钮

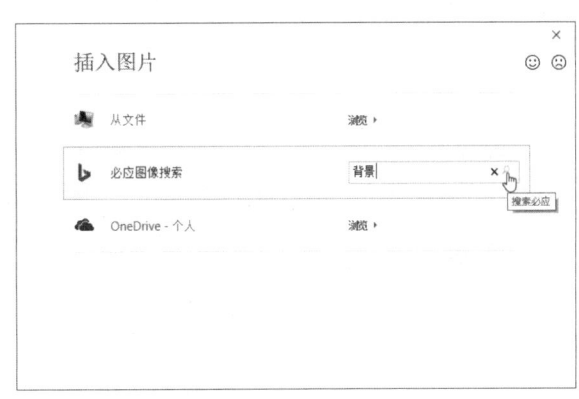
图 7-25 输入搜索内容

**Step 04** 在搜索结果中选择图片,然后单击"插入"按钮,如图7-26所示。

**Step 05** 返回"填充效果"对话框,单击"确定"按钮,如图7-27所示。

图 7-26 选择图片

图 7-27 "填充效果"对话框

**Step 06** 返回文档,即可查看图片背景效果,如图7-28所示。

**Step 07** 若要删除页面背景,则在"设计"选项卡下"页面背景"组中单击"页面颜色"下拉按钮,在弹出的下拉列表中选择"无颜色"选项,如图7-29所示。

图 7-28　查看图片背景效果　　　　图 7-29　删除页面背景

### 7.2.3　设置页面边框

用户可以为页面设置边框线，也可以设置艺术样式类的边框，具体操作方法如下。

**Step 01** 在"设计"选项卡下"页面背景"组中单击"页面边框"按钮，如图 7-30 所示。

**Step 02** 弹出"边框和底纹"对话框，设置边框线的样式、颜色与宽度，然后单击"确定"按钮，如图 7-31 所示。

**Step 03** 此时，即可查看添加的边框线效果，如图 7-32 所示。

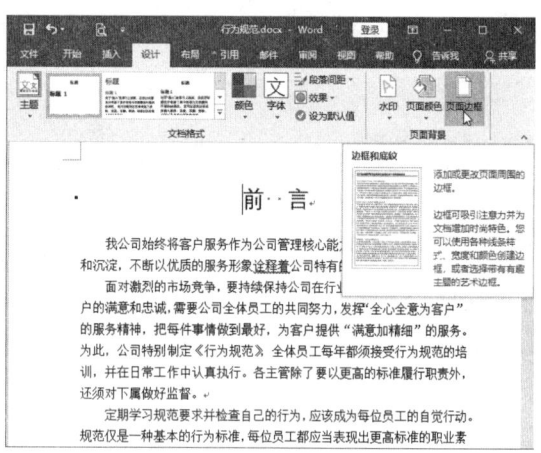

图 7-30　单击"页面边框"按钮

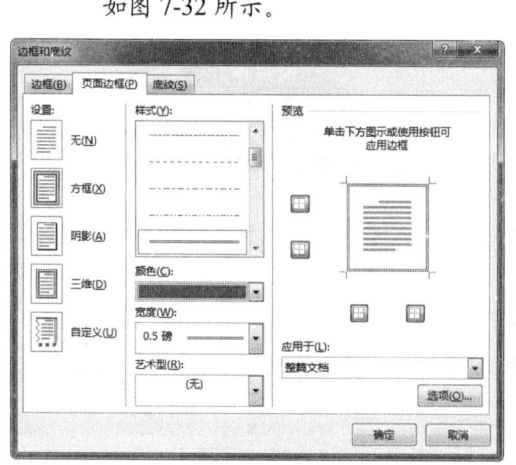

图 7-31　设置边框线

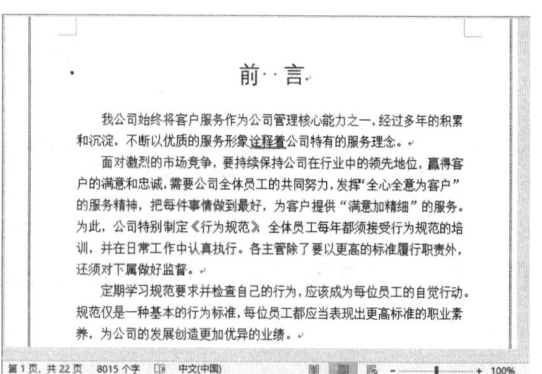

图 7-32　查看添加边框线效果

**Step 04** 也可以在"边框和底纹"对话框的"艺术型"下拉列表框中选择艺术型边框，然后单击"确定"按钮，如图 7-33 所示。

**Step 05** 此时,即可查看设置的艺术型页面边框效果,如图7-34所示。若要删除页面边框,可以单击"边框和底纹"对话框"页面边框"选项卡下"设置"区域中的"无"按钮。

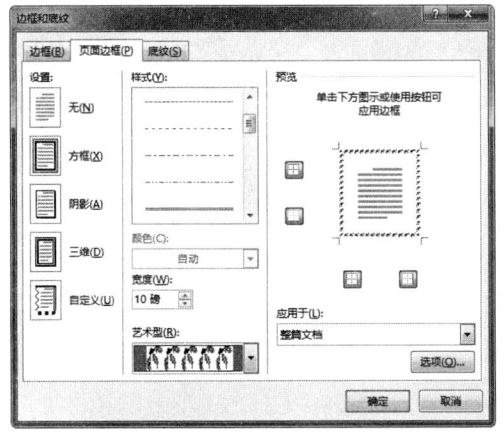

图 7-33 设置艺术型边框

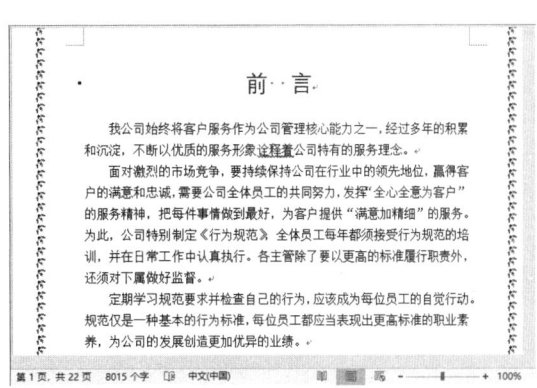

图 7-34 查看艺术型页面边框效果

## 7.3 添加页眉和页脚

在大多数书籍中,其页面顶部或底部都会有一些特定的信息,如书名、章名、页码和出版信息等,一般将其置于文档的页眉或页脚中。在页眉或页脚中不仅可以添加章节题目、作者、页码或其他信息,还可以插入图片或形状作为修饰。

### 7.3.1 插入页眉和页脚

在文档中插入页眉和页脚的具体操作方法如下。

**Step 01** 选择"插入"选项卡,在"页眉和页脚"组中单击"页眉"下拉按钮,在弹出的下拉列表中选择页眉样式,如图7-35所示。

**Step 02** 此时,即可将所选样式的页眉添加到页面顶端位置,进入页面/页脚编辑状态,并自动切换至"设计"选项卡,在页眉中输入所需的文字并设置格式,如图7-36所示。

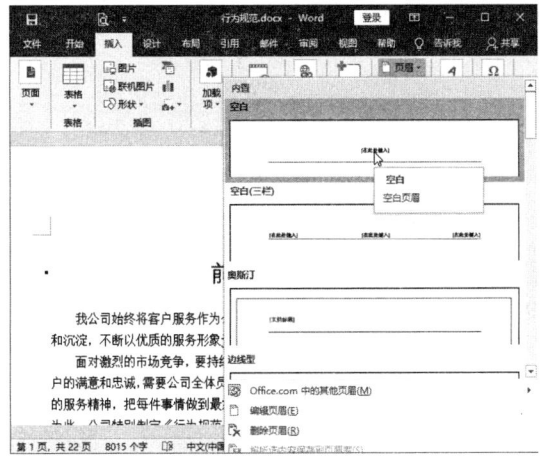

图 7-35 选择页眉样式

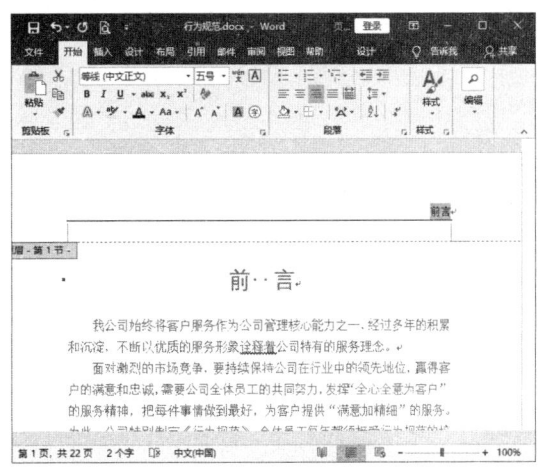

图 7-36 输入页眉文字

**Step 03** 在"设计"选项卡下"导航"组中单击"转至页脚"按钮,如图 7-37 所示。
**Step 04** 切换至页脚,输入页脚文字并设置格式,如图 7-38 所示。

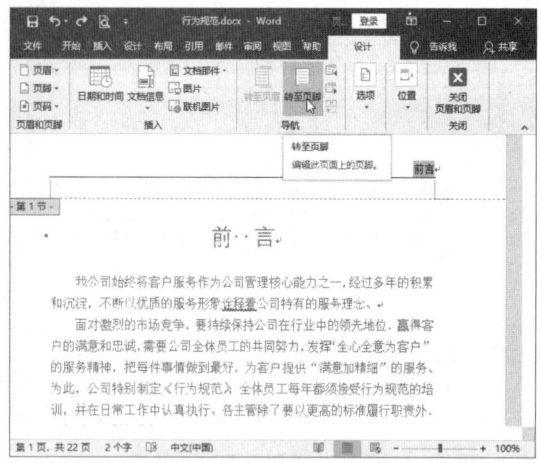 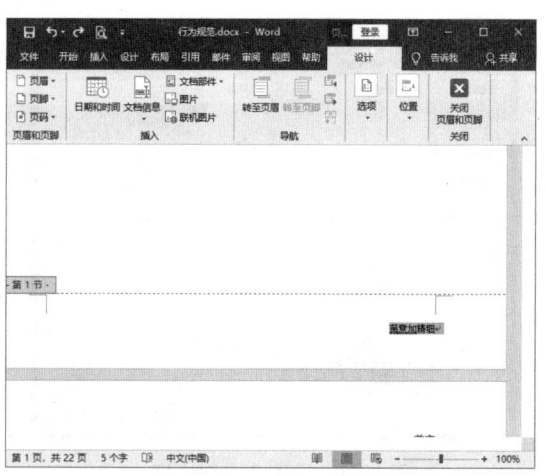

图 7-37　单击"转至页脚"按钮　　　　　图 7-38　输入页脚文字并设置格式

### 7.3.2　设置奇偶页不同的页眉和页脚

在一些办公文档中,经常需要为奇数页、偶数页创建不同的页眉/页脚,具体操作方法如下。

**Step 01** 在"设计"选项卡下"选项"组中选中"奇偶页不同"复选框,如图 7-39 所示。
**Step 02** 在偶数页页眉中输入文字并设置格式,然后单击"设计"选项卡下"插入"组中的"图片"按钮,如图 7-40 所示。

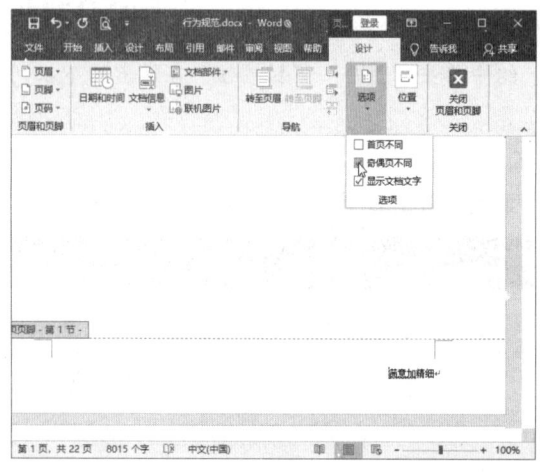 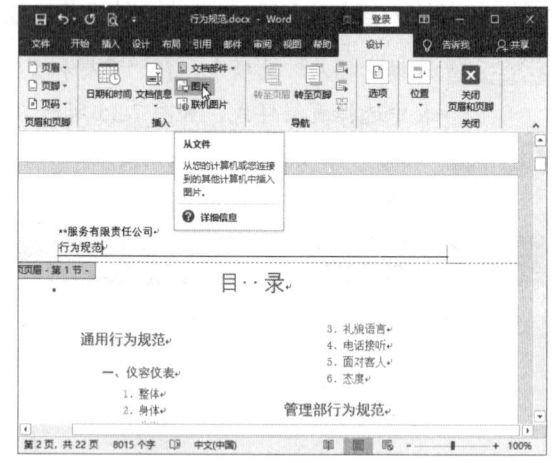

图 7-39　选中"奇偶页不同"复选框　　　　图 7-40　单击"图片"按钮

**Step 03** 弹出"插入图片"对话框,选择图片,然后单击"插入"按钮,如图 7-41 所示。
**Step 04** 此时,即可将图片插入到页面中。调整图片大小,然后单击图片右上方的"布局选项"按钮,选择"衬于文字下方"选项,如图 7-42 所示。

第 7 章 文档的页面设置　169

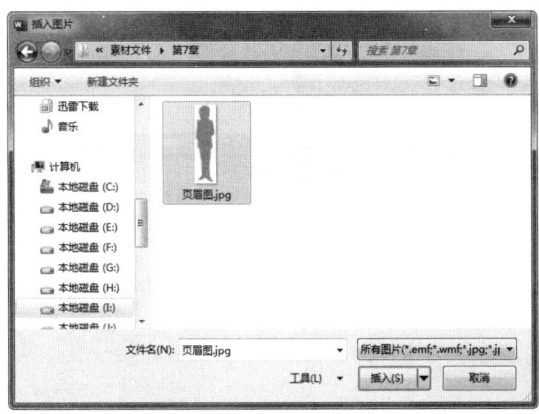

图 7-41　选择图片

图 7-42　选择"衬于文字下方"选项

**Step 05** 调整图片在页眉中的位置，如图 7-43 所示。

**Step 06** 切换至页脚，插入页脚的方法与插入页眉的方法相同，若只需输入文字，可以直接在页脚中输入文字并设置字体格式，如图 7-44 所示。

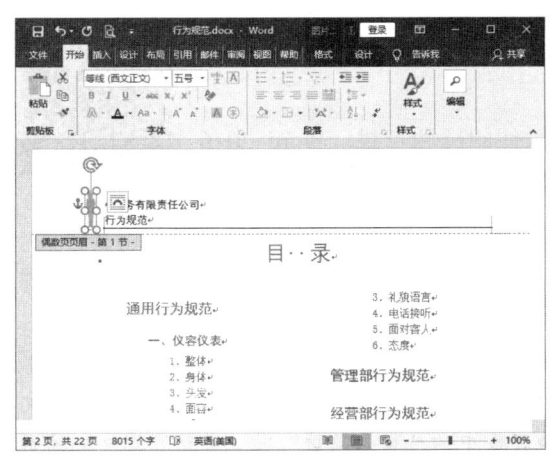

图 7-43　调整图片位置

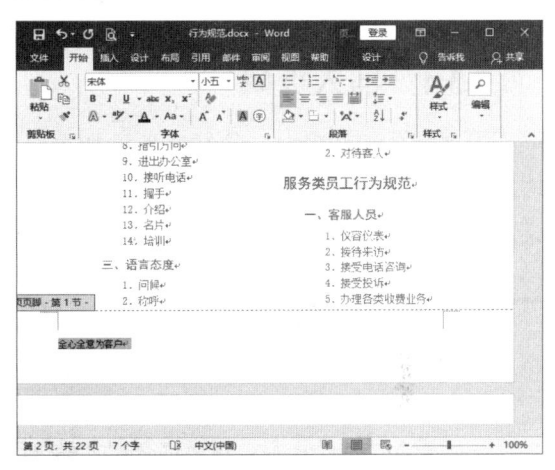

图 7-44　插入页脚

### 7.3.3　为各节设置不同的页眉

若要为文档设置不同的页眉、页脚，是需要将文档进行分节的。为各节设置不同页眉的具体操作方法如下。

**Step 01** 将光标定位到"目录"文本前，单击"布局"选项卡下"页面设置"组中的"分隔符"下拉按钮，在弹出的下拉列表中选择"分节符"栏中的"连续"选项，如图 7-45 所示。

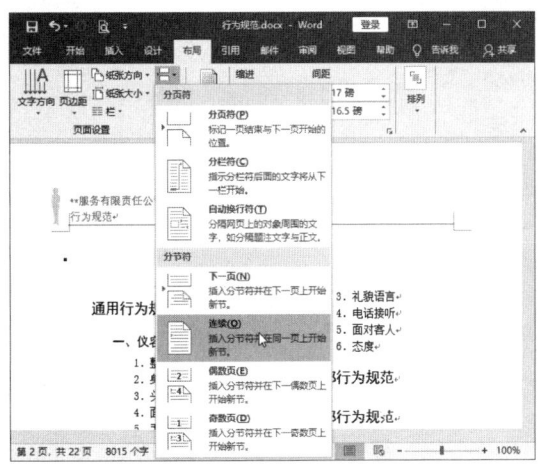

图 7-45　选择"连续"选项

**Step 02** 双击"目录"节的页眉,进入页眉编辑状态,单击"链接到前一节"按钮,取消当前节与上一节的联系,如图 7-46 所示。

**Step 03** 此时,即可对新节设置不同的页眉了,输入页眉文字,如图 7-47 所示。

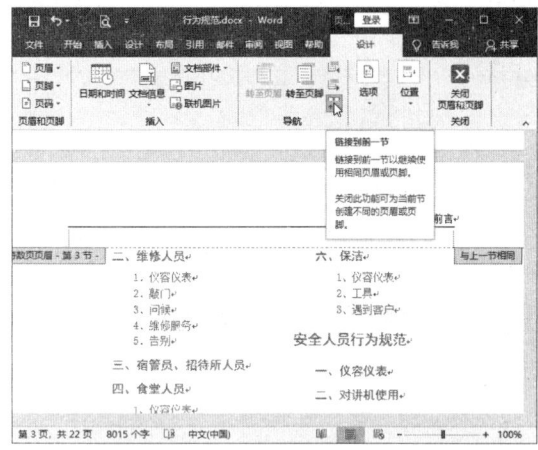 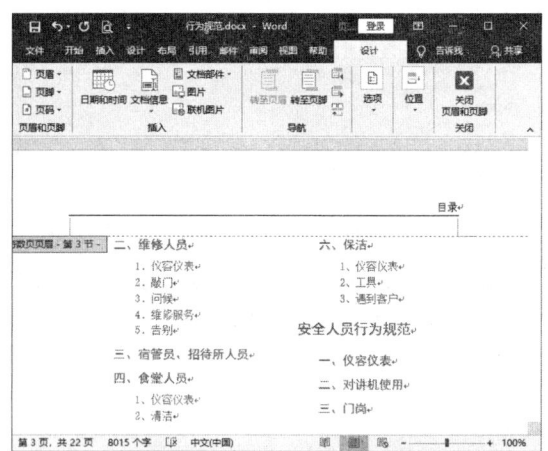

图 7-46　单击"链接到前一节"按钮　　　　图 7-47　输入页眉文字

### 7.3.4　插入页码

当文档页数较多时,往往需要添加页码,以便阅读和查找。Word 2016 内置的页眉/页脚样式中有部分样式带有页码,若样式中不带页码,或是自定义的页眉/页脚,则可以使用 Word 2016 提供的预设页码样式来插入页码,具体操作方法如下。

**Step 01** 在页眉或页脚位置双击鼠标左键,进行页眉/页脚编辑状态。将光标定位到需要插入页码的奇数页页脚位置,单击"设计"选项卡下"页眉和页脚"组中的"页码"下拉按钮,在弹出的下拉列表中选择页码位置及页码样式,如图 7-48 所示。

**Step 02** 此时,即可在奇数页中插入页码,如图 7-49 所示。若在页眉或页脚位置已经输入了文字或插入了图形,则当选择"页码"下拉列表中的"页面顶端"或"页面底端"中的页码样式时,原来的内容就会被覆盖。

 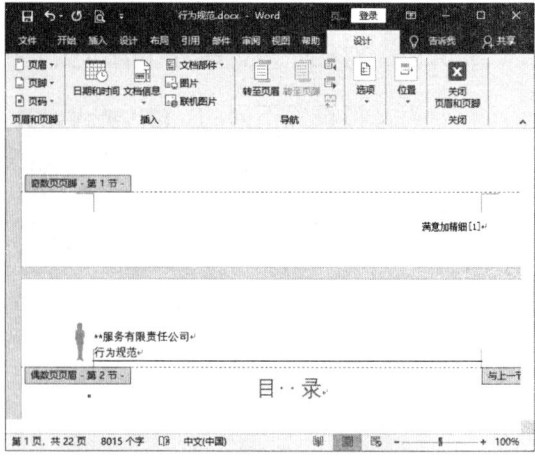

图 7-48　选择页码样式　　　　图 7-49　在奇数页中插入页码

**Step 03** 采用同样的方法,在偶数页中插入页码,如图 7-50 所示。

第 7 章 文档的页面设置 | 171

**Step 04** 若需要设置页码的格式，则在"页码"下拉列表中选择"设置页码格式"选项，如图 7-51 所示。

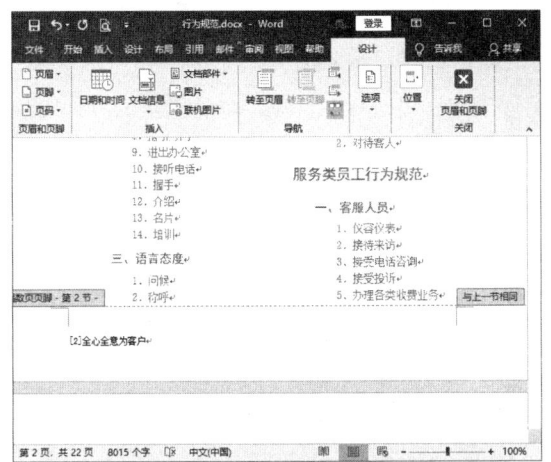
图 7-50 在偶数页中插入页码

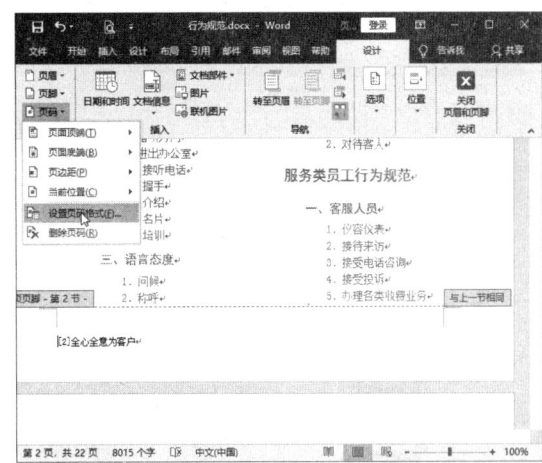
图 7-51 选择"设置页码格式"选项

**Step 05** 弹出"页码格式"对话框，在"编号格式"下拉列表框中可以选择页码的格式。若文档没有分节，在"页码编号"选项区中选中"起始页码"单选按钮，可以设置文档的起始页码，如图 7-52 所示；若文档已设置分节，则选中"续前节"单选按钮，让页码与上一节相连。设置完成后，单击"确定"按钮。

**Step 06** 单击"关闭页眉和页脚"按钮或者双击正文位置，即可退出页眉/页脚编辑状态，如图 7-53 所示。

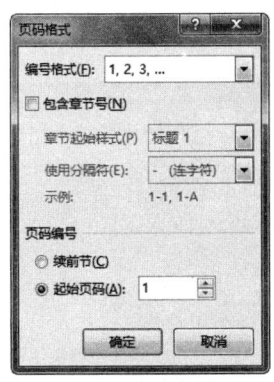
图 7-52 设置起始页码

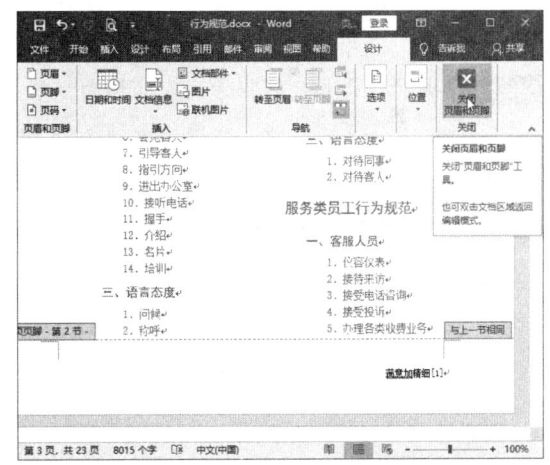
图 7-53 单击"关闭页眉和页脚"按钮

## 7.4 插入封面

若需要为文档添加封面，可以使用 Word 2016 的内置封面样式，具体操作方法如下。

**Step 01** 选择"插入"选项卡，单击"页面"组中的"封面"下拉按钮，在弹出的下拉列表中选择封面样式，如图 7-54 所示。

**Step 02** 此时,即可在文档中插入封面页,根据需要输入封面内容,如图 7-55 所示。

图 7-54 选择封面样式

图 7-55 输入封面内容

## 7.5 综合实例——设置"工作总结"文档的页面

下面将综合运用本章所学知识,设置"工作总结"文档的页面,方法如下。

**Step 01** 打开"素材文件\第 7 章\工作总结.docx",选择"布局"选项卡,单击"页面"组中的"纸张方向"下拉按钮,在弹出的下拉列表中选择"横向"选项,如图 7-56 所示。

**Step 02** 此时,文档的纸张方向变为横向。单击"页边距"下拉按钮,在弹出的下拉列表中选择"自定义页边距"选项,如图 7-57 所示。

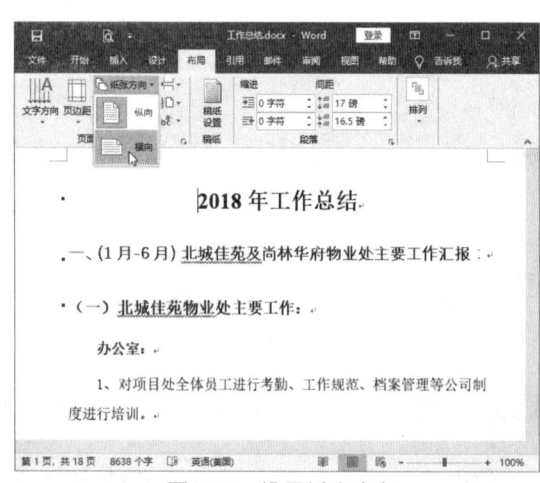
图 7-56 设置纸张方向

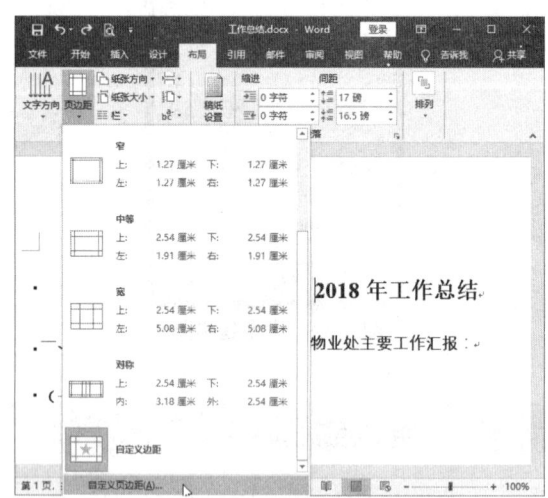
图 7-57 选择"自定义页边距"选项

**Step 03** 弹出"页面设置"对话框,在"页边距"选项区中设置"上""下""左""右"的值,在"页码范围"选项区中的"多页"下拉列表框中选择"对称页边距"选项,然后单击"确定"按钮,如图 7-58 所示。

**Step 04** 此时，即可更改页面的页边距。选择"插入"选项卡，单击"页面"组中的"封面"下拉按钮，在弹出的下拉列表中选择封面样式，如图7-59所示。

图7-58 设置页边距

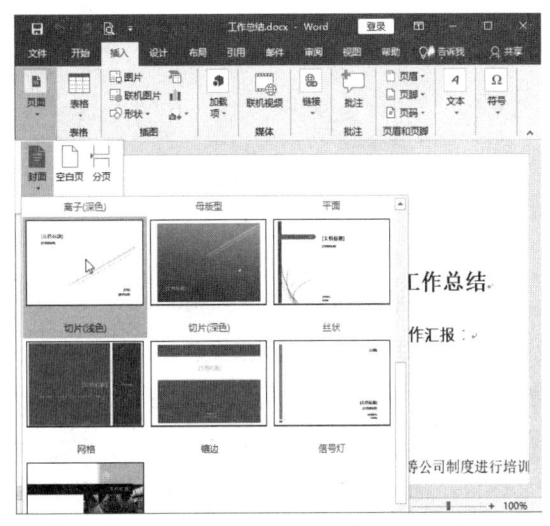

图7-59 选择封面样式

**Step 05** 此时，即可在文档中插入封面页，根据需要输入封面内容，如图7-60所示。

**Step 06** 单击"插入"选项卡下"页眉和页脚"组中的"页眉"下拉按钮，在弹出的下拉列表中选择"编辑页眉"选项，如图7-61所示。

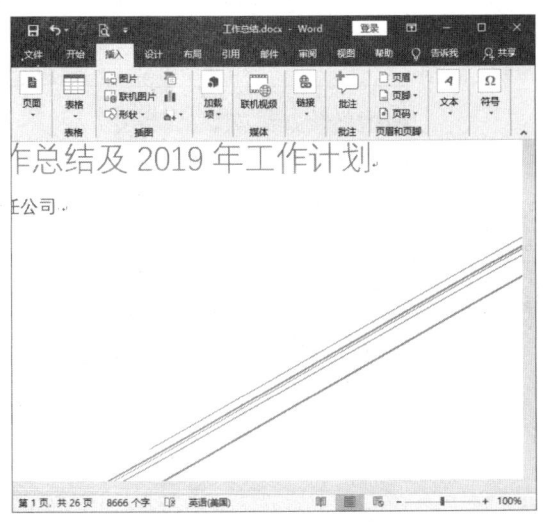

图7-60 输入封面内容

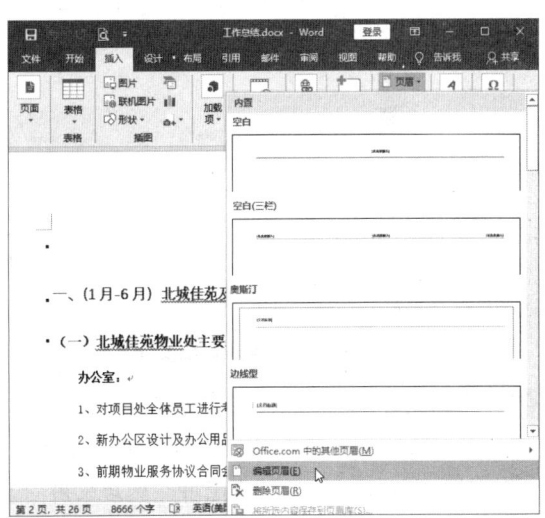

图7-61 选择"编辑页眉"选项

**Step 07** 进入页面/页脚编辑状态，在页眉中输入文字并设置格式，如图7-62所示。

**Step 08** 选择"设计"选项卡，在"选项"组中选中"奇偶页不同"复选框，如图7-63所示。

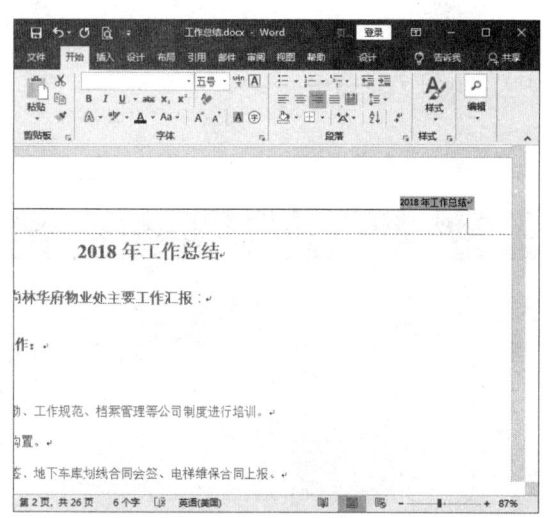

图 7-62　输入页眉文字　　　　　图 7-63　选中"奇偶页不同"复选框

**Step 09** 在偶数页页眉中输入文字并设置格式，如图 7-64 所示。

**Step 10** 单击"设计"选项卡下"页眉和页脚"组中的"页码"下拉按钮，在弹出的下拉列表中选择页码位置及页码样式，如图 7-65 所示。

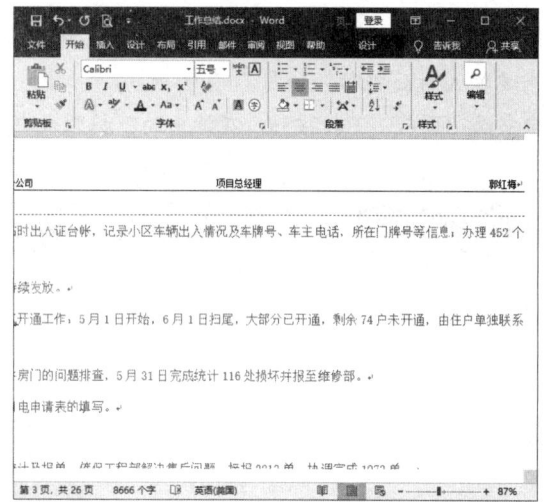
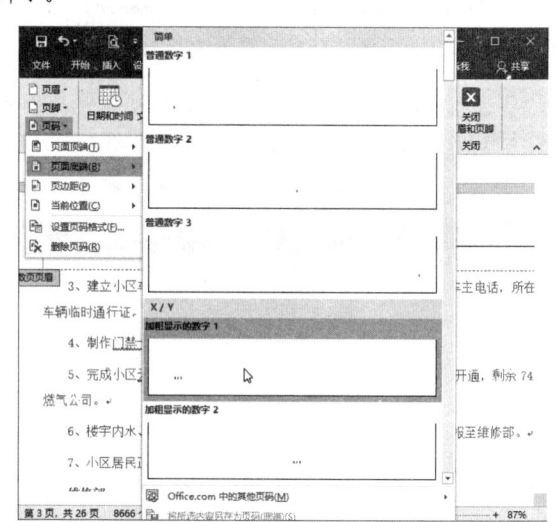

图 7-64　输入页眉文字　　　　　图 7-65　选择页码位置及页码样式

**Step 11** 此时，即可在偶数页的页面下方插入所选样式的页码，如图 7-66 所示。

**Step 12** 将光标定位到奇数页中，然后采用同样的方法为奇数页添加页码，并将页码设置为右对齐，如图 7-67 所示。

**Step 13** 选择封面页眉中的回车符，然后单击"开始"选项卡下"段落"组中的"边框"下拉按钮 ，在弹出的下拉列表中选择"无框线"选项，如图 7-68

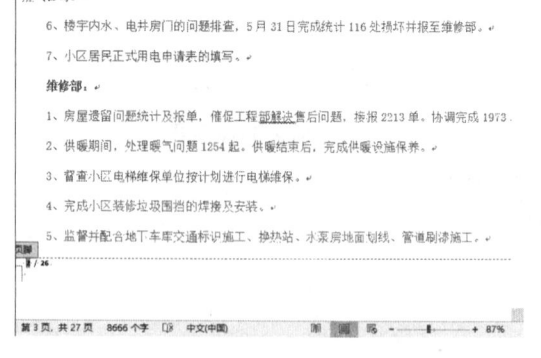

图 7-66　在偶数页插入页码

所示。

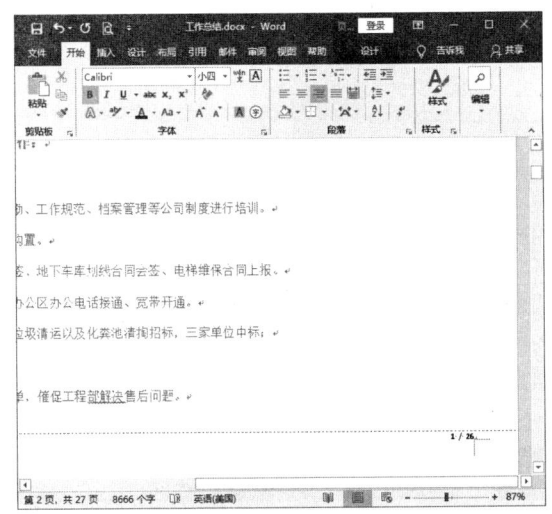

图 7-67　在奇数页插入页码

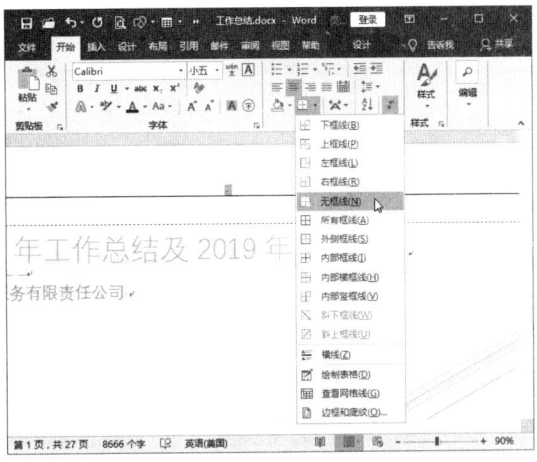

图 7-68　选择"无框线"选项

**Step 14**　此时，即可去除封面页眉中的横线。双击正文位置，退出页眉/页脚编辑状态，如图 7-69 所示。

**Step 15**　将光标定位到要插入分节符的位置，单击"布局"选项卡下"页面设置"组中的"分隔符"下拉按钮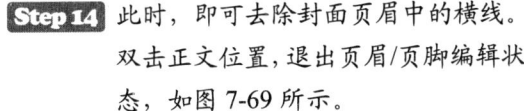，在弹出的下拉列表中选择"分节符"栏中的"下一页"选项，如图 7-70 所示。

**Step 16**　双击新创建节的奇数页页眉，进入页眉编辑状态，单击"设计"选项卡下"导航"组中的"链接到前一节"按钮，取消当前节与上一节的联系，如图 7-71 所示。

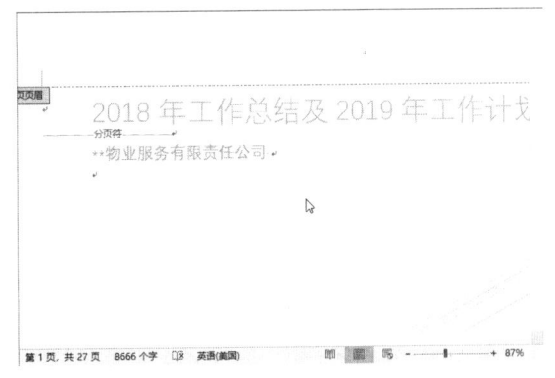

图 7-69　去除横线

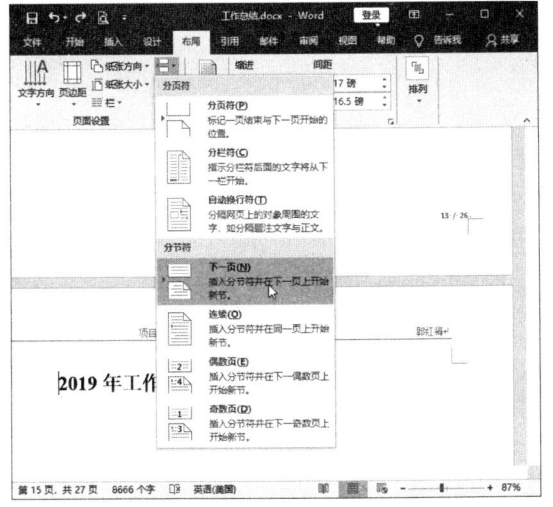

图 7-70　选择"下一页"选项

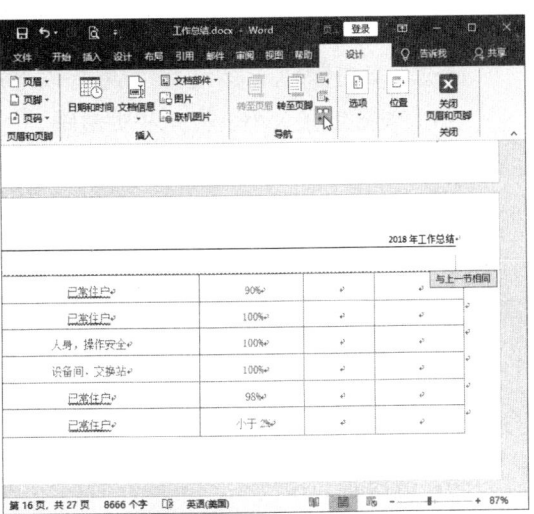

图 7-71　单击"链接到前一节"按钮

**Step 17** 此时，即可对新节的页眉进行不同的设置，输入页眉文字，如图 7-72 所示。

图 7-72　输入页眉文字

**Step 18** 在"选项"组中取消选择"首页不同"复选框，如图 7-73 所示。

**Step 19** 此时，该节取消首页不同，如图 7-74 所示。至此，即可完成文档的页面设置。

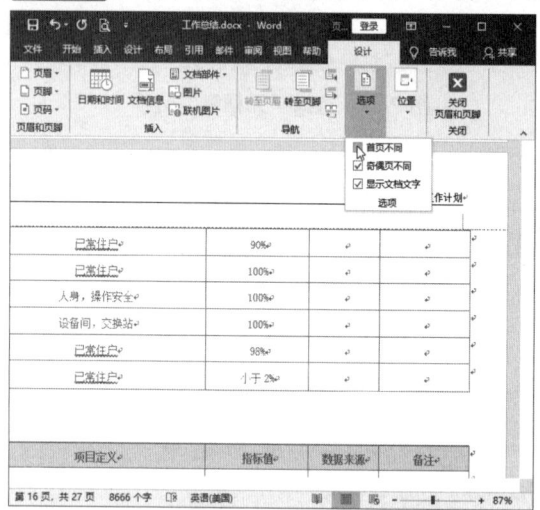

图 7-73　选中"首页不同"复选框

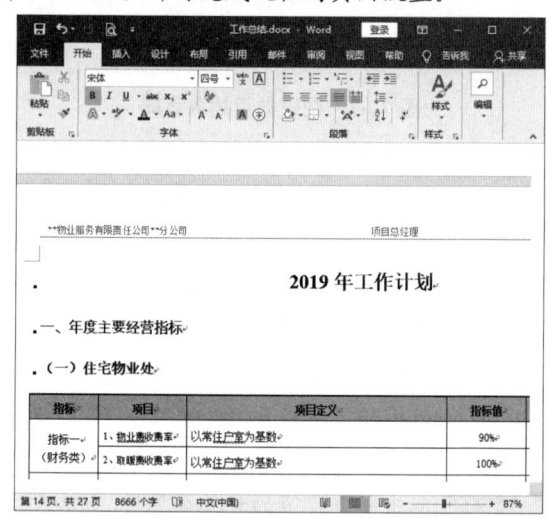

图 7-74　取消首页不同

## 本章小结

通过本章的学习，读者应重点掌握以下知识。

（1）设置纸张大小、方向和页边距。

（2）插入分页符与分节符，设置分栏。

（3）为文档添加水印，设置页面背景和页面边框。

（4）为文档添加页眉和页脚，插入页码。

（5）在文档中插入封面。

## 课后习题

一、选择题

1. 关于页面设置，以下说法错误的是（　　）。

A．在进行页面设置时，可以自定义纸张大小、页边距、页面方向等

B．若要对一个文档进行不同的页面设置需要插入分页符

C．在"布局"选项卡下设置文字方向为"垂直"时，纸张方向将自动变为横向

D．在"页面设置"对话框中可以设置页眉或页脚与页面边界间的距离

2．在 Word 2016 中，下列选项中（　　）操作无法实现

A．在页眉或页脚中插入分隔符

B．为不同的节进行不同的页面设置

C．在页眉/页脚中插入图片

D．为奇偶页设置不同的页眉页脚

3．若要设置每页的行数和每行的字符数，需要在"页面设置"对话框的（　　）选项卡中进行设置。

A．页边距　　　　　　　　　　B．纸张

C．版式　　　　　　　　　　　D．文档网格

## 二、填空题

1．在 Word 2016 中，分隔符包括分页符和分节符，其中分页符包含_____、_____和_____3 种，分节符包含_____、_____、_____和_____4 种。

2．按_____组合键，可以插入分页符实现快速分页。

3．通过拖动_____左右两侧的明暗分界线，可以快速调整页边距。

## 三、实操题

请综合运用本章所学知识，对"参观团接待方案"文档进行页面设置，效果如图 7-75 所示。

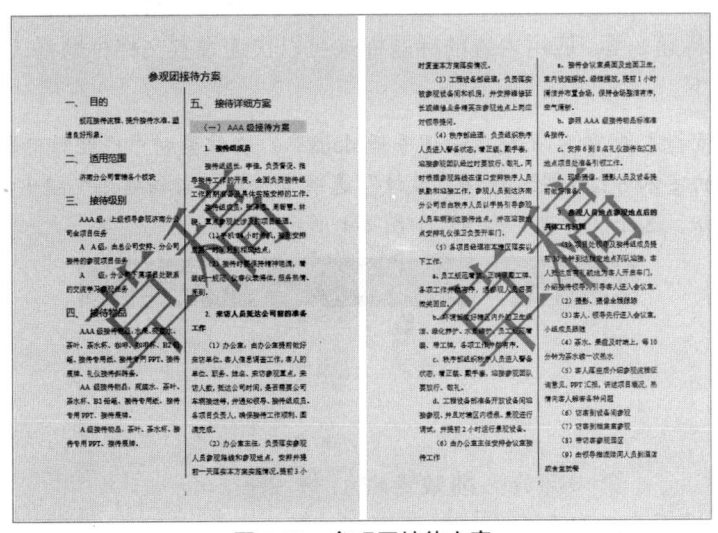

图 7-75　参观团接待方案

**操作提示：**

（1）应用样式集与主题。

（2）修改样式。

# 第 8 章
# 长文档的编辑

【学习目标】
- 掌握快速设置长文档格式的方法。
- 掌握创建文档目录的方法。
- 掌握编辑长文档页眉和页脚的方法。
- 掌握插入题注和索引的方法。
- 掌握插入脚注和尾注的方法。
- 掌握插入书签和超链接的方法。

在使用 Word 2016 编辑文档时，经常需要对管理手册、招标书、论文专著等长文档进行编辑。在编辑这些长文档时，需要进行一些高级的 Word 操作，如设置文档格式，创建目录，编辑页眉和页脚，插入题注和索引，插入脚注和尾注，插入书签和超链接等。本章将学习在 Word 2016 中编辑长文档的方法与技巧。

## 8.1 长文档格式快速设置

对于长文档的编辑，需要使用样式快速设置其格式，然后对文档进行分页或分节处理，并根据需要设置横向布局的页面，下面将分别对其进行介绍。

### 8.1.1 设置文档标题格式

为了提高编辑文档的效率，在 Word 2016 中内置了多种快速样式，如正文、标题 1、标题 2、标题 3 等。应用内置的标题样式可以快速设置文档标题格式，具体操作方法如下。

**Step 01** 打开"素材文件\第 8 章\绩效管理手册.docx"，在该素材中已经对标题和正文文本进行了简单的字体格式设置。选择"设计"选项卡，在"文档格式"组中单击"段落间距"下拉按钮，选择"紧密"选项，如图 8-1 所示。

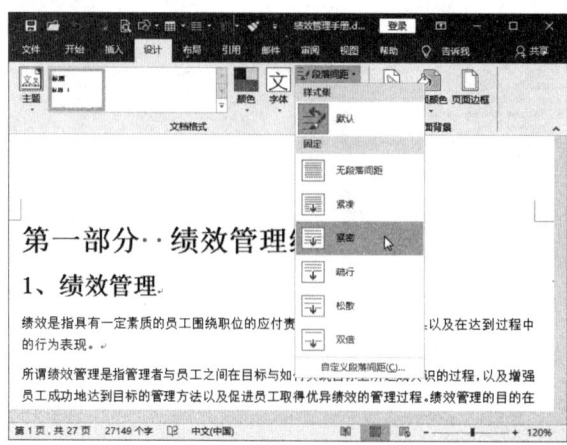

图 8-1 选择"紧密"选项

**Step 02** 将光标定位到标题文本中,在"编辑"组中单击"选择"下拉按钮,在弹出的下拉列表中选择"选择格式相似的文本"选项,如图 8-2 所示。

**Step 03** 此时,即可选择所有格式相似的标题文本。单击"样式"组右下角的扩展按钮,打开"样式"窗格,单击"新建样式"按钮,如图 8-3 所示。

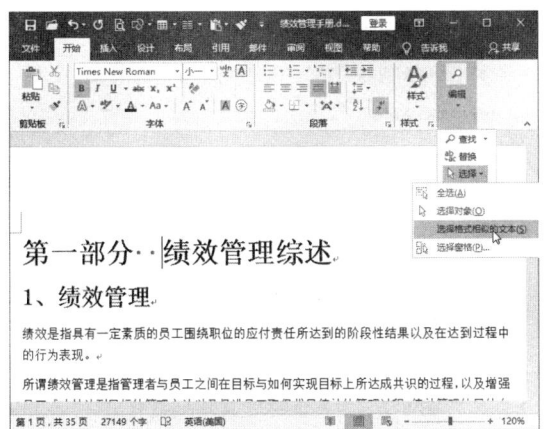
图 8-2　选择格式相似的文本

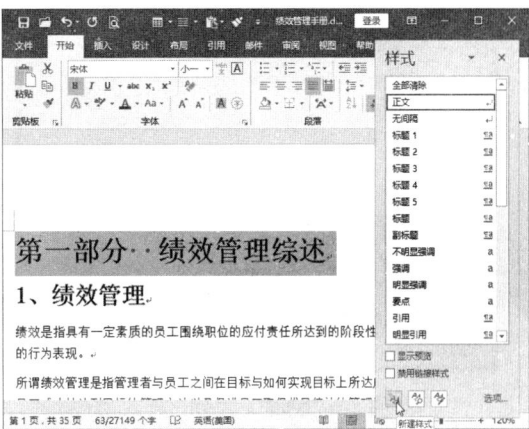
图 8-3　单击"新建样式"按钮

**Step 04** 在弹出的对话框中输入样式名称"章",在"样式基准"下拉列表框中选择"标题"样式,然后单击"确定"按钮,如图 8-4 所示。

**Step 05** 选择下一级所有的标题文本,然后在"样式"窗格中单击"新建样式"按钮,如图 8-5 所示。

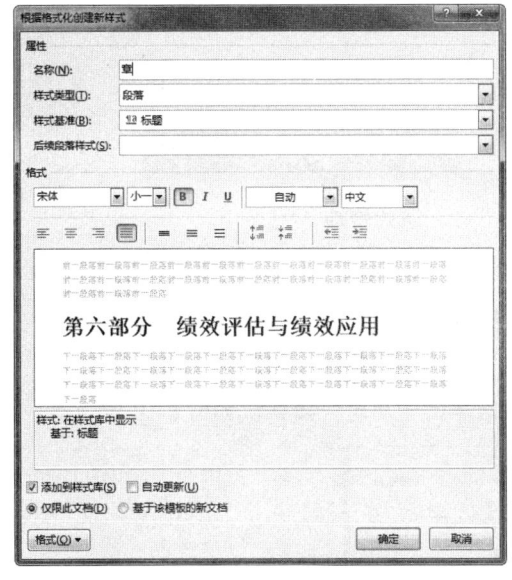
图 8-4　创建"章"样式

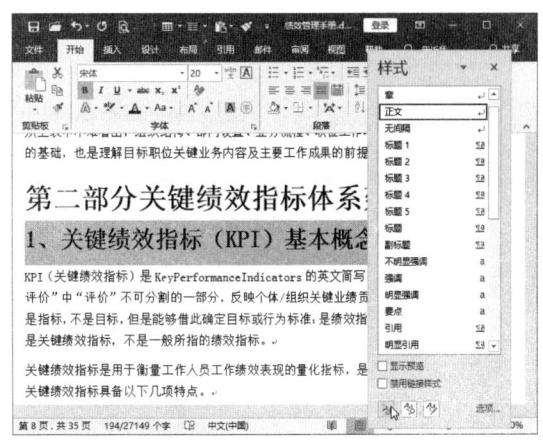
图 8-5　单击"新建样式"按钮

**Step 06** 在弹出的对话框中输入样式名称"大节",在"样式基准"下拉列表框中选择"标题 1"样式,然后单击"确定"按钮,如图 8-6 所示。

**Step 07** 采用同样的方法,分别为其他标题文本创建"小节"和"小节标题"样式,设置"样式基准"分别为"标题 2"和"标题 3",如图 8-7 所示。

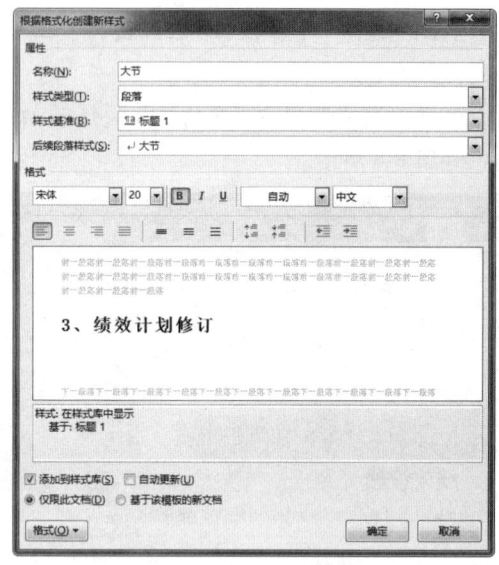

图 8-6　创建"大节"样式

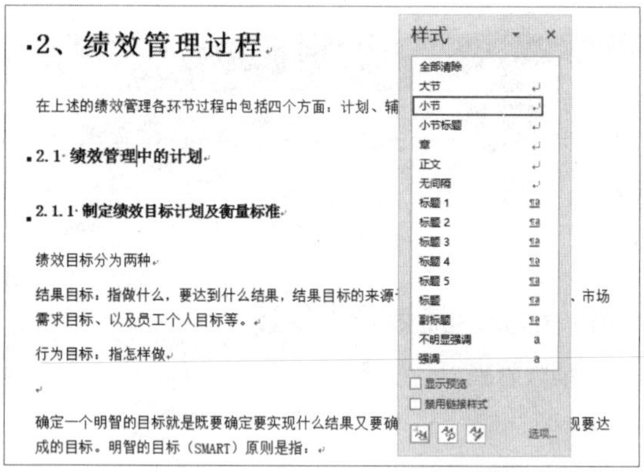

图 8-7　为其他标题文本创建样式

**Step 08**　在 Word 状态栏左侧单击页码,打开"导航"窗格,选择"标题"选项卡,即可查看设置的文档标题大纲,如图 8-8 所示。

**Step 09**　选择应用"章"样式的标题文字,单击"段落"组右下角的扩展按钮,如图 8-9 所示。

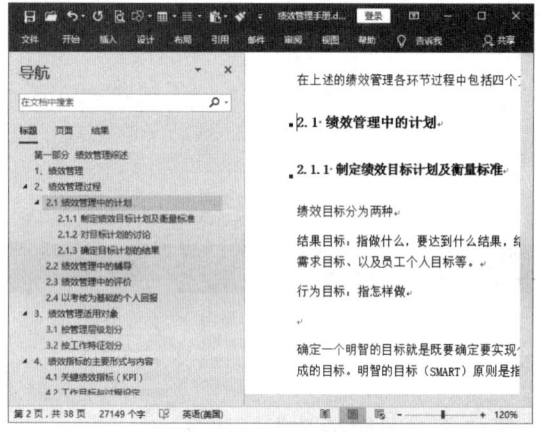

图 8-8　查看文档标题大纲

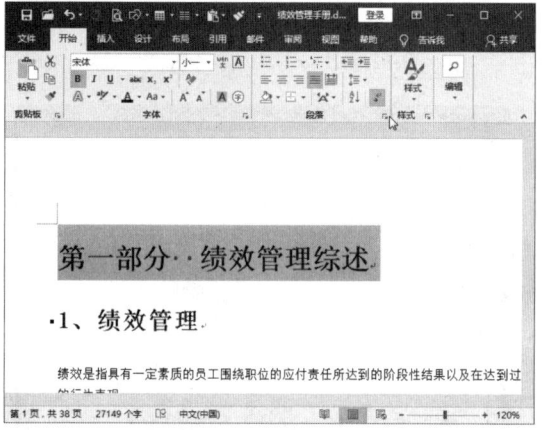

图 8-9　单击扩展按钮

**Step 10**　弹出"段落"对话框,设置段落间距,然后单击"确定"按钮,如图 8-10 所示。

图 8-10　设置段落间距

Step 11 在"字体"组中设置标题文本字体格式,然后在"段落"组中单击"居中"按钮,如图 8-11 所示。

Step 12 打开"样式"窗格,右击"章"样式,在弹出的快捷菜单中选择"更新 章 以匹配所选内容"命令,如图 8-12 所示。此时,即可更新"章"样式,所有应用该样式的文本的格式都会得到更新。

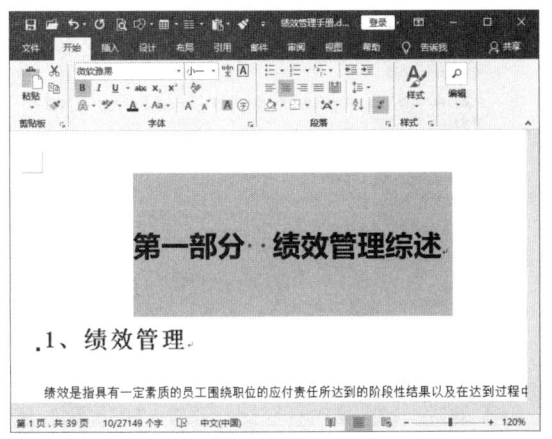
图 8-11 设置字体格式

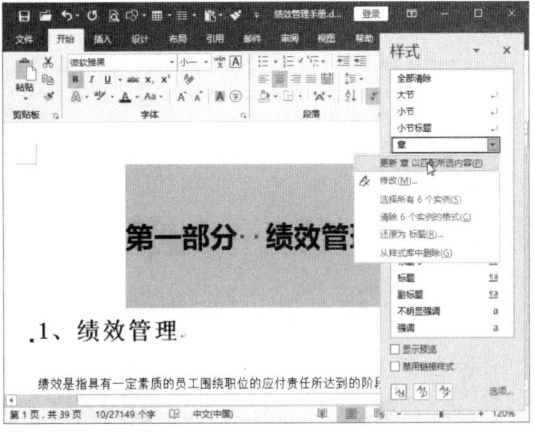
图 8-12 更新"章"样式

Step 13 选中"1、绩效管理"标题文字并设置字体格式,在"段落"组中单击"边框"下拉按钮,在弹出的下拉列表中选择"上框线"选项。采用同样的方法,再选择"下框线"选项,如图 8-13 所示。

Step 14 打开"样式"窗格,右击"大节"样式,在弹出的快捷菜单中选择"更新 大节 以匹配所选内容"命令,如图 8-14 所示。

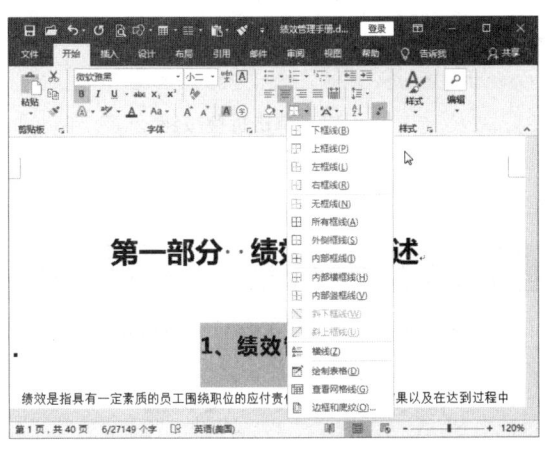
图 8-13 添加段落边框

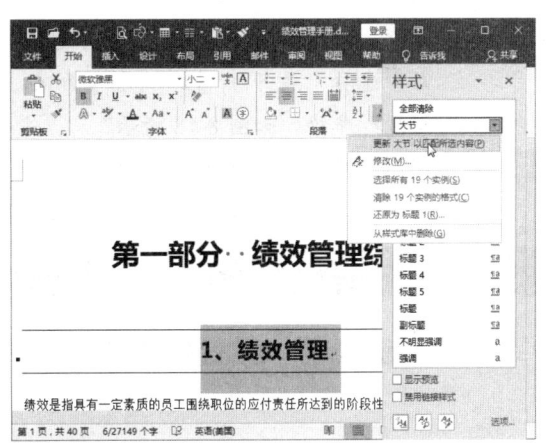
图 8-14 更新"大节"样式

Step 15 选择"小节"标题文字,在"字体"组中设置字体格式,然后在"样式"窗格中右击"小节"样式,在弹出的快捷菜单中选择"更新 小节 以匹配所选内容"命令,如图 8-15 所示。

Step 16 设置"小节标题"文字的字体格式,并设置左缩进1字符。在"样式"窗格中右击"小节标题"样式,在弹出的快捷菜单中选择"更新 小节标题 以匹配所选内容"命令,如图 8-16 所示。

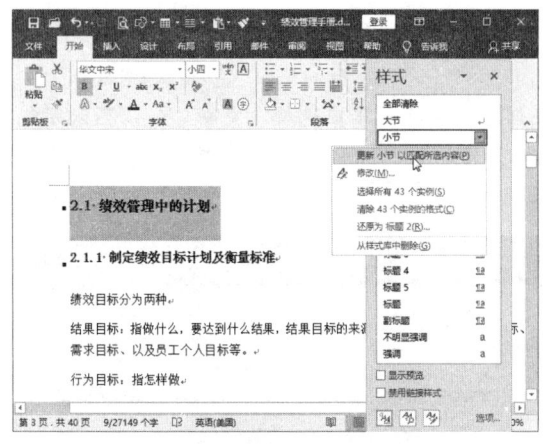
图 8-15　更新"小节"样式

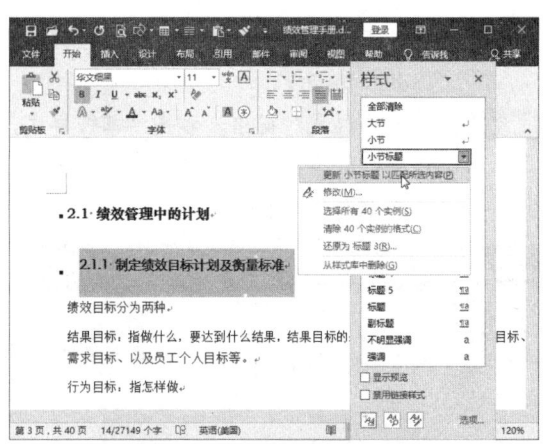
图 8-16　更新"小节标题"样式

## 8.1.2　折叠与调整文档标题

在长文档中，通过折叠标题可以使用户轻松地阅读和快速组织文档。在长文档中折叠标题，以及调整标题级别和顺序的具体操作方法如下。

**Step 01** 单击标题文本左侧的折叠按钮◢，如图 8-17 所示。

**Step 02** 此时，即可折叠该标题中的所有内容。在标题中右击，在弹出的快捷菜单中选择"展开/折叠"|"折叠所有标题"命令，如图 8-18 所示。

**Step 03** 折叠文档中的所有标题，若要查看具体内容，只需单击标题前的展开按钮▶即可，如图 8-19 所示。

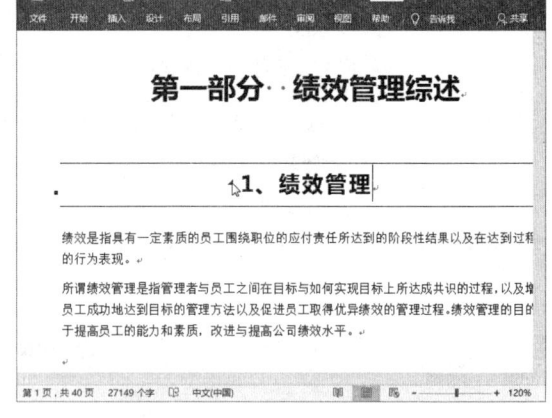
图 8-17　单击折叠按钮

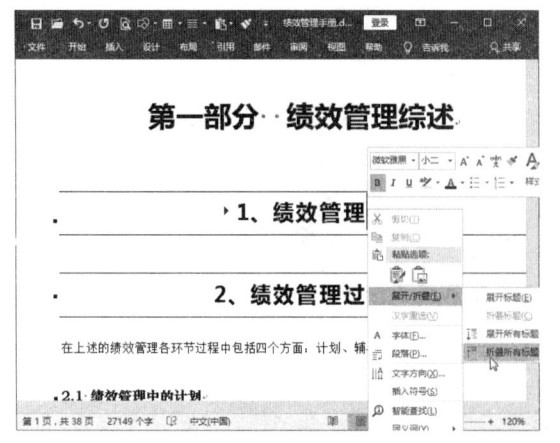
图 8-18　折叠标题

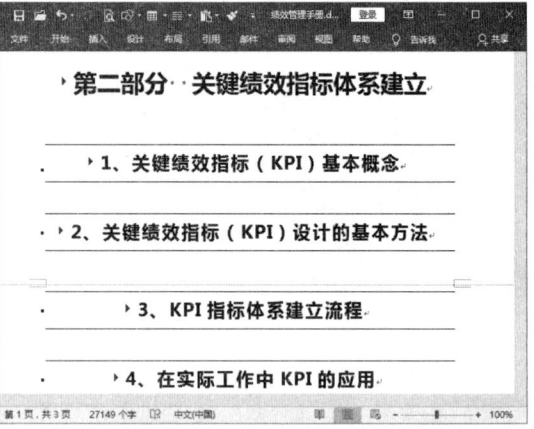
图 8-19　折叠所有标题

**Step 04** 要使文档在打开时默认折叠标题，可以打开"段落"对话框，选中"默认情况下折叠"复选框，然后单击"确定"按钮，如图 8-20 所示。

**Step 05** 在标题折叠情况下，选择标题即可选择其中的内容，拖动标题可以调整标题及其内容在文档中的位置，如图 8-21 所示。

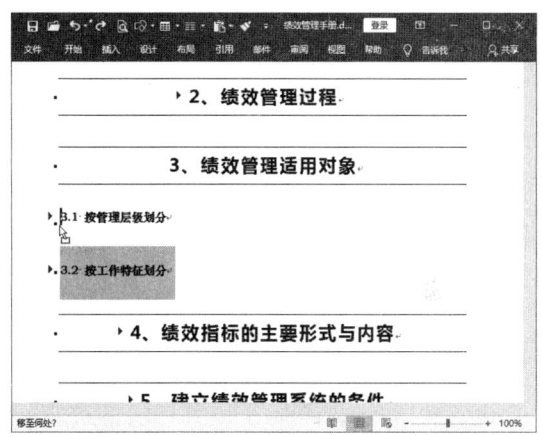

图 8-20　设置默认折叠标题　　　　　　图 8-21　拖动标题

**Step 06** 打开"导航"窗格，拖动标题也可以调整标题及其内容的位置，如图 8 22 所示。

**Step 07** 选择标题文本，打开"段落"对话框，可以设置标题的大纲级别，如图 8-23 所示。在 Word 样式中，默认"标题""标题 1"样式的大纲级别为 1 级，"标题 2"样式为 2 级，"标题 3"样式为 3 级……

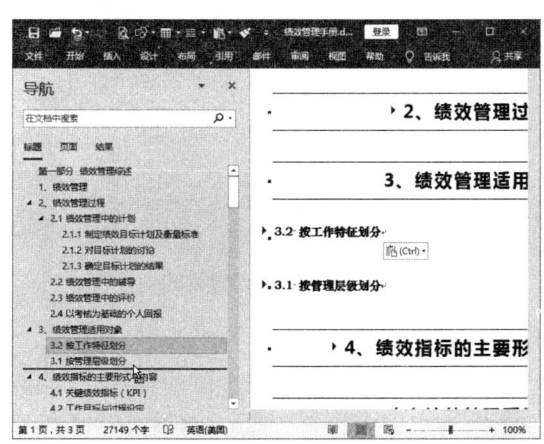
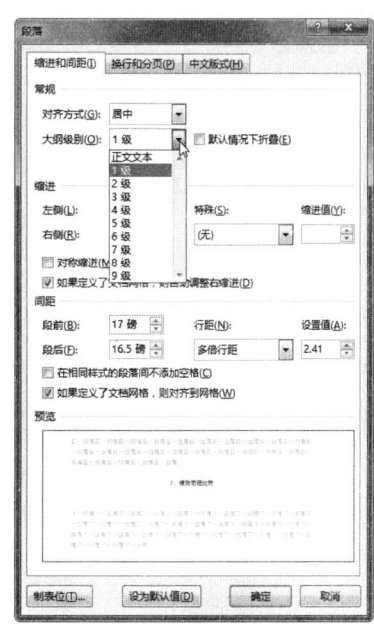

图 8-22　调整标题及其内容位置　　　　　图 8-23　设置大纲级别

**Step 08** 在"视图"选项卡下单击"大纲"按钮,进入"大纲"视图。在"显示级别"下拉列表框中选择"2 级"选项,文档中将只显示 1 级和 2 级标题文本。在"大纲工具"组左侧可以更改标题的级别,或移动标题及其内容的位置,如图 8-24 所示。

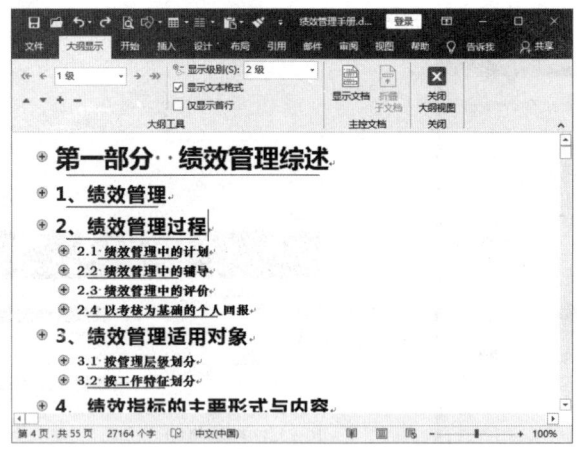

图 8-24  调整文档标题级别和顺序

### 8.1.3 设置正文格式

在设置文档格式时,除了设置标题格式外,还要对文档中不同的内容分别设置格式。下面通过创建多种正文格式来快速设置文档内容的格式,具体操作方法如下。

**Step 01** 将光标定位到内容文本中,在"编辑"组中单击"选择"下拉按钮,在弹出的下拉列表中选择"选择格式相似的文本"选项,如图 8-25 所示。

**Step 02** 打开"样式"窗格,单击"新建样式"按钮,如图 8-26 所示。

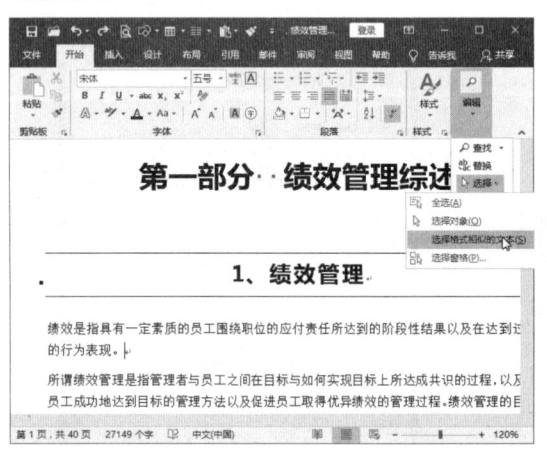

图 8-25  选择格式相似的文本

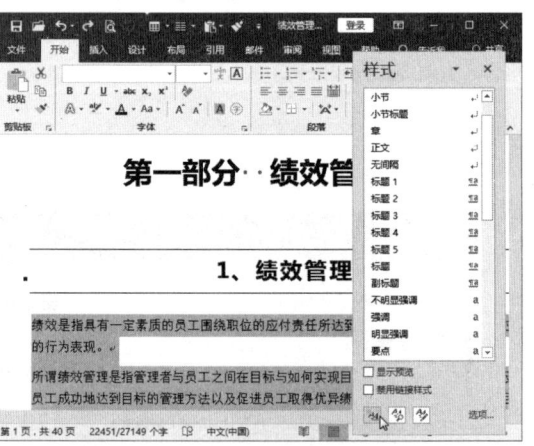

图 8-26  单击"新建样式"按钮

**Step 03** 输入样式名称"内容",设置字体格式为"华文细黑",然后单击"确定"按钮,如图 8-27 所示。

**Step 04** 此时,即可创建"内容"样式。将光标定位到第 1 段中,设置第 1 段首行缩进,为第 1 段文本创建"内容 1"样式,如图 8-28 所示。

# 第 8 章 长文档的编辑

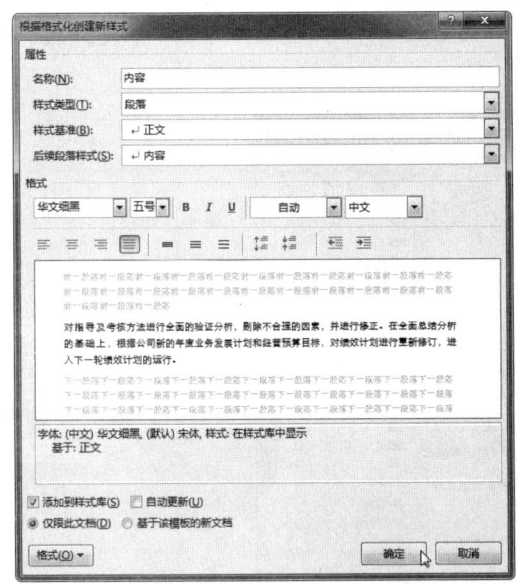

图 8-27 创建"内容"样式

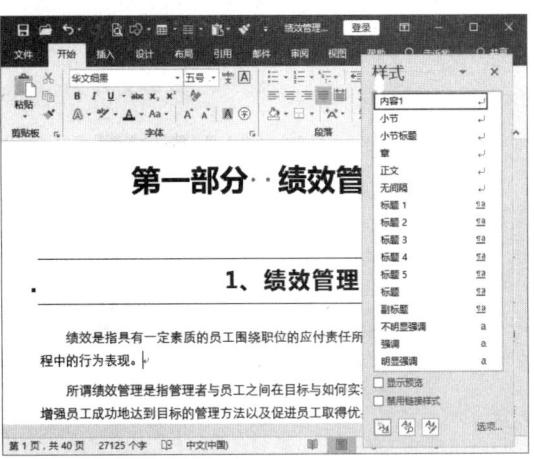

图 8-28 创建"内容 1"样式

**Step 05** 选中文本,设置文本字体格式为"楷体",首行缩进 2 字符,然后为文本创建"内容 2"样式,如图 8-29 所示。

**Step 06** 选中文本,设置文本字体格式为"楷体",左缩进 2 字符,然后为文本创建"内容 3"样式,如图 8-30 所示。

**Step 07** 选中文本,设置文本字体格式为"楷体",首行缩进 2 字符,左缩进 2 字符,然后为文本创建"内容 4"样式,如图 8-31 所示。

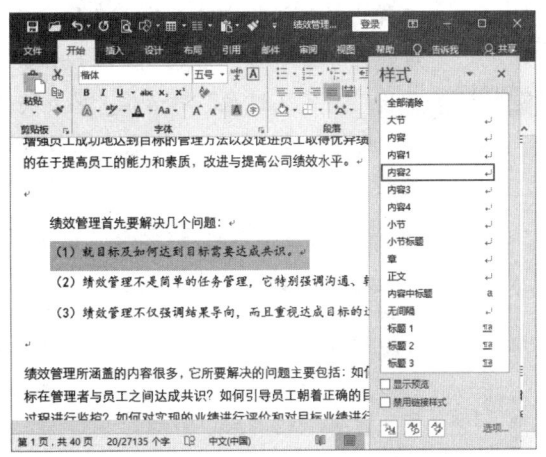

图 8-29 创建"内容 2"样式

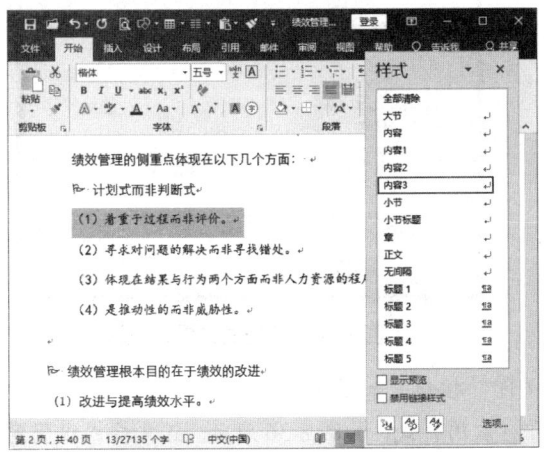

图 8-30 创建"内容 3"样式

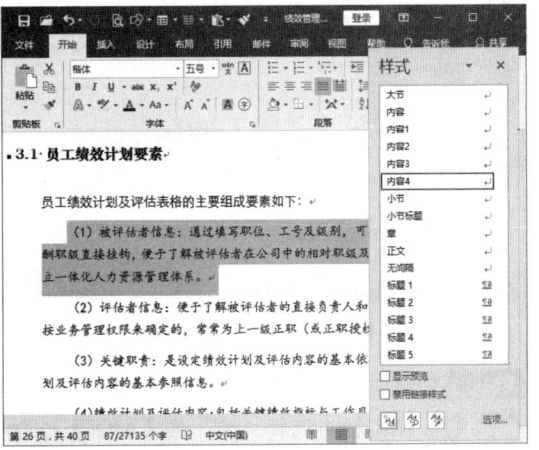

图 8-31 创建"内容 4"样式

Step 08 选择文本，在"字体"组中设置字体格式，然后在"样式"窗格中单击"新建样式"按钮，如图8-32所示。

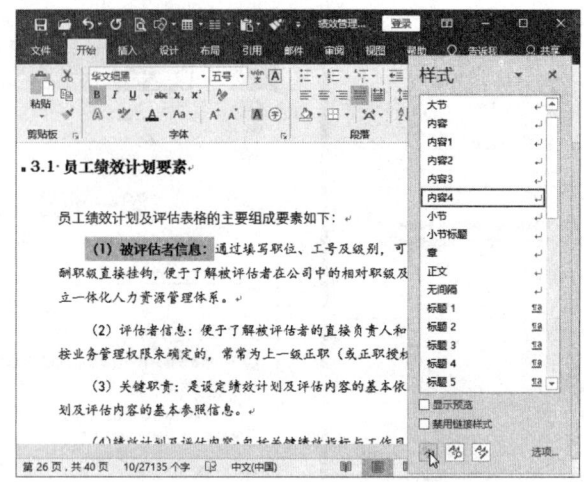

图8-32 单击"新建样式"按钮

Step 09 在弹出的对话框中输入样式名称，在"样式类型"下拉列表框中选择"字符"选项，然后在左下方单击"格式"下拉按钮，选择"快捷键"选项，如图8-33所示。

Step 10 弹出"自定义键盘"对话框，设置将更改保存在本文档中，将光标定位到"请按新快捷键"文本框中，然后为键盘上的按键设置快捷键。按【Alt+`】组合键，然后单击"指定"按钮，如图8-34所示。

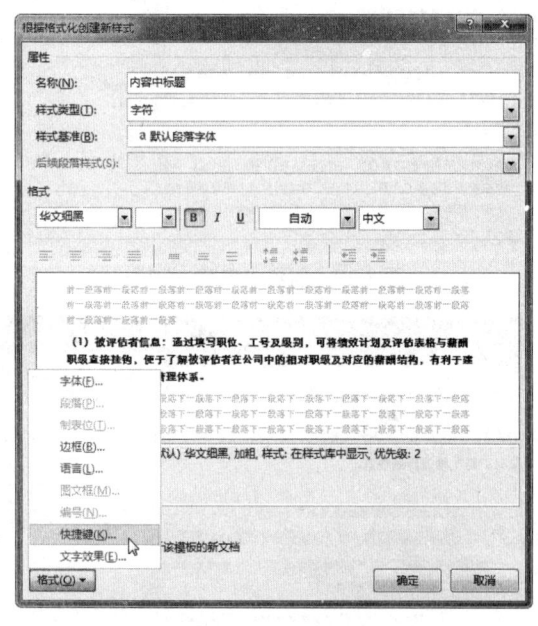

图8-33 设置样式属性

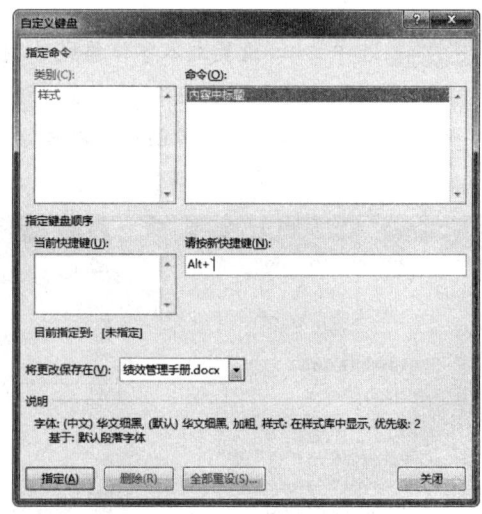

图8-34 为样式设置快捷键

Step 11 此时，即可为样式指定快捷键，单击"关闭"按钮，如图8-35所示。

Step 12 在文档中选择文本，按【Alt+`】组合键即可应用样式，如图8-36所示。正文样式设置完成后，为文档中的正文内容应用所需的样式。

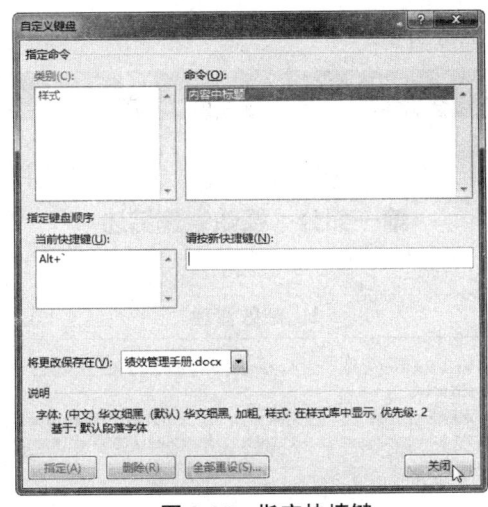
图 8-35　指定快捷键

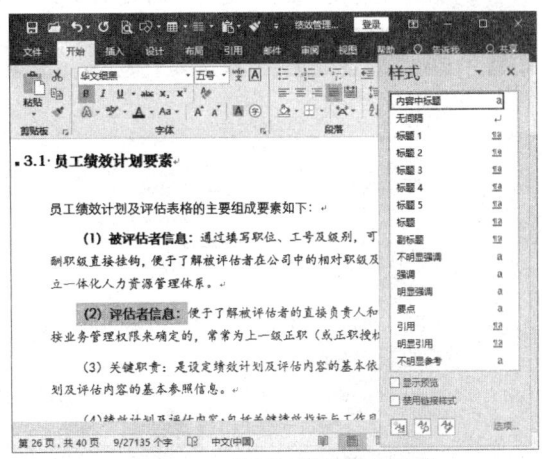
图 8-36　使用快捷键应用样式

## 8.1.4　对长文档进行分页或分节

在 Word 2016 中编排长文档时，当文字或图形填满一页时，系统会插入一个自动分页符，并转到新的一页。若有特定的要求，可以插入分页符对文档强制分页。分节就是将整篇文档分成若干节，每节可以设置成不同的格式，以满足格式要求比较复杂的文档的排版需求。

对长文档进行分页或分节的具体操作方法如下。

**Step 01**　打开"导航"窗格，单击"第二部分……"标题，将光标定位到该标题前，如图 8-37 所示。

**Step 02**　选择"布局"选项卡，在"页面设置"组中单击"分隔符"按钮，在弹出的下拉列表中选择"下一页"选项，如图 8-38 所示。

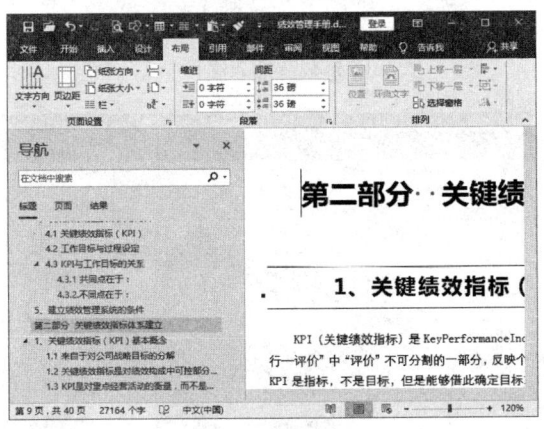
图 8-37　定位光标

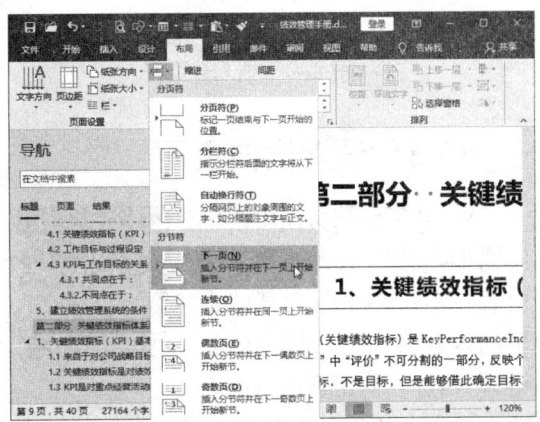
图 8-38　插入分节符

**Step 03**　此时，即可插入"下一页"分节符，光标后的文本会移至下一页，在上一页末尾显示"分节符"标记，如图 8-39 所示。若看不到该标记，可以在"段落"组中单击"显示编辑标记"按钮。采用同样的方法，在文档中其他"部分"标题前添加"下一页"分节符。

**Step 04** 将光标定位到"大节"标题文本前，如图 8-40 所示。

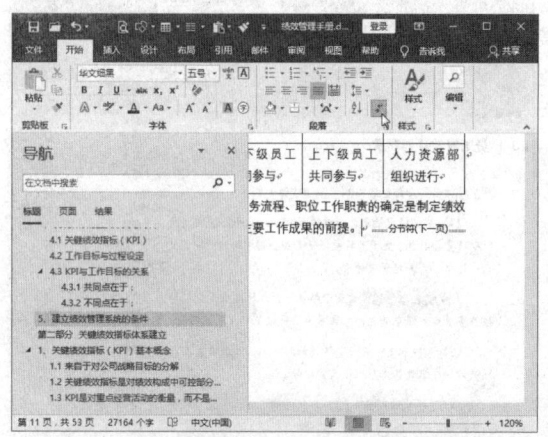
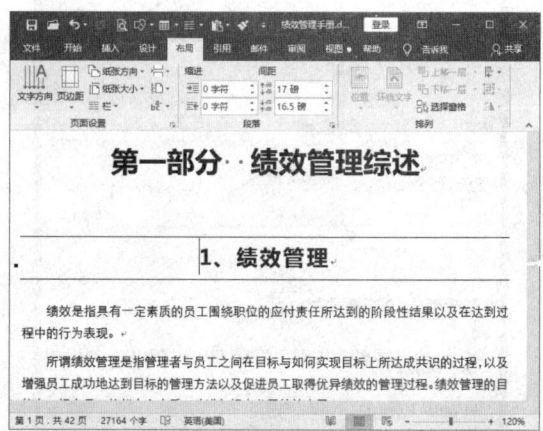

图 8-39　查看分节符　　　　　　　　图 8-40　定位光标

**Step 05** 按【Ctrl+Enter】组合键，即可插入分页符，如图 8-41 所示。采用同样的方法，在各"大节"标题前插入分页符。

**Step 06** 插入分页符后，可以在每页下方的空白位置插入图片等内容，如图 8-42 所示。

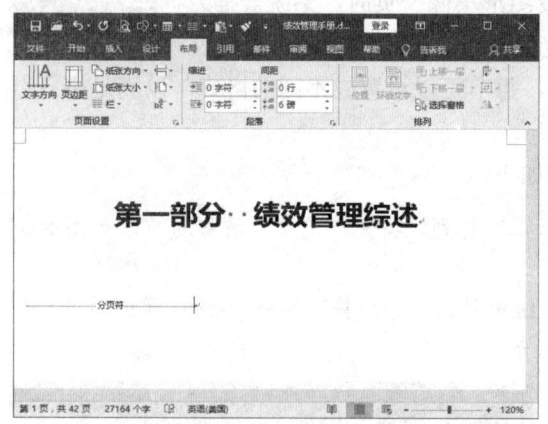

图 8-41　插入分页符　　　　　　　　图 8-42　插入图片

### 8.1.5　设置横向页面

Word 文档默认使用的纵向页面，比较适合阅读文字内容，若文档中包含某些水平的内容（如列数较多的表格），则可以将其页面方向更改为横向，具体操作方法如下。

**Step 01** 在文档中选择要设置为横向页面的内容，在此选择第二部分的第 3 节内容，然后选择"布局"选项卡，单击"页面设置"组右下角的扩展按钮，如图 8-43 所示。

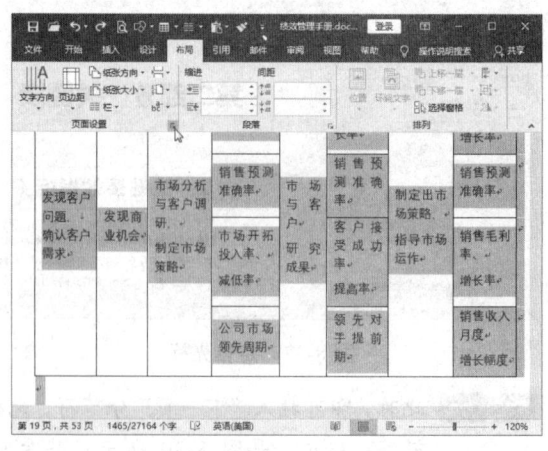

图 8-43　选择内容

**Step 02** 弹出"页面设置"对话框,在"纸张方向"选项区中单击"横向"按钮,在"应用于"下拉列表框中选择"所选文字"选项,然后单击"确定"按钮,如图8-44所示。

**Step 03** 此时,即可将所选内容的页面设置为横向页面,在所选内容之前和所选内容之后自动添加了"下一页"分节符,根据需要调整表格大小。选择"视图"选项卡,在"显示比例"组中单击"多页"按钮,如图8-45所示。

图 8-44 设置纸张方向

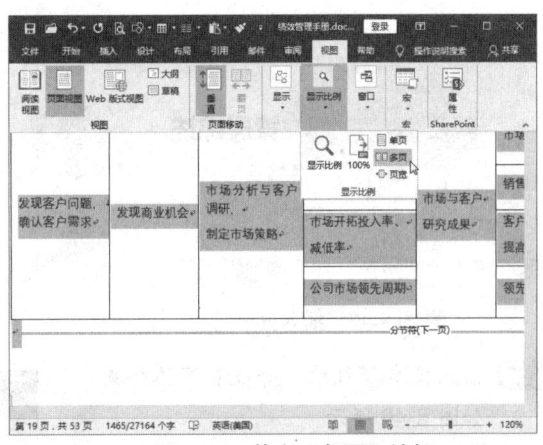

图 8-45 单击"多页"按钮

**Step 04** 减小文档的显示比例,可以看到在文档中既有纵向页面,也有横向页面,如图8-46所示。

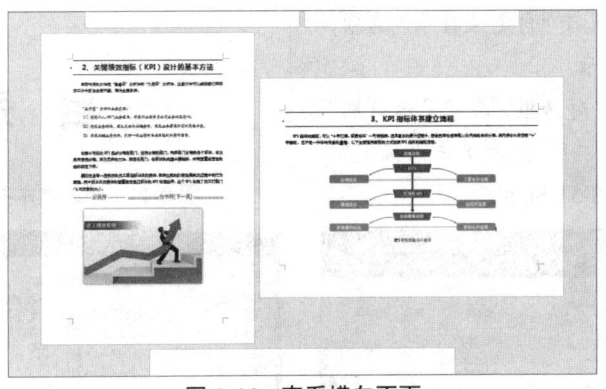

图 8-46 查看横向页面

## 8.2 创建文档目录

目录是文档标题列表,通过它可以快速定位到文档的某个具体位置,还可以使读者了解文档内容的整体结构。下面将详细介绍如何在文档中创建目录。

### 8.2.1 插入并自定义目录

要在文档中插入目录,需先设置文档中的标题级别。插入目录后,还可以自定义目录格式,具体操作方法如下。

**Step 01** 将光标定位到文档标题前,选择"布局"选项卡,单击"分隔符"按钮,在弹出的下拉列表中选择"下一页"选项,如图8-47所示。

**Step 02** 此时,即可在文档的第1页插入空白页。打开"样式"窗格,选择"正文"样式并应用该样式,如图8-48所示。

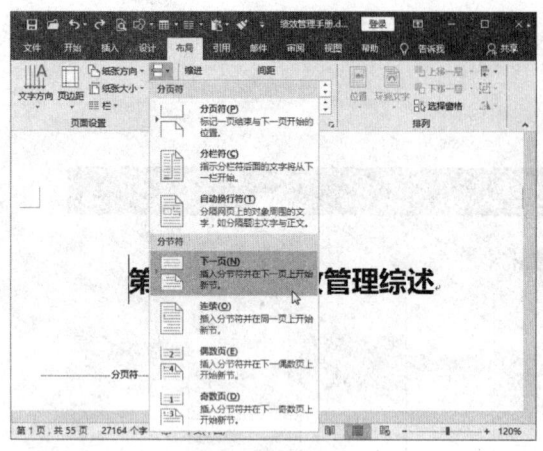

图 8-47 插入分节符

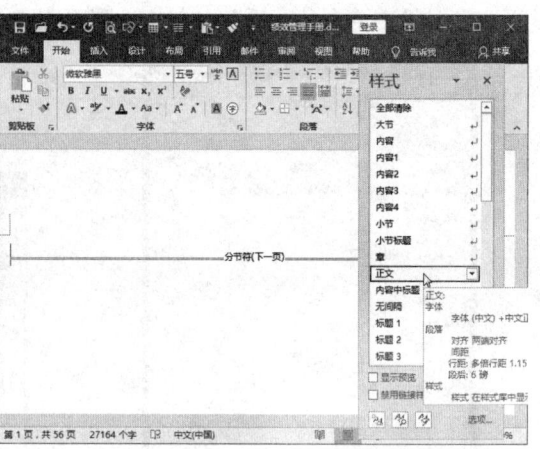

图 8-48 应用"正文"样式

**Step 03** 输入文本"目录"并设置字体格式,如图8-49所示。

**Step 04** 选择"引用"选项卡,在"目录"组中单击"目录"下拉按钮,在弹出的下拉列表中选择"自定义目录"选项,如图8-50所示。

**Step 05** 弹出"目录"对话框,在"显示级别"文本框中输入1,然后单击"确定"按钮,如图8-51所示。

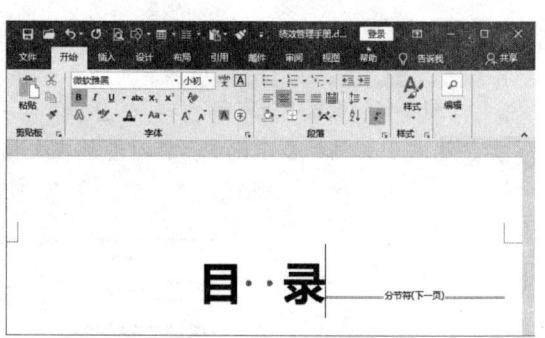

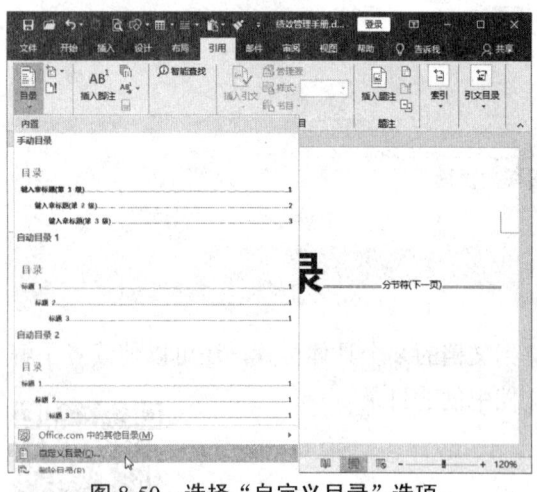

图 8-50 选择"自定义目录"选项

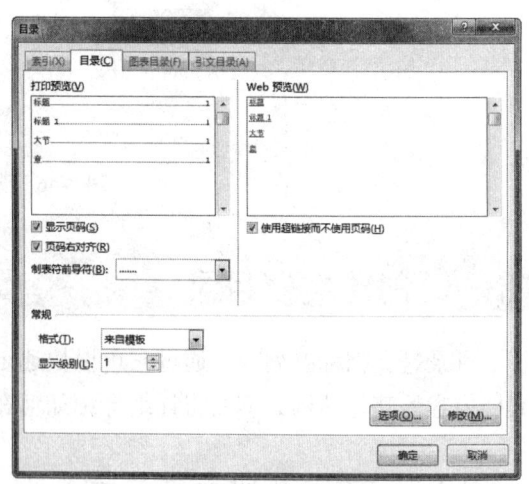

图 8-49 输入文本并设置字体格式

图 8-51 设置显示级别

**Step 06** 此时,即可将文档中的1级标题自动生成到目录中,按住【Ctrl】键的同时单击标题可以跳转到相应的位置,如图8-52所示。

**Step 07** 再次打开"目录"对话框,单击"选项"按钮,如图 8-53 所示。

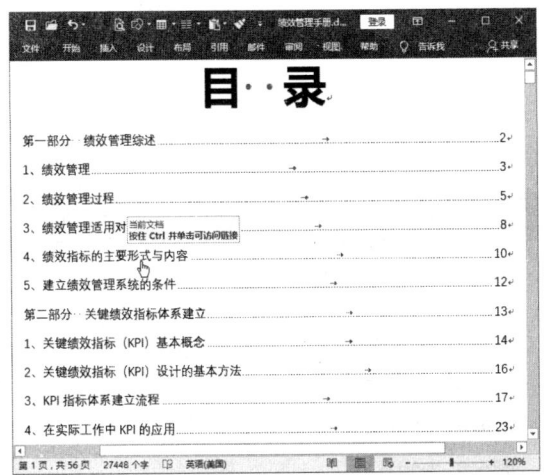

图 8-52 创建目录

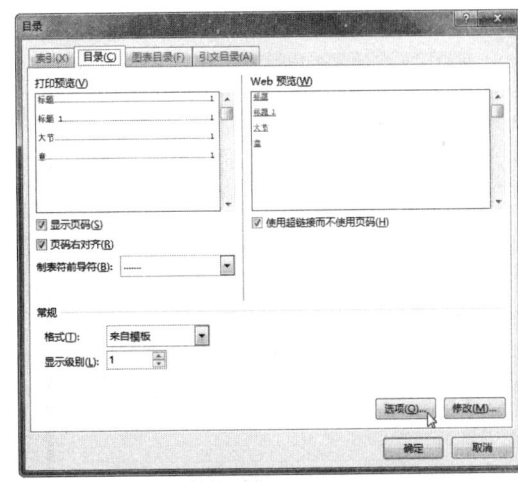

图 8-53 单击"选项"按钮

**Step 08** 弹出"目录选项"对话框,在样式列表中只保留"章"样式的目录级别 1,删除其他样式的目录级别,然后依次单击"确定"按钮,如图 8-54 所示。

**Step 09** 在弹出的提示信息框中单击"是"按钮,如图 8-55 所示。

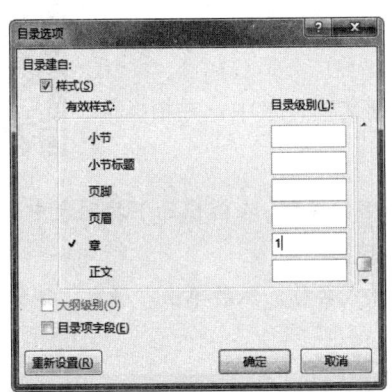

图 8-54 设置样式目录级别

图 8-55 确认替换目录

**Step 10** 此时,在目录中将只显示文档中的各部分标题。选择第 1 行标题文本,如图 8-56 所示。

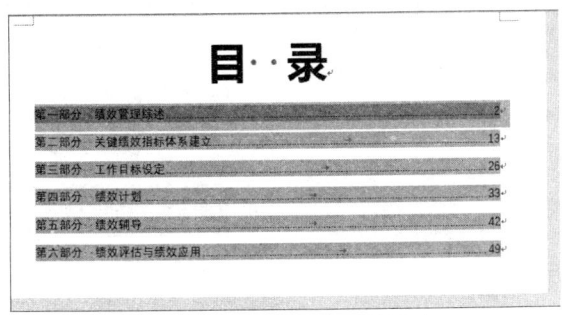

图 8-56 选择第 1 行标题文本

**Step 11** 按【Ctrl+D】组合键打开"字体"对话框,设置字体格式,然后单击"确定"按钮,如图 8-57 所示。

**Step 12** 此时，即可使目录应用相同的字体格式，如图 8-58 所示。若目录文字格式不统一，可以按【F9】键更新目录。

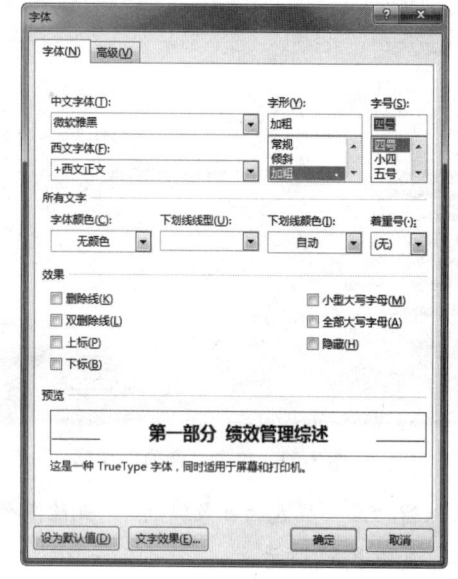

图 8-57 设置字体格式

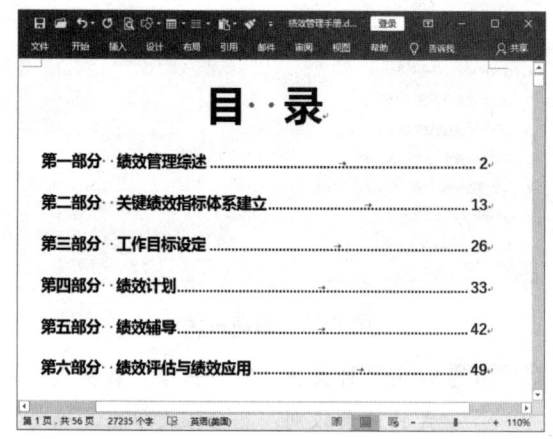

图 8-58 查看目录效果

## 8.2.2 将指定的文本添加到目录中

通过"自定义目录"功能可以将指定的文本添加到文档目录中，并根据需要设置文本格式，具体操作方法如下。

**Step 01** 选中第六部分的第 1 段引言，然后单击"样式"下拉按钮，在弹出的下拉列表中选择"创建样式"选项，如图 8-59 所示。

**Step 02** 弹出"根据格式化创建新样式"对话框，输入样式名称，然后单击"确定"按钮，如图 8-60 所示。

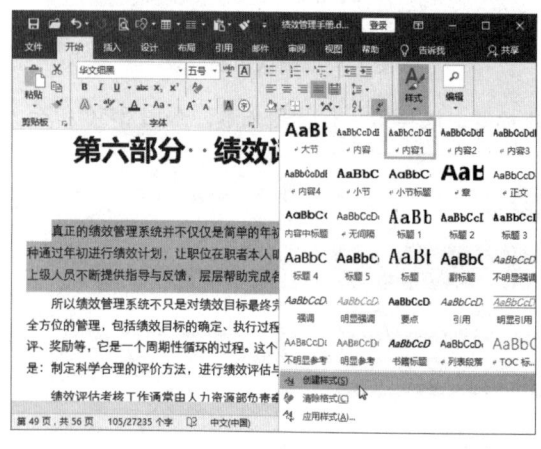

图 8-59 选择"创建样式"选项

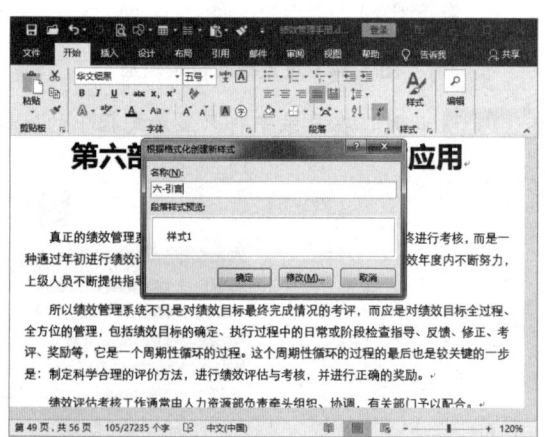

图 8-60 输入样式名称

**Step 03** 转到第 1 页目录页，单击"目录"下拉按钮，在弹出的下拉列表中选择"自定义目录"选项，如图 8-61 所示。

Step 04 弹出"目录"对话框,单击"选项"按钮,如图 8-62 所示。

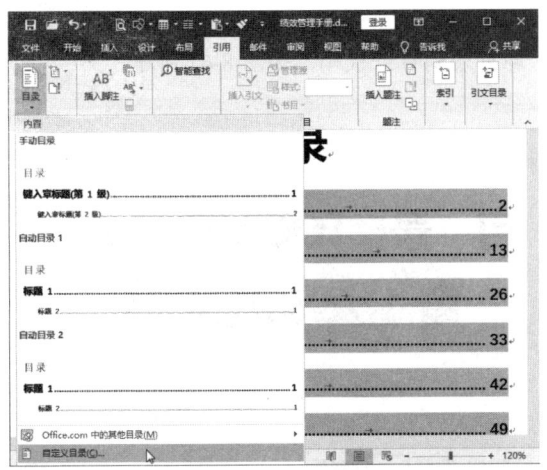

图 8-61 选择"自定义目录"选项

图 8-62 单击"选项"按钮

Step 05 弹出"目录选项"对话框,在样式列表中只保留"章"样式的目录级别 1,删除其他样式的目录级别,设置"六-引言"样式的目录级别为 4,依次单击"确定"按钮,如图 8-63 所示。

Step 06 在弹出的提示信息框中单击"确定"按钮,如图 8-64 所示。

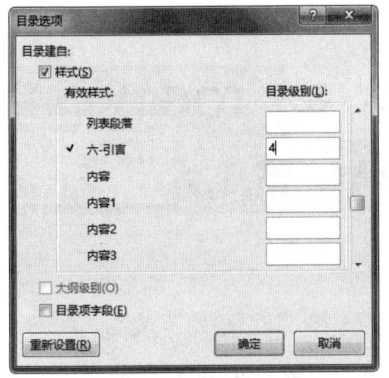

图 8-63 设置样式目录级别

图 8-64 确认替换目录

Step 07 此时,即可看到引言文本已经出现在目录中,如图 8-65 所示。

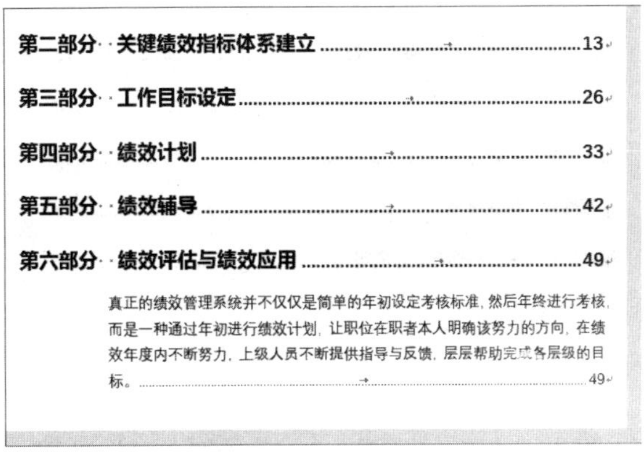

图 8-65 出现引言文本

**Step 08** 对引言文本进行格式设置，将字体格式设置为"宋体"，将左缩进更改为 4 字符，效果如图 8-66 所示。

**Step 09** 按【Alt+F9】组合键切换到域代码模式，即可看到目录代码，如图 8-67 所示。

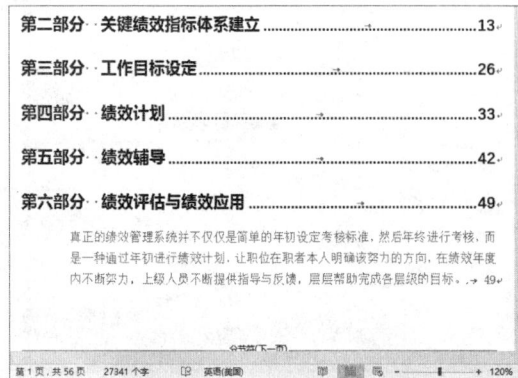

图 8-66　设置引言文本格式

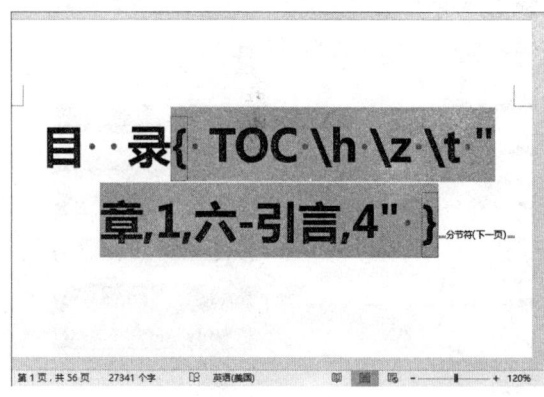

图 8-67　切换到域代码模式

**Step 10** 在目录代码中的"\t"开关前输入代码"\N 4-4"，如图 8-68 所示。

**Step 11** 按【F9】键打开"更新目录"对话框，选中"更新整个目录"单选按钮，然后单击"确定"按钮，如图 8-69 所示。

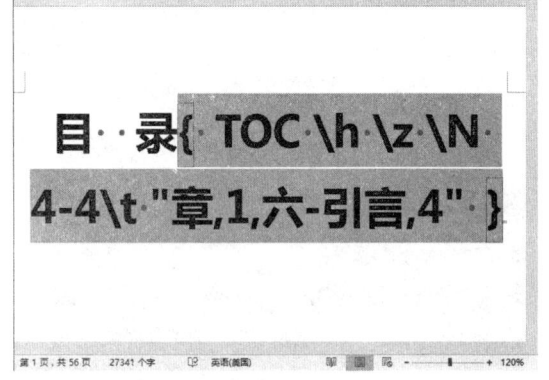

图 8-68　编辑代码

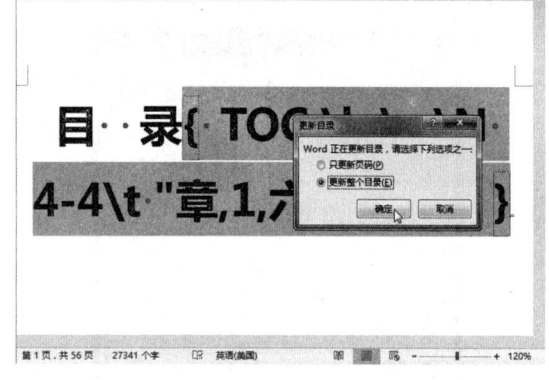

图 8-69　更新目录

**Step 12** 按【Alt+F9】组合键退出域代码模式，可以看到目录中引言文本后的页码已经消失，效果如图 8-70 所示。

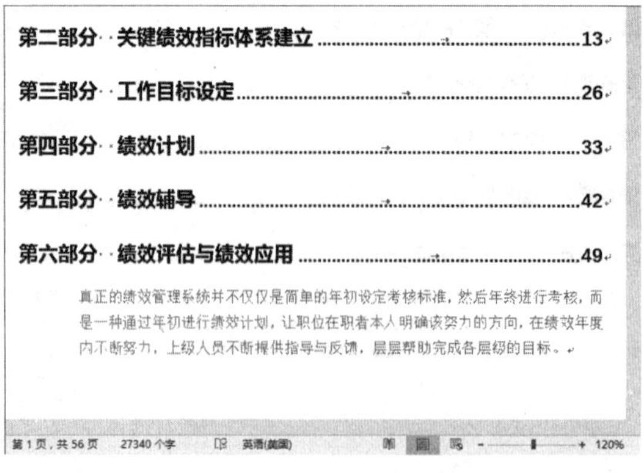

图 8-70　退出域代码模式

## 8.2.3 为文档创建多个目录

通过 TC 域代码可以为长文档的每一部分分别创建目录。首先为每个部分中各节标题添加 TC 域，然后为其指定不同的标识符，再插入自定义目录，具体操作方法如下。

**Step 01** 将光标定位到第一个"大节"标题前，选择"插入"选项卡，在"文本"组中单击"文档部件"下拉按钮，在弹出的下拉列表中选择"域"选项，如图 8-71 所示。

**Step 02** 弹出"域"对话框，在"类别"下拉列表框中选择"索引和目录"选项，选择 TC 域名，在"文字项"文本框中输入标题名称，并选中"有多个表格的文档中的 TC 项"复选框，设置"大纲级别"为 2，然后单击"确定"按钮，如图 8-72 所示。

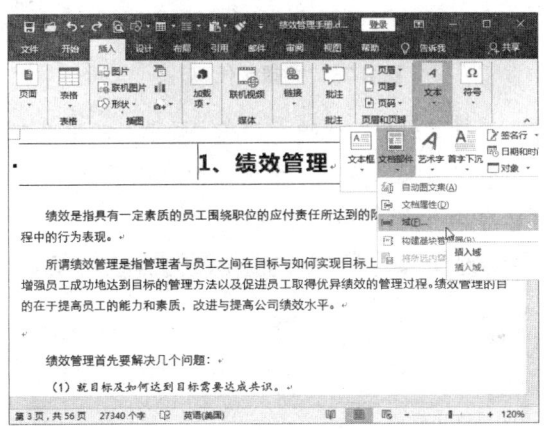

图 8-71 选择"域"选项

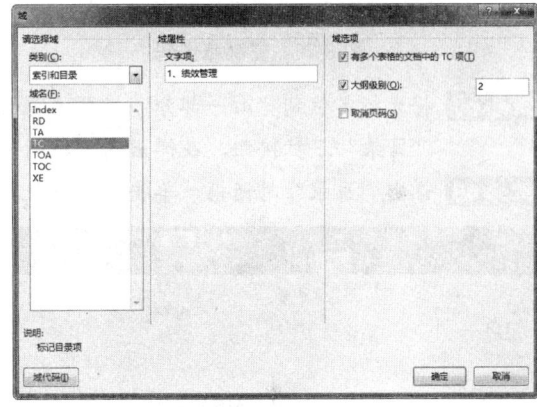

图 8-72 设置 TC 域

**Step 03** 在"段落"组中单击"显示/隐藏编辑标记"按钮，查看插入的 TC 域代码，如图 8-73 所示。

**Step 04** 在域代码"\f"开关中输入字母"o"（o 为自定义的标识符，在设置时可以输入除 c 以外的其他字母，因为 c 为默认标识符），如图 8-74 所示。

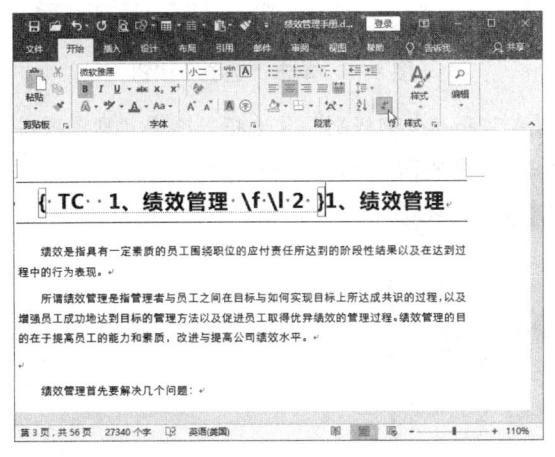

图 8-73 查看 TC 域代码

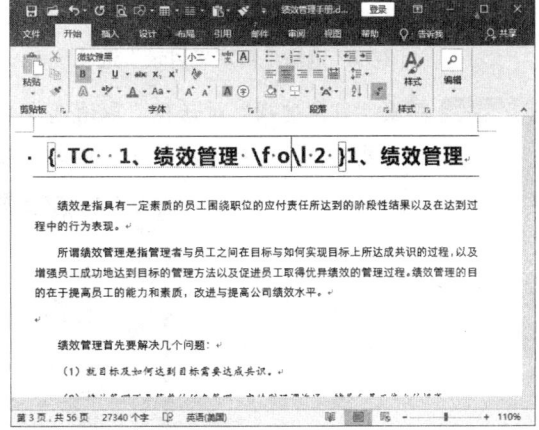

图 8-74 自定义标识符

**Step 05** 将插入的 TC 域代码复制到下一个大节标题前，并修改域代码中的标题文字，如图 8-75 所示。采用同样的方法，在本部分的其他大节标题前插入 TC 域代码。

**Step 06** 将域代码复制到小节标题文本前(即"2.1 绩效管理中的计划"),修改其中的标题文本,并在标题文本中添加双引号(英文状态下的引号),然后将域代码最后的目录级别由2改为3,如图8-76所示。复制该域代码到其他小节标题文本前,并修改标题。

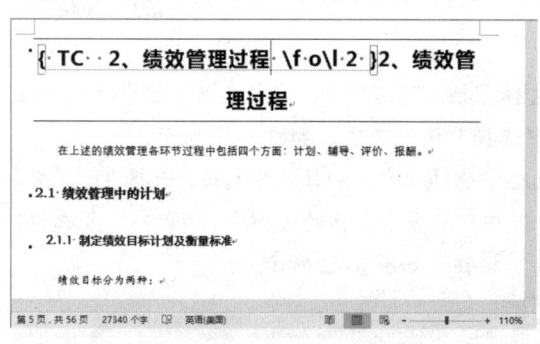

图8-75 复制域代码    图8-76 编辑域代码

**Step 07** 将光标定位到"第一部分"标题的页面中,选择"引用"选项卡,在"目录"组中单击"目录"下拉按钮,在弹出的下拉列表中选择"自定义目录"选项,如图8-77所示。

**Step 08** 弹出"目录"对话框,单击"选项"按钮,如图8-78所示。

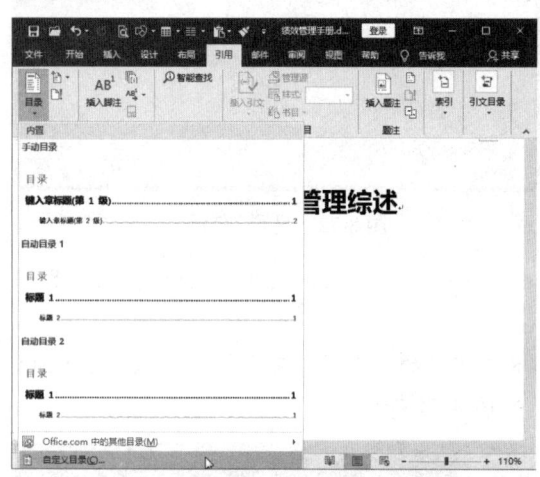
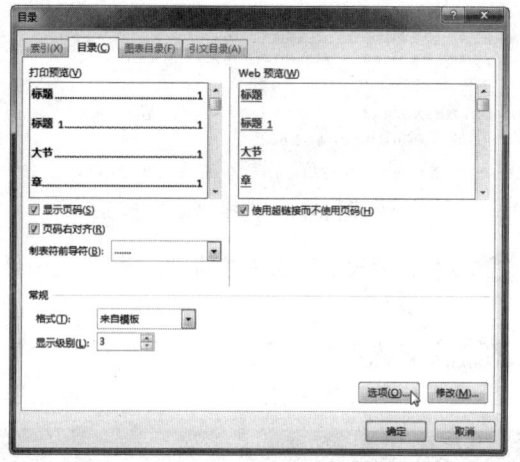

图8-77 选择"自定义目录"选项    图8-78 单击"选项"按钮

**Step 09** 弹出"目录选项"对话框,取消选择"样式"和"大纲级别"复选框,选中"目录项字段"复选框,然后依次单击"确定"按钮,如图8-79所示。

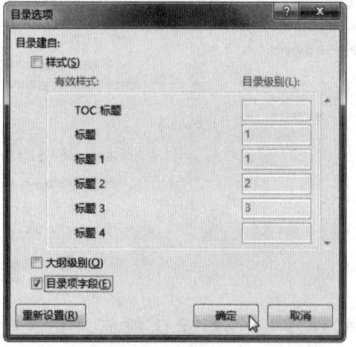

图8-79 "目录选项"对话框

Step 10 此时，在页面中显示"未找到目录项"，如图 8-80 所示。

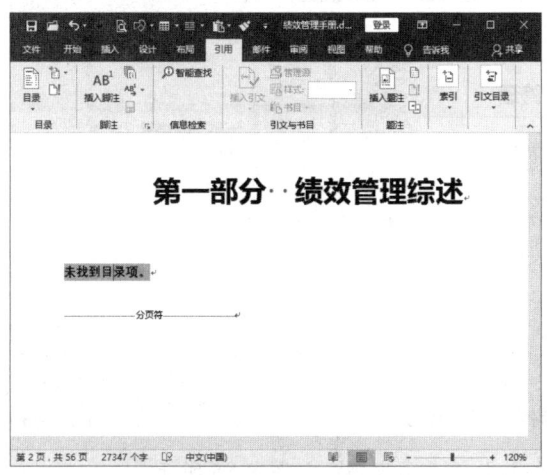

图 8-80　显示未找到目录项

Step 11 按【Alt+F9】组合键切换到域代码模式，在域代码中"\f"开关后添加标识符"o"，然后按【F9】键更新域代码，如图 8-81 所示。

Step 12 按【Alt+F9】组合键退出域代码模式，查看添加的目录效果，根据需要修改目录文本格式，效果如图 8-82 所示。

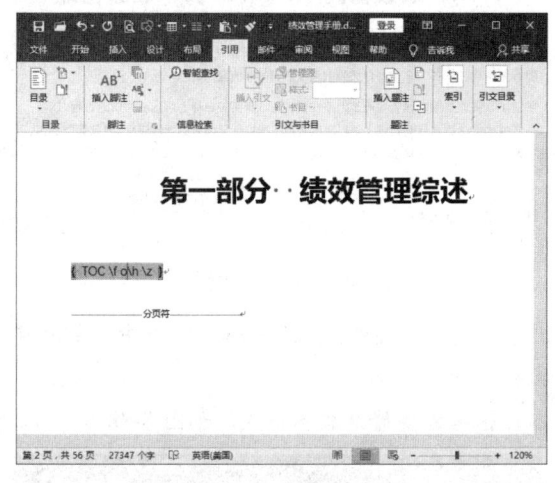

图 8-81　编辑域代码

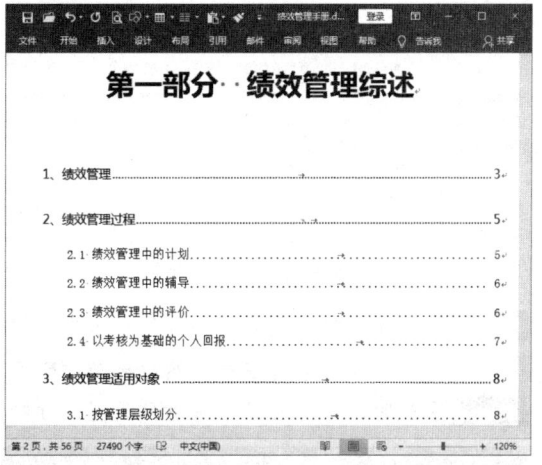

图 8-82　查看目录效果

## 8.2.4　在目录中添加注释文本

使用 TC 域可以为目录添加注释文本，使其显示在目录中，但不显示在文档正文中，具体操作方法如下。

Step 01 将光标定位到第 1 大节文本中，选择"插入"选项卡，在"文本"中单击"文档部件"下拉按钮，在弹出的下拉列表中选择"域"选项，如图 8-83 所示。

Step 02 弹出"域"对话框，选择 TC 域名，在"文字项"文本框中输入注释内容，选中"大纲级别"复选框，并设置"大纲级别"为 9（尽量设置稍大的大纲级别，即文档中标题不会用到的大纲级别），然后选中"取消页码"复选框，单击"确定"按钮，如图 8-84 所示。

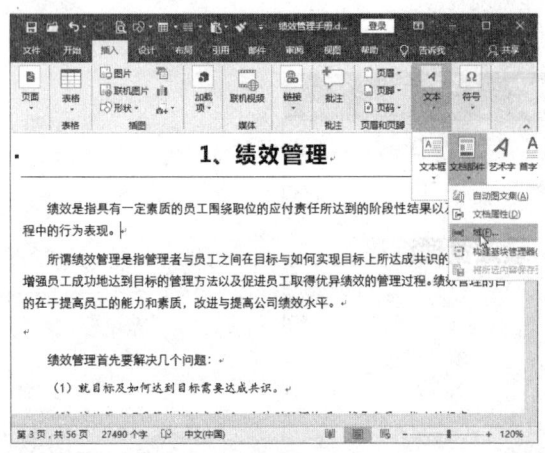

图 8-83　选择"域"选项　　　　　　　图 8-84　设置 TC 域

**Step 03** 此时，即可在文本中插入域代码，如图 8-85 所示。

**Step 04** 在"\n"开关前添加代码"\f o"，如图 8-86 所示。

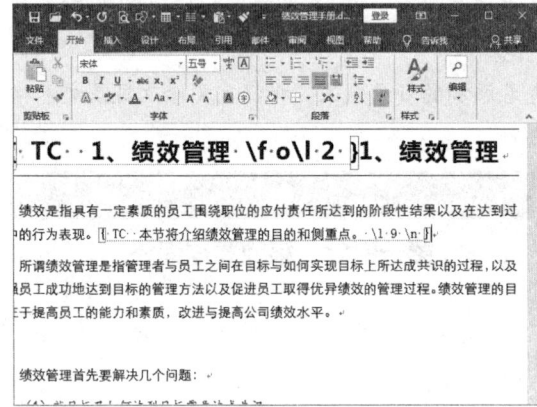 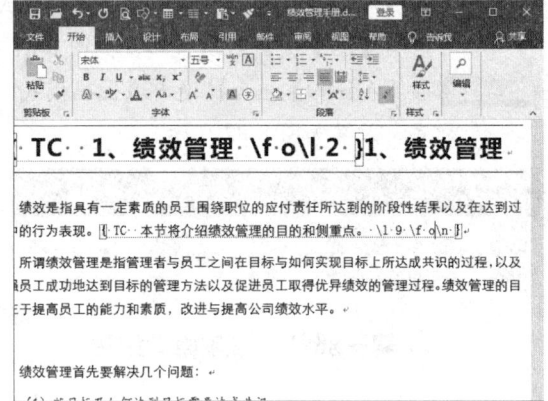

图 8-85　插入域代码　　　　　　　　图 8-86　编辑域代码

**Step 05** 将光标定位到第一部分的目录中，按【F9】键打开"更新目录"对话框，选中"更新整个目录"单选按钮，然后单击"确定"按钮，如图 8-87 所示。

**Step 06** 此时，即可在目录中看到设置的注释文本，根据需要修改文本格式，如图 8-88 所示。

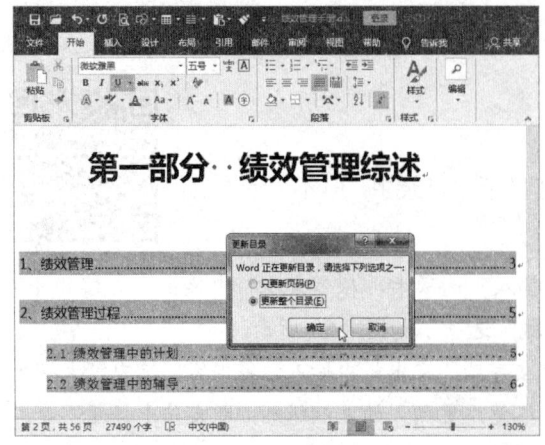 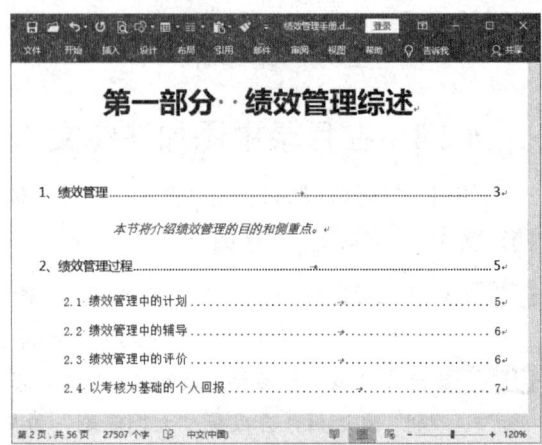

图 8-87　更新目录　　　　　　　　　图 8-88　查看注释文本

## 8.3 编辑长文档的页眉和页脚

当文档编辑完成后,可以根据需要对文档的页眉和页脚进行设置。下面将介绍如何自定义各节的页眉和页脚,以及如何在文档中插入自定义页码。

### 8.3.1 自定义页眉

要为文档中各节设置不同页眉和页脚,需要断开各节的链接,然后分别设置各节的页眉和页脚,具体操作方法如下。

**Step 01** 在第 2 页的页眉位置双击鼠标左键,如图 8-89 所示。

**Step 02** 进入页眉/页脚编辑状态,将光标定位到页眉中,在"设计"选项卡下"导航"组中单击"链接到前一节"按钮,取消页眉链接,然后单击"转至页脚"按钮,如图 8-90 所示。

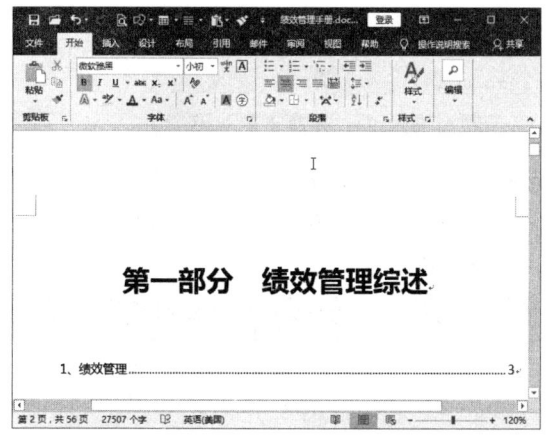

图 8-89 双击页眉位置　　　　　　　图 8-90 取消页眉链接

**Step 03** 此时,光标会自动定位到该页的页脚中。单击"链接到前一节"按钮,取消页脚链接,然后单击"下一条"按钮,如图 8-91 所示。

**Step 04** 跳转到下一节的页脚位置,单击"链接到前一节"按钮,取消页脚链接,如图 8-92 所示。单击"转至页眉"按钮,再单击"链接到前一节"按钮,取消页眉链接。采用同样的方法,取消其他各节的链接。

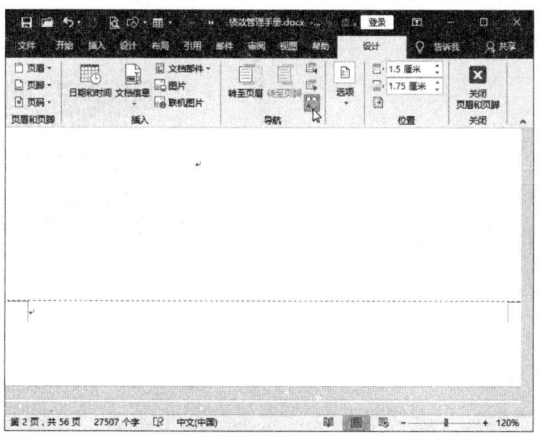 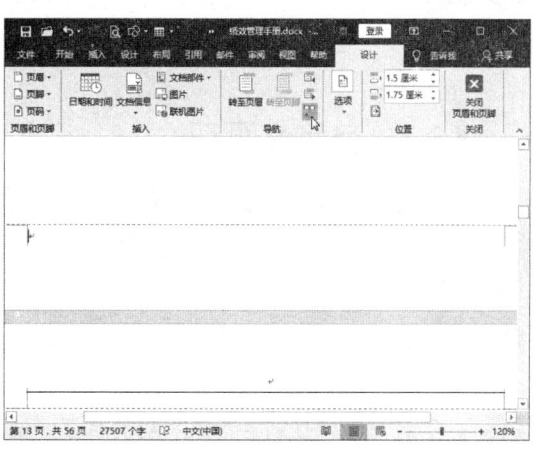

图 8-91 取消页脚链接　　　　　　　图 8-92 取消其他各节链接

**Step 05** 切换到第 2 页，进入页眉/页脚编辑状态，在页眉中插入文本框，输入文本并设置格式，然后复制文本框，单击"下一节"按钮，如图 8-93 所示。

**Step 06** 跳转到下一节的页眉，粘贴文本框，并修改文本，如图 8-94 所示。采用同样的方法，继续为其他节添加页眉。

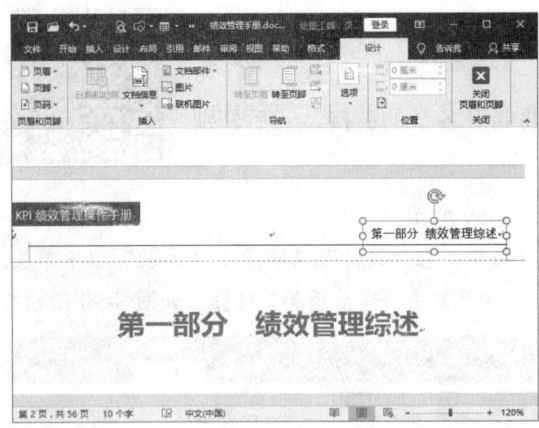

图 8-93　编辑页眉

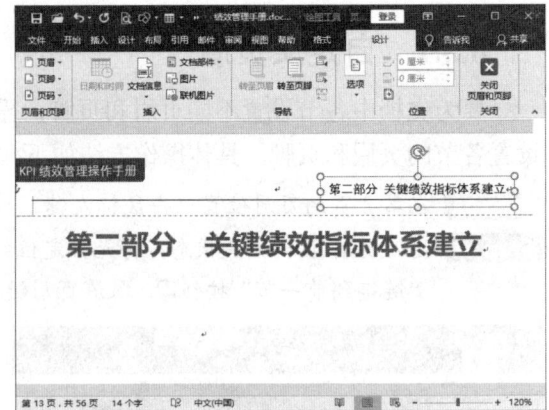

图 8-94　修改页眉文本

**Step 07** 对于横向页面的页眉，还需要更改文字方向。选择文本框，在"格式"选项卡下"文本"组中单击"文字方向"下拉按钮，选择"将中文字符旋转 270°"选项，如图 8-95 所示。

**Step 08** 此时，即可查看横向页面中的页眉效果，如图 8-96 所示。

图 8-95　设置文字方向

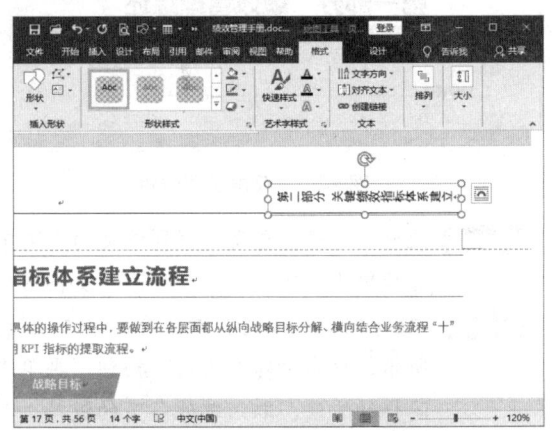

图 8-96　查看横向页面页眉

### 8.3.2　自定义页码

在长文档中插入页码时，若文档中包含封面页、目录页等不需要添加页码的页面，此时可以对页码进行自定义设置。下面将介绍使用插入域的方法自定义页码，具体操作方法如下。

**Step 01** 在第 2 页的页脚位置输入页码说明文本，并设置字体格式。选择"设计"选项卡，在"位置"组中设置页脚底端距离，如图 8-97 所示。

**Step 02** 将光标定位到要插入页码的位置，选择"插入"选项卡，在"文本"组中单击"文档部件"下拉按钮，在弹出的下拉列表中选择"域"选项，如图 8-98 所示。

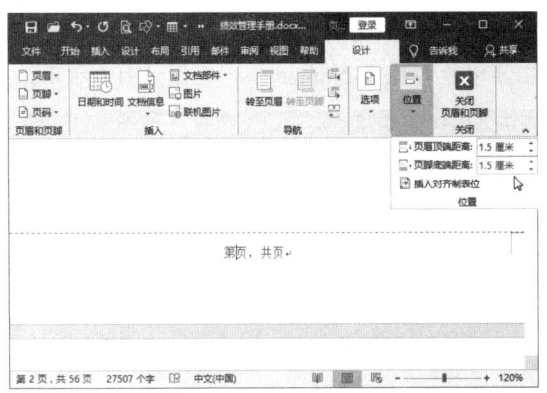

图 8-97　设置页脚位置

图 8-98　选择"域"选项

**Step 03** 弹出"域"对话框,在"类别"下拉列表框中选择"编号"选项,然后选择 Page 域名,单击"确定"按钮,如图 8-99 所示。

**Step 04** 此时,即可在页脚中插入页码。右击页码,在弹出的快捷菜单中选择"设置页码格式"命令,如图 8-100 所示。

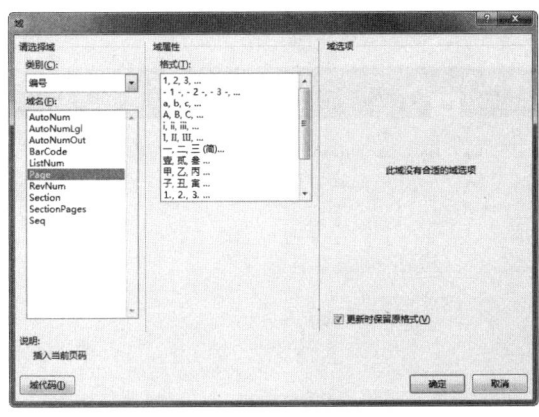

图 8-99　选择 Page 域名

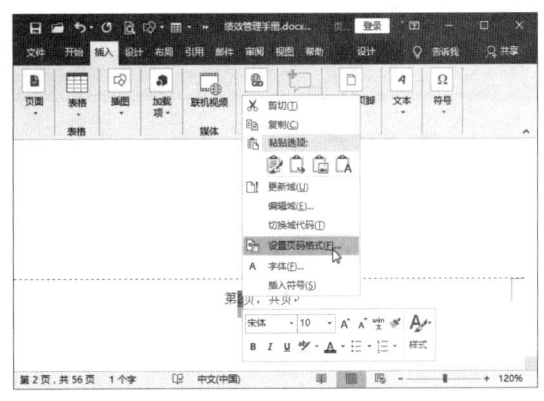

图 8-100　选择"设置页码格式"命令

**Step 05** 弹出"页码格式"对话框,设置"起始页码"为 1,然后单击"确定"按钮,如图 8-101 所示。

**Step 06** 按【Alt+F9】组合键切换到域代码模式,将光标定位到要插入域代码的位置,如图 8-102 所示。

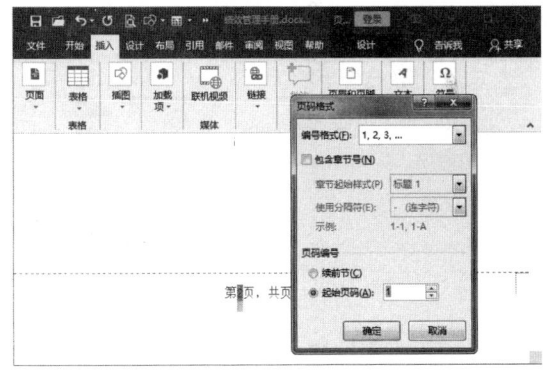

图 8-101　设置起始页码

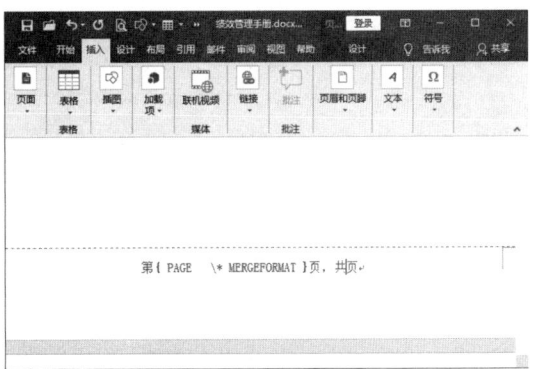

图 8-102　定位光标

**Step 07** 按【Ctrl+F9】组合键插入域代码,此时会自动生成大括号,输入等号,如图 8-103 所示。

**Step 08** 再次按【Ctrl+F9】组合键插入大括号,在其中输入域名 Numpages,如图 8-104 所示。

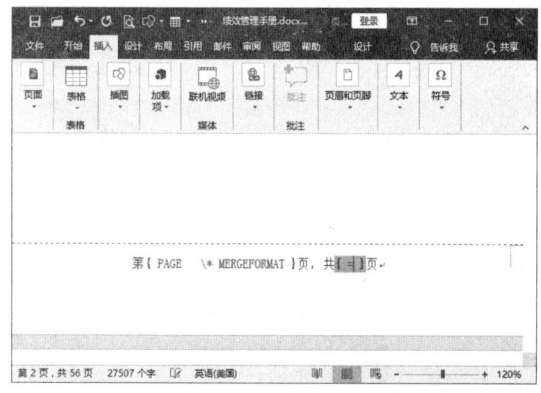 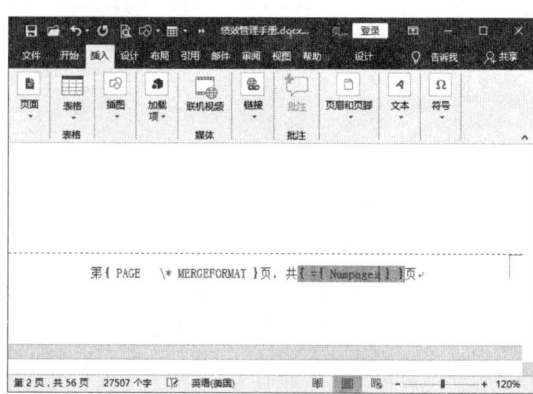

图 8-103 插入域代码　　　　　　　　　　图 8-104 编辑域代码

**Step 09** 在 Numpages 域代码后输入 "-1",即设置总页码减 1,如图 8-105 所示。

**Step 10** 按【Alt+F9】组合键退出域代码模式,查看插入的总页码,如图 8-106 所示。用户可以通过与状态栏上的页码进行比较,验证设置的总页码是否正确。

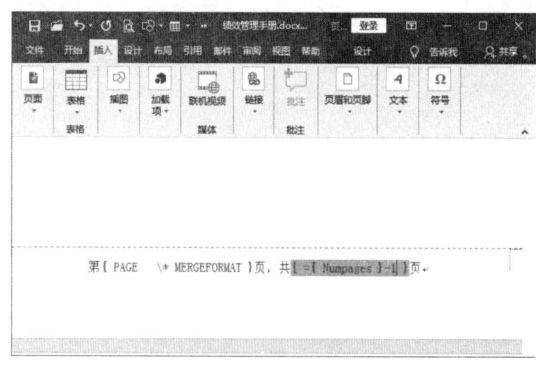 

图 8-105 设置总页码减 1　　　　　　　　图 8-106 插入总页码

**Step 11** 选择页脚文本,按【Ctrl+C】组合键进行复制,然后在"导航"组中单击"下一节"按钮,如图 8-107 所示。

**Step 12** 此时,即可跳转到下一节的页脚位置,按【Ctrl+V】组合键进行粘贴,效果如图 8-108 所示。采用同样的方法,为其他节添加页码。

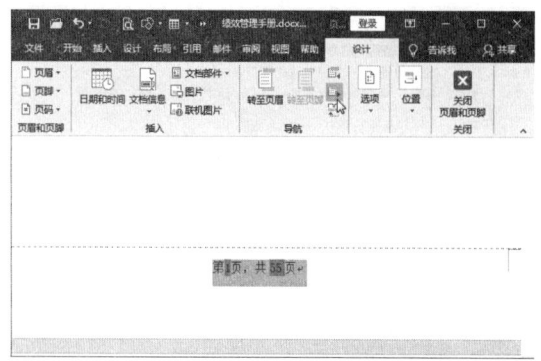 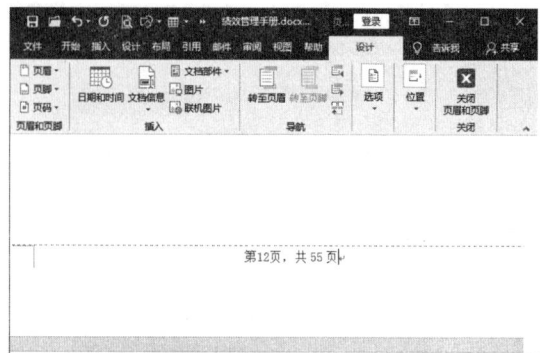

图 8-107 复制页码　　　　　　　　　　图 8-108 粘贴页码

### 8.3.3 自定义节页码

若要为文档的各节设置单独的页码，需要插入 Sectionpages 域（即本节的总页数）。下面将以"第六部分"内容为例，介绍如何自定义节页码，具体操作方法如下。

**Step 01** 切换到页眉/页脚编辑状态，将页脚中的页码复制到页眉中，如图 8-109 所示。

**Step 02** 按【Alt+F9】组合键切换到域代码模式，查看其中的域代码，如图 8-110 所示。

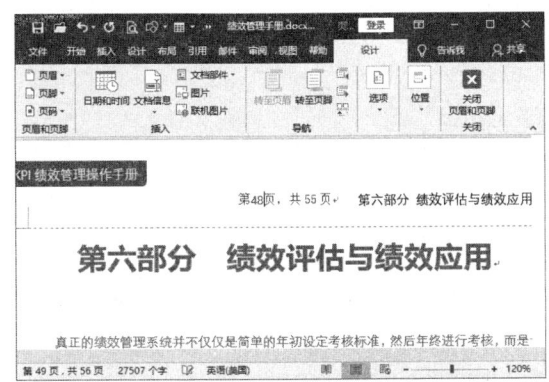
图 8-109　复制页码

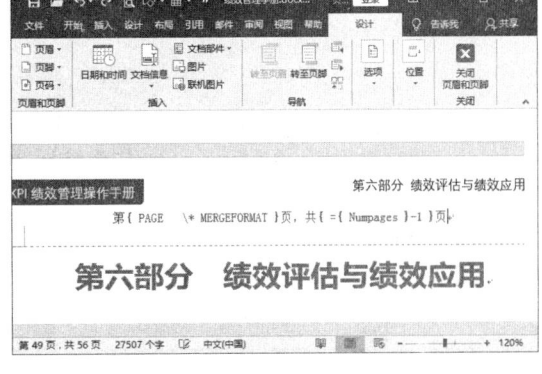
图 8-110　切换到域代码模式

**Step 03** 删除第 1 个域代码，并将第 2 个域代码"{ ={ Numpages } - 1}"复制到原来的第 1 个域代码位置，如图 8-111 所示。

**Step 04** 修改第 1 个域代码为"{ ={ page } - 47}"，该域代码表示当前页码减去上一页的页码 47，如图 8-112 所示。

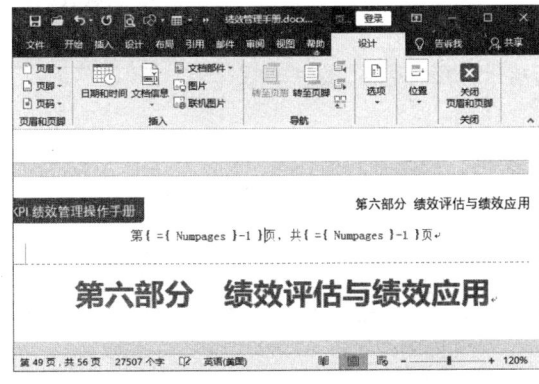
图 8-111　复制域代码

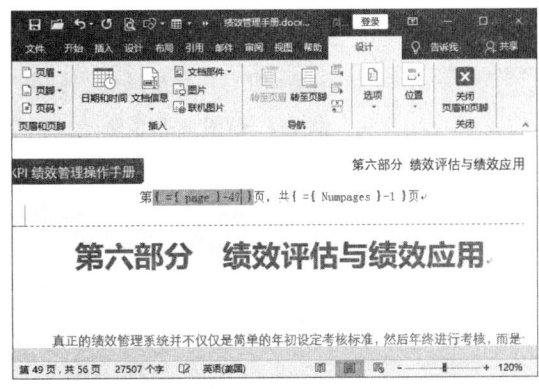
图 8-112　编辑域代码

**Step 05** 修改第 2 个域代码为{ Sectionpages }，该代码表示本节的总页码，如图 8-113 所示。

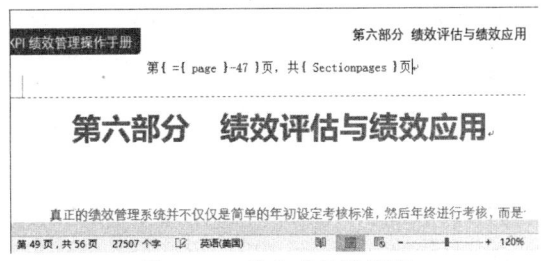
图 8-113　输入节的域代码

**Step 06** 按【Alt+F9】组合键退出域代码模式,查看插入的节页码效果,如图 8-114 所示。

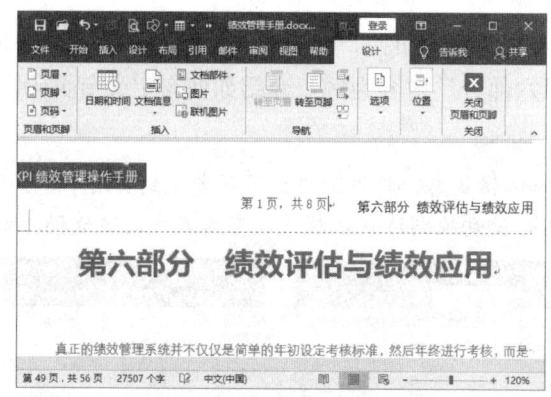

图 8-114　查看节页码效果

> **课堂解疑**
>
> 在 Word 2016 中还可以通过标记引文列出不同类别的引文目录,其操作方法与标记索引项类似,不同的是可以选择或替换类别。

## 8.4　插入题注

使用题注可以简短地描述文档中的图形、图片或表格,在文档中添加题注不仅可以满足排版的需要,更便于读者阅读。下面将介绍如何为文档中的图形、表格、图片添加题注,并创建表目录,具体操作方法如下。

**Step 01** 选择 SmartArt 图形,然后选择"引用"选项卡,在"题注"组中单击"插入题注"按钮,如图 8-115 所示。

**Step 02** 弹出"题注"对话框,单击"新建标签"按钮,如图 8-116 所示。

图 8-115　单击"插入题注"按钮

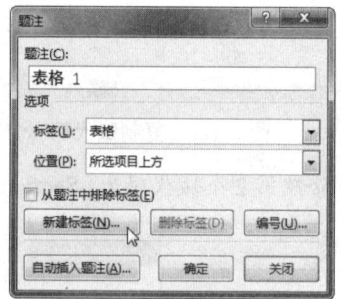

图 8-116　"题注"对话框

**Step 03** 弹出"新建标签"对话框,输入标签名,然后单击"确定"按钮,如图 8-117 所示。

**Step 04** 返回"题注"对话框,在"题注"文本框中查看题注效果,设置题注位置,然后单击"确定"按钮,如图 8-118 所示。

图 8-117　新建标签

图 8-118　设置题注位置

**Step 05** 此时，即可在 SmartArt 图形下方插入题注。在题注后输入所需的文本，选择题注并进行复制，如图 8-119 所示。

**Step 06** 在需要添加题注的图形、图片或表格下方粘贴题注，并修改文本。选择题注中的编号，按【F9】键可以自动刷新编号，如图 8-120 所示。采用同样的方法，将题注复制到其他需要的位置，并修改题注文本。

图 8-119　输入题注文本

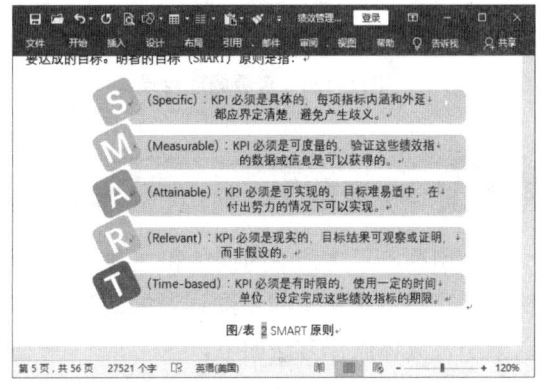
图 8-120　复制与粘贴题注

**Step 07** 在文档最后一页新建一节，输入"附表"。将光标定位到要插入表目录的位置，选择"引用"选项卡，在"题注"组中单击"插入表目录"按钮，如图 8-121 所示。

**Step 08** 弹出"图表目录"对话框，在"题注标签"下拉列表框中选择所需的题注标签，然后单击"确定"按钮，如图 8-122 所示。

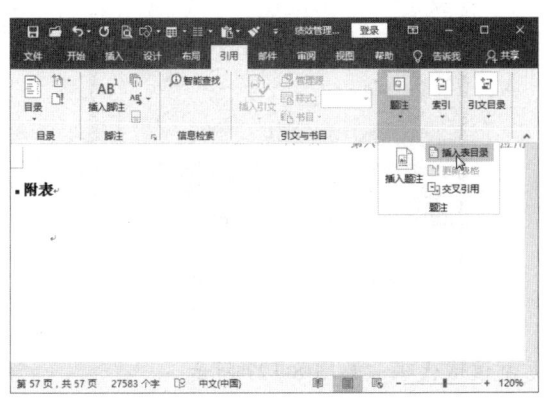
图 8-121　单击"插入表目录"按钮

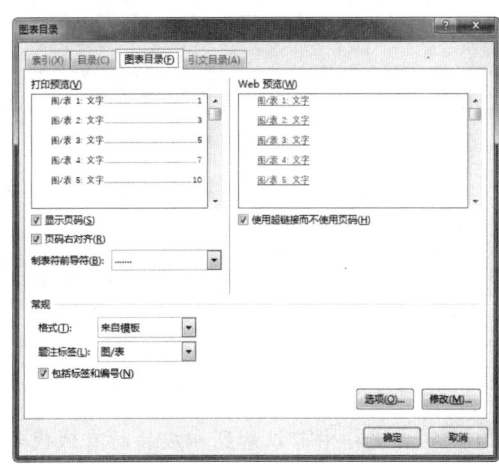
图 8-122　"图表目录"对话框

**Step 09** 此时，即可创建表目录。按住【Ctrl】键的同时单击目录，即可跳转到相应的位置。在表目录中可以看到有些编号有误，是因为其没有进行更新，如图8-123所示。

**Step 10** 按【Ctrl+A】组合键全选文档，按【F9】键更新文档中的所有目录，可以看到表目录中的编号完成更新，如图8-124所示。

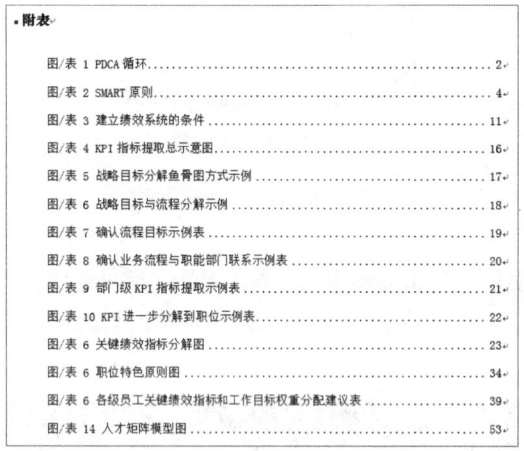

图 8-123　查看题注目录　　　　　　　　图 8-124　更新题注目录

## 8.5 插入索引

索引列出了文档中的词条和主题，同时可以显示词条和主题对应的页码，例如，可以将正文中的主题词语编制为索引项。下面将介绍如何在文档中插入索引，具体操作方法如下。

**Step 01** 选择要作为索引项的文本，然后选择"引用"选项卡，在"索引"组中单击"标记条目"按钮，如图8-125所示。

**Step 02** 弹出"索引"对话框，设置页码格式，然后单击"标记"按钮，即可标记该索引项，如图8-126所示。

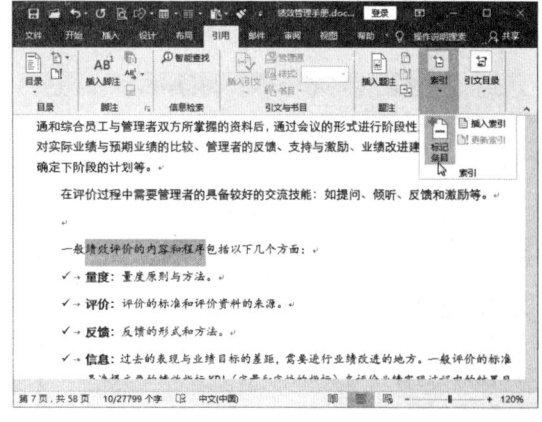
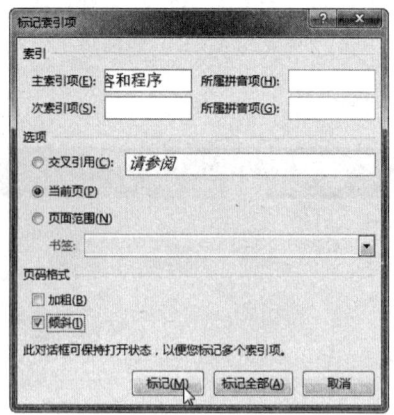

图 8-125　单击"标记条目"按钮　　　　　图 8-126　标记索引项

**Step 03** 在文档中可以看到相应的所有域代码，复制该域代码，如图8-127所示。

**Step 04** 将域代码粘贴到需要标记索引的位置，并修改其中的文本，如图8-128所示。

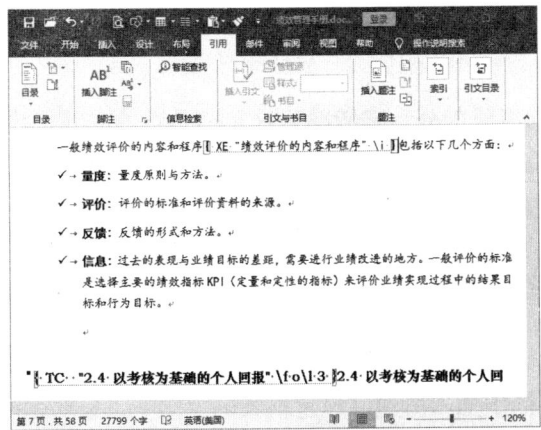

图 8-127 复制域代码

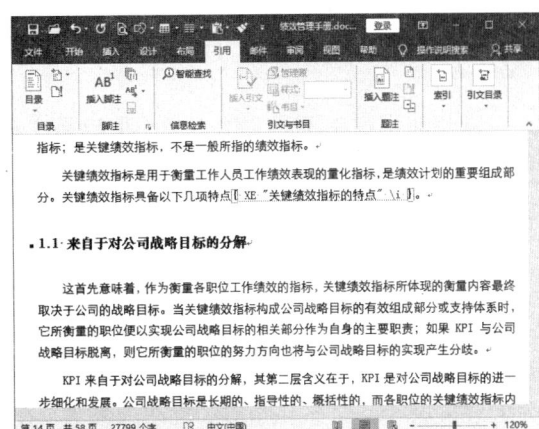

图 8-128 粘贴域代码并修改文本

**Step 05** 将光标定位到要插入索引项的位置,在"索引"组中单击"插入索引"按钮,如图 8-129 所示。

**Step 06** 弹出"索引"对话框,设置索引类型与栏数,然后单击"确定"按钮,如图 8-130 所示。

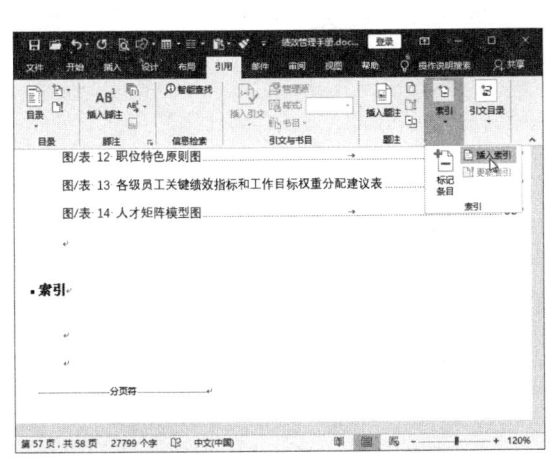

图 8-129 单击"插入索引"按钮　　　　　图 8-130 "索引"对话框

**Step 07** 此时,即可插入所有标记的索引项,如图 8-131 所示。

**Step 08** 若对文档进行编辑后需要更新索引,可以将光标定位到索引中并右击,在弹出的快捷菜单中选择"更新域"命令,如图 8-132 所示。

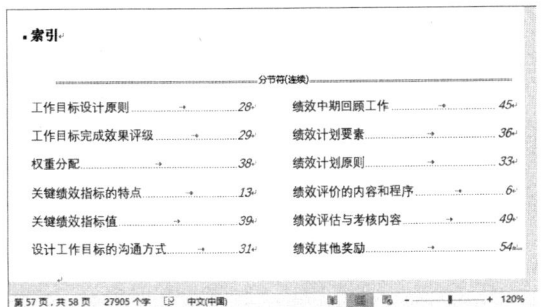

图 8-131 插入索引

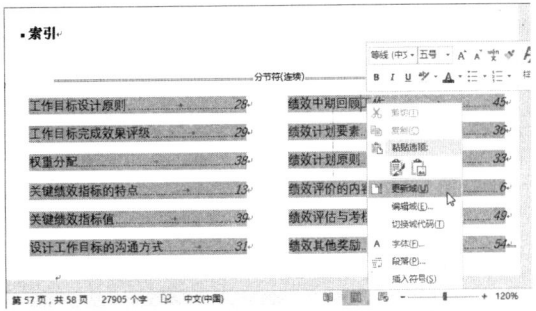

图 8-132 更新索引

## 8.6 插入脚注和尾注

脚注和尾注都不是文档正文，但也是文档的组成部分，它们都是对文档中的文本进行补充说明，如单词解释、备注说明，或标注引用内容的来源等。其中，脚注显示在页面下方，尾注显示在文档或小节的末尾。插入脚注和尾注的方法相同，下面以插入脚注为例进行介绍。

### 8.6.1 插入脚注并设置格式

在编辑文档时，为了使读者便于阅读和理解，可以在文档中插入脚注，为表述的某个事项提供解释、批注或参考。在文档中插入脚注并设置格式的具体操作方法如下。

**Step 01** 选择要添加脚注的文本，然后选择"引用"选项卡，在"脚注"组中单击"插入脚注"按钮，如图 8-133 所示。

**Step 02** 此时，将转到当前页下方并自动添加脚注编号，输入脚注内容，如图 8-134 所示。若要查看脚注的对应文本，可以双击脚注编号。

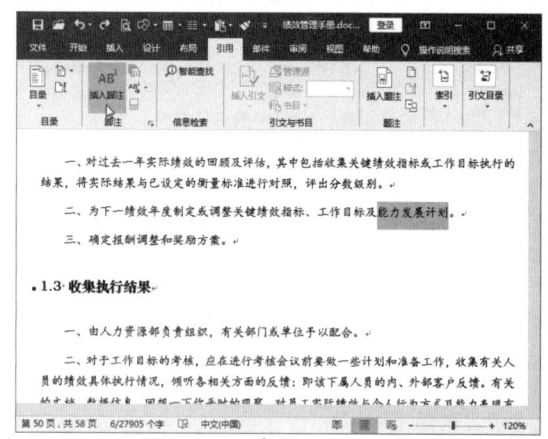

图 8-133　单击"插入脚注"按钮

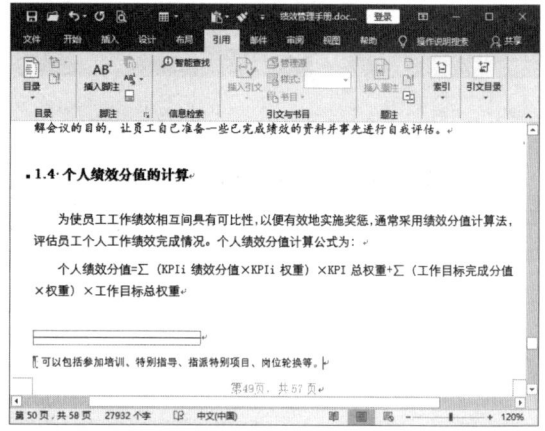

图 8-134　输入脚注内容

**Step 03** 此时会自动跳转到插入脚注的文本位置，将鼠标指针置于脚注标记上，就会显示脚注内容。双击脚注标记，将自动跳转到脚注位置，如图 8-135 所示。

**Step 04** 采用同样的方法，继续添加脚注。在脚注文本中右击，在弹出的快捷菜单中选择"便笺选项"命令，如图 8-136 所示。

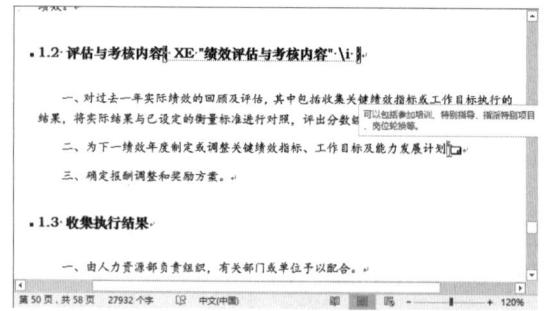

图 8-135　显示脚注内容

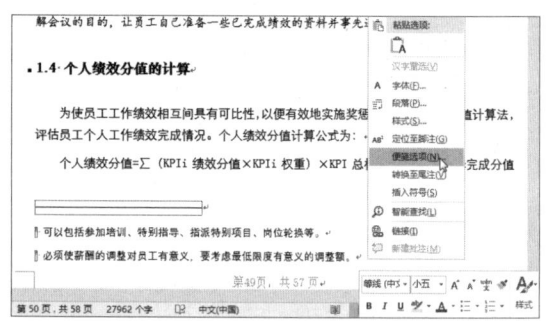

图 8-136　选择"便笺选项"命令

**Step 05** 弹出"脚注和尾注"对话框,在"编号格式"下拉列表框中选择所需的格式,然后单击"应用"按钮,如图 8-137 所示。单击"转换"按钮,可以设置脚注与尾注相互转换。

**Step 06** 此时可以看到脚注编号已经发生改变,选择脚注编号,如图 8-138 所示。

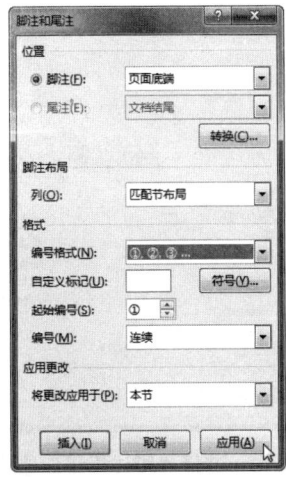

图 8-137　设置脚注编号格式

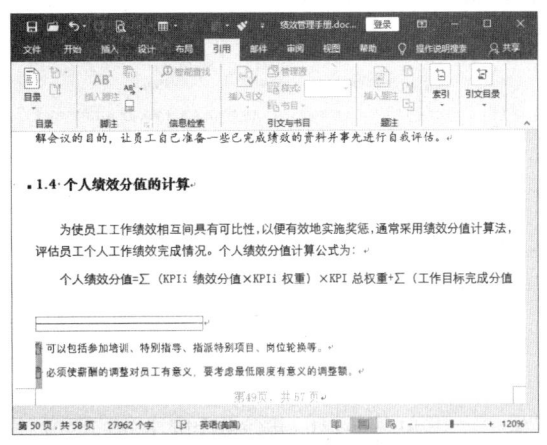

图 8-138　选择脚注编号

**Step 07** 按【Ctrl+D】组合键打开"字体"对话框,取消选择"上标"复选框,设置字形为"加粗",然后单击"确定"按钮,如图 8-139 所示。

**Step 08** 此时,即可更改脚注编号格式,效果如图 8-140 所示。

图 8-139　设置编号字体格式

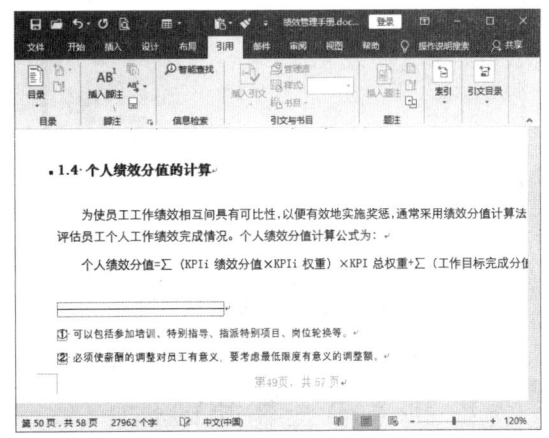

图 8-140　查看脚注编号效果

## 8.6.2　删除脚注和尾注

若不再需要脚注和尾注,可以将其删除。既可以逐个删除脚注和尾注,也可以通过设置删除文档中的全部脚注和尾注,具体操作方法如下。

**Step 01** 在文档中选择脚注标记,按【Delete】键即可将其删除,如图 8-141 所示。

**Step 02** 将光标定位到文档中,按【Ctrl+H】组合键打开"查找和替换"对话框,单击"特殊格式"下拉按钮,在弹出的下拉列表中选择"脚注标记"选项,如图 8-142 所示。

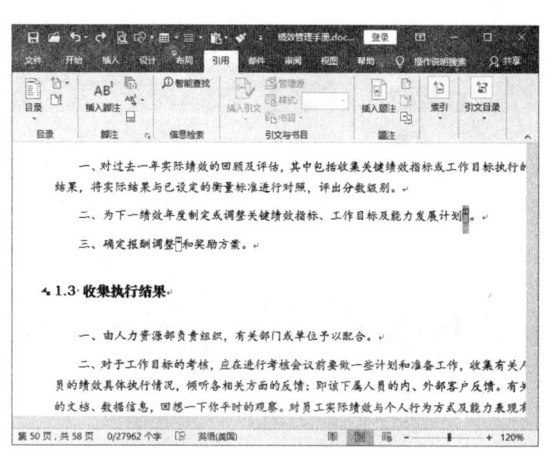

图 8-141　删除单个脚注

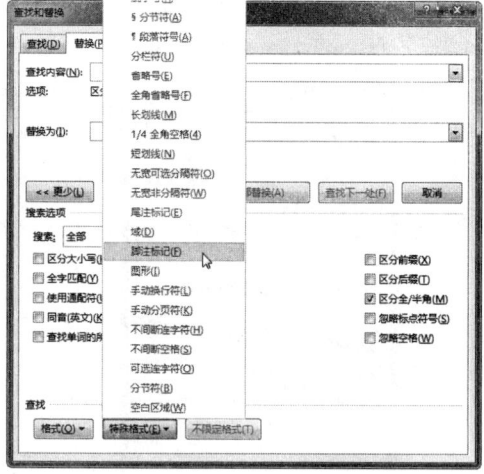

图 8-142　选择"脚注标记"选项

**Step 03** 设置"替换为"文本框无内容,然后单击"全部替换"按钮,如图 8-143 所示。

**Step 04** 弹出提示信息框,单击"确定"按钮,即可删除文档中的全部脚注,如图 8-144 所示。

图 8-143　单击"全部替换"按钮

图 8-144　删除所有脚注

## 8.7 插入书签和超链接

在编辑长文档的过程中,可以在特定的位置插入书签,以便下次阅读时能够快速跳转到该位置。添加书签后,还可以通过超链接跳转到指定的书签位置。

### 8.7.1 插入书签

插入书签,即为文档中指定位置或选择的文本、数据、图形等添加位置标记。添加书签的具体操作方法如下。

**Step 01** 将光标定位到要添加书签的位置，选择"插入"选项卡，在"链接"组中单击"书签"按钮，如图 8-145 所示。

**Step 02** 弹出"书签"对话框，输入书签名，然后单击"添加"按钮，即可添加书签，如图 8-146 所示。

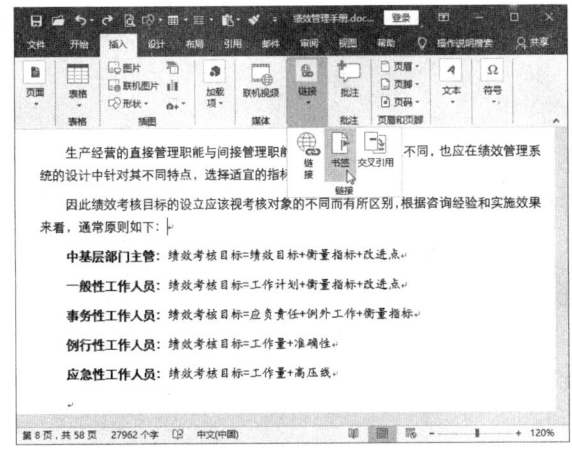

图 8-145 单击"书签"按钮

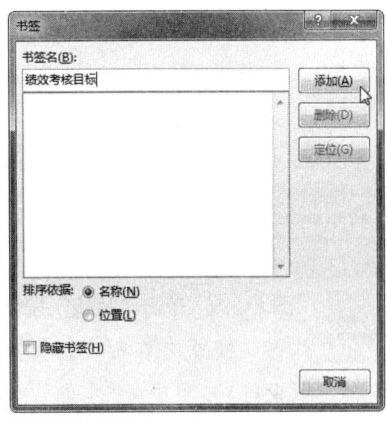

图 8-146 "书签"对话框

**Step 03** 采用同样的方法，继续添加书签。打开"书签"对话框，选择书签名，然后单击"定位"按钮，如图 8-147 所示。

**Step 04** 此时，即可定位到书签位置，如图 8-148 所示。

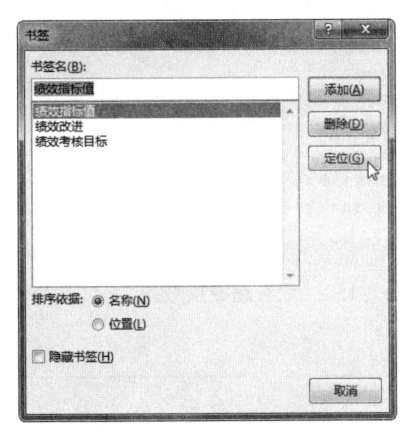

图 8-147 选择书签名

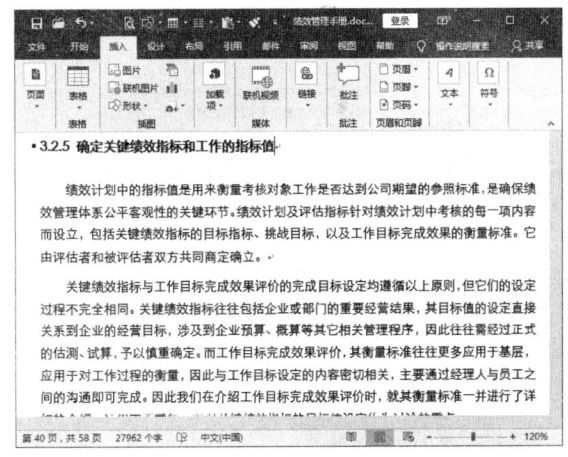

图 8-148 定位到书签位置

## 8.7.2 插入超链接

在文档中可以为文本、图形、图片等元素添加超链接，以打开网页、电脑中的文件、电子邮件或转到文档中的某个位置。下面在文档中为文本添加超链接，指向文档中的书签位置，具体操作方法如下。

**Step 01** 选择要添加超链接的文本，在"链接"组中单击"链接"按钮，如图 8-149 所示。也可以右击选择的文本，在弹出的快捷菜单中选择"链接"命令。

**Step 02** 弹出"插入超链接"对话框,在左侧单击"本文档中的位置"按钮,在右侧选择要链接到的书签位置,然后单击"确定"按钮,如图 8-150 所示。

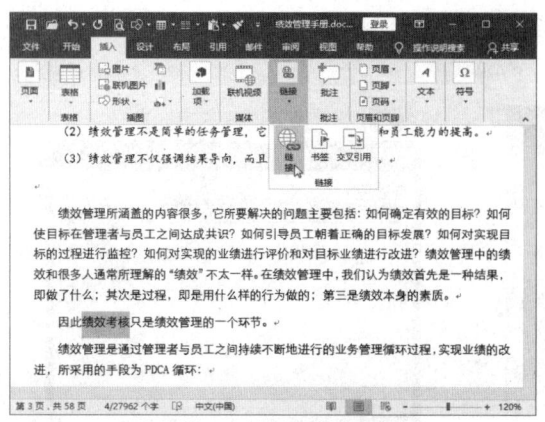

图 8-149　单击"链接"按钮

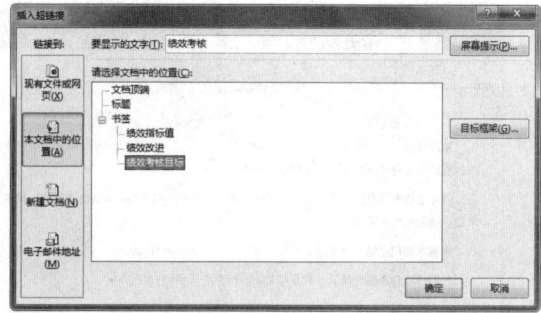

图 8-150　选择链接位置

**Step 03** 此时,即可为所选文本添加超链接,按住【Ctrl】键的同时单击超链接文本,如图 8-151 所示。

**Step 04** 此时,即可跳转到相应的书签位置,如图 8-152 所示。若要删除超链接,可以右击链接文本,在弹出的快捷菜单中选择"取消超链接"命令。

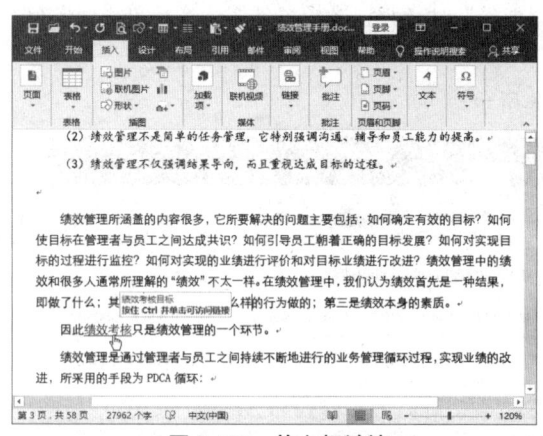

图 8-151　单击超链接

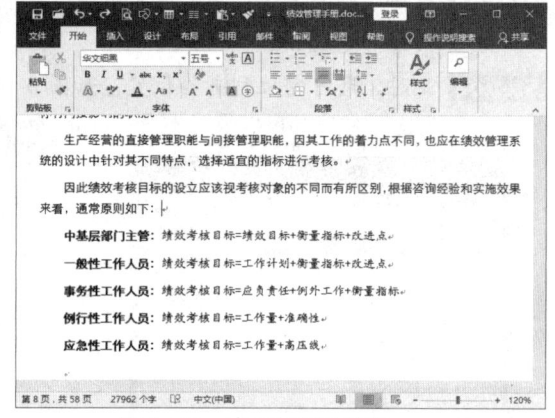

图 8-152　查看超链接效果

### 课堂解疑

选择"设计"选项卡,在"文档格式"组中单击"颜色"下拉按钮,然后在弹出的下拉列表中右击当前应用的颜色主题,在弹出的快捷菜单中选择"修改"命令,最后在弹出的对话框中可以设置"超链接"和"已访问的超链接"颜色。

## 8.8 综合实例——编辑"公司考勤管理制度"

下面结合前面学习的知识,对"公司考勤管理制度"文档进行编辑,其中包括修改文档格式、创建目录、添加书签、创建超链接,以及自定义页码等,方法如下。

**Step 01** 打开"素材文件\第8章\公司考勤制度.docx",将光标定位到内容文本中,单击"样式"下拉按钮,在弹出的下拉列表中可以看到其应用了"内容文本"样式。右击该样式,在弹出的快捷菜单中选择"修改"命令,如图8-153所示。

**Step 02** 弹出"修改样式"对话框,设置字体格式为"宋体",然后单击"确定"按钮,如图8-154所示。

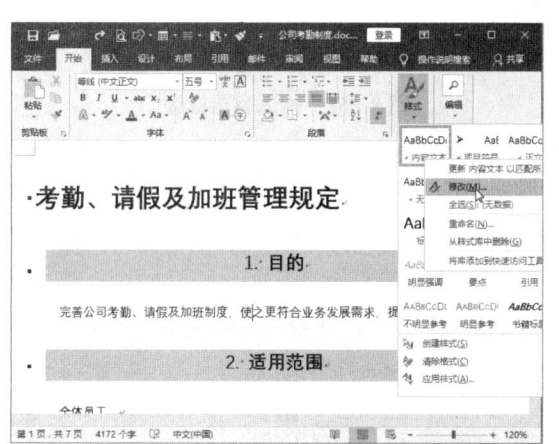

图8-153 修改样式

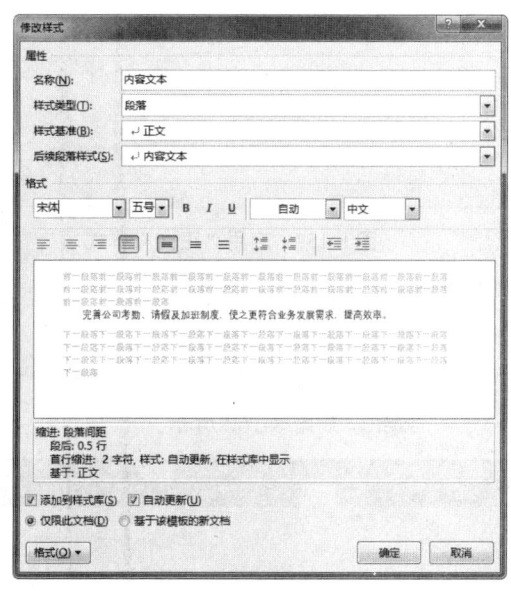

图8-154 设置字体格式

**Step 03** 此时,即可更改"内容文本"样式的字体格式,文档中所有应用该样式的文本的格式都会随之更改。将光标定位到标题文本前,选择"布局"选项卡,在"页面设置"组中单击"分隔符"下拉按钮,在弹出的下拉列表中选择"下一页"选项,如图8-155所示。

**Step 04** 此时,即可在文档前插入一页空白页,光标后的文本会移至下一页。在"段落"组中单击"显示编辑标记"按钮,查看插入的分节符,如图8-156所示。

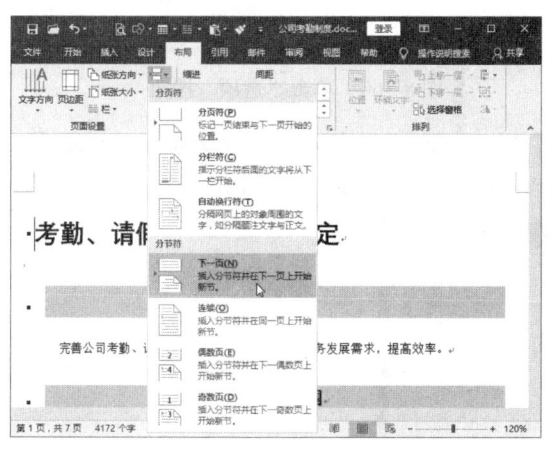

图8-155 插入分节符

图8-156 显示分节符标记

**Step 05** 打开"样式"窗格,应用"正文"样式,然后按【Enter】键键入空行,如图8-157所示。

**Step 06** 输入目录标题,并设置字体格式,如图8-158所示。

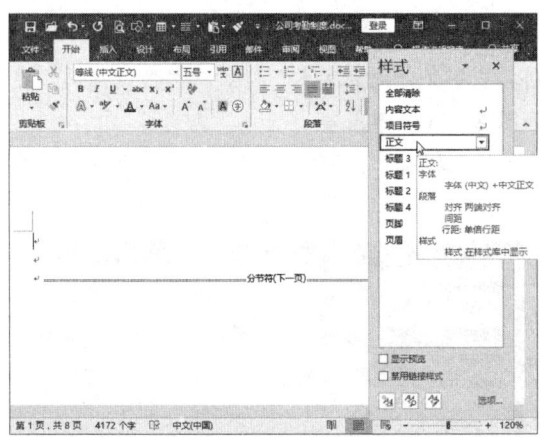
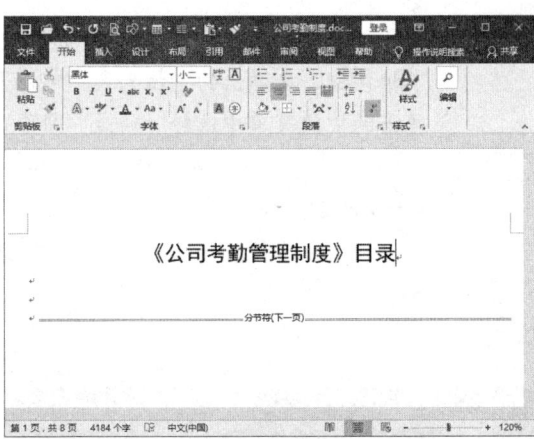

图 8-157　应用"正文"样式　　　　　图 8-158　输入目录标题

**Step 07**　选择"引用"选项卡，单击"目录"下拉按钮，在弹出的下拉列表中选择"自定义目录"选项，如图 8-159 所示。

**Step 08**　弹出"目录"对话框，在"格式"下拉列表框中选择"正式"选项，然后单击"选项"按钮，如图 8-160 所示。

图 8-159　选择"自定义目录"选项　　　　　图 8-160　单击"选项"按钮

**Step 09**　弹出"目录选项"对话框，删除"标题 1"样式的目录级别，并分别设置"标题 2"和"标题 3"样式的目录级别为 1 和 2，然后依次单击"确定"按钮，如图 8-161 所示。

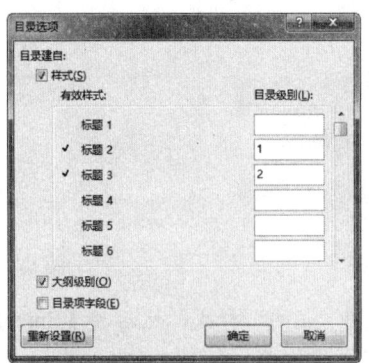

图 8-161　设置目录选项

**Step 10** 此时，即可为文档创建目录，效果如图 8-162 所示。

**Step 11** 根据需要设置各级目录的字体格式，将 1 级目录字体设置为"宋体"，将 2 级标题字体设置为"楷体"，效果如图 8-163 所示。

**Step 12** 选择要添加书签的文本，然后选择"插入"选项卡，在"链接"组中单击"书签"按钮，如图 8-164 所示。

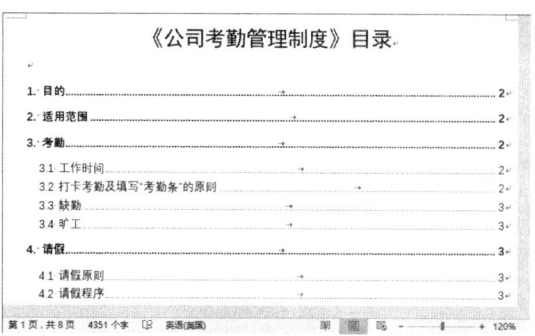

图 8-162 创建目录

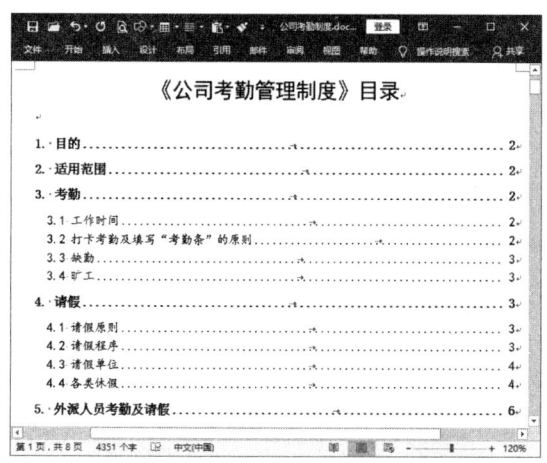

图 8-163 设置目录字体格式

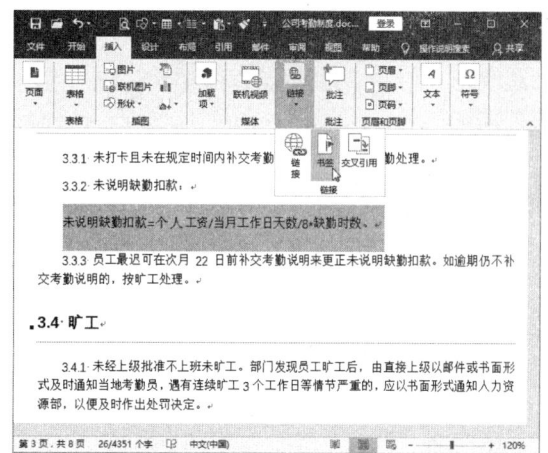

图 8-164 单击"书签"按钮

**Step 13** 弹出"书签"对话框，输入书签名，然后单击"添加"按钮，如图 8-165 所示。

**Step 14** 采用同样的方法继续添加书签，在"排序依据"选项区中选中"位置"单选按钮，然后单击"关闭"按钮，如图 8-166 所示。

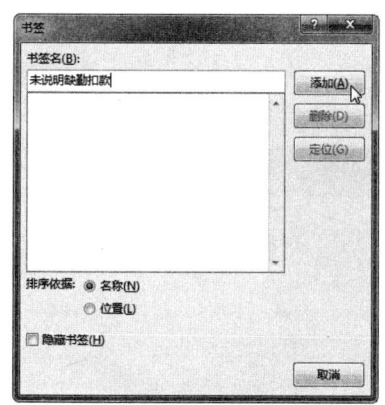

图 8-165 添加书签

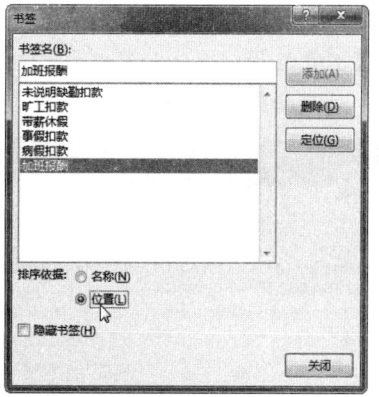

图 8-166 设置书签排序依据

**Step 15** 在文档第 1 页目录下方输入"关注项目"相关文本，并设置字体格式。选择"未说明缺勤扣款"文本并右击，在弹出的快捷菜单中选择"链接"命令，如图 8-167 所示。

**Step 16** 弹出"插入超链接"对话框，在左侧单击"本文档中的位置"按钮，在右侧选择要链接到的书签位置，然后单击"确定"按钮，如图 8-168 所示。

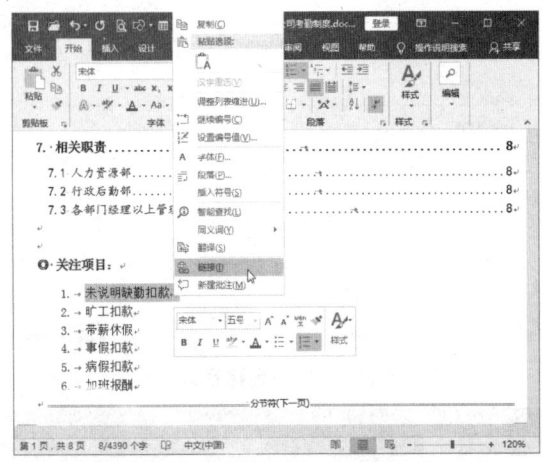

图 8-167 选择"链接"命令

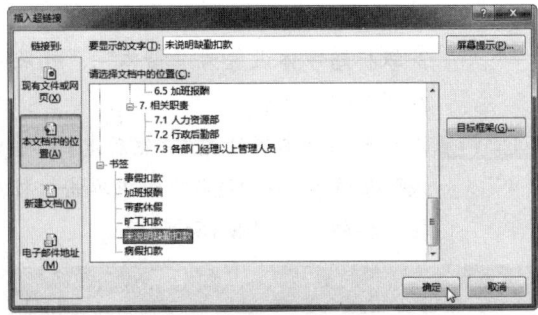

图 8-168 选择书签位置

**Step 17** 采用同样的方法,为其他文本创建超链接,并分别指向相应的标签,如图 8-169 所示。

**Step 18** 根据需要修改超链接文本的字体格式,然后按住【Ctrl】键的同时单击超链接文本,如图 8-170 所示。

图 8-169 继续创建超链接

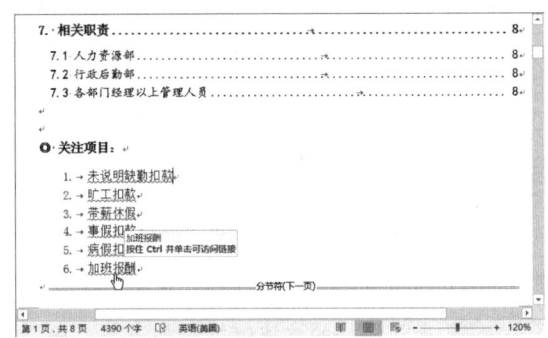

图 8-170 单击超链接文本

**Step 19** 此时,即可跳转到相应的书签位置,如图 8-171 所示。

**Step 20** 在第 2 页的页脚位置双击,进入页眉/页脚编辑状态,单击"链接到前一节"按钮,取消页脚链接,如图 8-172 所示。

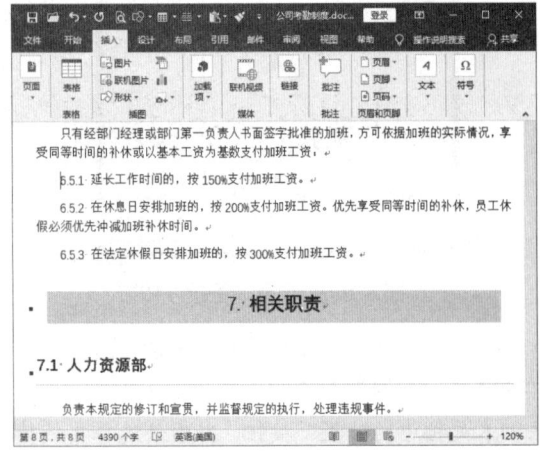

图 8-171 跳转到书签位置

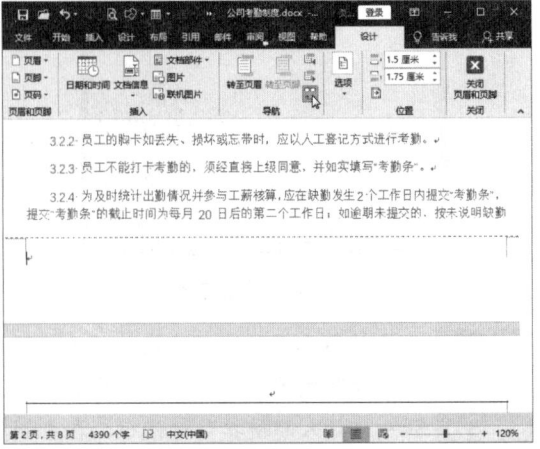

图 8-172 取消页脚链接

Step 21 单击"页码"下拉按钮,选择"页面底端"选项,在弹出的列表框中选择所需的页码样式,如图 8-173 所示。

Step 22 此时,即可为文档添加页码,效果如图 8-174 所示。

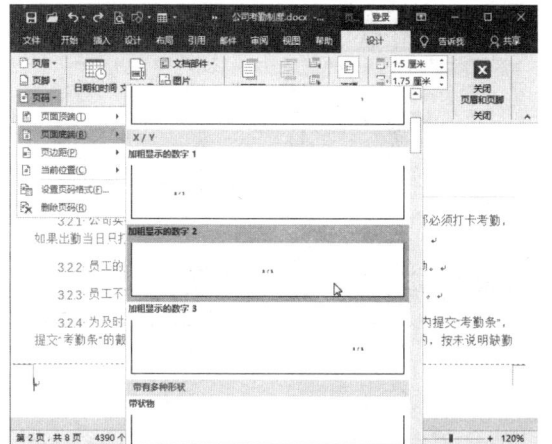

图 8-173　选择页码样式

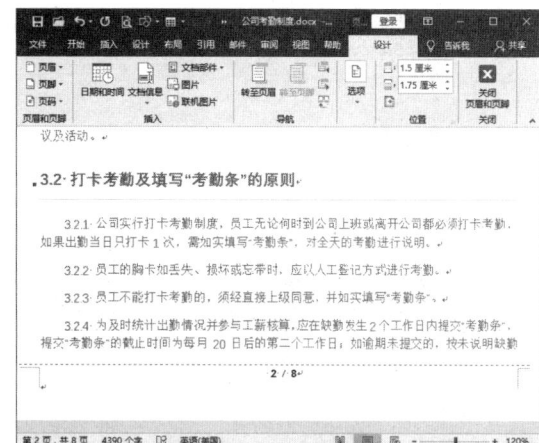

图 8-174　添加页码

Step 23 按【Alt+F9】组合键切换到域代码模式,右击第 1 个域代码,在弹出的快捷菜单中选择"设置页码格式"命令,如图 8-175 所示。

Step 24 弹出"页码格式"对话框,设置"起始页码"为 1,然后单击"确定"按钮,如图 8-176 所示。

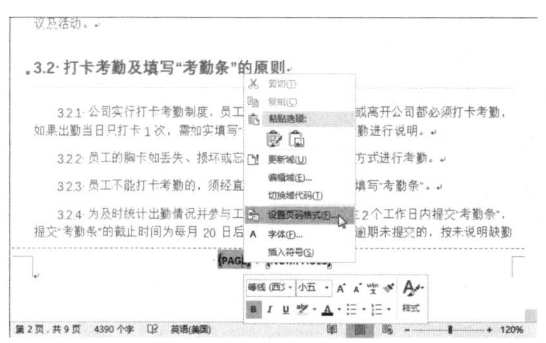

图 8-175　选择"设置页码格式"命令

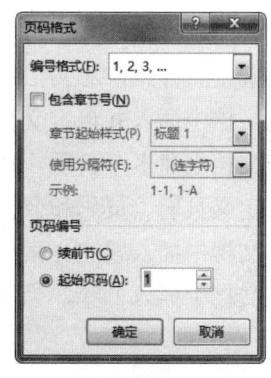

图 8-176　设置起始页码

Step 25 删除第 2 个域代码中的 NUMPAGES,如图 8-177 所示。

Step 26 在第 2 个域代码中输入等号,如图 8-178 所示。

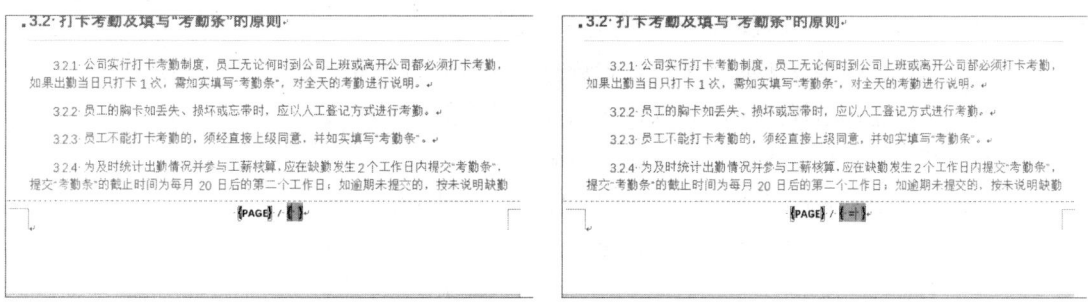

图 8-177　删除域代码　　　　　　　　　图 8-178　输入等号

**Step 27** 按【Ctrl+F9】组合键插入域代码，此时会自动生成大括号，在其中输入 NUMPAGES，然后在括号外输入"－1"，如图 8-179 所示。

**Step 28** 按【Alt+F9】组合键退出域代码模式，查看页码效果，如图 8-180 所示。

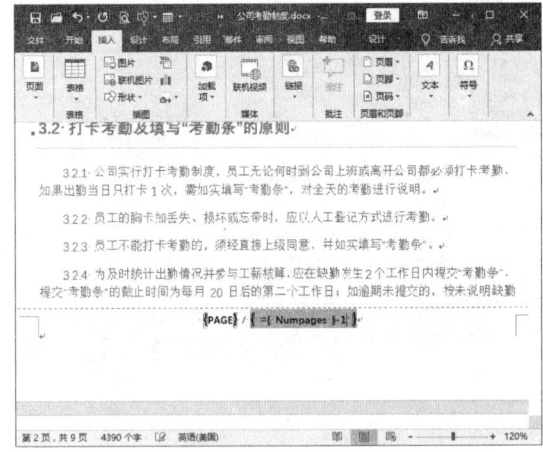

图 8-179　编辑域代码

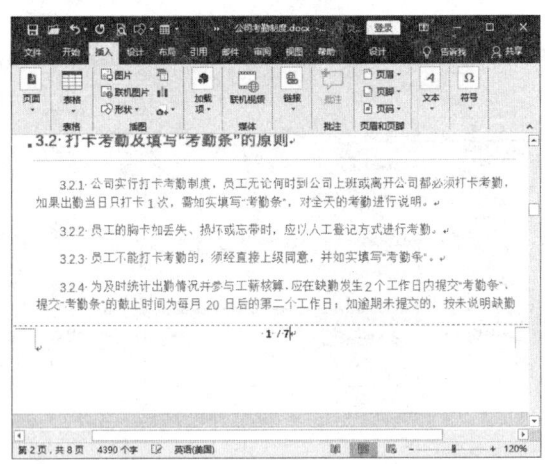

图 8-180　查看页码效果

## 本章小结

通过对本章的学习，读者应该掌握以下知识。
（1）设置文档标题格式，折叠与调整文档标题。
（2）设置正文样式，对文档进行分页或分节，设置横向页面。
（3）在文档中插入并自定义目录，将指定文本添加到目录中。
（4）为文档创建多个目录，在目录中添加注释文本。
（5）自定义页眉、页码和节页码。
（6）在文档中插入题注、索引、脚注和尾注。
（7）在文档中插入书签，为文本创建超链接。

## 课后习题

一、选择题

1. 关于长文档格式设置，下列说法错误的是（　　）。
　　A．在选择标题文本时，可以设置选择格式相似的文本
　　B．在创建标题样式时，可以使样式基于预设的标题样式
　　C．创建样式后，可以为其指定快捷键
　　D．按【Ctrl+Enter】组合键，可以快速插入分节符
2. 要为文档中选定的内容添加位置标记，可以插入（　　）。
　　A．书签　　　　　　　　　　　　　　B．索引

C．题注　　　　　　　　　　D．尾注

3．关于文档目录，下列说法错误的是（　　）。

　　A．在创建目录时，可以修改标题样式的目录级别

　　B．创建目录后，可以按【Ctrl+F9】组合键更新目录

　　C．通过 TC 域代码可以为文档的每一部分分别创建目录

　　D．创建目录后，按【Alt+F9】组合键可以切换到域代码模式

## 二、填空题

1．若文档中包含某些水平的内容（如列数较多的表格），则可以将这些页面方向更改为_____。

2．要在文档中添加多个目录，需要在 TC 域代码的_____开关中添加自定义标识符。

3．在域代码编辑模式下，_____域名表示页码，_____域名表示总页码，_____域名表示节页码。

## 三、实操题

打开"素材文件\第 8 章\人事考核制度.docx"，根据本章所学知识编辑该长文档，为其设置标题格式，创建目录，添加页眉和页脚，添加注释等，如图 8-181 所示。

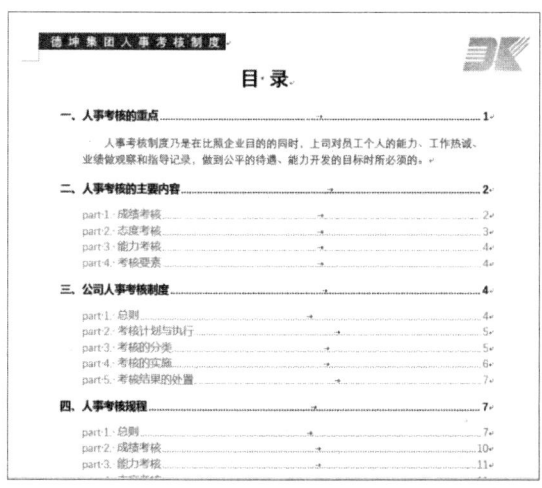
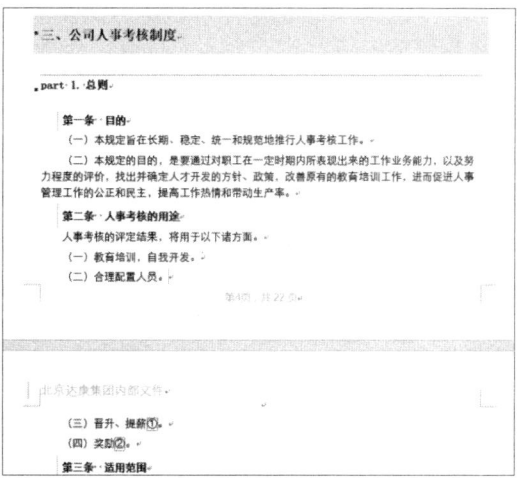

图 8-181　编辑"人事考核制度"

**操作提示：**

（1）为文档标题文本设置格式并创建标题样式。

（2）插入目录，在目录中添加注释文本，并设置目录格式。

（3）为文本插入脚注，并设置脚注编号格式。

（4）编辑文档页眉，自定义文档页码。

# 第 9 章 文档的审阅与修订

【学习目标】
- 掌握在文档中查找和替换内容的方法。
- 掌握在文档中插入批注的方法。
- 掌握修订文档与检查文档的方法。
- 掌握设置限制编辑格式或内容的方法。

文档编辑完成后,需要对文档进行审阅,使用"查找与替换"功能可以批量处理错误的内容或格式。在审阅文档的过程中,对于有问题的地方可以进行修订或添加批注,还可以根据需要限制文档编辑加以保护。本章将学习如何对 Word 文档进行审阅与修订。

## 9.1 查找与替换内容

在文档编辑过程中,若某个词语或句子多次输入错误,就需要在整个文档中对其进行修改。若手动查找工作量会很大,而且容易遗漏,此时可以使用"查找和替换"功能来查找与替换相应的内容,这样会大大提高工作效率。

### 9.1.1 查找内容

使用"查找"功能可以在文档中快速搜索需要的文本,并将搜索到的文本高亮显示出来,具体操作方法如下。

**Step 01** 打开"素材文件\第 9 章\劳动合同.docx",在文档中选择要进行查找的内容范围,然后在"编辑"组中单击"查找"下拉按钮,在弹出的下拉列表中选择"高级查找"选项,如图 9-1 所示。

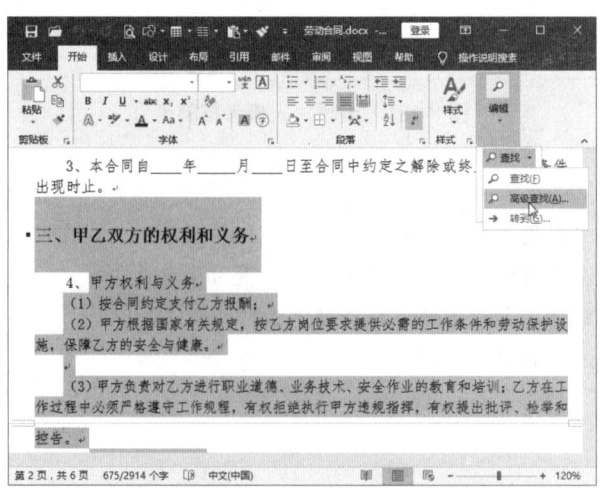

图 9-1 选择"高级查找"选项

**Step 02** 弹出"查找和替换"对话框,输入查找内容"乙方",然后单击"阅读突出显示"下拉按钮,在弹出的下拉列表中选择"全部突出显示"选项,如图 9-2 所示。

**Step 03** 此时,在文档中即可突出显示所找到的"乙方"文本,如图 9-3 所示。

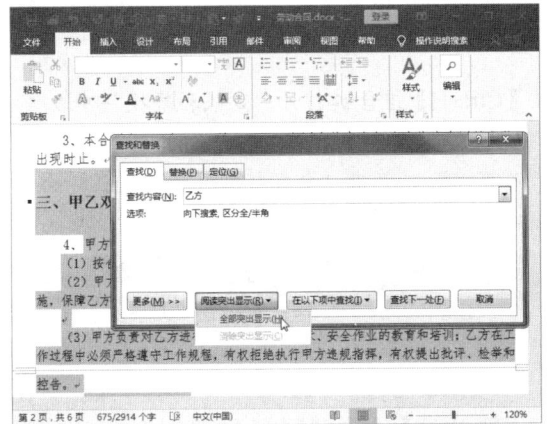

图 9-2 设置查找内容

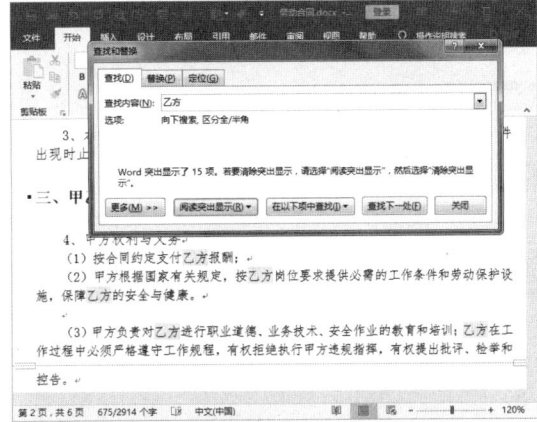

图 9-3 突出显示查找内容

**Step 04** 在"查找内容"文本框中输入"甲方",然后单击"阅读突出显示"下拉按钮,在弹出的下拉列表中选择"全部突出显示"选项,即可在文档中同时突出显示"甲方"文本,效果如图 9-4 所示。

**Step 05** 若要在整个文档中进行查找,则按【Ctrl+F】组合键打开"导航"窗格,在搜索框中输入要查找的内容,如"双方",即可自动显示查找结果。在"结果"选项卡下选择查找结果选项,即可跳转到相应的位置,如图 9-5 所示。

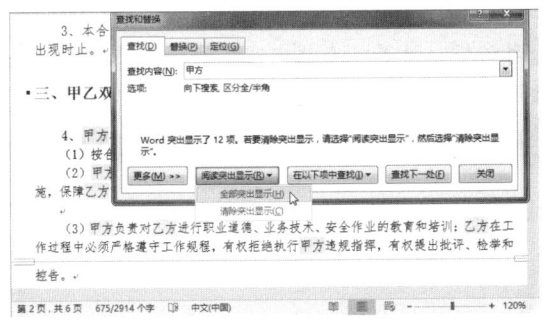

图 9-4 选择"全部突出显示"选项

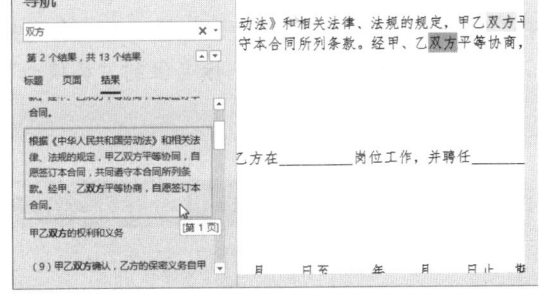

图 9-5 选择查找结果选项

**Step 06** 在"导航"窗格中单击搜索框右侧的下拉按钮,在弹出的下拉列表中还可以设置查找图形、表格、公式、脚注/尾注、批注等,如图 9-6 所示。

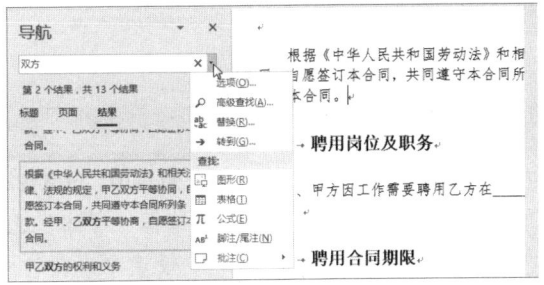

图 9-6 查找更多项目

## 9.1.2 替换文本与格式

使用"替换"功能可以快速、批量地对文档中需要替换的内容进行更改，还可以替换文档中指定的文本格式，从而避免了繁琐的格式设置操作，具体操作方法如下。

**Step 01** 在文档中选择要替换文本的内容范围，按【Ctrl+H】组合键打开"查找和替换"对话框，如图 9-7 所示。

**Step 02** 设置查找内容为"不得"，设置替换为"不可以"，单击"全部替换"按钮，在弹出的提示信息框中单击"否"按钮，查看替换效果，如图 9-8 所示。

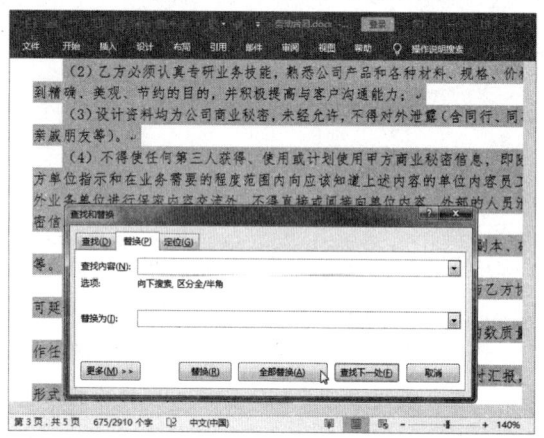

图 9-7　打开"查找和替换"对话框

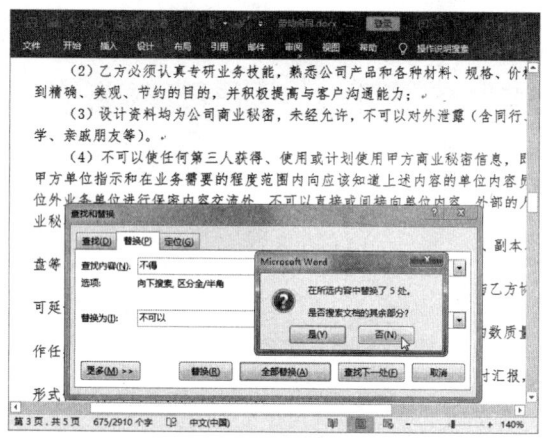

图 9-8　查找和替换文本

**Step 03** 在文档中选择要替换文本格式的内容范围，如图 9-9 所示。

**Step 04** 按【Ctrl+H】组合键打开"查找和替换"对话框，设置"查找内容"和"替换为"均为"乙方"，并将光标定位到"替换为"文本框中，如图 9-10 所示。

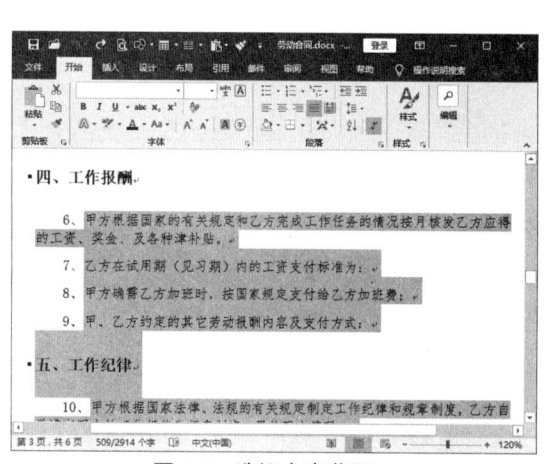

图 9-9　选择内容范围

图 9-10　设置查找与替换内容

**Step 05** 单击"格式"下拉按钮，在弹出的下拉列表中选择"字体"选项，如图 9-11 所示。

**Step 06** 弹出"替换字体"对话框，选择"加粗"字形，设置字体颜色为红色，然后单击"确定"按钮，如图 9-12 所示。

第9章 文档的审阅与修订 | 223

图 9-11 选择"字体"选项

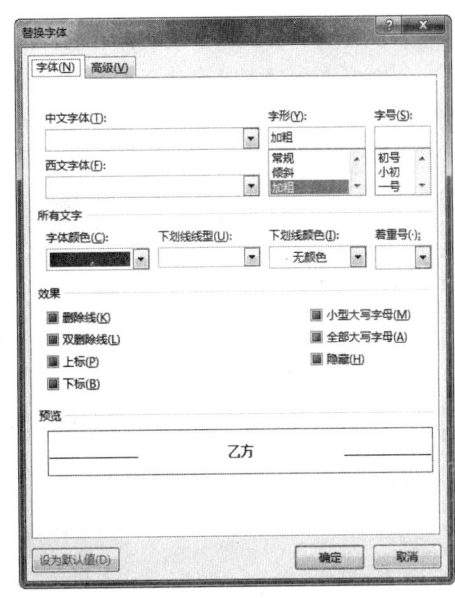

图 9-12 "替换字体"对话框

**Step 07** 此时,在"替换为"文本框下方就会显示文本格式。单击"全部替换"按钮,在弹出的提示信息框中单击"否"按钮,如图 9-13 所示。

**Step 08** 替换完成后,可以看到所选内容中"乙方"文本的字体格式已经统一替换为"红色,加粗"格式,如图 9-14 所示。

**Step 09** 若文档中包含空行,也可以使用"查找与替换"功能将空行删除。在文档中选择要进行查找和替换的内容范围,如图 9-15 所示。

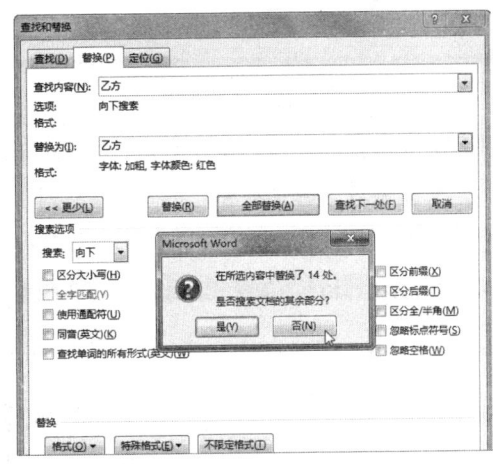

图 9-13 单击"否"按钮

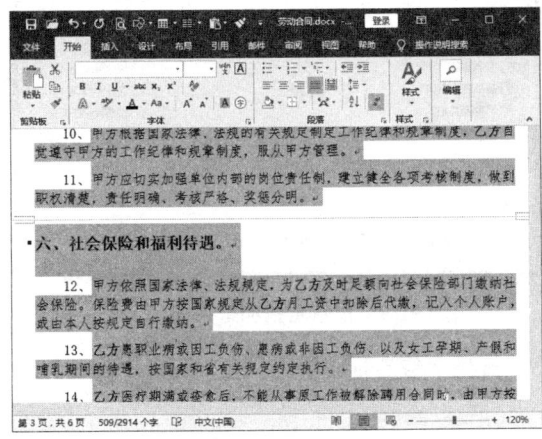

图 9-14 查看替换效果

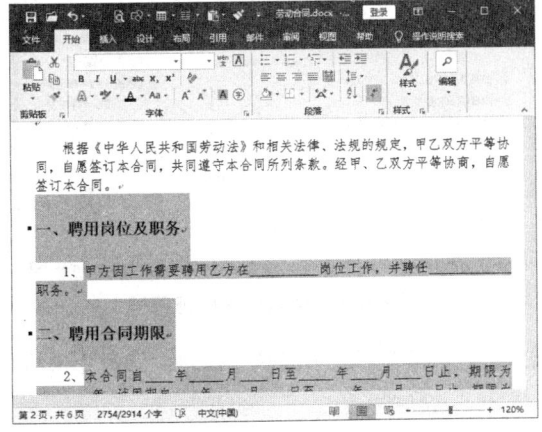

图 9-15 选择内容范围

**Step 10** 按【Ctrl+H】组合键打开"查找和替换"对话框,将光标定位到"替换为"文本框中,然后单击"不限定格式"按钮,清除当前的格式,如图9-16所示。

**Step 11** 将光标定位到"查找内容"文本框中,单击"特殊格式"下拉按钮,在弹出的下拉列表中选择"段落标记"选项,如图9-17所示。

图9-16 清除格式

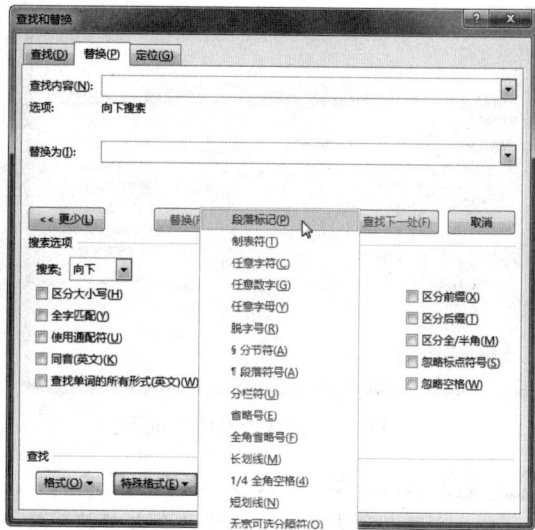

图9-17 选择"段落标记"选项

**Step 12** 此时,即可在"查找内容"文本框中插入段落标记符号"^p",如图9-18所示。

**Step 13** 复制段落标记符号,并将其粘贴到"查找内容"和"替换为"文本框中,设置将两个段落标记替换为一个段落标记,这样即可删除文档中的空行,如图9-19所示。

图9-18 插入段落标记符号

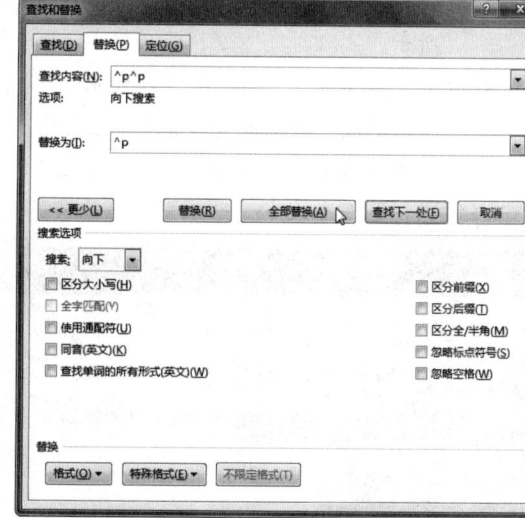

图9-19 设置查找和替换内容

**Step 14** 单击"全部替换"按钮,查看替换结果,弹出提示信息框,单击"否"按钮,如图9-20所示。

**Step 15** 再次单击"全部替换"按钮,在弹出的提示信息框中单击"否"按钮,如图9-21所示。

图 9-20　单击"否"按钮

图 9-21　继续替换

**Step 16** 采用同样的方法继续进行替换，直到全部替换完成，在弹出的提示信息框中单击"否"按钮，如图 9-22 所示。

图 9-22　全部替换完成

## 9.1.3　使用通配符查找与替换内容

在 Word 文档中进行查找和替换操作时，还可以使用通配符优化搜索。常用的通配符有"?"和"*"，"?"表示任意单个字符，"*"表示任意字符串。使用通配符查找与替换内容的具体操作方法如下。

**Step 01** 选择文档中的标题文本，在"编辑"组中单击"选择"下拉按钮，在弹出的下拉列表中选择"选择格式相似的文本"选项，即可选择文档中的所有标题文本，如图 9-23 所示。

**Step 02** 按【Ctrl+H】组合键打开"查找和替换"对话框，在"搜索选项"选项区中选中"使用通配符"复选框，在"查找内容"文本框中输入"?、"，然后单击"全部替换"按钮，如图 9-24 所示。

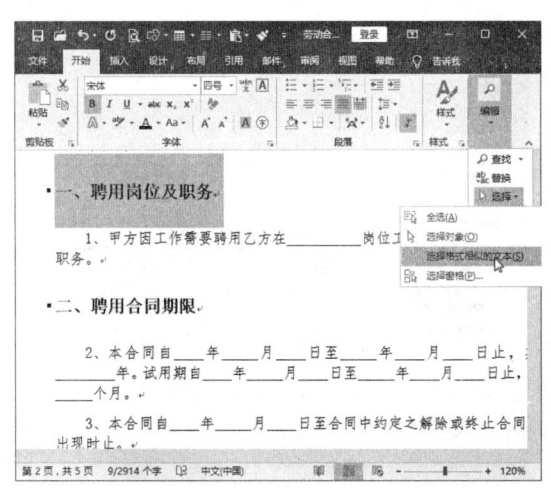

图 9-23　选择"选择格式相似的文本"选项

图 9-24　使用通配符查找和替换内容

**Step 03** 此时，即可删除标题中所有手动输入的序号，效果如图 9-25 所示。

**Step 04** 在"段落"组中单击"编号"下拉按钮，在弹出的下拉列表中选择所需的编号样式，即可应用自动编号，如图 9-26 所示。

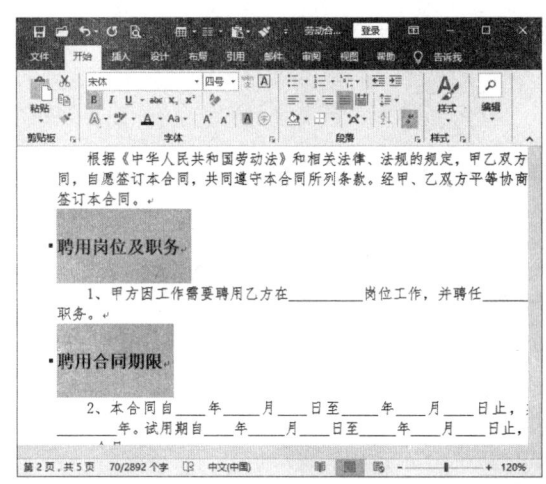

图 9-25　查看替换效果

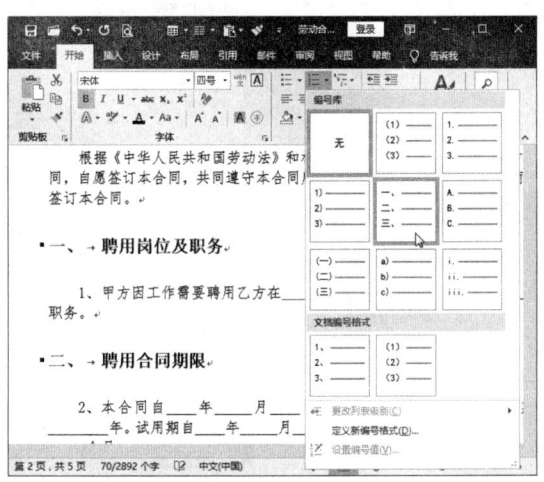

图 9-26　应用自动编号

## 9.2　审阅与修订文档

　　Word 2016 的文档审阅功能包括修订、批注和标记操作，这为不同用户共同协作提供了方便，修订完成后还可以对文档进行检查，以及限制文档编辑。

### 9.2.1　插入批注

　　批注是作者或审阅者为文档添加的一些注释或注解。下面将介绍如何在文档中添加批注，以及如何更改批注的显示方式，具体操作方法如下。

# 第9章 文档的审阅与修订

**Step 01** 打开"素材文件\第9章\物资采购的管理办法.docx",右击任一选项卡,选择"自定义功能区"命令,打开"Word 选项"对话框,在左侧选择"常规"选项,在右侧输入用户名及其缩写,然后单击"确定"按钮,如图 9-27 所示。

**Step 02** 在文档中选择文本并右击,在弹出的快捷菜单中选择"新建批注"命令,如图 9-28 所示。

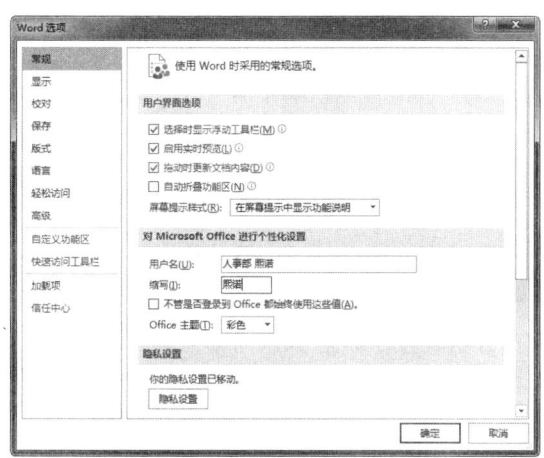

图 9-27 输入用户名及其缩写

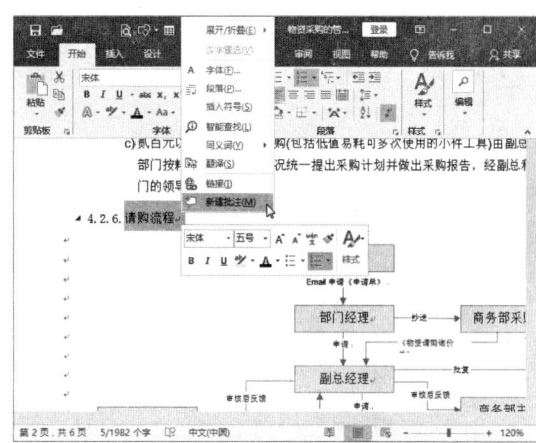

图 9-28 选择"新建批注"命令

**Step 03** 此时,即可在文档右侧打开批注框,根据需要输入批注内容,如图 9-29 所示。在下一个审阅者看到此批注时,单击"答复"按钮可以答复批注,单击"解决"按钮可以将批注设置为"完成"状态。

**Step 04** 在批注框中右击,在弹出的快捷菜单中选择"删除批注"命令,即可删除该条批注,如图 9-30 所示。

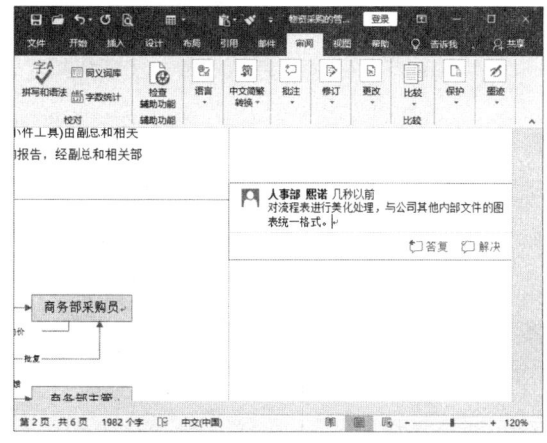

图 9-29 输入批注内容

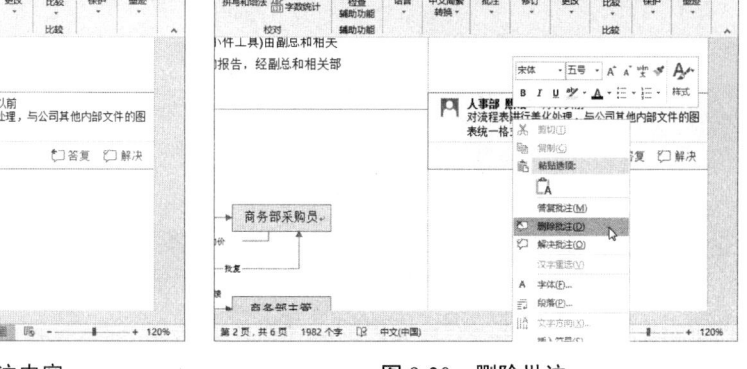

图 9-30 删除批注

**Step 05** 在"修订"组中单击"显示标记"下拉按钮,在弹出的下拉列表中选择"批注框"|"以嵌入方式显示所有修订"选项,如图 9-31 所示。

**Step 06** 此时,即可以嵌入方式显示批注,将鼠标指针置于批注上,就会显示批注内容,如图 9-32 所示。

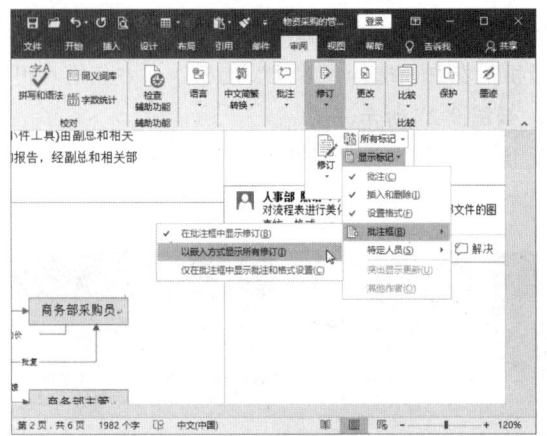

图 9-31　设置批注框显示方式

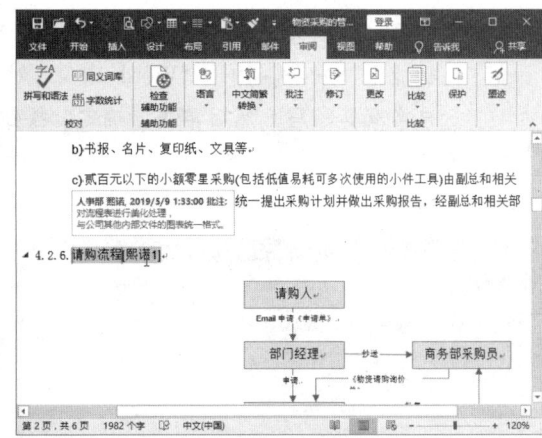

图 9-32　以嵌入方式显示批注

**Step 07**　若有多个用户审阅此文档，可以单击"显示标记"下拉按钮，在弹出的下拉列表中选择"特定人员"选项，然后选择要查看的审阅者的批注，如图 9-33 所示。

**Step 08**　在"修订"组中单击"显示标记"下拉按钮，在弹出的下拉列表中取消选择"批注"选项，将在文档中隐藏批注，如图 9-34 所示。

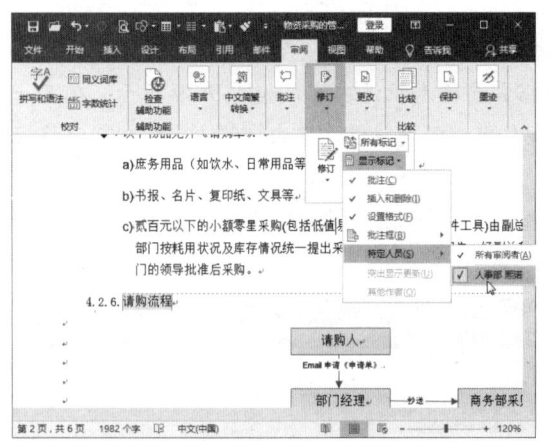

图 9-33　查看特定人员的批注

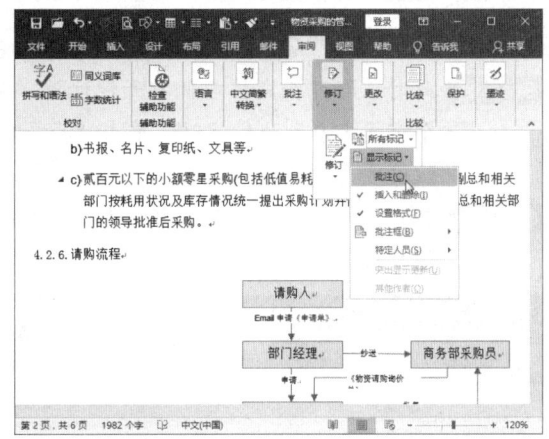

图 9-34　隐藏批注

## 9.2.2　修订文档

利用 Word 2016 的"修订"功能可以在保留文档原有格式或内容的同时，在页面中对文档内容进行修订，用于协同工作。对文档进行修订后，还可以设置拒绝或接受修订。修订文档的具体操作方法如下。

**Step 01**　选择"审阅"选项卡，在"修订"组中的"显示以供审阅"下拉列表中选择"所有标记"选项，如图 9-35 所示。

**Step 02**　在"修订"组中单击"修订"按钮，该按钮处于按下状态，进入文档修订状态，如图 9-36 所示。

第 9 章　文档的审阅与修订　229

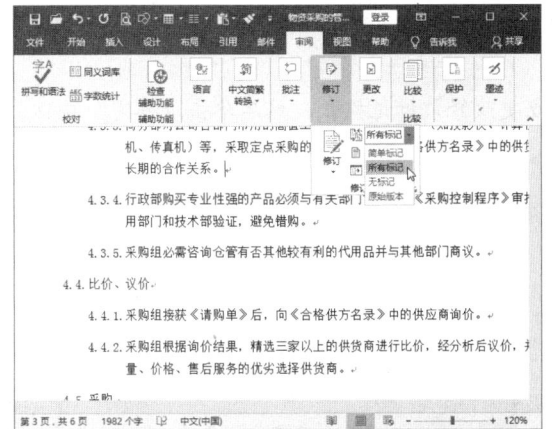

图 9-35　选择"所有标记"选项

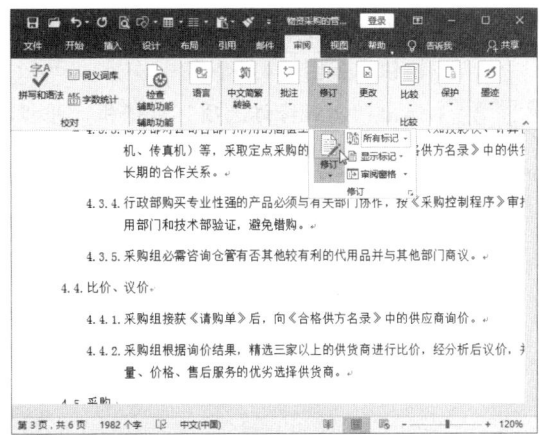

图 9-36　单击"修订"按钮

**Step 03** 在文档中对内容进行修改，修订的文本会自动创建为批注，如图 9-37 所示。

**Step 04** 若输入了新的内容，在修订内容的左侧会显示修订标记（即一条竖线），输入的文字下方将显示下划线，如图 9-38 所示。

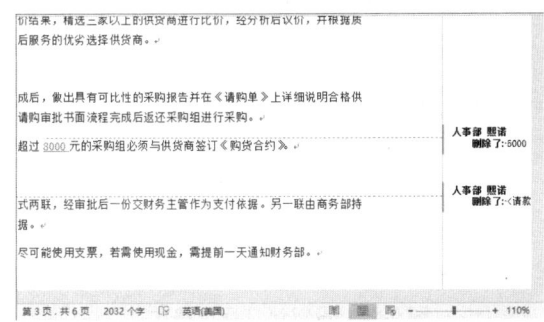

图 9-37　修改内容

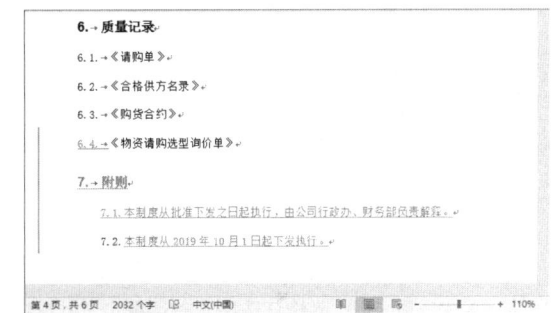

图 9-38　输入新内容

**Step 05** 在"修订"组中的"显示以供审阅"下拉列表中选择"简单标记"选项，将隐藏修订标记，如图 9-39 所示。

**Step 06** 单击修订文本左侧的竖线，可以重新显示修订标记，如图 9-40 所示。

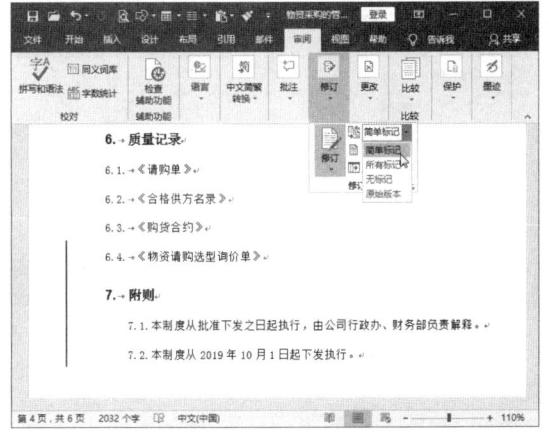

图 9-39　选择"简单标记"选项

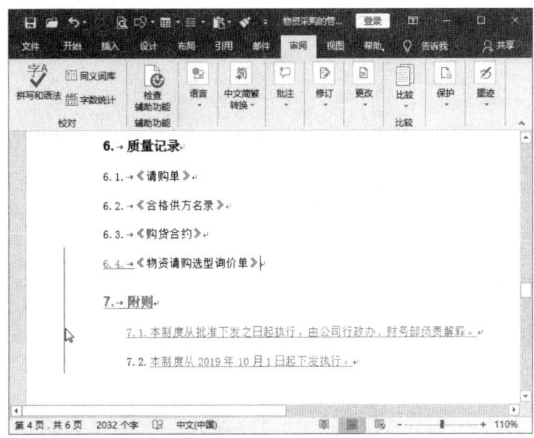

图 9-40　重新显示修订标记

**Step 07** 单击"修订"组右下角的扩展按钮，在弹出的"修订选项"对话框中单击"高级选项"按钮，如图9-41所示。

**Step 08** 弹出"高级修订选项"对话框，根据需要更改修订标记格式，然后单击"确定"按钮，如图9-42所示。

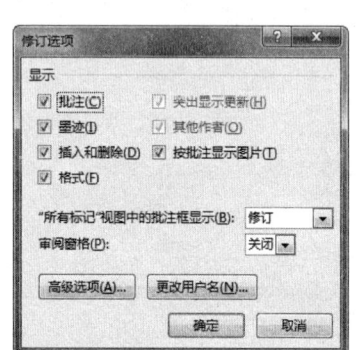

图9-41 "修订选项"对话框

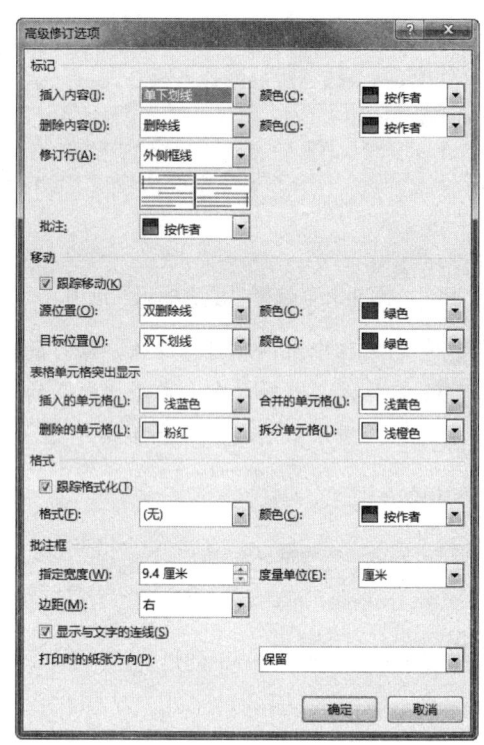

图9-42 设置修订标记格式

**Step 09** 在"更改"组中单击"拒绝"按钮，可以拒绝修订，如图9-43所示。

**Step 10** 单击"接受"下拉按钮，在弹出的下拉列表中选择"接受所有更改并停止修订"选项，即可接受修订并退出修订状态，如图9-44所示。若要在修订过程中退出文档修订状态，可以在"修订"组中再次单击"修订"按钮，使该按钮弹起。

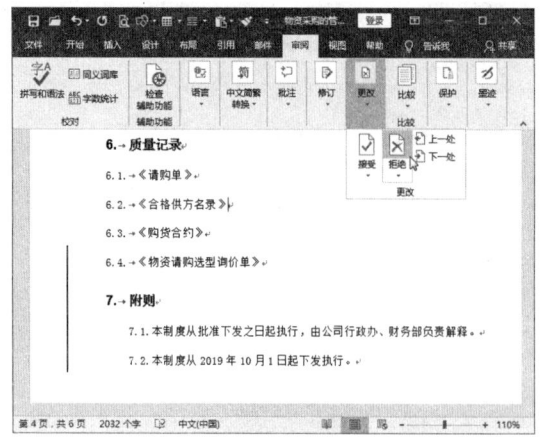

图9-43 拒绝修订

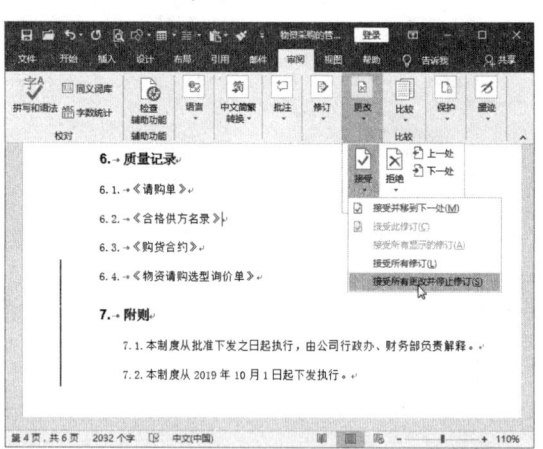

图9-44 接受修订并退出修订

## 9.2.3 检查文档

通过检查文档可以删除文档中的隐私数据和个人信息,如批注、修订、文档属性、加载项、宏、窗体、Active X 控件等,具体操作方法如下。

**Step 01** 选择"文件"选项卡,在左侧选择"信息"选项,在右侧单击"检查问题"下拉按钮,在弹出的下拉列表中选择"检查文档"选项,如图 9-45 所示。

**Step 02** 弹出"文档检查器"对话框,选择要检查的内容,然后单击"检查"按钮,如图 9-46 所示。

图 9-45 选择"检查文档"选项

图 9-46 "文档检查器"对话框

**Step 03** 查看检查结果,单击"全部删除"按钮,如图 9-47 所示。

**Step 04** 此时,即可删除相应的项目内容,然后单击"关闭"按钮,如图 9-48 所示。

图 9-47 查看检查结果

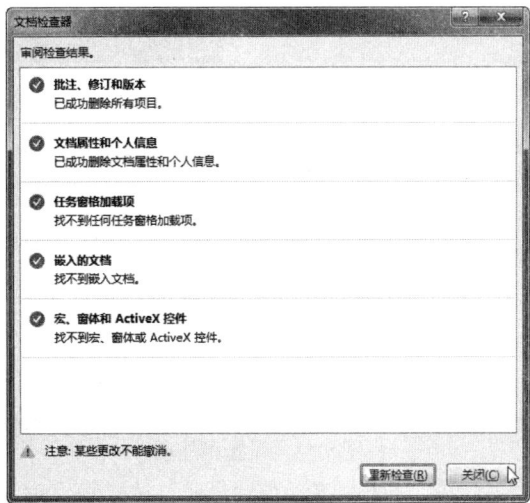

图 9-48 删除项目内容

### 9.2.4 限制文档编辑

为了防止文档的阅读者对修订后的内容进行修改，可以根据需要设置限制编辑内容或格式。限制文档编辑的具体操作方法如下。

**Step 01** 选择"审阅"选项卡，在"保护"组中单击"限制编辑"按钮，如图 9-49 所示。

**Step 02** 打开"限制编辑"窗格，在"2. 编辑限制"选项区中选中"仅允许在文档中进行此类型的编辑"复选框，在其下方的下拉列表框中选择"不允许任何更改（只读）"选项，如图 9-50 所示。

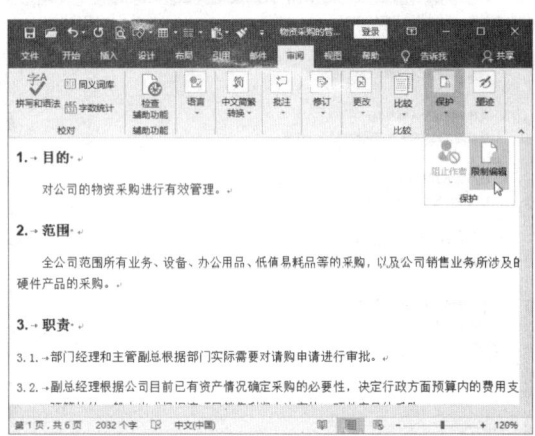
图 9-49　单击"限制编辑"按钮

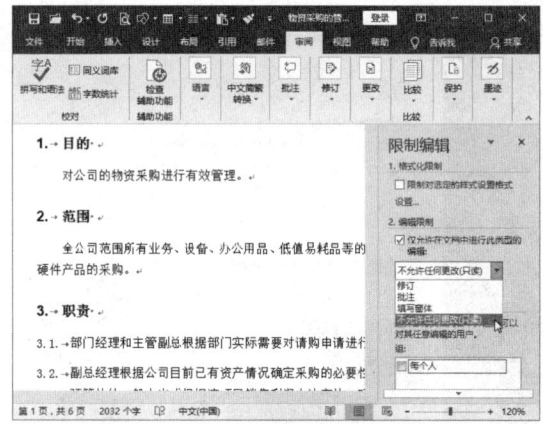
图 9-50　设置不允许任何更改

**Step 03** 在文档中选择要设置为可编辑的文本，在"例外项"选项区中选中"每个人"复选框，如图 9-51 所示。

**Step 04** 在"限制编辑"窗格下方单击"是，启用强制保护"按钮，如图 9-52 所示。

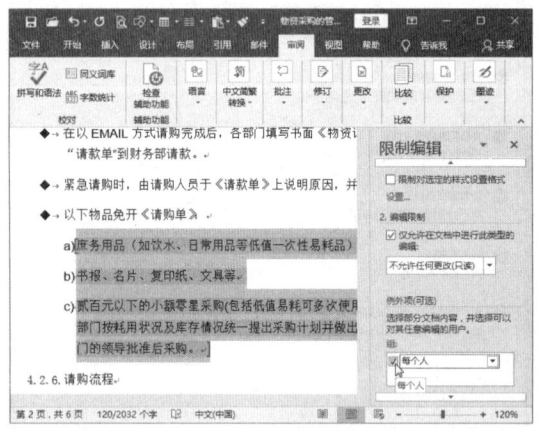
图 9-51　设置例外项

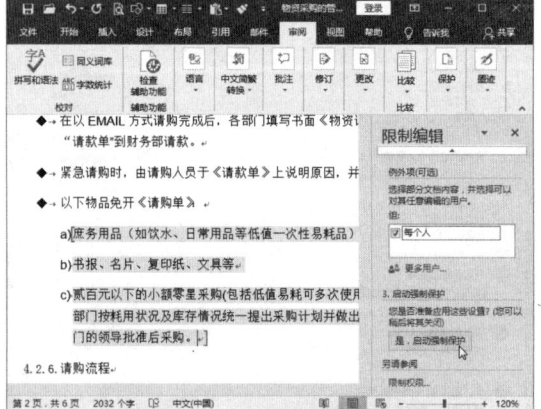
图 9-52　启用强制保护

**Step 05** 弹出"启动强制保护"对话框，输入保护密码并确认，然后单击"确定"按钮，如图 9-53 所示。

**Step 06** 此时，当用户尝试编辑文档时将打开"限制编辑"窗格，设置为"例外项"的文本可以进行修改，如图 9-54 所示。若单击"停止保护"按钮，将弹出"取消保护文档"对话框，需要输入密码。

第 9 章 文档的审阅与修订 | 233

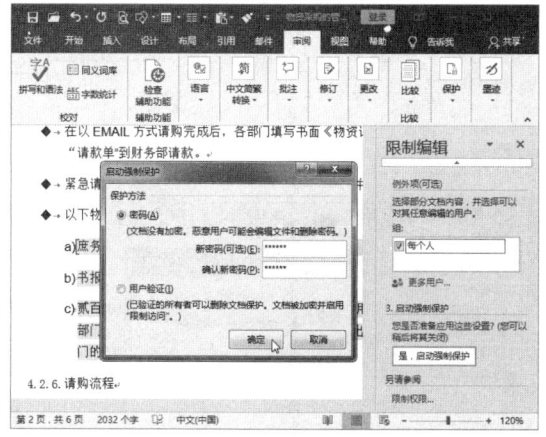

图 9-53 输入密码

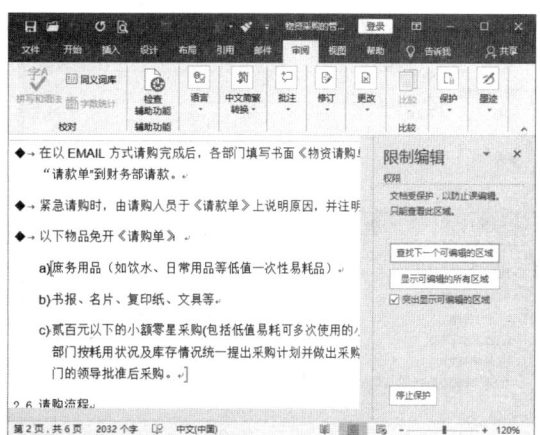

图 9-54 查看限制编辑效果

## 9.3 综合实例——对"试用合同"进行审阅和修订

下面综合运用本章所学知识,对"试用合同"文档内容先进行查找和替换,然后进行审阅和修订,方法如下。

**Step 01** 打开"素材文件\第 9 章\试用合同.docx",选择文本,如图 9-55 所示。

**Step 02** 按【Ctrl+H】组合键打开"查找和替换"对话框,将光标定位到"查找内容"文本框中,在下方单击"特殊格式"下拉按钮,在弹出的下拉列表中选择"任意数字"选项,如图 9-56 所示。

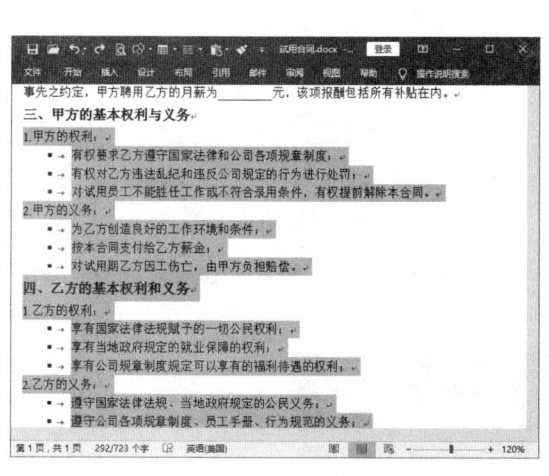

图 9-55 选择文本

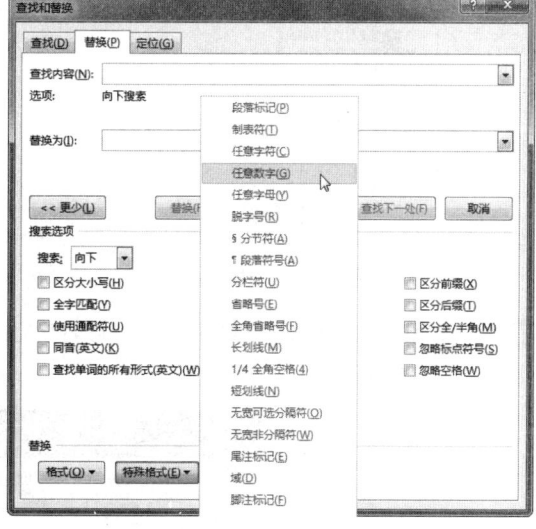

图 9-56 选择"任意数字"选项

**Step 03** 此时,即可在"查找内容"文本框中插入任意数字标记"^#",如图 9-57 所示。

**Step 04** 在任意数字标记后输入".",然后单击"全部替换"按钮,在弹出的提示信息框中单击"否"按钮,如图 9-58 所示。

图 9-57　插入任意数字标记

图 9-58　单击"全部替换"按钮

**Step 05** 此时，即可删除所选内容中手动输入的编号和"."，按住【Ctrl】键的同时选择文本，如图 9-59 所示。

**Step 06** 在"段落"组中单击"编号"下拉按钮，在弹出的下拉列表中选择所需的编号样式，如图 9-60 所示。

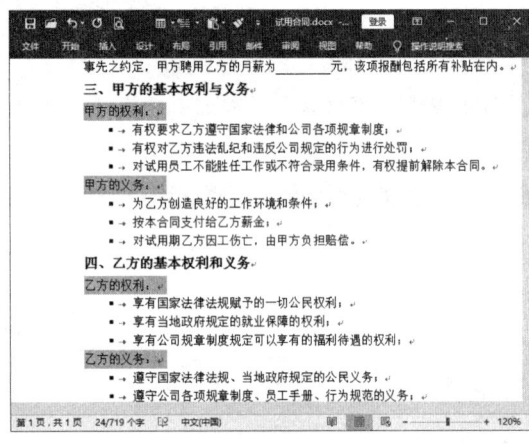
图 9-59　选择文本

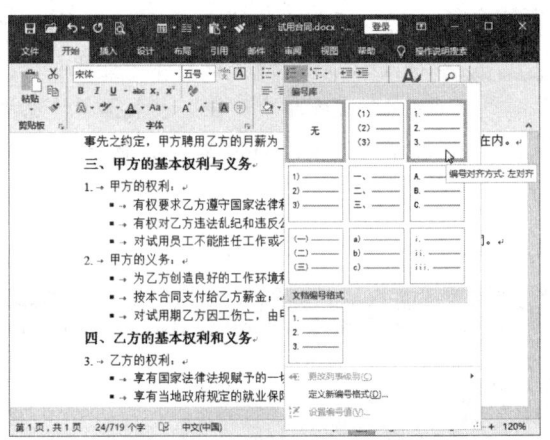
图 9-60　选择编号样式

**Step 07** 选择"审阅"选项卡，在"修订"组中单击"修订"按钮，进入文档修订状态，如图 9-61 所示。

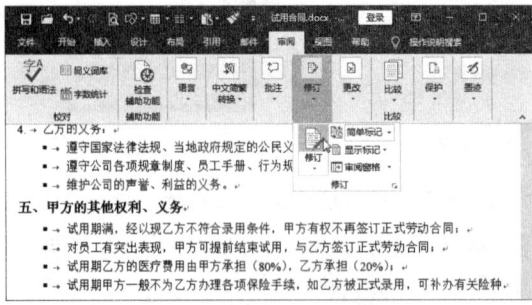
图 9-61　单击"修订"按钮

**Step 08** 在文档中对内容进行修改，修订的文本将自动创建为批注，如图 9-62 所示。

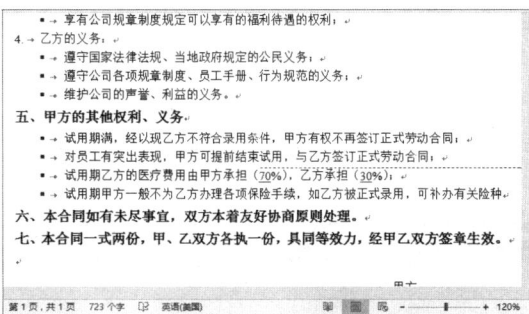

图 9-62　修改内容

**Step 09** 在"修订"组中单击"审阅窗格"按钮，如图 9-63 所示。

**Step 10** 打开"修订"窗格，从中查看修订信息，如图 9-64 所示。

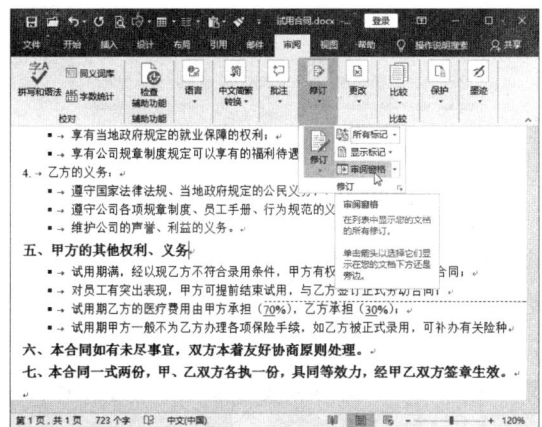

图 9-63　单击"审阅窗格"按钮

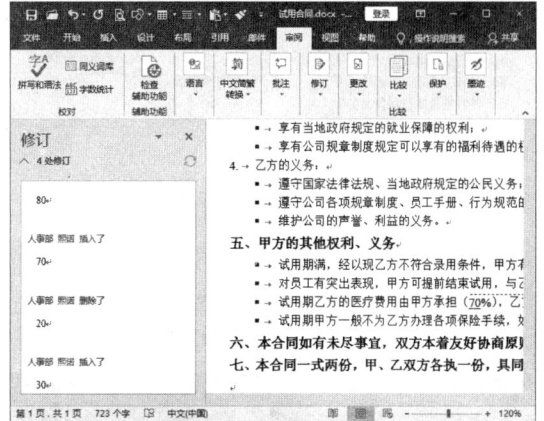

图 9-64　查看修订信息

**Step 11** 在"更改"组中单击"接受"下拉按钮，在弹出的下拉列表框中选择"接受所有更改并停止修订"选项，接受修订并退出修订状态，如图 9-65 所示。

**Step 12** 在"保护"组中单击"限制编辑"按钮，如图 9-66 所示。

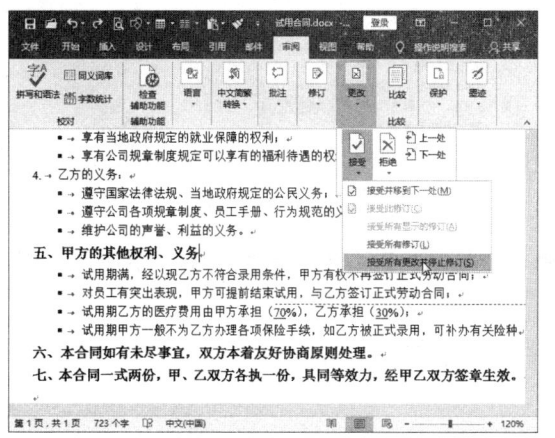

图 9-65　接受修订

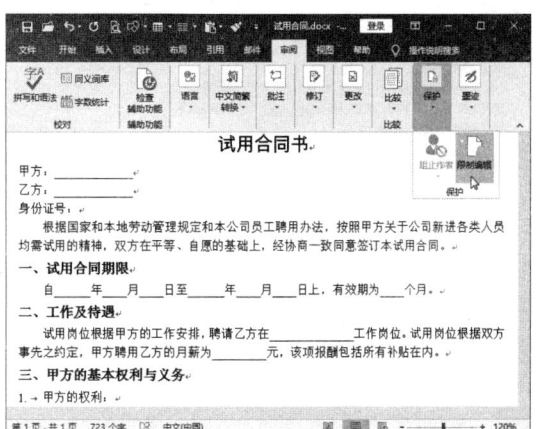

图 9-66　单击"限制编辑"按钮

**Step 13** 打开"限制编辑"窗格,在"2. 编辑限制"选项区中选中"仅允许在文档中进行此类型的编辑"复选框,在其下方的下拉列表框中选择"不允许任何更改(只读)"选项,如图 9-67 所示。

**Step 14** 弹出"查找和替换"对话框,选择"查找"选项卡,在"查找内容"文本框中输入下划线,单击"在以下项中查找"下拉按钮,在弹出的下拉列表中选择"主文档"选项,如图 9-68 所示。

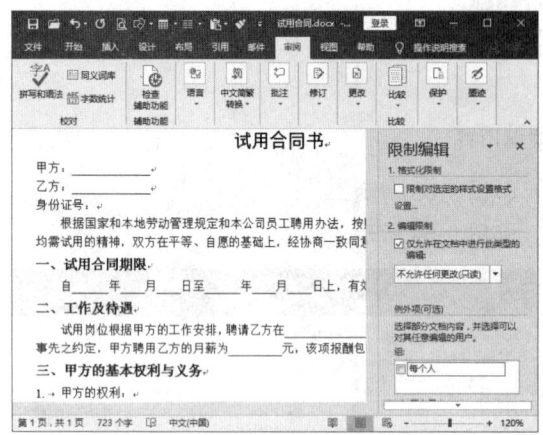
图 9-67 设置不允许任何更改

图 9-68 查找内容

**Step 15** 此时,即可在主文档中选择所有的下划线,如图 9-69 所示。

**Step 16** 在"限制编辑"窗格中选中"每个人"复选框,设置例外项,并单击"是,启用强制保护"按钮,如图 9-70 所示。

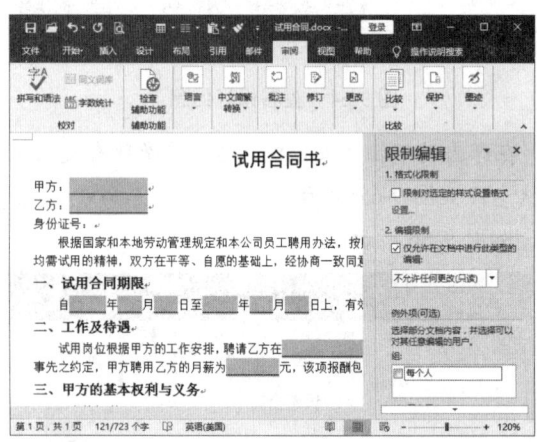
图 9-69 选择查找内容

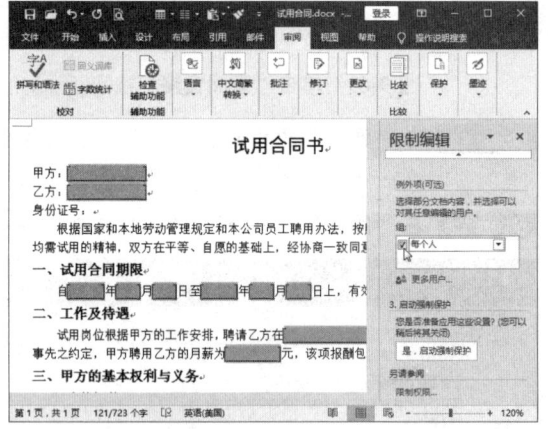
图 9-70 设置例外项

**Step 17** 弹出"启动强制保护"对话框,输入保护密码并确认,然后单击"确定"按钮,如图 9-71 所示。

**Step 18** 此时,即可查看文档限制编辑效果,如图 9-72 所示。

第 9 章　文档的审阅与修订　237

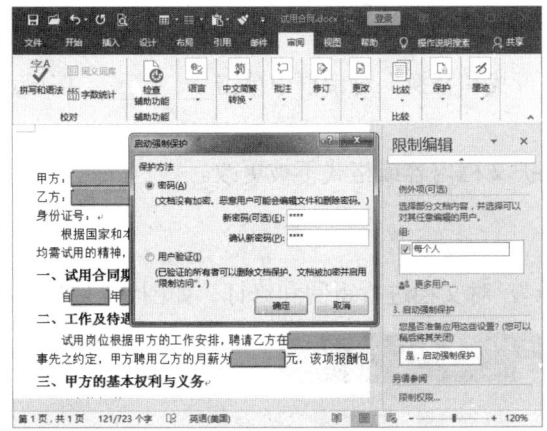

图 9-71　启动强制保护

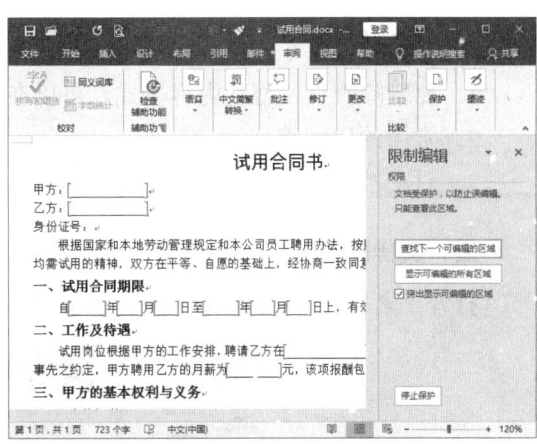

图 9-72　查看限制编辑效果

| 本章小结 |

通过对本章的学习，读者应该掌握以下知识。
（1）查找内容并突出显示。
（2）查找与替换内容，查找与替换格式。
（3）使用通配符查找和替换内容。
（4）在文档中插入批注，更改批注显示方式。
（5）修订文档，接受或拒绝修订。
（6）检查文档，限制文档编辑。

| 课后习题 |

一、选择题

1．关于查找和替换内容，下列说法错误的是（　）。
　　A．在查找和替换内容时，应先选择文档范围
　　B．按【Ctrl+F】组合键，可以打开"查找和替换"对话框
　　C．在文档中可以利用"查找和替换"功能修改特定文本的格式
　　D．查找文本后，可以在文档中将查找的内容选中
2．关于审阅和修订文档，下列说法错误的是（　）。
　　A．在文档中插入批注后，可以对批注进行答复或解决
　　B．对文档进行修订后，可以设置显示所有标记或简单标记
　　C．利用"限制编辑"功能可以使文档处于只读模式，其内容不可以进行更改
　　D．通过"检查文档"功能可以删除文档中的所有修订或个人信息

## 二、填空题

1. 要删除查找或替换内容格式,可以在"查找和替换"对话框中单击_____按钮。
2. 常用的通配符有_____和_____。
3. 对文档进行_____操作,可以保护文档内容或格式不被更改。

## 三、实操题

打开"素材文件\第 9 章\职工奖惩条例.docx",对文档进行审阅和修订,如图 9-73 所示。

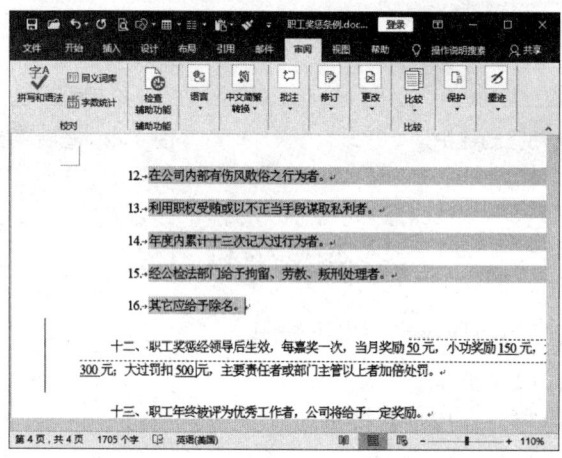

图 9-73　职工奖惩条例

操作提示:

(1)对需要更改的地方插入批注。
(2)进入文档修订状态,对奖励和惩罚金额进行修订。
(3)限制文档编辑,并将第十条、第十一条内容设置为例外项。

# 第 10 章
# 文档的打印与共享

【学习目标】
- 掌握打印文档的方法。
- 掌握共享文档的方法。

文档编辑完成后,若要将其进行输出,这时就需要对文档进行打印设置。若需要与他人协作共同编辑一篇文档,则可以将文档进行共享设置。本章将学习如何对文档进行打印与共享设置。

## 10.1 文档的打印

当一篇文档编辑完成后,即可通过打印机将其输出到纸上,以供传阅。若要打印文档,需要先将打印机连接到电脑,并进行必要的打印设置。

### 10.1.1 连接打印机

要在电脑上连接打印机,需要将打印机的数据线连接到电脑的 USB 接口上,然后在电脑上安装打印机驱动程序。若要连接局域网中共享的打印机设备,则需要设置添加网络打印机。下面将介绍如何将打印机连接到电脑,具体操作方法如下。

**Step 01** 从网络上下载与打印机型号所对应的驱动程序,然后双击打印机驱动安装程序,如图 10-1 所示。

**Step 02** 在弹出的对话框中选中"安装"单选按钮,然后单击 OK 按钮,如图 10-2 所示。

图 10-1 双击安装程序

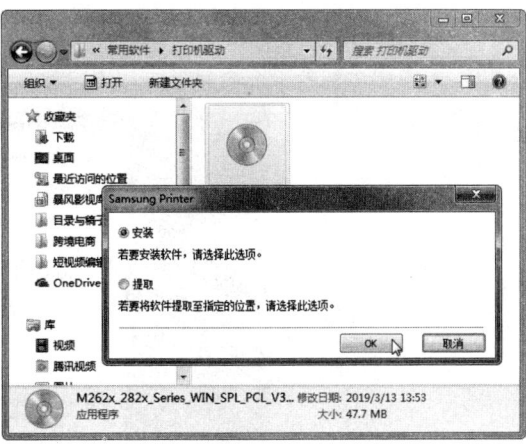

图 10-2 选中"安装"单选按钮

**Step 03** 在打开的打印机安装向导中选中"我已看过并接受安装协议"复选框,然后单击"下一步"按钮,如图10-3所示。

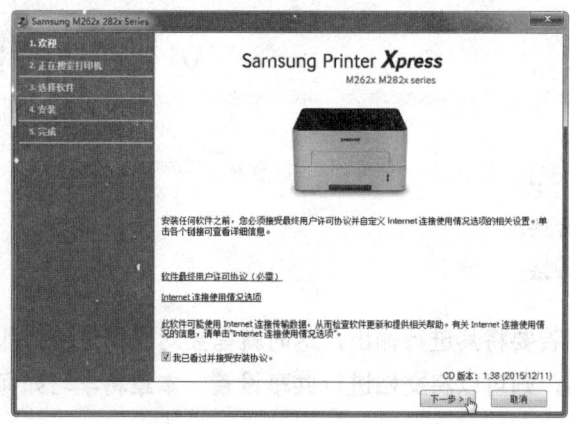

图10-3 接受安装协议

**Step 04** 若打印机没有连接到自己的电脑上,可以选中下方的"确定是否希望在不连接打印机的情况下安装软件"复选框,然后单击"下一步"按钮,如图10-4所示。若打印机直接连接在电脑上,则选中USB单选按钮,然后单击"下一步"按钮。

图10-4 选择连接类型

**Step 05** 选择安装类型,然后单击"下一步"按钮,如图10-5所示。

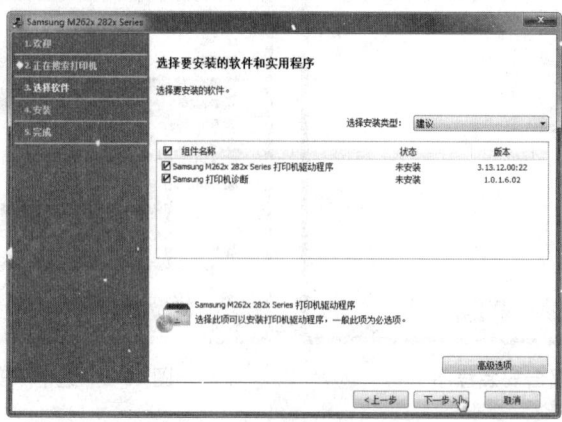

图10-5 选择安装程序

Step 06 此时,开始在电脑上安装打印机驱动程序,安装完成后单击"下一步"按钮,如图10-6所示。

图 10-6　安装驱动程序

Step 07 安装完成后,选中"打印作业前启动 Easy Eco Driver"复选框,然后单击"完成"按钮,如图 10-7 所示。

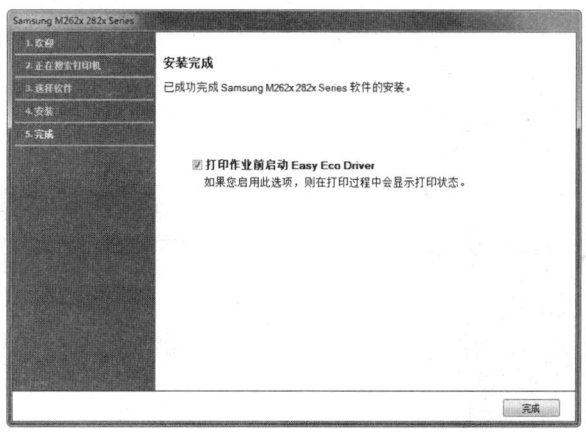

图 10-7　安装完成

Step 08 按【Windows+R】组合键打开"运行"对话框,在"打开"下拉列表框中输入反斜线"\\",然后输入局域网中共享了打印机的计算机名(在此输入 wenzi2),单击"确定"按钮,如图 10-8 所示。

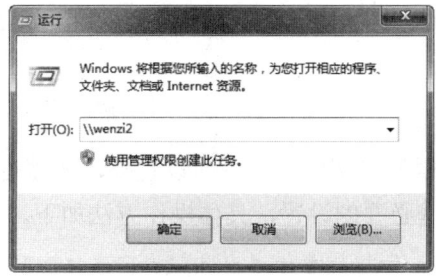

图 10-8　访问网络计算机

Step 09 在打开的窗口中可以看到共享的打印机设备,双击打印机名称,如图 10-9 所示。

**Step 10** 此时,即可连接网络打印机。单击"打印机"|"设置为默认打印机"命令,即可将打印机设置为默认打印机,如图10-10所示。

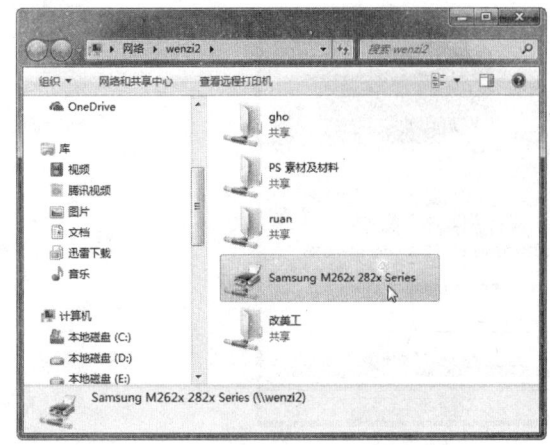
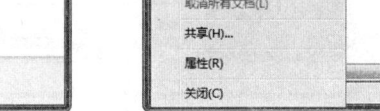

图10-9　双击打印机名称　　　　　　　　图10-10　设置为默认打印机

**Step 11** 打开"开始"菜单,选择"设备和打印机"选项,如图10-11所示。

**Step 12** 在打开的窗口中可以查看添加的打印机设备。右击打印机设备,在弹出的快捷菜单中可以选择进行更多的设置,如图10-12所示。

图10-11　选择"设备和打印机"选项　　　　图10-12　选择打印机设置

### 10.1.2　打印设置

在打印文档之前,除了需要对文档进行页面设置外,还需对打印机、打印范围、打印份数等进行一些必要的设置,具体操作方法如下。

**Step 01** 打开"素材文件\第10章\绩效管理手册.docx",选择"文件"选项卡,在左侧选择"打印"选项,在右侧进行打印设置,查看文档打印预览效果,如图10-13所示。

**Step 02** 单击"打印机"下拉按钮,在弹出的下拉列表中选择要使用的打印机,如图10-14所示。

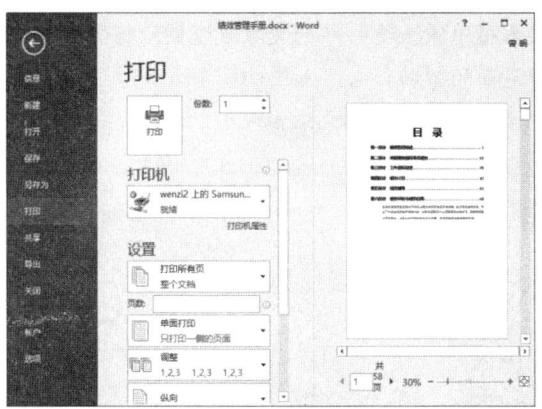

图 10-13　设置打印选项

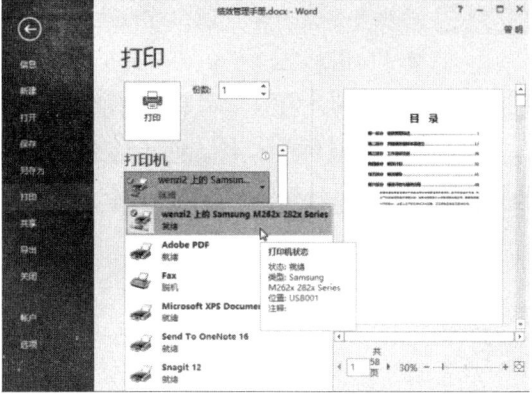

图 10-14　选择打印机

**Step 03** 若要对打印机参数进行设置，则单击"打印机属性"超链接，如图 10-15 所示。

**Step 04** 弹出打印机属性对话框，对打印纸张、质量等进行自定义设置，如图 10-16 所示。

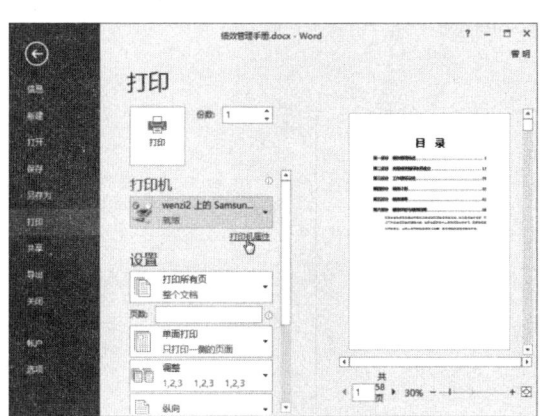

图 10-15　单击"打印机属性"超链接

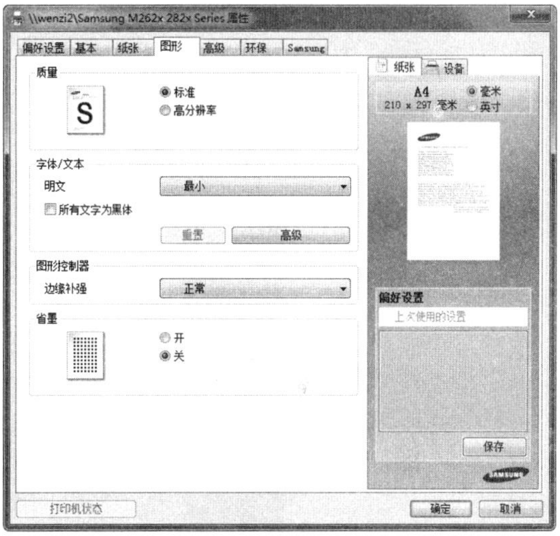

图 10-16　设置打印机属性

**Step 05** 单击打印范围下拉按钮，在弹出的下拉列表中选择打印范围选项，默认为打印所有页，也可以设置打印当前页面、打印所选内容，以及自定义打印范围，如图 10-17 所示。

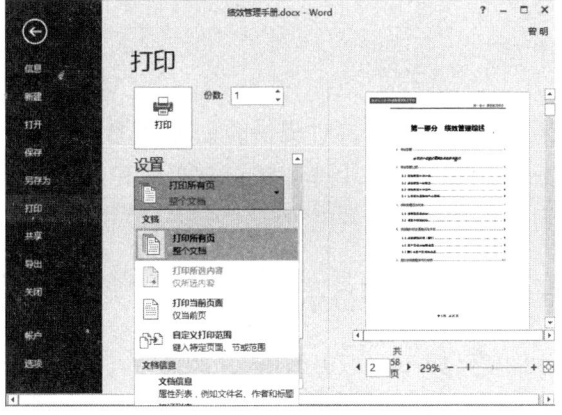

图 10-17　选择打印范围

**Step 06** 若要自定义打印范围，可以在"页数"文本框中输入要打印的页数或范围。将鼠标指针置于①图标上，就会显示关于自定义打印范围的帮助信息，如图10-18所示。

**Step 07** 单击缩放打印下拉按钮，在弹出的下拉列表中选择"缩放至纸张大小"选项，在其子菜单中选择纸张大小，如图10-19所示。

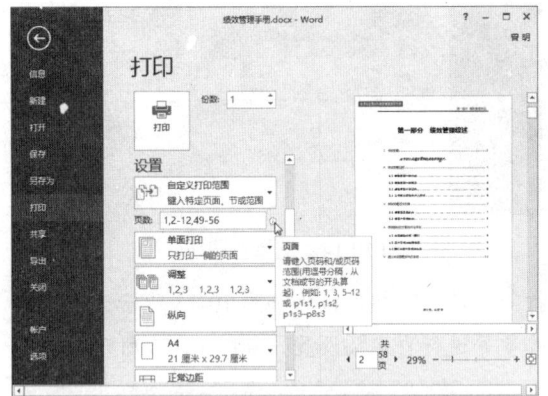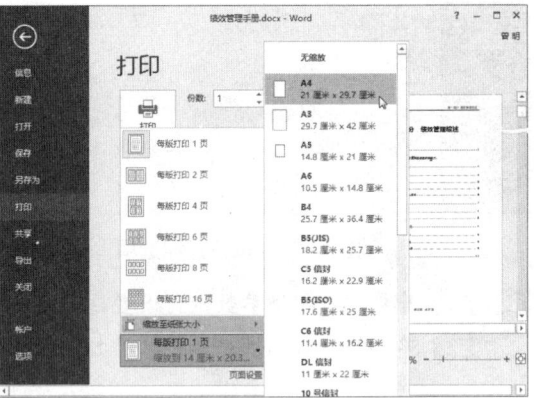

图 10-18　查看自定义打印范围帮助信息　　　　图 10-19　设置缩放打印纸张大小

**Step 08** 完成打印设置后，输入打印的份数，然后单击"打印"按钮，即可打印指定的页面，如图10-20所示。

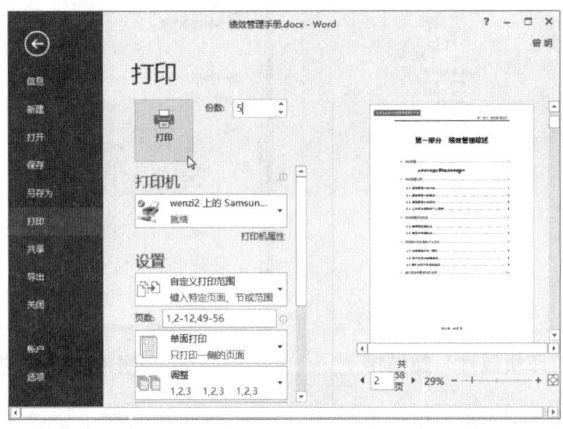

图 10-20　打印文档

## 10.2 文档的共享

　　OneDrive 是微软账户附带的为个人文件提供的免费网盘，OneDrive 中保存的文件可供随时随地使用。使用 OneDrive 可以与他人共享 Office 文档或其他文件。在 Word 2016 中，除了与他人共享文档外，还可以将文档发送到电子邮件或进行联机演示等。

### 10.2.1　将文件保存到 OneDrive

　　在 Office 2016 的应用程序（如 Word 2016、Excel 2016 和 PowerPoint 2016）中，可以从 OneDrive 打开文档，或将文档保存到 OneDrive，具体操作方法如下。

第 10 章　文档的打印与共享 | 245

**Step 01** 打开"素材文件\第 10 章\参展申请表.docx",在右上方单击"登录"按钮,如图 10-21 所示。

**Step 02** 弹出登录对话框,输入微软账号,然后单击"下一步"按钮,如图 10-22 所示。

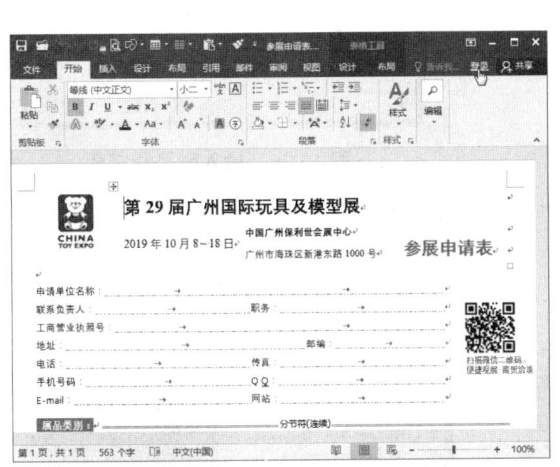
图 10-21　单击"登录"按钮

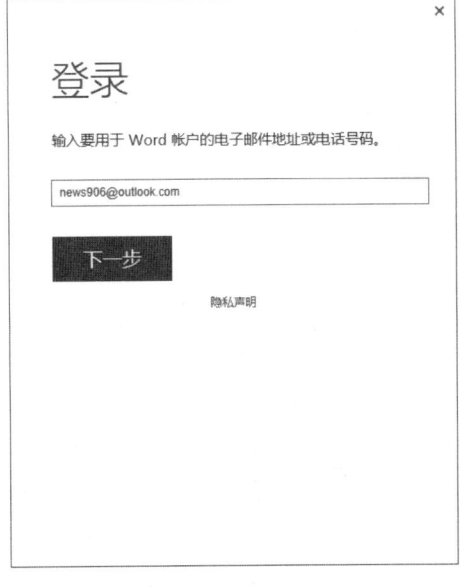
图 10-22　输入微软账号

**Step 03** 在弹出的对话框中输入密码,然后单击"登录"按钮,如图 10-23 所示。

**Step 04** 登录账号后,在窗口右上方单击"共享"按钮,在打开的窗格中单击"保存到云"按钮,如图 10-24 所示。

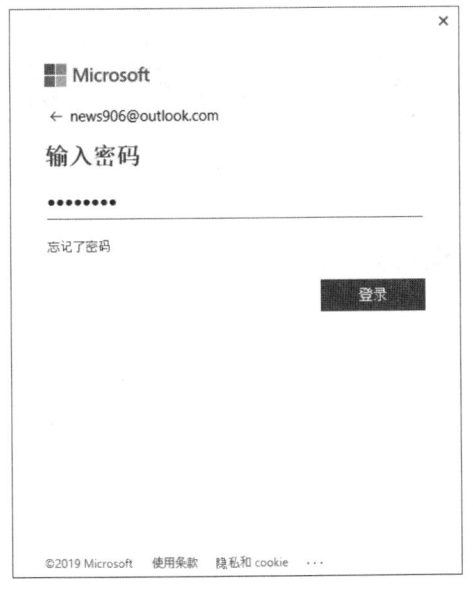
图 10-23　输入密码

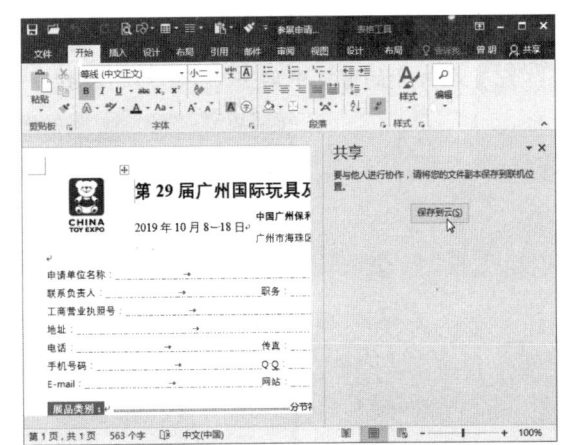
图 10-24　单击"保存到云"按钮

**Step 05** 打开"另存为"窗口,选择保存位置"OneDrive - 个人"选项,如图 10-25 所示。

**Step 06** 在弹出的"Windows 安全"对话框中再次输入账号和密码,然后单击"确定"按钮,如图 10-26 所示。

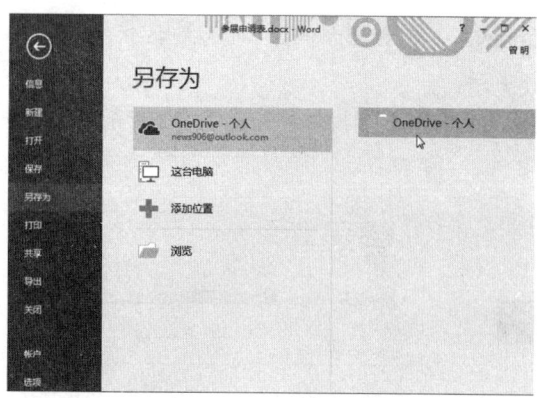

图 10-25　设置保存位置

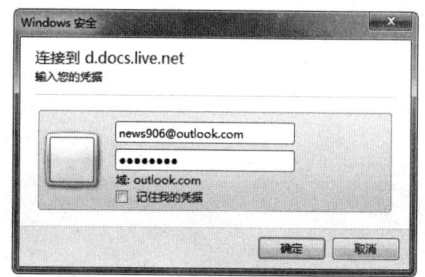

图 10-26　输入账号和密码

**Step 07** 弹出"另存为"对话框，单击"保存"按钮，即可将文档保存到 OneDrive，如图 10-27 所示。

**Step 08** 若是第一次启动 OneDrive，则打开"开始"菜单，在所有程序列表中选择 Microsoft OneDrive 程序，如图 10-28 所示。

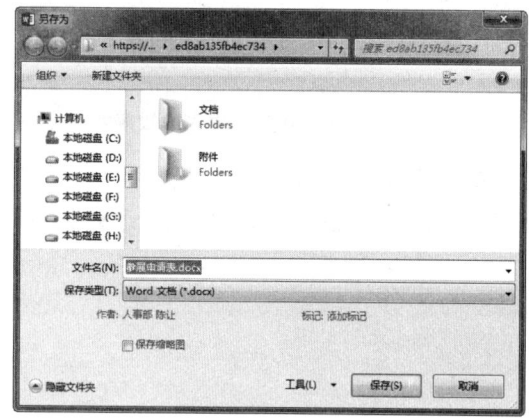

图 10-27　保存到 OneDrive

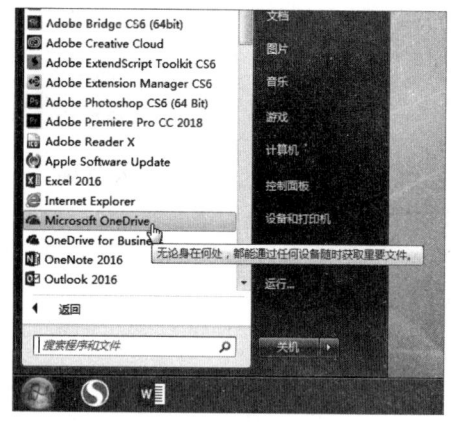

图 10-28　启动 OneDrive

**Step 09** 在打开的窗口中单击"下一步"按钮，如图 10-29 所示。

图 10-29　确认文件夹位置

第 10 章　文档的打印与共享 | 247

**Step 10** 设置文件同步，单击"下一步"按钮，如图 10-30 所示。
**Step 11** 在打开的窗口中单击"打开我的 OneDrive 文件夹"按钮，如图 10-31 所示。

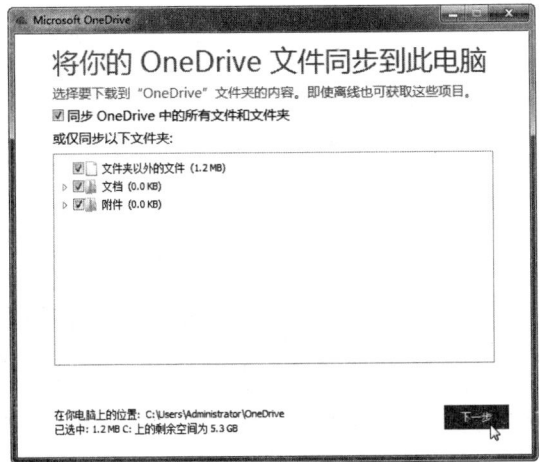

图 10-30　设置文件同步　　　　　　　　　图 10-31　打开我的 OneDrive 文件夹

**Step 12** 此时，即可打开文件资源管理器，查看向 OneDrive 文件夹中上传的文件，如图 10-32 所示。

图 10-32　查看 OneDrive 中的文件

## 10.2.2　邀请他人编辑文档

OneDrive 和 Office 可以协同工作以同步电脑中的文档，并允许用户与其他人员同时处理共享文档，具体操作方法如下。

**Step 01** 打开"文件"选项卡，在左侧选择"打开"选项，在中间选择"OneDrive - 个人"选项，然后在右侧选择要打开的文件，如图 10-33 所示。
**Step 02** 此时，即可使用 Word 2016 打开 OneDrive 中的文档。在右上方单击"共享"按钮，打开"共享"窗格，如图 10-34 所示。

图 10-33　打开 OneDrive 文件

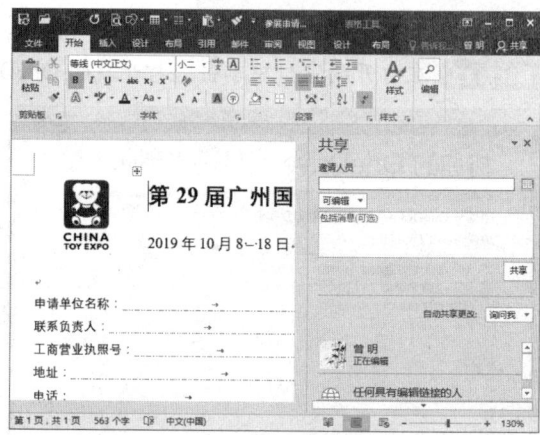

图 10-34　打开"共享"窗格

**Step 03** 输入邀请编辑文档人员的微软账号及要发送的消息，然后单击"共享"按钮，如图 10-35 所示。

**Step 04** 此时，即可完成文档的共享，所邀请人员拥有编辑文档的权限。若要更改邀请人员的权限，可以右击该用户，在弹出的快捷菜单中进行权限设置，如图 10-36 所示。

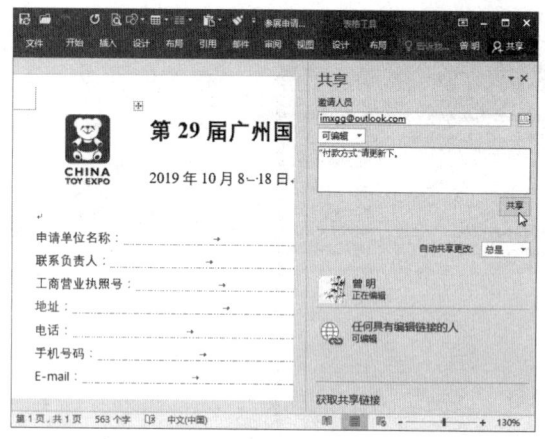

图 10-35　共享文档

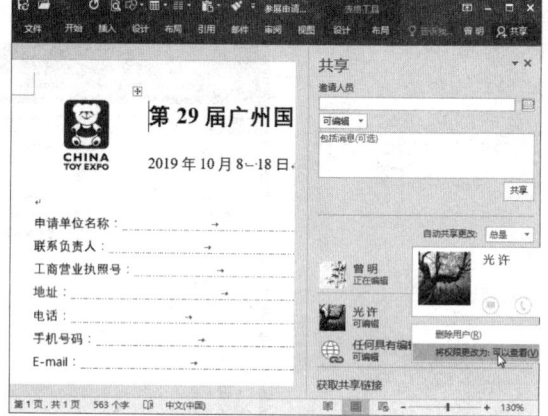

图 10-36　更改共享权限

> **课堂解疑**
>
> 　　设置文档共享后，被邀请人员将收到一个包含文档链接的电子邮件，以便在浏览器中打开并编辑文档。在"共享"窗格中选择"获取共享链接"选项，即可生成共享文档的超链接。

### 10.2.3　发送电子邮件

利用 Word 2016 的共享功能可以将文档作为邮件附件发送给联系人进行审阅，具体操作方法如下。

**Step 01** 选择"文件"选项卡，在左侧选择"共享"选项，在中间选择"电子邮件"选项，在右侧单击"作为附件发送"按钮，如图 10-37 所示。

**Step 02** 启动 Outlook 2016，单击"下一步"按钮，如图 10-38 所示。

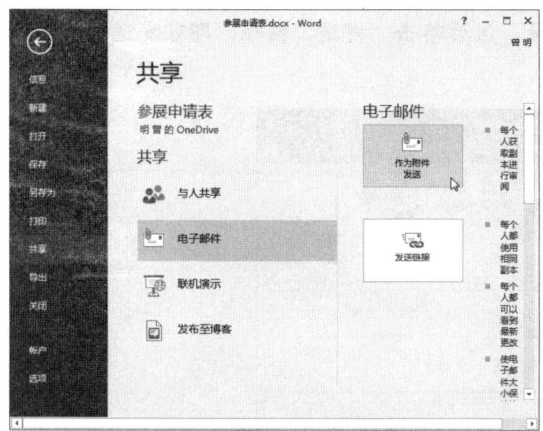
图 10-37　作为附件发送

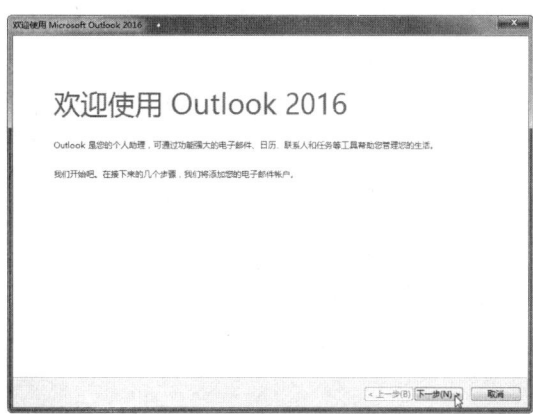
图 10-38　启动 Outlook 2016

**Step 03** 在弹出的对话框中选中"是"单选按钮，然后单击"下一步"按钮，如图 10-39 所示。

**Step 04** 在弹出的对话框中输入电子邮件账户信息，然后单击"下一步"按钮，如图 10-40 所示。

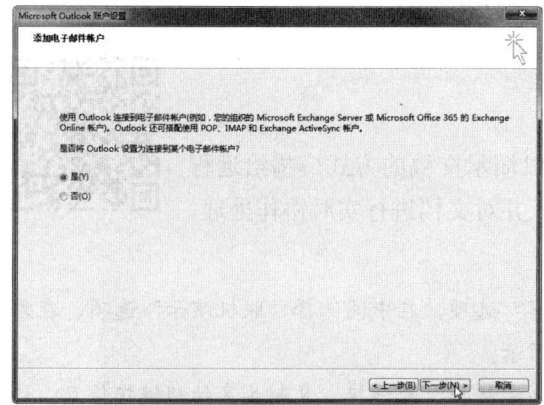
图 10-39　连接到电子邮件账户

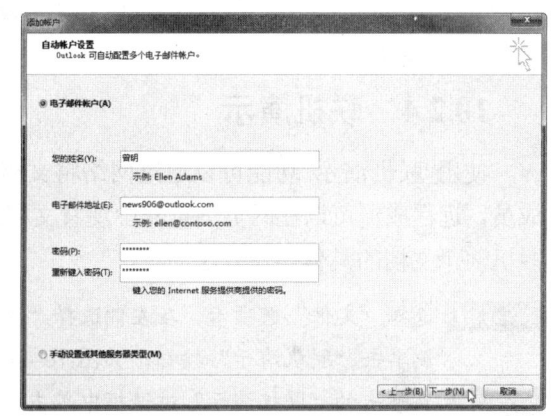
图 10-40　输入电子邮件账户信息

**Step 05** 开始登录到邮箱，在弹出的对话框中输入微软账号和密码，然后单击"确定"按钮，如图 10-41 所示。

**Step 06** 完成邮件账户配置，单击"完成"按钮，如图 10-42 所示

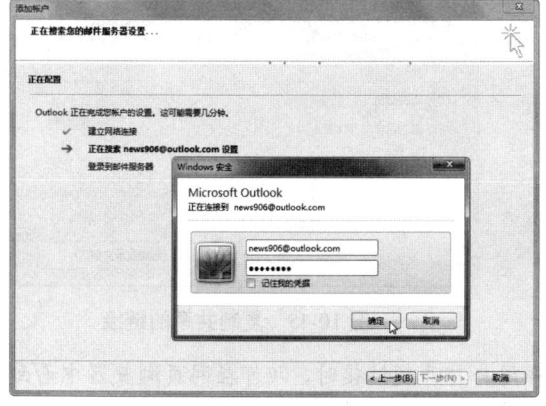
图 10-41　输入账号和密码

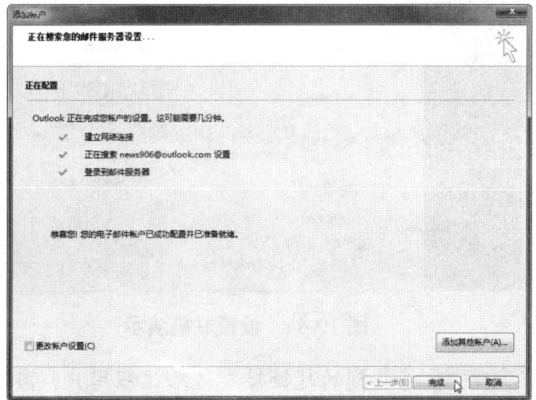
图 10-42　完成邮件账户配置

**Step 07** 打开 Outlook 邮件窗口，输入收件人邮箱，然后单击"发送"按钮，即可发送邮件，如图 10-43 所示。

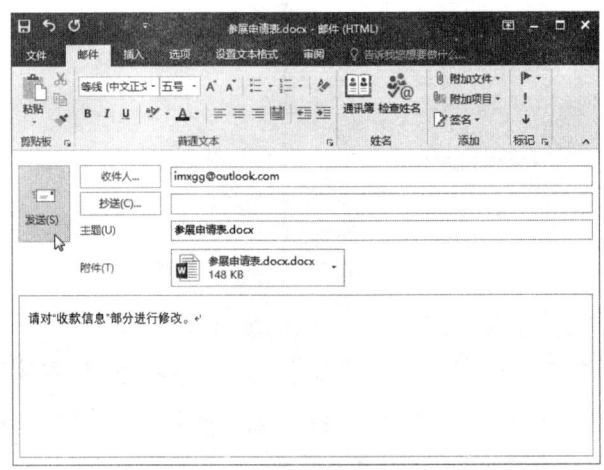

图 10-43　发送电子邮件

### 10.2.4　联机演示

使用"联机演示"功能可以通过网络将文档以演示文稿的方式广播给远程成员，远程成员可以在网页浏览器中观看文档，并对文档进行实时协作处理。联机演示文档的具体操作方法如下。

**Step 01** 选择"文件"选项卡，在左侧选择"共享"选项，在中间选择"联机演示"选项，在右侧单击"联机演示"按钮，如图 10-44 所示。

**Step 02** 在弹出的"联机演示"对话框中单击"复制链接"超链接，复制共享的超链接信息，然后单击"启用演示文稿"按钮，如图 10-45 所示。

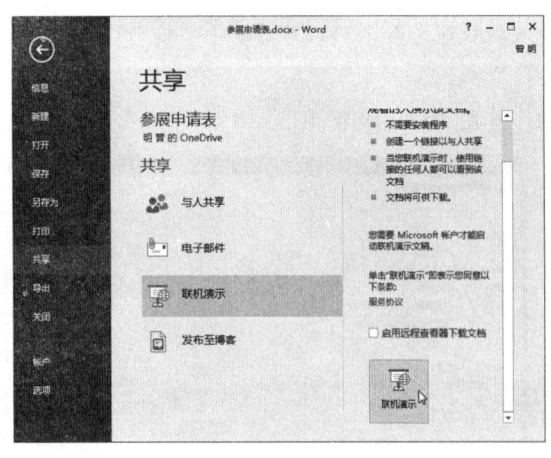

图 10-44　设置联机演示

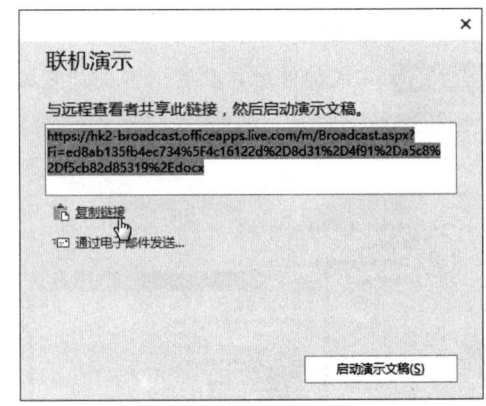

图 10-45　复制共享的链接

**Step 03** 将复制的超链接发送给远程用户，当远程用户打开超链接时，即可在网页浏览器中看到联机演示的文档，如图 10-46 所示。

**Step 04** 在 Word 文档"联机演示"选项卡下单击"编辑"按钮，如图 10-47 所示。

图 10-46　开始联机演示文档

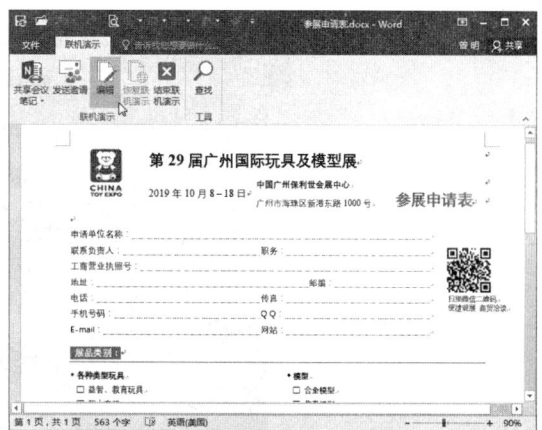

图 10-47　单击"编辑"按钮

**Step 05** 此时将暂停联机演示文档，根据需要修改文档内容，然后单击"继续"按钮，恢复联机演示，远程用户即可看到修改后的内容，如图 10-48 所示。

**Step 06** 在"联机演示"选项卡下单击"结束联机演示"按钮，如图 10-49 所示。

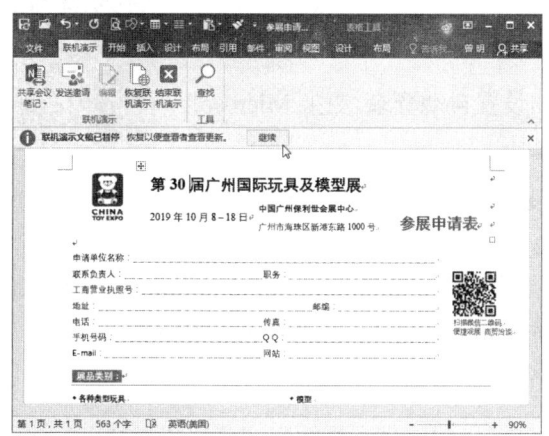

图 10-48　修改文档内容

图 10-49　单击"结束联机演示"按钮

**Step 07** 在弹出的提示信息框中单击"结束联机演示文稿"按钮，如图 10-50 所示。

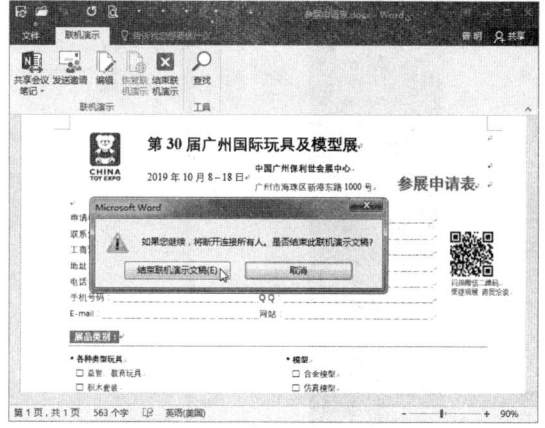

图 10-50　确认结束联机演示

**Step 08** 此时,远程用户打开的网页中将显示"演示文稿已结束",如图 10-51 所示。

图 10-51　显示演示文稿已结束

## 10.2.5　设置 OneDrive

用户可以根据需要对 OneDrive 进行设置,如设置自动登录,更换 Microsoft 账户,设置要同步的文件夹等,具体操作方法如下。

**Step 01** 在任务栏的通知区域中右击 OneDrive 图标，在弹出的面板中单击"更多"按钮,在弹出的列表中选择"设置"选项,如图 10-52 所示。

**Step 02** 弹出"Microsoft OneDrive"对话框,选择"设置"选项卡,可以设置 OneDrive 是否随开机启动,是否可以获取电脑上的任何文件以及相关通知选项,如图 10-53 所示。

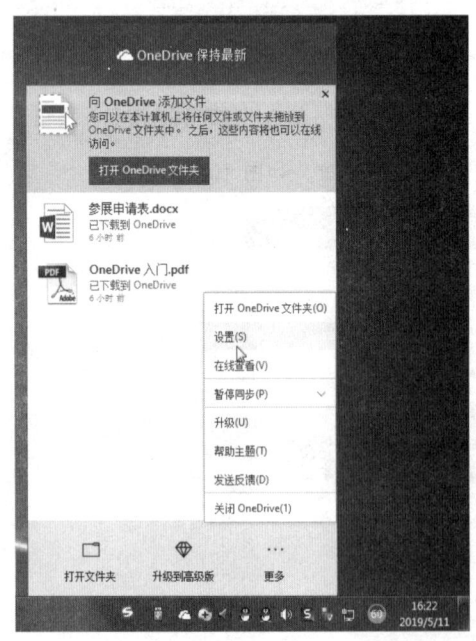

图 10-52　选择"设置"选项

图 10-53　设置常规和通知选项

**Step 03** 选择"账户"选项卡,可以添加微软账户,或者设置 OneDrive 中哪些文件夹可以在电脑中使用,如图 10-54 所示。

**Step 04** 选择"自动保存"选项卡,可以设置将电脑中的哪些文件同步到 OneDrive 上,最后单击"确定"按钮,如图 10-55 所示。

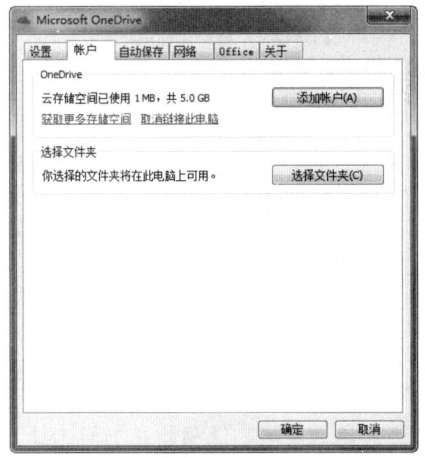
图 10-54 添加账户和选择文件夹

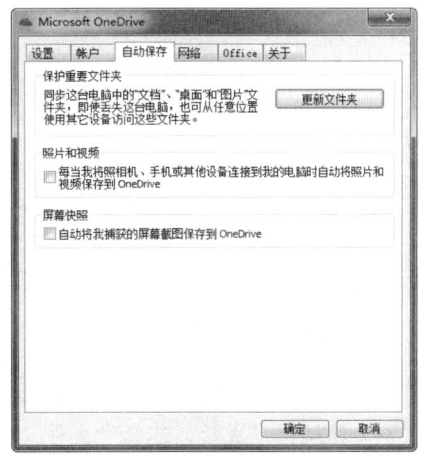
图 10-55 设置自动保存选项

## 10.3 综合实例——打印与共享"绩效考核表"文档

下面综合运用本章所学知识,对"绩效考核表"进行共享和打印设置,方法如下。

**Step 01** 打开"素材文件\第 10 章\绩效考核表.docx",选择"文件"选项卡,在左侧选择"另存为"选项,在中间选择保存位置"OneDrive - 个人"选项,在右侧选择用户的 OneDrive 文件夹,如图 10-56 所示。

**Step 02** 弹出"另存为"对话框,单击"保存"按钮,即可将文档保存到 OneDrive,如图 10-57 所示。

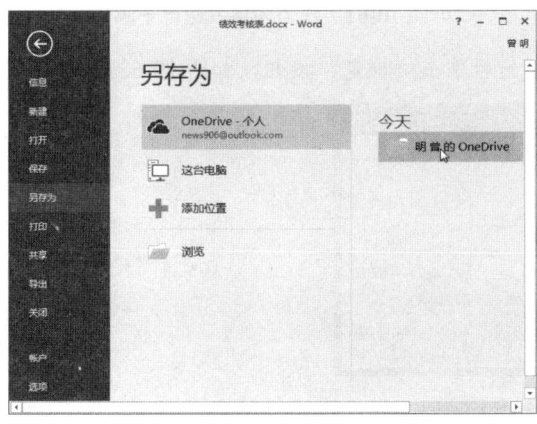
图 10-56 选择保存位置

图 10-57 将文档保存到 OneDrive

**Step 03** 在窗口右上方单击"共享"按钮,打开"共享"窗格,输入邀请人员的微软账号,并在权限下拉列表中选择"可编辑"选项,如图 10-58 所示。

**Step 04** 在文本框中输入相关消息,然后单击"共享"按钮,如图10-59所示。

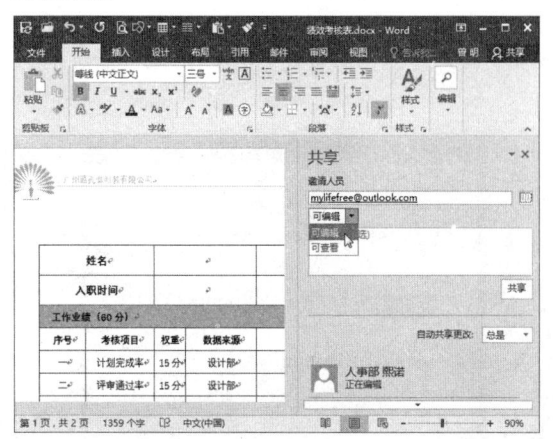

图10-58 输入邀请人员账号

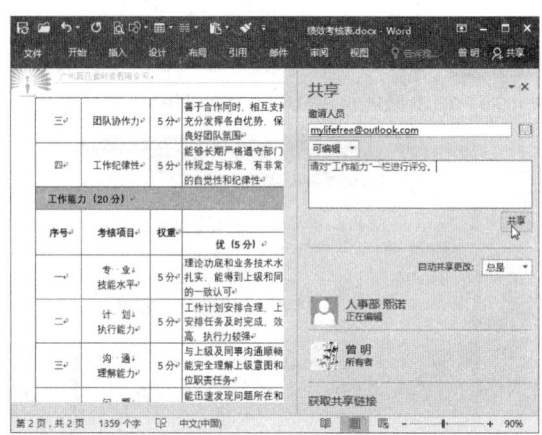

图10-59 共享文档

**Step 05** 此时,即可完成文档的共享设置,查看添加的编辑人员,如图10-60所示。

**Step 06** 文件编辑完成后,选择"文件"选项卡,在左侧选择"共享"选项,在中间选择"电子邮件"选项,在右侧单击"作为附件发送"按钮,如图10-61所示。

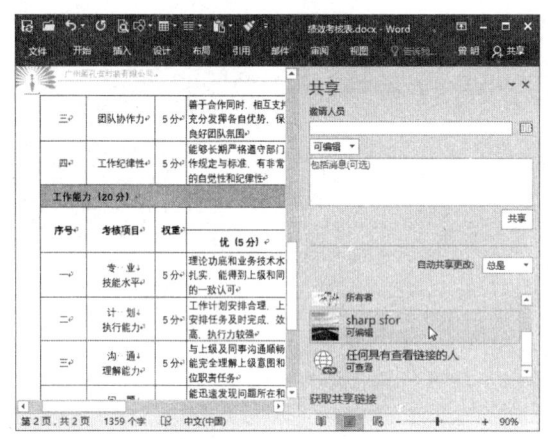

图10-60 完成文件共享设置

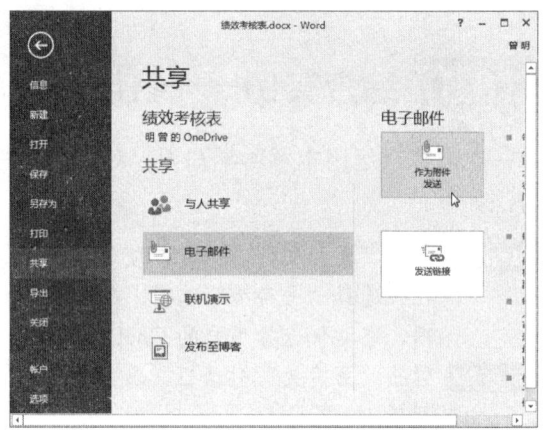

图10-61 作为附件发送电子邮件

**Step 07** 在弹出的对话框中输入微软账号和密码,然后单击"确定"按钮,如图10-62所示。

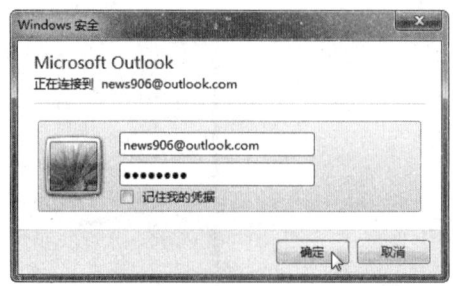

图10-62 输入账号和密码

**Step 08** 打开Outlook邮件窗口,输入收件人邮箱和邮件主题,然后单击"发送"按钮,即可将文档发送到收件人的电子邮箱中,如图10-63所示。

**Step 09** 选择"文件"选项卡,在左侧选择"打印"选项,在右侧单击缩放打印下拉按钮,在弹出的下拉列表中选择"缩放至纸张大小"选项,在其子菜单中选择 A4 纸张,如图 10-64 所示。

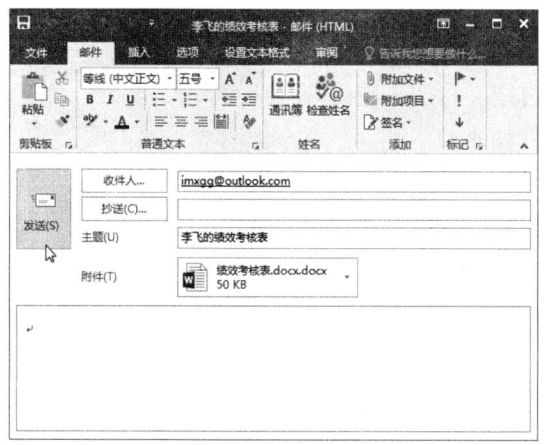

图 10-63　发送邮件

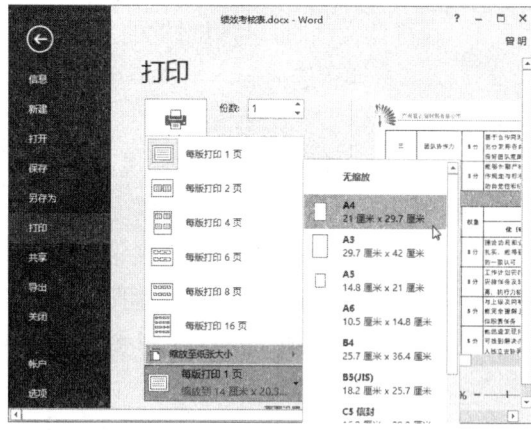

图 10-64　设置缩放打印

**Step 10** 设置打印份数为 3 份,然后单击"打印"按钮,即可打印文档,如图 10-65 所示。

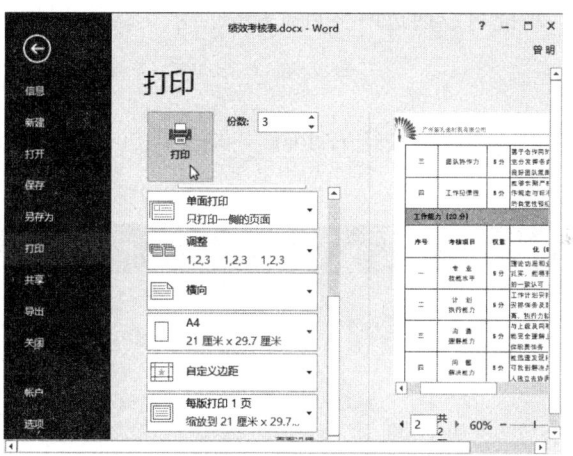

图 10-65　设置打印份数

## 本章小结

通过对本章的学习,读者应该掌握以下知识。

(1)连接打印机,对文档进行打印设置。
(2)将将文档保存到 OneDrive,邀请他人编辑文档。
(3)将文档发送到电子邮件,对文件进行联机演示。
(4)对 OneDrive 进行设置。

## 课后习题

### 一、选择题

1. 在打印文档时,可以设置的打印范围不包括(　　)。
   A. 打印所选内容　　　　B. 自定义打印范围
   C. 打印当前页面　　　　D. 打印本节
2. 关于文档共享,下列哪种说法不正确(　　)。
   A. 若要共享文档,需要登录微软账号
   B. 在共享文档时,可以邀请多人对文档进行编辑
   C. 在对文档进行联机演示时,需要退出联机演示才可以修改文档
   D. 电脑中的文件可以同步到 OneDrive

### 二、填空题

1. 要对文档打印质量进行设置,可以在文档打印界面中单击_____。
2. 在 Word 文档中,若要邀请他人编辑文档,需要将文档保存到_____。
3. 使用_____功能可以通过网络将文档以演示文稿的方式广播给远程成员。

### 三、实操题

打开"素材文件\第 10 章\授权委托书.docx",对文档进行打印和共享设置,如图 10-66 所示。

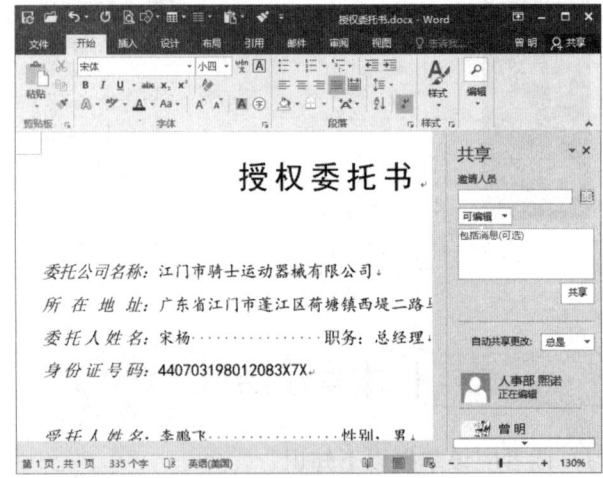

图 10-66　授权委托书